高等院校交通运输类专业“互联网+”创新规划教材

交通安全信息系统

陈　颖　主　编
李虹燕　吴伟阳　副主编

内 容 简 介

本书根据当前交通信息化发展的趋势，结合相关的研究成果，系统地讲解了交通安全信息系统的基础知识与实践应用。本书强调信息技术背景下的交通安全领域的信息化开发和应用，其主要内容包括：交通信息系统概述、交通安全信息系统基础理论、交通安全信息技术、交通安全信息系统规划、交通安全管理信息系统开发、交通安全信息系统案例及开发实例。本书充分体现了交通领域与计算机领域的交叉学科特征，并以理论讲解与案例解析相结合、基础知识与实际应用相统一为编写特色。本书结构体系完整，内容阐述详尽，突出了理论系统性和实践应用性。

本书可作为高等院校交通类专业、安全类专业的本科生和研究生的教材，也可作为交通运输企业、交通安全管理部门的管理人员或操作人员的参考书。

图书在版编目(CIP)数据

交通安全信息系统/陈颖主编. —北京：北京大学出版社，2023.4
高等院校交通运输类专业“互联网+”创新规划教材
ISBN 978-7-301-33252-8

Ⅰ. ①交…　Ⅱ. ①陈…　Ⅲ. ①交通运输安全－管理信息系统－高等学校－教材　Ⅳ. ①X951

中国版本图书馆 CIP 数据核字（2022）第 146462 号

书　　名	交通安全信息系统 JIAOTONG ANQUAN XINXI XITONG
著作责任者	陈　颖　主编
策 划 编 辑	郑　双
责 任 编 辑	巨程晖　郑　双
数 字 编 辑	金常伟
标 准 书 号	ISBN 978-7-301-33252-8
出 版 发 行	北京大学出版社
地　　址	北京市海淀区成府路 205 号　100871
网　　址	http://www.pup.cn　新浪微博：@北京大学出版社
电 子 信 箱	pup_6@163.com
电　　话	邮购部 010-62752015　发行部 010-62750672　编辑部 010-62750667
印 刷 者	河北文福旺印刷有限公司
经 销 者	新华书店
	787 毫米×1092 毫米　16 开本　21 印张　500 千字
	2023 年 4 月第 1 版　2023 年 4 月第 1 次印刷
定　　价	58.00 元

前　言

近年来，大数据、物联网、云计算、人工智能、5G等信息技术飞速发展，正逐渐推动着人类社会由工业社会快速走向信息社会，迈向智能化时代。交通作为对信息技术具有高度依赖性的重要领域，更是迎来了划时代的发展，交通信息化、数字化都取得了长足进步。党的二十大报告中明确指出，要“建设现代化产业体系”，推进“交通强国”。交通安全领域是交通管理化、信息化应用较为广泛的领域，往往关系着人们的生命安全。然而，目前针对交通信息化进行讲解的教材并不多，大多数内容与交通信息化相关的教材讲解侧重于“智能交通”“交通运输”等领域。因此，编写并出版一本集前沿性、实践性、实用性于一体的交通安全信息方面的教材很有必要。

本书正是在这样的背景下编写的，力争做到理论与实践相结合，深入浅出，使学生在掌握交通安全信息领域必要的理论和方法的基础上，获得信息系统开发的基础能力，并为学生的未来工作和学习奠定基础，以期实现培养高素质和复合型人才的目标。

本书内容主要是针对本科生和研究生编写的，选用目前应用较为广泛的大数据、信息管理系统等案例和开发实例，从信息系统的基础概念入手，由交通安全信息基础理论、交通安全信息技术逐步过渡到成熟的交通安全领域的管理信息系统开发，最后选用编者近年来参与的课题中的实际案例，引导学生进行开发实践。

本书全面、系统地介绍了交通安全信息系统的基础理论和方法，融入了相关的实际案例。本书的编写做到了既满足老师教学的需要，又符合当代大学生的学习需要，有利于老师教学方法的改革和学生学习兴趣的提升；既注重学生实践能力的培养，又致力于为学生将来的职业发展做好铺垫，有利于学生的实践能力和创新能力的培养；既保证了知识体系的完整性，又做到了重点突出，有利于学生快速、准确地掌握交通安全信息系统的精髓。

本书共7章，由具有丰富教学和科研经验的山东交通学院交通与物流工程学院的老师编写，由陈颖担任主编，李虹燕和吴伟阳担任副主编。各章节具体分工如下：第1、5、6章由陈颖编写，第2、3、4章由李虹燕编写，第7章由吴伟阳编写。

编者在编写本书的过程中，参阅了大量的交通方面和信息管理与信息系统方面的教材、论著、文献、标准规范及政策，阅读了大量的网络资源，在此对相关专家及学者致以诚挚的谢意。限于编者水平有限，本书难免存在不足之处，恳请各位读者批评指正。

编　者

目 录

第1章 交通信息系统概述

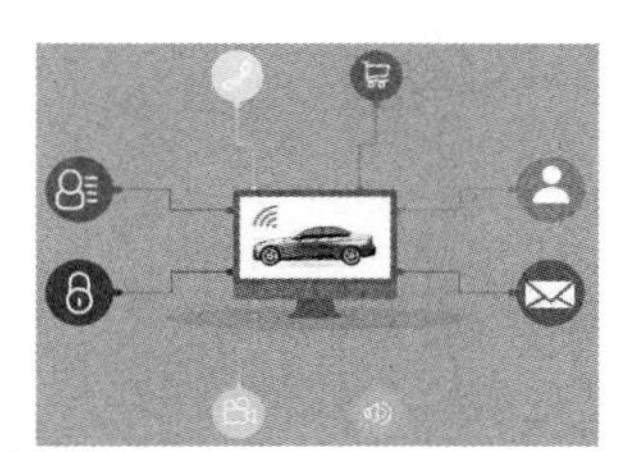

【教学目标与要求】

- 掌握数据、信息、信息系统和管理信息系统的基本概念。
- 熟悉管理决策的不同层次及其对信息内容的不同要求。
- 掌握管理信息系统的功能及结构。
- 了解交通运输行业信息化建设的发展趋势和表现形式。

【思维导图】

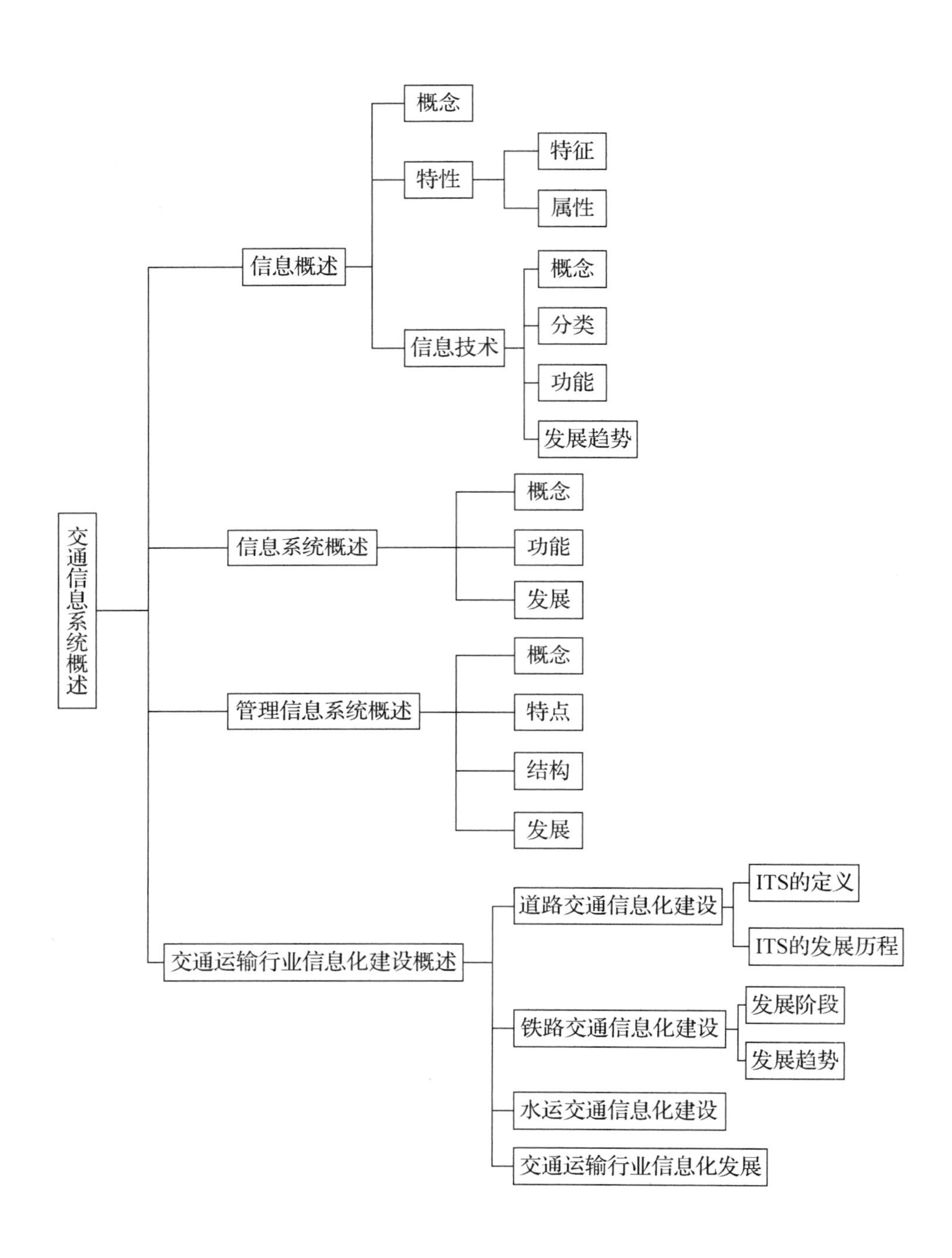
交通信息系统概述
信息概述
概念
特性
特征
属性
信息技术
概念
分类
功能
发展趋势
信息系统概述
概念
功能
发展
管理信息系统概述
概念
特点
结构
发展
交通运输行业信息化建设概述
道路交通信息化建设
ITS的定义
ITS的发展历程
铁路交通信息化建设
发展阶段
发展趋势
水运交通信息化建设
交通运输行业信息化发展

【导入案例】

大数据时代的交通信息化

无论我们是否做好准备，交通领域都在发生着各种变化。这不仅体现在汽车制造商将生产重点集中到下一代汽车，都市居民不需要自己拥有车就可以享受到出行服务，也体现在越来越多的人认识到无处不在的“信息化”世界将彻底改变交通现状。

从传统系统，到与周边世界的通信系统，汽车的各部分特征都在被重新架构。“智能基础设施”工程越来越普遍。共享旅行、共享自行车、共享小汽车和其他创意性企业模式都在广泛传播，其基于的理念为“空闲的小汽车座位和车辆工具是被浪费的一笔巨大的资产”。通过智能手机、专用无线收发设备等收集道路和交通流数据，并将处理信息反馈给用户，这些数据正在改变着从设施规划到通勤人员每天的出行经验等很多事情。随着车辆定位、电子化支付等越来越普遍，谁该为交通设施支付、如何支付，以及在何种情况下支付等问题变得更加简易。

基于上述想法，2012 年在华盛顿举办的美国运输研究委员会（Transportation Research Board，TRB）年会中，参会人员畅想了未来交通的各种可能。会议关于未来交通系统可能包含的特征和性能，或当我们充分利用科技和组织方面已经呈现出的重大突破而至少可能产生的特征和性能，达成了许多有趣的共识。

TRB 年会每年 1 月在美国华盛顿举办，围绕重大的科学和技术问题组织学术研究，推动运输领域的创新和进步。在 2021 年的第 100 届 TRB 年会中，我国学者提出，通过大数据可以协助城市规划师确定土地利用策略的优先级，明晰土地利用指标的有效范围等，对未来交通运输及土地利用等的研究和实践具有一定的指导意义。

信息化时代的到来为我们更加高效、友好地利用既有交通设施带来了新的机遇。除了增加交通设施的通行能力，科技和创新所带来的改变将有助于人们在 21 世纪维持机动化的自由。

资料来源：https://www.sohu.com/a/119804753_468661. (2016-11-24)[2022-03-16].
https://urban.pkusz.edu.cn/info/1007/2697.htm. (2021-03-04)[2022-09-15].

讨论：党的二十大报告中指出，要“推进新型工业化”，推进“交通强国”“数字中国”，请思考并讨论未来交通系统可能包含的特征和性能有哪些？人们充分利用科技和创新在交通领域已经呈现出的重大突破有哪些？

交通领域的创新性措施，已经从信息技术公司，到共享出行先驱推动者，再到 App 生产者等富有创造性的实施者共同推动，促进了交通信息化的迅猛发展。交通是个复杂的系统，从铁路、公路、航空、枢纽到公共交通、城市道路、高速公路、停车系统、物流货运等。在“大交通”的时代背景下，随着我国交通运输业进入新的发展时期，各类信息技术在促进多种交通运输方式协同运作的过程中将发挥日益重要的作用。信息化手段不断完善着“大交通”体系建设，我国的交通正朝着系统化、信息化和数字化的方向不断发展。

1.1 信息概述

1.1.1 信息

一、信息化概述

18 世纪 60 年代，以瓦特蒸汽机为标志的工业革命在开发利用物质材料和能源上取得了巨大成功，其直接结果是创造了蓬勃发展的工业时代。随着 20 世纪以计算机技术、通信技术、网络技术为代表的现代信息技术的飞速发展，信息对整个社会的影响逐步提高到一种相对重要的地位，信息量、信息传播的速度、信息处理的速度，以及应用信息的程度等都以几何级数的方式在增长。人类社会正阔步迈入信息时代，社会呈现出信息化的典型特征。

在新时代的发展背景下，信息化与工业化作为人类现代化和后现代化的两个基本标志，在科技进步和广泛应用方面促进了社会的发展。在现代经济中，工业化是信息化的物质基础、技术基础和主要载体，而信息化进一步推动和促进了工业化的发展。在 21 世纪初期，我国提出了“信息化带动工业化和走新型工业化道路”战略，表明在现代化建设中信息化和工业化已占据主导地位。在全球化背景下，信息、知识、技术和知识产权等因素越来越影响我国经济的发展。现阶段，我国正逐步从信息化进入数字化，迈入建设数字交通的高速发展新阶段。

信息化的转变反映了从有形的物质产品起主导作用的社会过渡到无形的信息产品起主导作用的社会的动态过程。在这个过程中，我们总是可以看到，整个社会通过普遍采用信息技术和电子信息设备，更有效地开发了信息资源，使基于信息资源所创造的价值在国内生产总值中的比例逐步上升，直至占据主导地位。由于信息技术具有很强的渗透、溢出、带动和引领等作用，因此，它的普及应用已经成为促进经济发展的动力，以及推动社会升级、构筑竞争优势的重要手段。信息化加快了产业结构调整和升级，加速了经济全球化的进程，推动了经济增长。信息化水平的高低，已经成为衡量一个国家和地区国际竞争力的重要因素。

随着应用水平日趋提高，信息化在管理中的应用向综合的管理层和决策层的信息管理迅速发展。在信息化推进及提升阶段中，信息技术已成为一种新型的劳动工具，信息资源则成为经济和社会发展的主要战略资源，生产资料、生产工具和劳动对象也都在发生质的变化。信息技术正在引发一种以知识、科技信息技术和智能化的生产构成为特征的新的生产力，促使传统的信息管理向知识管理发展。

综上所述，没有信息化就没有现代化。从历史的发展进程来看，我们不难发现，从表面上看信息化是信息技术的推广和应用，但实质上信息化是以利用信息为目的，使信息作为主导资源充分发挥其在现代化建设中的作用。推广信息技术是手段，利用信息是目的，而信息化则是实现目的的过程。

二、信息的概念

对于“信息”这个概念，不同的研究有不同的见解：狭义上的信息（Information）被认为是有关联性和目的性的结构化、组织化的客观事实；信息论创始人香农（C. E. Shannon）则更广义地指出，只要存在能减少不确定性的任何事物都可称为信息；有些学者认为信息的定义是：物质存在的一种方式、形态或运动状态，也是事物的一种普遍属性，一般是数据、消息中所包含的意义，可以使消息中所描述事物的不确定性减少。

而在信息系统中，信息可定义为：经过加工后具有一定含义的数据，对决策或行为有实际或潜在的价值。信息反映了客观世界中各种事物的特征和变化，可以借助某种载体进行传输。

因此，信息可从如下四个方面进一步理解。

1. 信息的范畴广泛地反映了客观事物的特性

客观世界中，任何事物呈现出不同的形态和特征，包括事物的有关属性状态（如时间、地点、程度和方式等）。因此，客观事物呈现信息的方式也会很广泛，比如信号、情况、指令、资料、情报、档案等都属于信息的范畴。

小知识

交通管理基础数据

交通管理基础数据来源广泛、形式多样，具有异构性、多层次性等特点，包括智能交通系统（Intelligent Transport System，ITS）的管理控制数据、随机的交通事故数据、静态的道路环境数据、动态的交通流数据等。

2. 信息需要载体并可以传输

信息是构成事物联系的基础。人们通过感官直接获得的周围信息极其有限，大量的信息需要通过传输工具得到。因此信息必须由人们能够识别的符号、文字、数据、语音、图像等载体来表现和传输。

3. 信息的有用性

信息的有用性是相对于其特定的接收者来说的。相同的信息对不同的人的作用是有差异的；而对同一个人来说，信息的有用性在时间和空间上有差异，如同一个信息在现在的时间和空间没有用，但在未来或其他时间和空间会有用。这些特点有时也被称为信息与使用者是相关的。

4. 信息形成知识

所谓知识就是反映各种事物的信息进入人们的大脑，对神经细胞产生作用后留下的痕迹。人们正是通过获得的信息来认识事物和改造世界的，信息最终会形成知识进行沉淀和传递。

1.1.2 信息的特性

一、信息的特征

结合信息的概念，信息的特征如下。

1. 准确性

信息能够客观反映事物的程度称为准确性，准确的信息是做出正确决策的前提。信息的准确性包括收集、传输、处理和存储等方面的信息不失真。

2. 时效性

由于信息所反映的客观事物在不断变化，信息及其有用性也会随之改变。这既表明了信息的时间价值，也表明了信息的经济价值。为了保证信息的时效性，在考虑成本与收益的前提下，要求在信息生命周期内，信息流处理的路径（接收、加工、传递、利用）的时间间隔尽量少并且有效率。

3. 有序性

信息的有序性是指信息发生先后在时间上存在一定连贯的、相关的或动态的关系。若信息有序，人们就可以利用过去的信息，分析现在的信息，根据过去和现在的信息推测未来。为了保证其有序性，人们需要不断收集信息，利用先进的存储设备，建立数据库和开发快速的检索方法（比如现在非常流行的数据仓库和数据挖掘技术）。

4. 共享性

信息的共享性是指同一信息在一定的时空范围内可以被多个认知主体（或使用者）接收和利用。与其他两类资源（物质材料与能源）不同，信息不遵循能量守恒定律，通过提高信息的利用率，可以巩固已有的信息和增加新的信息。为了保证信息的共享性，我们需要利用先进的网络技术和通信设备进行信息的传输与交换。信息是人类共同的财富，这种共享性对社会的整体进步和发展具有十分重要的意义。

5. 层次性

信息的层次性是按照不同的管理角度将信息分为不同等级。例如，管理一般分高、中、低三个等级，信息对应地分为战略级、管理级和执行级。不同等级信息的性质和内容要求不同，以企业管理为例，其信息的层次结构如图 1-1 所示。

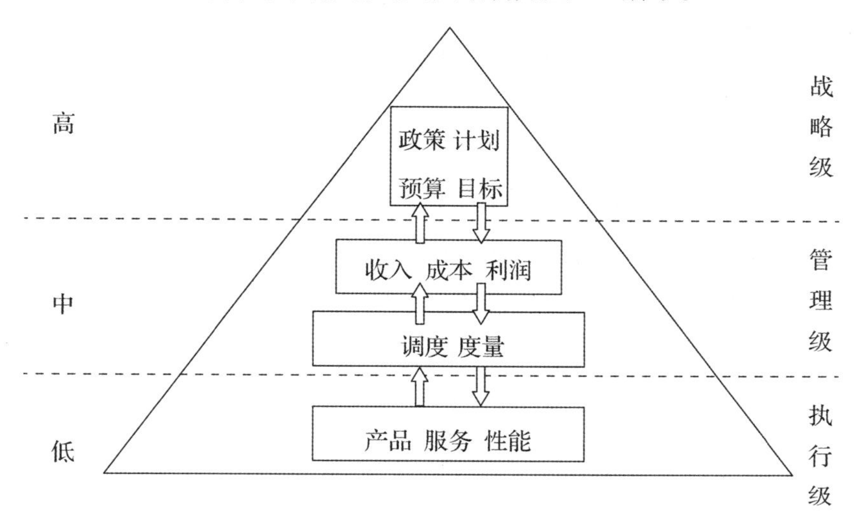

图 1-1 信息的层次结构（以企业管理为例）

6. 相关性

信息的相关性是辅助决策和行为的信息资源与信息使用者的相关程度，相关性越高的信息价值越高。如图 1-1 所示，对于企业的高层管理人员来说，其所需的信息是用于支撑战略决策的，有关企业的综合信息和外部的市场信息能帮助他们确定整个企业的发展方向和投资方向，因此战略级的信息对其是有价值的。但同一信息对于中层管理人员和基础层的业务人员来说就没有那么高的价值。

7. 价值性

信息必须经过汇总、整合、分析才能产生价值。正如商品价值的大小会影响人们对该商品的消费一样，人们对信息的感觉（主观价值）会影响对它的需求。例如，利用大型数据库查阅文献所付费用在有需求的主体看来是值得的，然而对于没有需求的主体来说是没有价值的。与此同时，随着时间的变化，文献的价值也会降低，信息的作用价值必须得经过及时转换。因此，我们要善于利用信息、转换信息，去实现信息的价值。

二、信息的属性

信息除了具有上述特征，还具备一些重要的属性。

1. 普遍性

信息是普遍存在的，是事物运动状态变化的方式，因此，只要有事物存在，并且在发生运动，就会存在信息。

2. 无限性

在整个宇宙时空中，信息是无限的，即使是在有限的空间（时间有限或无限）中，信息也是无限的。宇宙中一切事物的运动状态及其变化方式都是信息，因此它们产生的信息必然是无限的。

3. 相对性

由于不同观察者各方面的差异性，因此他们所获得的信息量可能不同。当持相反目的时，对于同一事物也可能会得到相反的信息。

4. 转移性（传递性）

信息可以在时间上或空间中从一点转移到另一点。由于信息可以脱离载体单独存在，因此通过一定的方法能使其在时间上或空间中进行传递，其中，在时间上的传递称为存储，在空间中的传递称为通信。

5. 变换性

信息是可变换的，它可以由不同的载体和不同的方法来负载。既然信息是事物运动的状态和状态变化的方式，而不是事物的本身，那么它就可以依附在其他一切可能的物质载体上。

6. 有序性

信息是有序性的变量。在自然界中的信息总是与联系相对应的，而有序是联系的一种形态，特定的信息总能反映和度量出有序性。因此，现实生活中人们往往通过信息来消除系统的不确定性，增加系统的有序性。

7. 动态性

信息具有动态性质，一切的信息活动都随时间的变化而变化。因此，信息也是有时效、有“寿命”的（信息发挥效用要及时，知识要不断更新）。

8. 转化性

从潜在的意义上讲，信息是可以转化的，它在一定的条件下，可以转化为物质、能量、时间及其他。转化需要具备一定的条件，其中最主要的条件就是能有效利用，没有这个条件，信息是不可能发生转化的。

1.1.3 信息技术

一、信息技术的概念

信息技术（Information Technology，IT），是用于管理和处理信息的各种技术的总称，主要应用于计算机科学和通信技术。信息技术也常被称为信息与通信技术（Information and Communication Technology，ICT）。由于信息技术是结合计算机技术、通信技术、微电子技术来完成信息的获取、传输和处理的，因此，信息技术是利用计算机进行信息处理，利用现代电子通信技术从事信息采集、存储、加工、利用以及相关产品制造、技术开发、信息服务的新学科。

二、信息技术的分类

1. 按表现形态的不同分类

按表现形态的不同，信息技术分为硬技术（物化技术）与软技术（非物化技术）。硬技术是指各种各样的信息设备及其功能，如电话机、显微镜、通信卫星及多媒体计算机等；软技术是指获取与处理有关信息的各种知识、技能与方法。

2. 按信息传播模式的不同分类

按信息传播模式的不同，信息技术分为传者信息处理技术、信息通道技术、受者信息处理技术、信息抗干扰技术等。

3. 按技术功能的不同层次分类

按技术功能的不同层次，信息技术分为基础层次的信息技术（如新材料技术、新能源技术），支撑层次的信息技术（如机械技术、电子技术、激光技术、生物技术、空间技术），主体层次的信息技术（如感测技术、通信技术、计算机技术、控制技术），应用层次的信息技术（如文化教育、商业贸易、工农业生产、社会管理中用于提高效率和效益的各种自动化、智能化、信息化应用软件与设备）。

4. 按工作流程基本环节的不同分类

按工作流程基本环节的不同，信息技术分为感测与识别技术、信息传递技术、信息处理与再生技术信息处理和信息运用技术。感测与识别技术帮助人类获取信息，包括信息识别、信息提取、信息检测等技术，总称为“传感技术”；信息传递技术可实现信息快速、可靠、安全地转移，各种通信技术都属于这个范畴；信息处理与再生技术信息处理对信息的编码、压缩、加密等进行服务，在对信息进行处理的基础上能再次形成新的信息，这称为信息的“再生”；信息运用技术是信息过程的最后环节，主要包括控制技术和显示技术。

三、信息技术的功能

信息技术的功能是多方面的，从宏观上看，主要体现在以下几个方面。

1. 辅助功能

信息技术能够提高或增强人们对信息获取、存储、处理、传输与控制的能力，使人们的素质、生产技能管理水平与决策能力等得到提高。

2. 开发功能

利用信息技术能够充分开发信息资源，它的应用不仅促进了社会文化的发展，而且大大提高了信息的传输速度。

3. 协同功能

人们通过应用信息技术，可以共享资源、协同工作，如电子商务、远程教育等。

4. 增效功能

信息技术的应用使得现代社会的效率和效益大大提高。例如，通过卫星照相、遥感遥测，人们可以更多、更快地获得地理位置信息。

5. 先导功能

信息技术推动了世界性的新技术革命，是现代文明的技术基础和高技术群体发展的核心，也是信息社会、信息产业的关键技术。大力普及与应用新技术对国民经济技术基础的改造提供了动力，优先发展信息产业可带动各行各业的发展。

四、信息技术的发展趋势

随着信息技术的发展，信息环境发生了很大的变化，海量数据的产生影响着人们的生活。目前，以大数据为代表的新一轮信息化浪潮正在重塑信息分析和处理的理论，推动着信息分析技术与方法创新和新一轮的信息技术产业革命快速发展。在信息领域中，大数据分析与传统信息分析的差异主要体现在分析对象、分析模式、分析工具、分析结果等方面。

1. 分析对象变革：从随机样本到全体样本

大数据分析的是海量数据（往往是全数据）而不是传统信息分析采用的随机样本。从规模上看，随着信息技术的发展，大数据不再受到信息记录、存储、分析工具的限制，其分析的数据都是PB、EB、ZB级的，处理的数据量大大增加。随着信息技术的发展，以结构化数据为主的传统信息处理数据（文字、图像、声音、视频等组成的二维数据）变为结构化、半结构化以及非结构化的数据（文字、声音、视频、多媒体、流媒体等）。

小知识

交　通　云

云计算（Cloud Computing，CC）是随着互联网的广泛应用而出现的，它是一种基于互联网的计算方式，通过这种方式，共享的软硬件资源和信息可以按需提供给计算机和其他设备。交通云是一个整合的、安全的、易扩展的、服务于交通行业的开放性平台。它能针对交通行业的需求——基础设施建设、交通信息发布、交通企业增值服务、交通指挥提供决策支持及交通仿真模拟等，动态满足ITS的各应用系统需求；还能全面提供开发系统资源平台，满足突发系统需求，以及未来不断扩展的交通应用需求。

2. 分析模式变革：从“先假设，后关系”到“先数据，后关联”

传统信息分析一般遵循“先假设，后关系”的分析模式。大数据环境下，这种分析模式难于适用，因此转为采取“先数据，后关联”的分析模式。大数据分析通过发现和挖掘大容量数据中隐含的规律，得出这些规律往往是复杂的非线性关系，数据的增加会使其相关关系变得更加复杂，大数据不再满足于以往通过构造数理关系模型来探究现象之间因果关系的方式，而是更加详细地探讨背后更深层次的原因。

3. 分析工具变革：从数学模型到数据挖掘

传统信息分析通过合适的数理方法对应的数学模型和逻辑思维对有限的样本数据进行定量和定性分析。而大数据分析的对象是海量数据，分析工具以数据挖掘为主，选择合适的数据和挖掘算法是大数据分析的关键。

4. 分析结果变革：从追求精确到拥抱混杂

传统信息分析是通过有限的样本数据来全面准确地估计总体的数据，其分析工具的准确性又直接影响着整个结果的准确性。大数据环境下的数据较为纷杂（往往会混入错误的数据），使得大数据分析的特点转为更注重整体分析，以及数据本身的复杂性和不确定性。数据库设计专家赫兰德（P. Helland）认为，处理大数据会不可避免地导致部分信息的缺失，但数据分析又能快速得到想要的结果，与之形成互补。

1.2 信息系统概述

1.2.1 系统概述

"系统"这一概念广泛存在于日常工作和生活中，如"我们需要系统地解决……问题""我们需要系统地看问题""这是一个系统工程"等。我们也经常接触到各种系统，如计算系统、社会系统、环境系统、自然系统、工业系统、农业系统、商业系统、金融系统、军事系统、国防系统等。系统是一个非常重要概念，同样也是系统论的重要基础概念，甚至是人们工作和生活中的重要概念。

一、系统的定义

20 世纪 20 年代，冯·贝塔朗菲（L. Von Bertalanffy）提出了系统概念和系统理论，并逐渐发展成一门综合的学科。20 世纪 60 年代，系统工程理论被广泛应用于社会经济很多重要领域，从军工、航天、电力、交通、通信等技术工程到社会管理、经济管理、企业管理等社会领域，系统工程的思想和方法已经渗透到人类生活的方方面面，并被其他学科和各领域吸收和应用，产生了广泛且深远的影响。

综合各个时期不同系统的基本认识以及不同学者对于系统的阐释和定义，可以把系统看作一个由相互作用和依赖的若干组成部分或要素结合而成的，并且具有特定功能的有机整体，这一概念也得到了学术界的广泛认同。系统从不同角度被分为：自然系统与人造系统、实体系统与概念系统、动态系统与静态系统、封闭系统与开放系统。

二、系统的特征

我们可以从概念的角度来理解系统，还可以从系统的特征入手来深入地理解和辨析系统。系统具有如下基本特征。

1. 整体性

从系统的定义来看，系统是一个整体的概念，获得系统的整体效应是大多数研究和使用系统的基础。而要素相对于系统来说，是构成系统的统一整体的组成部分，系统至少要有两个或者更多的要素来构成，其所拥有的功能要比单个要素所有功能的总和还要多。

2. 相关性

系统不是各个组成要素简单地相加或者组合，而是一个有机的整体。通过各个要素之间的协调、配合、统筹，整个系统拥有完整强大的功能，要素之间既相互作用、相互联系，又相互制约，每个要素既要服从整体，也要追求整体利益最大化。因此，一个系统的好坏主要取决于各个要素间的相互作用、相互联系。

小知识

城市交通系统

系统是由相互作用和相互依赖的若干组成部分结合而成的、具有特定功能的有机整体。城市交通系统的组成部分是人、车辆、信号灯及道路。在城市交通系统中，由计算机、检测器和信号灯等部分组成的一个有机整体，起着对交通流进行控制的作用，这个整体称为系统，并根据其控制功能特称为控制系统，而被控制对象——交通系统则被称为被控系统。控制系统和被控系统也可合称为一个系统，因为它们组成一个有机整体。

资料来源：徐吉万，等，1988. 城市交通的计算机控制和管理[M]. 北京：测绘出版社.

3. 目的性

系统的目的性，也称功能性，即系统为达到既定的目的所具有的功能。系统的目的和功能往往决定了系统的各个要素的组成和结构。系统总是存在紧密围绕着预期目标运转，以实现的目标来决定要素的组成和要素之间的关系。因此，对于人造系统来说，目的性是不可或缺的。

4. 层级性

系统是分层级的，它本身也在层级当中。系统是由各个组成要素构成，用来联系自然系统的。从微观角度来看，系统组成的每个要素的内部又是由更小的要素组成的，这种更小的要素也是一个小的系统；从宏观角度来看，每个系统又是更高级的、更宏大系统的组成要素。系统的层次结构表明系统和要素的概念是相对的，可以让我们清楚地看到系统各个层级的构成，也可以帮助我们从宏观和微观两个角度对一个系统进行更深刻的理解、更精确的研究和更精准的掌控。

5. 环境适应性

系统以外的事物称为环境，包括系统边界以外的所有的物质、能量和信息。环境是系统的限制条件或约束条件，由于环境是经常变化的，系统需要能够适应环境的变化和调整。系统和外部环境之间需要通过相互交流、相互影响来进行物质、能量或者信息的交换，也需要处于系统中的各组成要素（内部环境）之间进行相互作用，以实现系统的目标，这些都是系统与环境之间相适应的表现。

1.2.2 信息系统

当代信息系统是由于计算机的出现而产生的，是典型的人造系统。

一、信息系统的概念

信息系统能够根据系统目标的需要，对数据进行收集、存储、加工处理、传输、检索和输出，并能向使用者提供有用的信息。

信息系统包括信息处理系统和信息传输系统。信息处理系统对数据进行处理，使它获得新的结构与形态或者产生新的数据。信息传输系统不改变信息本身的内容，其作用是把信息从一处传到另一处。

二、信息系统的功能

人们根据不同的需要设计了不同类型的信息系统。信息系统按照组织层次可以划分为操作层信息系统、知识层信息系统、管理层信息系统和战略层信息系统。不同类型的信息系统功能基本相同，信息系统的功能是对信息进行收集、存储、加工处理、传输、检索和输出，并且向使用者提供有用的信息。

1. 信息的采集

信息采集的作用是将分布在不同信息源的信息收集起来。原始数据的收集应当坚持目的性、准确性、适用性、系统性、纪实性和经济性等原则，信息采集需要经过明确的采集目的，形成并且优化采集方案，制订采集计划，完成采集和分类汇总等环节。

2. 信息的处理

信息的处理是对通过各种途径和方法收集的原始数据进行综合加工处理形成对使用者有用的信息。信息的处理分为真伪鉴别、排错校验、分类整理与加工分析四个环节，处理的方式包括排序、分类、归并、查询、统计、结算、预测、模拟，以及进行各种数学运算。在未来，信息处理系统的处理能力会随着计算机性能的提高而越来越强。

3. 信息的传输

从信息采集源收集的数据经过加工处理后传输到使用者手中的过程称为信息的传输，信息通过传输形成了信息流。以企业管理中的信息流为例，其具有正向传输和反馈两方面的双向流特征，既有不同管理层之间信息的垂直传输，也有同一管理层各部门之间信息的横向传输。因此，企业往往合理设置组织机构，明确规定信息传输的级别、流程、时限，以及接收方和传递方的职责，采用合适的通信工具（如电话、传真、计算机网络等）以提高信息的传输速度和效率。

4. 信息的存储

信息的存储包括物理存储和逻辑存储两个方面。物理存储是将信息存储在适当的介质上；逻辑存储是按信息的内在联系组织和存储数据，把大量的信息组织成为合理的结构。使信息存储高密度化和高结合化，已然成为信息工作发展的基础。当信息系统相当庞大时，我们就需要依靠先进的信息存储技术来存储大量的信息。现代信息存储技术包括数据压缩技术、缩微存储技术、光盘存储技术等。

5. 信息的检索

信息的检索和存储是同一问题的两个方面：信息存储是为了信息再利用，而信息的检索是便于使用者对存储于各种介质上的庞大数据进行检索和查询。信息的检索是以先进科学的存储为前提，以数据技术和方法为基础。

6. 信息的输出

信息的输出是信息处理环节的一个步骤。衡量信息输出有效性的关键在于它的时效、速度与数量等能充分满足信息系统的目标要求。根据信息的特点，信息输出要选择合适的输出媒体、输出格式、输出方式，以确保信息传递便捷准确、使用方便，以及满足保密需要等。

1.2.3 信息系统的发展

一、信息系统的发展历程

早在人类文明开始时，信息系统就已经存在，直到1946年第一台计算机问世之后才迅速地发展起来。此后，信息系统经历了由单机到网络，由低级到高级，由电子数据处理系统（Electronic Data Processing System，EDPS）到管理信息系统（Management Information System，MIS）再到决策支持系统（Decision Support System，DSS），由数据处理到智能处理的过程。信息系统的发展历程见表1-1。

表1-1 信息系统的发展历程

阶段	标志年代	主要目标	典型功能	核心技术	代表性系统
面向事务处理阶段	20世纪50年代	提高文书、办公、统计、报表等事务处理的工作效率	统计、计算、制表、文字处理	高级语言、文件管理	电子数据处理系统
面向系统阶段	20世纪60年代	提高管理信息处理的综合性、系统性、及时性和准确性	计划、综合统计、管理报告生成	数据库技术、数据通信与计算机网络	早期的管理信息系统

续表

阶段	标志年代	主要目标	典型功能	核心技术	代表性系统
面向决策支持阶段	20 世纪 70～80 年代	支持管理者的决策活动，以提高管理决策的有效性	分析、优化、评价、预测	人机对话、模型管理、人工智能的应用	决策支持系统、现代管理信息系统
综合服务阶段	20 世纪 90 年代至今	实现信息的集成管理，提高管理者的素质与管理决策水平	为管理者的职能活动（决策分析、研究、学习）提供支持	Internet/Intranet 技术、多媒体技术、人工智能应用	基于 Web 的信息系统、电子商务系统、供应链管理系统等

二、信息系统的类别

随着计算机技术的发展，人们对信息系统的应用逐渐从对事实、事务的处理发展到对数据、信息，甚至知识和情报的处理。根据其发展过程，可以将信息系统划分成以下四个类别：事务处理系统（Transaction Processing System，TPS）、管理信息系统、决策支持系统和专家系统（Expert System，ES）。四种信息系统的比较如表 1-2 所示。

表 1-2　四种信息系统的比较

信息系统的类型	信息系统的特点	系统开发的方法
事物处理系统	容量大，关注数据获取；目的是使不同事物处理系统中作用更有效	面向过程，关注数据的获取、利用、存储及数据在各步骤中的转移
管理信息系统	利用多样且可预测的数据资源来整合和概括数据；可从历史数据中发现未来的趋势和业务知识	面向数据，关注数据相互关系的理解，从而数据可以各种形式获得并对其进行概括；建立支持不同使用的数据模型
决策支持系统	提供一系列可供选择的方案；可能存在群体决策者；通常是半结构化问题，并且获取数据的需求关注不同的细节	面向数据和决策逻辑；设计用户对话；群体交流也很关键，且获得不可预测的数据也很有必要；系统的本质需要迭代开发和不断地更新
专家系统	向用户提出一系列不分先后次序回答的问题，提供专家建议，通常是得出一个结论或建议	面向具体的决策逻辑，其中，知识是从许多专家中抽取出来、使用规则或其他形式来描述的

三、信息系统的发展趋势

随着整个社会互联网技术基础水平的提高（如宽带光纤的普及、移动设备的推广）及新技术的日趋成熟，信息系统的发展趋势可以概括为信息连接上更加社交化、物联化，系统实现上更加平台化、智能化，终端展现上更加服务化、互动化和移动化。

1. 信息节点物联化

当前的信息系统，主要是通过网络、软件等互联网技术基础设施，将人与人互相连接起来，实现人与人之间的信息交互和共享。随着智能传感、可穿戴设备等相关技术的发展，信息系统正在从互联网时代向物联网时代迈进。在物联化的信息系统中，互联网基础设施进行信息采集传输和处理智能设备将成为信息系统的重要组成部分。信息系统连接的节点不再仅仅局限于人，更多的是人与物和物与物之间的连接，整个信息系统的设计理念和运行模式都将随之发生巨大的变化。

资料卡

车 联 网

物联网是新一代信息技术的重要组成部分。它通过射频识别（Radio Frequency Identification，RFID）、红外感应器、GPS、激光扫描器、气体感应器等信息传感设备，把所有的物体与互联网连接起来，进行信息交换和通信，实现对物体的智能化识别、定位、跟踪、监控和管理。

而车联网是基于物联网概念提出的，是将汽车、驾驶人、道路以及相关的服务部门相互连接起来，并使道路与汽车的运行功能智能化，从而使公众能够高效地使用道路交通设施，这是物联网与智能交通的结合。

资料来源：刘伟杰，2013．智能交通在身边[M]．上海：上海人民出版社.

2. 终端设备移动化

目前的移动互联网的主流终端设备是智能手机，未来随着可穿戴设备、智能家居、智能汽车等逐步发展成熟，移动互联网将把人、设备等连接在一起，改变着人类的生活和工作方式：让许多信息系统都有了自己的移动客户端（App 等软件），或者与一些第三方的移动应用平台，如微信等进行了对接。信息系统不仅在信息显示方式上能适应更小的移动设备，在功能使用方式上也更能满足人类的需求，碎片化、即兴化是移动信息系统使用过程中的最大特征。

3. 软件功能智能化

人工智能（Artificial Intelligence，AI）是指能够和人一样进行感知、认知、决策、执行的人工程序或系统。人工智能是计算机科学的一个分支，该领域的研究包括机器人、语言识别、图像识别、自然语言处理和专家系统等，是对人的意识、思维的信息过程的模拟。

4. 平台化

随着运行范围的不断扩展，信息系统变得越来越开放互联，并且逐渐向平台化发展。信息系统的核心价值也逐渐从提供各种功能服务转为由各种第三方提供支持服务，整合各种资源。信息系统平台成为用户和第三方厂商间交互的渠道和桥梁。

5. 交互方式互动化

随着互联网时代的到来，信息系统逐渐将人与人连接起来，人们通过信息系统进行密切的互动。随着互联网技术的发展，用户与信息系统的交互也经历了一个不断演变的过程。近年来，随着网络通信技术的不断发展，人们交互的方式和内容也从二维的文字、图片信息转为三维的视频信息，朝着虚拟现实（Virtual Reality，VR）和增强现实（Augmented Reality，AR）的方向发展。

6. 交付形式服务化

无论是采用原有的信息系统设施、购买成熟的软件和硬件进行部署安装，还是采用定制开发的方式从头研制，都需要一定的时间周期。21 世纪初兴起一种完全创新的软件应用模式：用户不用再购买软件，而改用向提供商租用类似于 Web 的软件来管理企业的经营活动，且服务提供商会全权管理和维护软件；软件厂商在向用户提供互联网应用的同时，也同时提供软件的离线操作和本地数据存储功能，让用户随时随地都可以使用其订购的软件和服务。

7. 用户行为社交化

人类是天生的群居动物，社交是人类的天性，信息亦是如此。当信息系统实现社交化功能，允许用户将信息进行社交分享，系统便沉淀了更多的数据和信息。

1.3 管理信息系统概述

1.3.1 管理信息系统的概念

计算机技术产生以后，迅速在管理领域获得了广泛应用。20 世纪 60 年代，美国经营管理协会及其事业部第一次提出了建立管理信息系统的设想，但由于当时软件技术水平的限制和开发方法的落后，效果并不明显。进入 20 世纪 80 年代以后，随着各种技术特别是信息技术的迅速发展，管理信息系统也得到了进一步的发展，管理信息系统的概念逐步得到了完善。

不同时期的研究者们从各自不同的角度对管理信息系统进行研究，从计算机系统实现、支持决策和人机系统的角度出发，分别给出了不同的定义，其中最具代表性的定义有下几种。

早在 1970 年，肯尼万就给出了管理信息系统的定义：以书面或口头形式，在合适的时间向经理、职员以及人员提供过去、现在和未来有着企业内部及其环境的信息，以帮助他们进行决策。在那个时代，由于计算机的应用还不普遍，管理信息系统提供信息采用书面和口头的方式，目的是支持决策。

1985 年，管理信息系统的创始人戴维斯（G. Davis）给出较为完整的定义是：它是一个以计算机硬件和软件，手工作业为基础，利用分析、计划、控制和决策模型及数据库的人–机系统。它具有提供信息，支持企业或组织的运行、管理和决策的功能。这个定义强调了管理信息系统的三个核心问题：计算机工具、信息处理的模型和系统的功能。

《中国企业管理百科全书》中将管理信息系统定义为：管理信息系统是一个由人、计算机等组成的进行信息收集、传递、加工、维护和使用的系统。它能实测企业运行情况，利用数据预测未来，从全局出发辅助企业进行决策，帮助企业实现其规划的目标。这个定义强调了管理信息系统能够记录和保存企业内部和外部各种活动的相关信息，按时间顺序记录了历史的数据和信息，掌握了企业的变化过程，根据变化规律预测企业的发展趋势，为企业决策提供依据。

综上所述，管理信息系统应当具备信息系统的基本功能，同时，管理信息系统又具备它特有的预测、计划、控制和决策功能。可以说，管理信息系统体现了管理现代化的标志，即系统的观点、数学的方法和计算机的应用这三要素。由此看来，对管理信息系统定义的完善是人们更好地理解其本质的过程。由于技术的不断进步，应用的不断深入，管理信息系统的结构和功能也在不断改进中。

1.3.2 管理信息系统的特点

我们从管理信息系统的概念可以看出，管理信息系统一般具有下面五个特点。

1. 面向管理决策

管理信息系统是为管理服务的信息系统，它能根据管理的需要，及时提供所需的信息，为组织各管理层次提供决策支持。

2. 综合性

管理信息系统是一个对组织进行全面管理的综合系统。从开发管理信息系统的角度来看，系统可以根据需要先行开发个别的子系统，然后进行综合系统的开发，最后

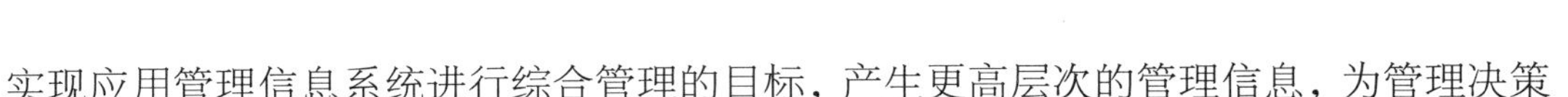

实现应用管理信息系统进行综合管理的目标，产生更高层次的管理信息，为管理决策服务。

3. 人–机系统

管理信息系统的目标是辅助决策，决策由人来做，并依赖于人机之间的相互作用，所以管理信息系统是一个人–机有机结合的系统。

4. 现代管理方法和手段结合

管理信息系统是在开发过程中融入现代的管理思想和方法，将先进的管理方法和管理手段结合起来，最终通过系统的管理决策实现。

5. 多学科交叉

管理信息系统基于计算机科学和技术、管理科学、数学、运筹学等学科的相关理论，是一门典型的交叉学科。其学科体系会随着相关学科进行不断的发展和完善，同时它也是一个应用领域。

1.3.3 管理信息系统的结构

管理信息系统的结构指管理信息系统各组成部分所构成的框架。由于对不同部分的理解不同，结构方式也不同。管理信息系统的结构主要包括概念结构、功能结构、软件结构和硬件结构等。

一、概念结构

概念结构是概念的内部组织，即概念由哪些因素构成以及这些因素之间的关系。管理信息系统从概念结构上看，由信息源、信息处理器、信息用户和信息管理者组成。信息源是信息的原产地，是计算机数据的来源；信息处理器主要进行信息的接收、传递、加工、存储、输出等；信息用户是信息的使用者，包括企业内部不同管理层次的管理者；信息管理者则根据信息用户的要求，负责管理信息系统的设计开发、运行管理和维护。管理信息系统的概念结构如图 1-2 所示。

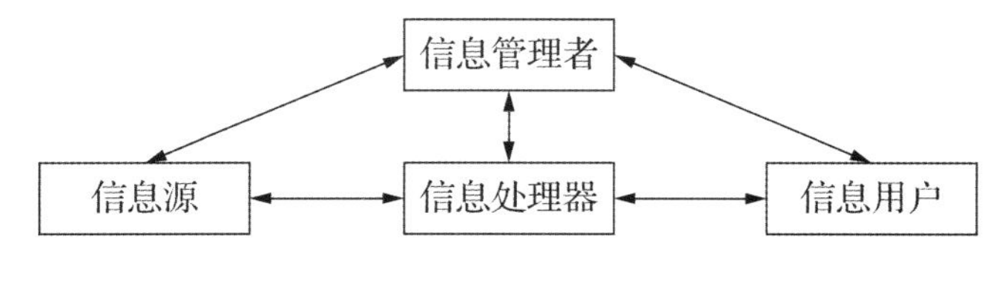

图 1-2 管理信息系统的概念结构

二、功能结构

一般情况下，系统的总功能可分解为若干分功能，各分功能又可进一步分解为若干二级分功能，直至各分功能被分解为功能单元。这种由分功能或功能单元按照其逻辑关系连接成的结构称为功能结构。

一个组织是通过组织结构的设计从而进行组织职能的划分，组织职能的划分往往随着组织结构的变化而变化。但从信息用户的角度来看，信息系统支持整个组织在不同层次上的各种功能，并且这些功能之间的各种信息联系构成了一个由很多子系统组成的有机整体。各子系统之间的主要数据交换关系构成了子系统之间的信息流，使得企业中的各类信息得到充分的共享，从而为企业的生产活动和管理、决策活动提供支持。某企业的组织管理职能和组织活动层次矩阵如图 1-3 所示。

组织管理职能
组织活动层次
战略管理
管理控制
运行控制
作业处理
市场营销子系统
生产管理子系统
物资供应子系统
人事管理子系统
财务管理子系统
战略管理子系统

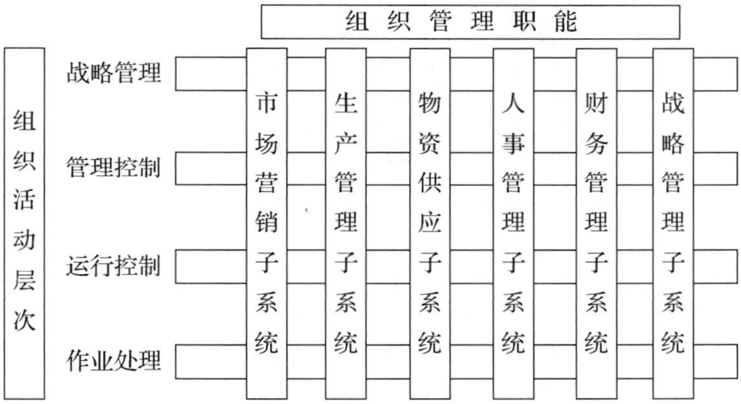

图 1-3　某企业的组织管理职能和组织活动层次矩阵

如图 1-3 所示，每一列代表一种组织管理职能，每一行代表一个组织活动层次，行列交叉表示组织的一种管理职能在四种组织活动层次的信息处理需求，每个组织活动层次都包括了所有的组织管理职能。

三、软件结构

软件结构（Software Structure）是指一种层次表况，由软件组成成分构造软件的过程、方法和表示，主要包括程序结构和文档结构。程序结构有两层含义，一是指程序的数据结构和控制结构；二是指由比程序低一级的程序单位（模块）组成程序的过程、方法和表示，具有代表性的是块结构和嵌套结构两种。

在管理信息系统的功能和层次矩阵的基础上进行综合，纵向上把不同层次的管理业务按职能综合起来，横向上把同一层次的各种职能综合在一起，做到信息集中统一，程序模块共享，各子系统功能无缝集成，由此形成一个完整的一体化的系统，即管理信息系统的软件结构，如图 1-4 所示。

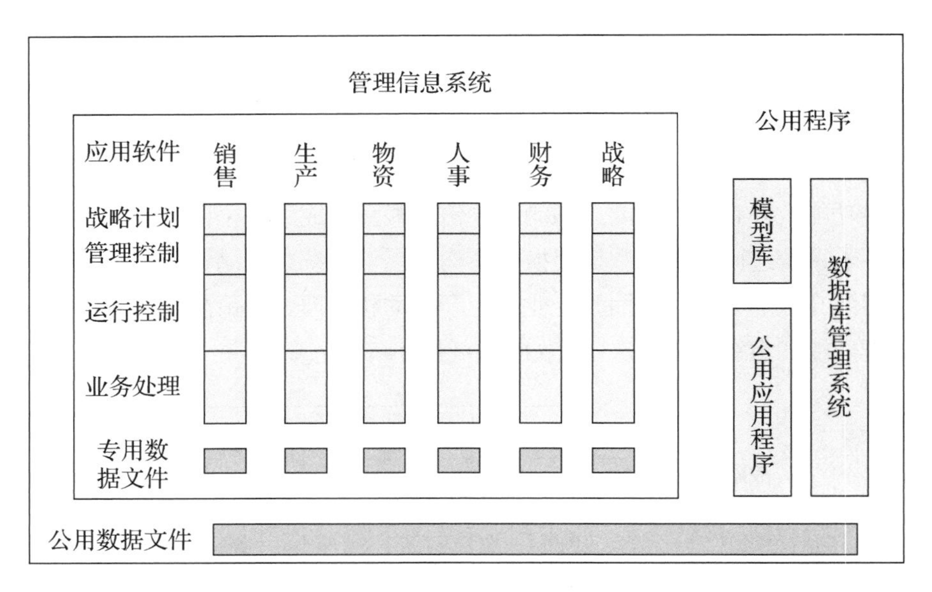

图 1-4 管理信息系统的软件结构

显然，管理信息系统是由各功能子系统组成的，每个功能子系统又可分为战略计划、管理控制、运行控制、业务处理四个主要信息处理部分。每个功能子系统都有自己的文件，即图中每个方块是一段程序块或一个文件。例如，生产管理的软件系统是由支持战略计划的模块、支持管理控制、运行控制以及业务处理的模块所组成的系统，并且带有自己的专用数据文件。整个系统具有为全系统共享的数据和程序，包括为多个职能部门服务的公用数据文件、公用程序。公用程序包含为多个应用程序公用的分析与决策模型：公用应用程序、模型库及数据库管理系统等。

四、硬件结构

硬件结构是软件结构实现的硬件基础。管理信息系统的分布式特征必须依赖于计算机的硬件结构来实现，将计算机终端或微机工作站分布在企业或组织中的不同地点实地获得各类数据，以支持企业的各层管理，进而满足各个部门向其他部门提供必要信息的客观要求。计算机的硬件结构是指如何根据实际的管理需求及信息结构来配置硬件设备，并且考虑设备的分布、联系以及信息的传输速率能否满足管理的需求。一般来说，计算机硬件的常用结构主要有两种：一种是小/中型机及终端结构，为了提高系统的可靠性，主机采用双机备份的形式；另一种是微机网络结构，即将许多微机通过网络联系起来，网络的拓扑结构主要有星形、环形和总线形等。由光纤构成的光纤分布式接口（Fiber Distributed Data Interface，FDDI），其基本结构为逆向双环，一个环为主环，另一个环为备用环，图 1-5 是 FDDI 网络结构示意图。

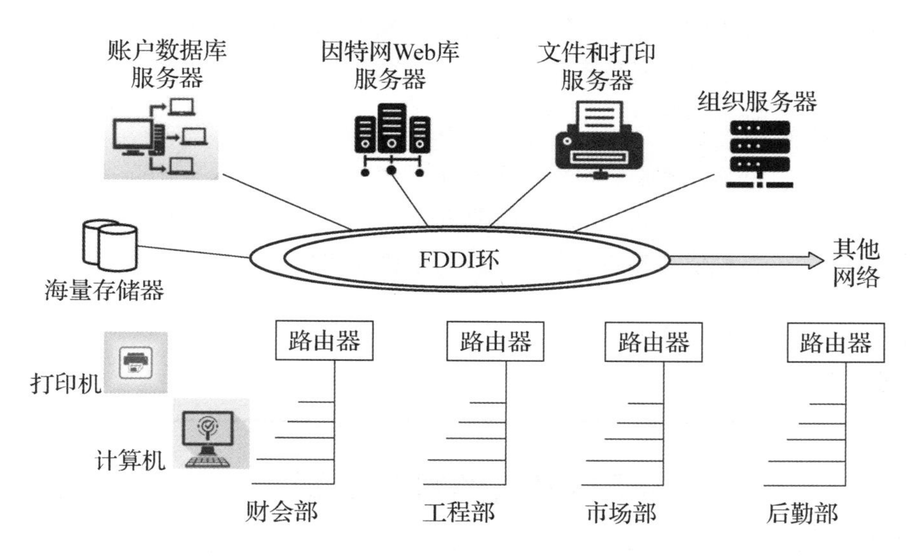

图 1-5　FDDI 网络结构示意图

1.3.4　管理信息系统的发展

回顾我国管理信息系统的发展历程，管理方面应用信息技术已发展成为专门的“管理信息系统”：我国自 1983 年大力推广微型计算机应用以来，管理信息系统在理论和实践两方面都发展迅速；1986 年中华人民共和国国务院（以下简称国务院）批准建设了国家经济信息系统，全国从中央到省、市都陆续成立了信息中心；1993 年全国电子信息系统推广办公室成立，负责管理全国电子信息技术和系统的推广应用；1994 年组成了由 24 个部委参加的国家信息化联席会议，统一领导与组织协调全国信息化及其重点工程建设。“八五”（1991—1995 年）期间，国家开发了一批大型应用信息系统，其中包括：国家经济信息系统、电子数据交换系统、银行电子业务管理系统、铁路运输系统、公安信息系统。从 1993 年开始实施以“金桥工程”“金关工程”“金卡工程”和“金税工程”为代表的一系列“金”字号国民经济信息化工程；2001 年中央又重新组建了国家信息化领导小组，在制订信息化发展规划、推行电子政务、发展软件产业、保障信息安全、发展电子商务、开发利用信息资源等方面做出了一系列重要决定和战略部署。信息产业的重要性也反映在政府机构的设立上：1998 年我国成立信息产业部，2008 年组建中华人民共和国工业和信息化部（以下简称工信部）作为领导全国信息化工作的行政管理部门。随着信息技术的迅猛发展，管理信息系统呈现出新的发展态势。

一、网络化发展

在大数据信息化时代背景下，我们更加需要重视网络技术的发展，确保管理水平得到显著提高，实现对各类信息更精准、高效地处理；有效地管理信息系统的安全与稳定，保证各类数据传播过程中的安全性。由此可见，网络技术在管理信息系统方面将会获得越来越广泛的应用，基于信息技术的管理信息系统也会朝着网络化的方向发展。

二、集成化发展

集成化发展就是将管理信息系统中各类子系统进行有效结合，从而达到对所有系统统一管理的目的。管理信息系统的内部构造较为复杂，其包含多种科学技术，对大数据进行处理时需要该系统依靠多种互不相同的科学技术来实现，推动管理信息系统向集成化方向发展。

小知识

5G时代的智慧交通

智慧交通需要在移动通信基础上，构建车与路、车与环境的万物互联网，基于服务出行需求层面，供给一个全场景、可联系、可协同的运行平台，一切在线状态都对应着实时数据。智慧交通是所有交通参与者的“大脑”和“手”，学习、运算、决策、调度同步进行。

5G时代的智慧道路交通将与多领域进行合作，把多领域的高科技工具集成起来，同时结合道路交通工程学的原理，制造出更多新的终端产品，并“在线”应用于道路交通，最终使得人、车、路、环境之间形成互动，法规、教育、工程、环境、能源、经济也随之稳步发展。

5G 智慧交通示范工程

资料来源：荒岛，等，2020. 5G时代的智慧道路交通[M]. 上海：同济大学出版社.

三、智能化发展

智能化是指事物在计算机网络、大数据、物联网和人工智能等技术的支持下，具有的能满足人的各种需求的属性。智能化的科技已经与我们的生活息息相关，而智能化的管理信息系统将成为新的发展趋势。

四、信息安全

当今信息化的时代，管理信息系统在人们生活中应用得越来越广泛。每天产生的海量数据信息，让信息在安全方面面临新的挑战。因此，在处理和分析数据真实性和有效性方面需要对信息安全提出更高的要求。在系统运行维护的过程中，需要着重处理好例行突发事件，不断改进管理信息系统的结构，确保各项数据信息的安全，保证管理信息系统安全平稳地运行。

1.4 交通运输行业信息化建设概述

交通运输行业是现代信息技术应用最广泛的领域之一。从世界交通运输发展的一般规律来看，信息技术的应用程度深刻影响着交通运输现代化的进程，信息化是现代交通运输业发展的重要标志。

目前，我国的交通信息化建设在勘察设计、工程施工、交通安全、环境监控、船舶自动化等诸多方面，运用现代通信技术、现代控制技术等高新电子信息技术取得了可喜的技术成果，另外，在交通信息资源开发利用方面，建设了一批信息应用和管理系统；在信息基础设施建设方面，初步构建了交通信息化网络的基本架构。这都说明了我国的交通运输信息化建设正在由传统的交通运输发展理念转变为以信息技术为主体的现代交通运输发展理念。信息技术的不断推广和应用，必然引起生产效率的提高、管理方式的根本变革、成本的大幅度下降，因此，资源配置的全面优化和充分利用，成为交通运输业发展和传统运输方式优化升级的强大推动力。信息化是当今世界发展的大趋势，也是我国产业优化升级和实现工业化、现代化的关键环节。道路（公路）、铁路、水运交通作为国民经济和社会发展的基础产业，在交通行业信息化发展的各个重点时期都有着很大的变化。

1.4.1 道路交通信息化建设

道路运输作为我国主要的运输方式之一，其信息化体现在诸多方面。道路交通信息化的应用重点体现在 ITS 方面。虽然目前 ITS 已有从道路运输转向其他运输方式的趋势，但目前的主体仍然是道路运输。

一、ITS的定义

ITS 是对通信、控制和信息处理技术在运输系统中集成应用的统称。这种集成应用产生的综合效益主要体现在挽救生命、节省时间和金钱、降低能耗以及改善环境等方面。ITS 是灵活的，可以用广义和狭义的方式进行解释，在欧洲支撑 ITS 的技术群被定义为“运输的远程信息处理”。ITS 的总体功能是通过改进（通常是实时地）交通网络的管理者和其他用户的决策，改善整个运输系统的运行。ITS 包含了一个技术和方法组成的宽阔阵列，这些可以通过独立的技术应用获得，也可以作为其他运输策略的增强因素来达到预期。

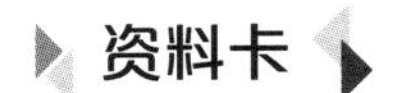

交通监控系统

已经广泛应用于车辆检测的设施设备有磁感线圈、超声波、红外线及监控相机等。基于视频图像的车辆检测及分析是计算机视觉应用的一个分支，它通过将图像处理及模式识别技术相结合，实现目标的自动检测及分析。通过监控相机和计算机模拟人眼的功能实现人工智能，使得视频图像检测技术日益成为交通监控系统中最具优势和最有发展潜力的检测方法。基于视频图像的车辆检测技术通过监控相机获得实时交通视频信息，结合图像处理原理和模式识别方法对图像进行实时处理和分析，计算得到交通流量、占有率、平均车速、排队长度等交通参数，并对车辆逆行、慢速、超速和交通阻塞等交通行为进行分析，自动统计以及记录相关数据。综合交通参数及交通事件等重要信息，可对交通状态进行估计和预测，及时发布诱导信息或通过交通参数及交通事件等重要信息，可对交通状态进行估计和预测，及时发布诱导信息或通过交警进行调控，从而保障交通正常安全运行。

资料来源：赵池航，等，2014. 交通信息感知理论与方法[M]. 南京：东南大学出版社.

二、ITS的发展历程

ITS 起源于 20 世纪 60 年代，它的概念于 1990 年由美国智能交通学会（ITS America）提出，并在全世界范围内大力推广。20 世纪 80 年代中期，ITS 的研究得到了突破性进展。又经过几十年的研究与应用，目前国际 ITS 领域已经形成以美国的“智能车辆–公路系统”、欧洲的“尤里卡”联合研究开发计划和日本的“先进的动态交通信息系统”为代表的三强鼎立局面。我国 ITS 的研究已进入快速发展期。其他一些国家如韩国、澳大利亚等的 ITS 研究和发展也已初具规模。

1. 美国

从 1976 年至 1997 年的二十多年间，美国每年车辆公里数平均上升 77%，而同期道路建设里程仅增长 2%，在交通高峰期，54%的车辆发生堵塞。为了解决这一困境，美国从 20 世纪 80 年代开始进行 ITS 的研究与规划。1990 年，“IVHS（Intelligent Vehicle-Highway System）America”成立。1991 年，美国国会通过“综合地面运输效率方案”。1994 年，“IVHS America”正式更名为“ITS America”，即美国智能交通协会。1995 年，美国交通正式出版了《国家智能交通系统项目规划》，明确规定了 ITS 的七大领域。1996 年，亚特兰大市交通局运用已有的智能交通系统的技术成果开发了 Olympic 交通控制管理系统，为第 26 届奥运会提供了有效服务。2001 年，美国运输部和 ITS America 联合编制了《美国国家智能交通系统 10 年发展规划》，明确了区域间作为一个整体系统发展建设的主题。目前，在美国 ITS 的应用已覆盖了 80%以上的交通设施，ITS 体系结构较为完善，美国 ITS 体系如图 1-6 所示。

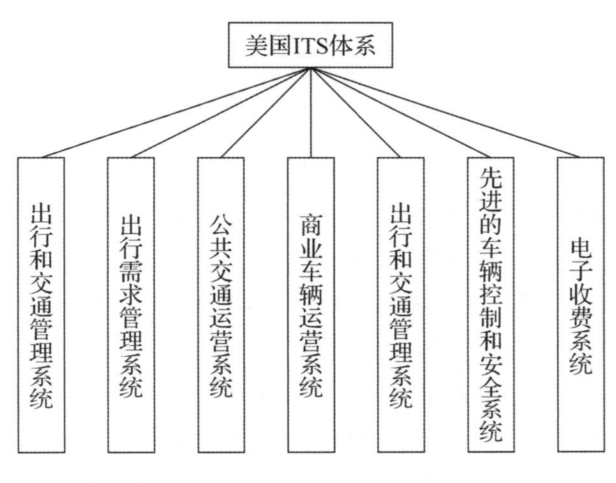

图 1-6 美国 ITS 体系

2. 欧洲

欧洲智能交通起源于 20 世纪 70 年代末德国进行的汽车导航系统试验。1986 年，奔驰汽车公司组织进行 PROMETHEUS 项目研究。1988 年，欧洲开始进行车辆安全的专用道路基础设施建设，该项目一阶段已完成，现已进入二阶段研究开发。1991 年，欧盟成立旨在推进欧洲 ITS 发展的欧洲道路运输通信技术实用化促进组织。1994 年，进行交通信息应用项目研究，该项目综合了海陆空交通体系的智能信息化。1996 年 7 月，欧盟通过《跨欧交通网络开发（TEN-T）指南》。1997 年，欧盟制定了《欧盟道路交通信息行动计划》，该计划是欧洲 ITS 总体实施战略的重要组成部分。2000 年，欧盟发起了一项“电子欧洲行动计划”，以此推动欧洲 ITS 的发展。2001 年 9 月，欧盟制定《2001—2006 各年指示性计划》，该计划用来加大实现跨欧交通网络的投资力度。2009 年，Telematric 进行全面开发，计划在全欧洲建立专门的交通无线数据通信网。2010 年，欧盟委员会制定了《ITS 发展行动计划》，克服欧洲道路交通部署 ITS 行动迟缓和碎片化问题，以实现 ITS 部署工作的整体化、可操作化，使无缝交通服务成为欧洲道路交通系统的新常态，这是第一个在欧盟范围内协调部署 ITS 的立法基础。

3. 日本

日本 ITS 的发展始于 20 世纪 70 年代，1973 年，通产省开始汽车综合管理系统的开发，该系统是通过路口近旁设置的微弱电波实现路车通信。从 1973 年至 1978 年，日本成功开展了动态路径诱导系统试验，驾驶人可根据车上显示器显示的道路交通堵塞状况及诱导方向，选择自己到达目的地的最佳路线。20 世纪 80 年代中期，日本开始车辆信息和通信系统的研究，该系统是利用信标向驾驶人提供交通堵塞信息、事态管制信息、停车场信息等。1984 年，日本利用无线电开发了路和车之间的通信系统；1987 年，日本开发了可与基地局实现双向通信的车辆交通通信系统；1991 年，日本开始对这两个系统进行实用化的研究。1990 年，日本开始进行超智能车辆系统的研究，该系统实现车与车之间的通信技术和车队协调行驶。1991 年至 1996 年，日本汽车公司开始实施先进的安全车辆（Advanced Safety Vehicle，ASV）项目，该项目对交通安全方面进行研究开发；1996 年 4 月，二期 ASV 项目开始实施。1991 年，日本警察厅开始了全方位交通管理系统研究；1993 年，成立了全方位的交通管理学会（UTMS），便于满足各个方面在规划、建设和使用新的全方位交通管理系统的要求。1994 年 1 月，日本五省联合成立了车辆道路与交通智能化协会（VERTIS），以推动 ITS 的发展。1995 年 6 月，日本内阁会议通过了《面向高度信息和通信社会推进的基本方针》。1996 年 7 月，日本四省一厅，即当时的警察厅、通商产业省、运输省、邮政省、建设省（现调整为警察厅、经济产业省、国土交通省、总务省四部委）联合制定了《推进 ITS 总体构想》（简称《ITS 总体构想》），明确提出了日本 ITS 发展的九大领域，初步实现 ITS 系统整合，提出了日本 1996 以后 20 年 ITS 的构想、开发、实施计划。2019 年，日本已经经历了推动实用化（1996—2003 年）、加速普及与社会贡献（2004—2012 年）和解决诸多社会课题（2013—2019 年）三个重要阶段，已经在车路协同等新技术、交通管控及服务方面进行了再次升级。2019 年，日本道路新产业开发组织（Highway Industry Development Organization，HIDO）发布了《ITS HANDBOOK 2019》（简称《ITS 2019》），主要总结了日本 ITS 的发展成就和近期重点任务，ITS 正坚定地朝着车路协同、路网运行效率最大和安全辅助服务等方向发展。日本 ITS 体系，如图 1-7 所示。

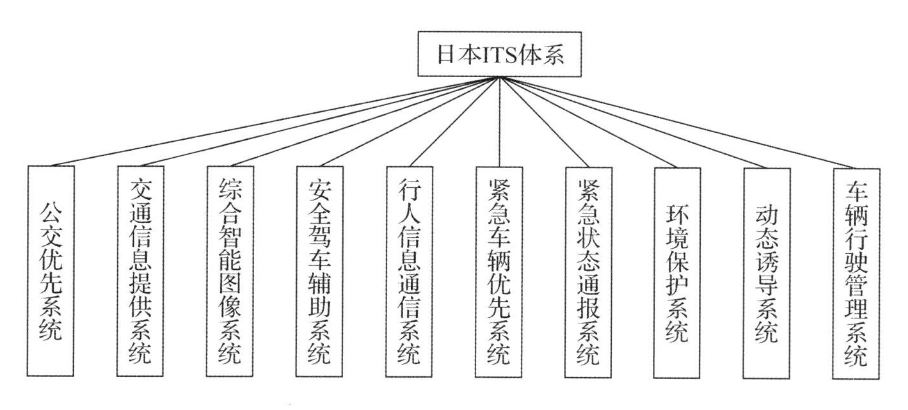

图 1-7 日本 ITS 体系

4. 中国

中国ITS的起源可追溯到20世纪70年代末的城市交通信号控制试验研究，其在20世纪90年代中后期开始迅速发展。1995年，交通部[①]ITS工程研究中心进行了“全球定位系统（Global Positioning System，GPS）与导驾系统”和“基于GPS的路政车辆管理系统”等项目的研究，此外，交通部与各省厅联合开展了“网络环境下不停车收费系统”的攻关工作。1999年11月，交通部和科技部[②]等十多个相关部门组成了国家智能交通系统工程技术研究中心。2002年，正式启动的国家“十五”科技攻关计划专项中，设立了“智能交通系统体系框架及支持系统开发”项目，该项目于2005年基本完成。2007年10月，第十四届智能交通世界大会在北京举行，大会展示了中国近年来各部门、各地区在ITS领域所取得的成就，并加强了中国在ITS领域与国外的交流与合作。此外，城市和城市间道路交通管理的ITS关键技术研究得更加深入，交通信息采集设备、专用短程通信设备、车载信息装置等硬件设施也都取得了不同程度的发展和应用。中国ITS已进入快速发展期，在软件和终端产品开发上也取得了相当大的进展，如数字地图和车载导航设备具备了一定的水平，得到了广泛应用。随着经济的快速发展，中国对ITS的研究和应用将会越来越普遍。

中国ITS体系如图1-8所示。随着时间的推移，我国智能交通已经经历了智能交通系统技术体系和智能型综合交通系统形成期（2006—2010年），智能交通技术体系和智能型综合交通体系形成期（2011—2015年），以及智能交通发展的成熟期（2016—2020年）。

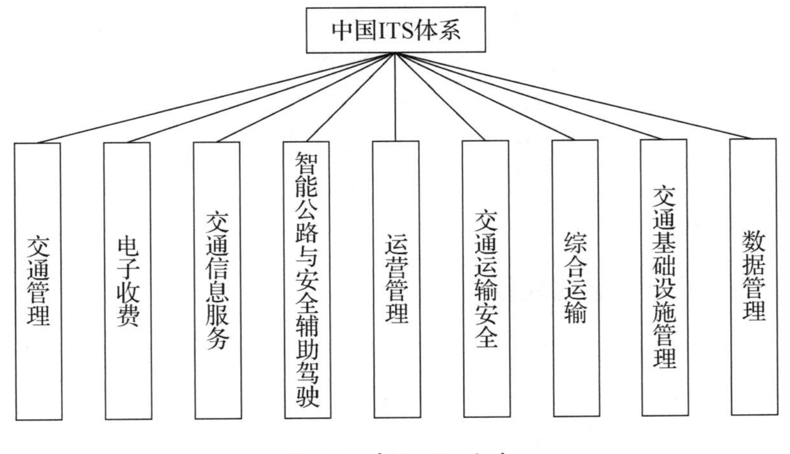

图1-8 中国ITS体系

① 交通部指中华人民共和国交通部，2008年改为中华人民共和国交通运输部，简称交通运输部。

② 科技部指中华人民共和国科学技术部。

中国发力迈向交通强国

2019 年，中共中央、国务院印发了《交通强国建设纲要》，勾画了未来 15～30 年中国交通运输现代化的愿景和路线图，目标是要实现交通运输的现代化，其中智能交通将发挥非常重要的作用，包括智能道路、智能高铁、智能船舶、智能物流、智能网联汽车等，AI、大数据技术等应用也将发挥重要作用。而以智慧高速等为代表的智能交通的成熟，也显示着中国正坚定不移地朝着交通强国迈进。

2021 年，中共中央、国务院印发了《国家综合立体交通网规划纲要》，规划期为 2021—2035 年。为推进综合交通高质量发展，需要提升交通领域的智慧发展水平。加快提升交通运输科技创新能力，推进交通基础设施数字化、网联化。构建综合交通大数据中心体系，完善综合交通运输信息平台。

5. 其他国家

在国际上，美国、欧洲和日本走在 ITS 研究和发展的前列，此外，韩国、新加坡、马来西亚和澳大利亚等地的 ITS 发展也初具规模。韩国的光州市是 ITS 示范工程地点，耗资 100 亿韩元（1 韩元≈0.005 元人民币），其建设应用选取了交通感应信号系统、公交车乘客信息系统、动态线路引导系统、自动化管理系统、及时播报系统、电子收费系统、停车预报系统、动态测重系统、ITS 中心九项内容。马来西亚 ITS 集中在多媒体超级走廊，从国油双峰塔开始至吉隆坡国际机场，面积达 750km^2。目标是利用兆位光纤网络，把多媒体资讯城、国际机场、新联邦首都等大型基础设施联系起来。

新加坡 ITS 建设集中在先进的城市交通管理系统方面，该系统除了具有传统功能，如信号控制、交通检测、交通诱导外，还包括用电子计费卡控制车流量。在高峰时段和拥挤路段还可以自动提高通行费，尽可能合理地控制道路的使用效率。

澳大利亚从事智能交通控制技术的研究较早，其建设包括先进的交通控制系统（Sydney Coordinated Adaptive Traffic System，SCATS）、远程信号控制系统（VicRoads）、微机交通控制系统（BLSS）、道路信号系统、车辆监控系统和公共信息服务系统等。最著名的最优自动适应交通控制系统（SCATS）在澳大利亚大部分城市都有使用。在悉尼市，其能够控制悉尼市及其周围主干公路的 2200 多个路口及 3000 多个交通信号，监控覆盖面积达 3600km^2。

1.4.2 铁路交通信息化建设

信息技术推动铁路运输发展

铁路是国家重要的基础设施，是国民经济的大动脉，是一种运输效率高、能源消耗低、环境污染小的交通运输方式，在我国纵横 7 万多千米的铁路营业线上，驰骋着 2 万多辆机车、60 多万辆车辆，靠众多部门、工种相互有序地联动共同完成旅客运输、货物运输、行包运输和邮政运输等任务。中国铁路以世界第三位的营业里程完成了世界第一位的旅客周转量和货物周转量，运输设备的利用率居世界首位。

一、我国铁路交通信息化建设经历了不同的发展阶段

1. 探索起步阶段（1958—1993年）

20 世纪 50 年代末期，中国铁道科学研究院购置了第一台计算机，开始了技术计划和运行图编制的初步研究，拉开了我国铁路信息化建设的序幕；1975 年，中华人民共和国铁道部（以下简称铁道部）筹建铁道部电子中心，于 1977 年组织制定了“铁路运营管理系统”总体规划，提出建立一个以铁道部为中心，集中型、实时联机的全国铁路运营管理自动化系统；1986 年，全国铁路建成了铁道部至铁路局和铁路分局共 69 个网络节点的全国铁路计算机三级基本网络。这一阶段，铁路信息化工作逐渐起步，随着国家经济建设加快，大量计算机设备进入铁路信息化建设领域，研发能力迅速提升，各类科研成果紧密结合生产运营，铁路信息化建设进入初步应用阶段。

2. 大规模建设阶段（1994—2004年）

20 世纪 90 年代，我国进入信息化建设飞速发展期。1994 年，铁道部决定建设铁路运输管理信息系统（Transportation Management Information System，TMIS），并在全路范围内推广应用，铁路信息化建设进入大规模建设阶段。此后 10 年，铁路行车调度系统（Dispatch Management Information System，DMIS）、列车调度指挥系统（Train Dispatching Command System，TDCS）、分散自律调度集中系统（Centralized Traffic Control，CTC）、铁路车号自动识别系统（Automatic Train Identification System，ATIS）、铁路客票发售及预订系统等一系列信息系统被开发应用。随着国家信息化建设的快速推进，一大批铁路重要系统已经建成并投入应用，铁路生产运输工作的效率和能力得到极大提高。铁路信息化建设也成为我国信息化的“先头部队”。

3. 规范建设阶段（2005—2014年）

在大规模建设阶段，由于信息系统的开发和应用主要面向着具体业务的纵向流程，而对业务之间的横向联系考虑不足，没有构成有机整体，各业务应用系统之间缺少信息共享机制，造成系统间信息无法流通共享，形成“信息孤岛”的问题。为了规范铁路信息化建设，2005 年，铁道部正式发布了《铁路信息化总体规划》，重点关注铁路信息化的顶层设计与规范。自此，铁路信息化建设进入了规范化建设的阶段。

4. 智能化建设阶段（2015年至今）

2015 年，国家提出“互联网+”行动计划，大力推进新一代信息技术的发展和应用，“互联网+”成为我国信息化工作的重要载体和抓手，铁路信息化建设迎来新的机遇期，进入智能化建设阶段。为加快“互联网+”融入铁路信息化建设，相关部委和中国铁路总公司相继发布各类规划文件，指导“互联网+”技术和理念在铁路生产运营中的研发投用，大力促进智能化铁路建设，全面提升铁路现代化水平。在顶层设计的指导下，各集团公

司也相继发布“互联网+”建设规划，对生产流程和管理模式进行转型升级，“互联网+”与铁路深度融合正大步前进。

综上所述，铁路信息化建设经过几代人的呕心沥血，从起步到成长、从专业内局部应用到顶层设计规范化建设、从单纯技术推动到创新发展理念驱动，取得了辉煌成就。

案例1-1

铁路运输管理信息系统

中国铁路信息技术经过多年的发展历程，从基础的初级应用，发展到各业务广泛的综合运用。在铁路信息化蓝图中，铁路运输管理信息系统是铁路业务管理信息系统的重要组成部分。中国铁路信息化层次模型，如图 1-9 所示。从下至上，最底层是通信网络系统，第二层是过程控制与安全保障系统，第三层是业务管理信息系统，第四层和第五层是办公信息系统（电子政务系统和电子商务系统），最高层是决策支持与综合应用系统。

决策支持与综合应用系统	业务指标	综合预测	管理仿真	决策支持与专家系统	数字铁路系统	…	
电子商务系统	贸易	物流	电子商务门户网站			…	
电子政务系统	电子邮件	公文流转	知识管理	政府网站	…		
业务管理信息系统	工务	电务	财务	统计	铁路运输管理信息系统	…	
过程控制与安全保障系统	红外轴温探测	微机联锁	过程控制	车载安全检测	路面安全检测	TDCS	ATIS
通信网络系统	专线，DDN，PSTN，PSDN，FR，10/100M Ethernet，ATM						

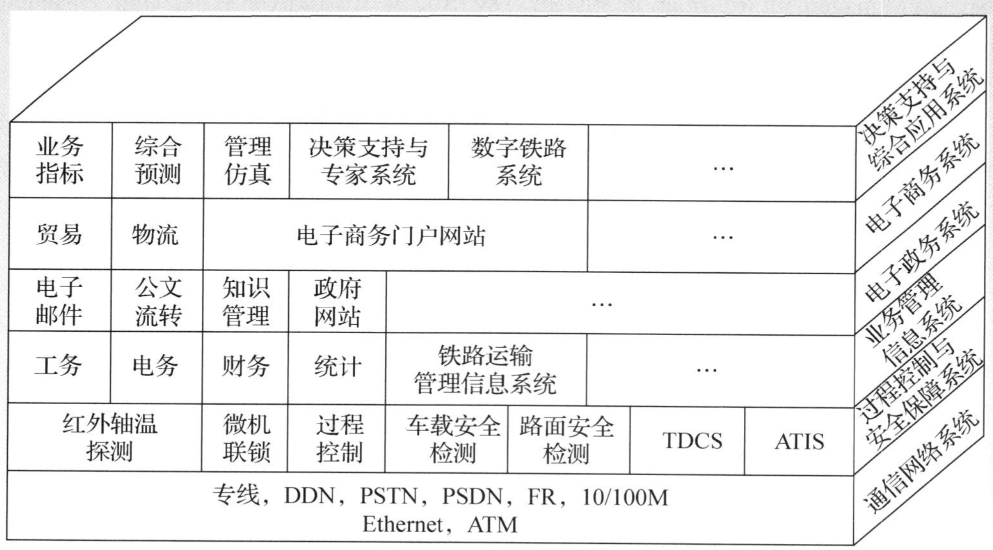

图 1-9 中国铁路信息化层次模型

铁路已构筑了较具规模的信息化基础设施，主要表现在：构筑了覆盖全路的数据通信网；建设了初具规模的信息化处理平台。主处理中心承载着铁路各应用系统的运行，数千个基层站、段运行着相应的应用软件。

以在我国历史发展时期中有着重要的地位的铁路运输管理信息系统为例，其覆盖了铁路货运生产的全过程，它由多个子系统构成，铁路运输管理信息系统构成如图 1-10 所示。

公用数据维护
货运营销与生产管理系统
货运制票系统
确报信息系统
车站综合管理信息系统
运输调度信息系统
大节点追踪系统
公用数据维护
铁路运输管理信息系统

图 1-10 铁路运输管理信息系统构成

（1）货运营销与生产管理系统

货运营销与生产管理系统（Freight Marketing and Operation System，FMOS）包括货运计划和技术计划两部分。货运计划部分在全路 1487 个货运站全面投产，完成货运计划受理，并通过网络将受理的货运计划实时上报，各级按规定将审批信息自动下达。技术计划部分利用经批准的货运计划，编制车辆运用计划，通过合理安排各区段车辆的运用，提高车辆运用效率和铁路运输能力，降低铁路运输成本。技术计划通过投入部分的使用，实现了车辆的编制与调整；通过资料对车流量分析，编制各种计划，缩短了计划编制周期，提高了计划编制质量。

（2）货运制票系统

货运制票系统覆盖了全路日装卸车超过 60 车的大、中、小型货运站和全路的车务段 2674 个，约 1 万个制票点。全路计算机制票率达 99%以上，实现自动路径计算，复杂的货票计费和计算机制票，并生成财收报表，通过网络将信息上报入库，为货物到达站提供预报信息，实现各部门的信息资源共享。

（3）车站综合管理信息系统

车站综合管理信息系统也称车站管理信息系统（Station Management Information System，SMIS）主要包括现车管理和货运管理两部分，功能涵盖车站作业生产和管理的各个环节，全面提高了车站的作业管理水平，减轻了作业人员的劳动强度，并提供和上报了运输作业原始信息。车站管理信息系统的实施工作量大、难度低，目前，在设计范围内全线路的 1230 个编组站、货运站、区段站已经全部建成并使用车站管理信息系统。

（4）确报信息系统

确报信息系统覆盖了全路所有的编组站，大、中、小型区段站和主要中间站及各铁路局。确报信息系统的投产应用，结束了利用铁路电报进行确报的历史，为运输调度、车辆追踪奠定了良好的基础。

（5）集装箱管理系统

集装箱管理系统在全路600多个集装箱办理站投产使用，该系统通过网络实时采集集装箱装车清单、卸车清单、空箱回送清单和集装箱运输日况表等信息，铁道部按箱号建立集装箱动态库，通过与车号自动识别系统信息相结合掌握集装箱运行位置与状态。

（6）大节点追踪系统

实现火车追踪是铁路运输管理信息系统的目标。大节点追踪系统根据车号自动识别系统实时采集车辆信息，结合确报、货票、集装箱等系统提供的信息，实现对车辆追踪；使运输调度指挥人员能及时、准确地掌握列车运行状态、车辆分布和使用情况，更有效地组织运输生产、进行车辆的调度和管理。此系统同时可面向社会，为货主提供及时的信息服务。

（7）运输调度信息系统

在管理上，在实行铁路局直接管理站段的体制改革后，运输调度信息系统由铁道部、铁路局两级构成；在业务分工上，分为计划调度、列车调度、机车调度、货运调度、客运调度、统计分析等。调度所是组织车、机、工、电、辆等行车主要部门协同动作，共同完成铁路运输生产的调度指挥机构，关系着铁路运输安全和效率。

迄今为止，全路各铁路局调度所实施推广了运输调度信息系统，并实现了与列车调度指挥系统的结合。在实行铁路局直接管理站段的体制改革后，实现了由铁路局调度所对所辖线路进行集中管理和指挥，并实现了铁道部、铁路局的调度联网。

资料来源：束汉武，2008. 铁路运输信息系统及其应用[M]. 北京：中国铁道出版社.

二、铁路交通信息化发展趋势

长期以来，信息技术在我国铁路运输组织、安全生产、经营管理、客货服务、营销宣传和建设管理等工作中发挥着十分重要的支撑作用，是铁路保安全、提效率、控成本、增效益的重要手段。经过多年的发展，我国铁路交通信息化在通信网络、信息服务平台和各类业务应用系统的研发投用方面成果斐然。

近年来，随着“互联网+”国家战略的提出，移动互联网、物联网、云计算、大数据、人工智能等新一代信息技术快速发展，极大地扩展了信息技术的作用范围，对各个行业都产生了深远影响。“互联网+铁路”也成为新时代铁路信息化工作的重要方向和必然选择，铁路交通信息化建设迎来了新的发展机遇，成为铁路创新发展理念、破解发展难题、增强发展动力、提升核心竞争力、促进转型升级的强大助力。

随着我国铁路交通信息化建设的飞速发展，逐步建成了对内、对外、生产服务的信息网络，并依托庞大的信息网络打造了涵盖铁路各领域的业务系统，内部用户覆盖中国国家铁路集团有限公司（简称国铁集团）、铁路局集团公司、专业公司、站段，外部用户覆盖地方政府、行业组织、企业、公众等。2017 年，中国铁路总公司（现改名为：中国国家铁路集团有限公司）发布了新版《铁路信息化总体规划》，明确提出按照云数据中心规划设计主数据中心，提高云计算、大数据和虚拟化技术的应用，进一步提升铁路信息基础设施服务能力。而大数据技术在铁路信息化建设的逐步发展和深入，有利于促进信息资源共享，有助于保障铁路安全运行，提高铁路的服务水平，有利于寻求新的利益增长点，增加铁路的经济效益。铁路信息大数据还处于应用的阶段，货运重载化以及客运快速化要求我国铁路事业具有较高的安全性、可靠性和高效性，同时要求铁路领域数据信息的质量及数量快速提升。我国铁路大数据进入关键时期，要厘清思路，把准方向，总结经验与不足，优化和推动铁路信息化发展和创新，为建设智能型铁路提供各种保障。未来，人们需要继续探讨有力措施，更科学、更智慧地利用大数据推动铁路信息化的快速发展，保障铁路信息化工作的科学有序和可持续健康发展。这已经成为铁路交通信息化建设发展的大方向。

1.4.3 水运交通信息化建设

随着经贸市场的繁荣，水运物流也得到了快速的发展，各大沿海港口，尤其是大型的枢纽港口对全球的经济发展起到至关重要的作用。水运交通信息化的内涵是通过信息化的技术手段，将水运信息进行综合收集、分析归类、存储，并实现信息的分享和查询，使得水运得到实时的监控与管理。在水运交通信息化管理中，物品保管、运输、装卸、流通、加工等环节都要实现信息化，通过合理应用大数据平台，对运输工具进行科学选择，确定水运的线路，严格控制好库存管理和时间管理，使得水运各个环节的工作效率都有所提升，确保各个环节的安全性。另外，因为水运部门需要依托当地政府机构，在政府机构的监督、指导和保障下才能开展工作，所以实现水运的信息化将有利于推进政府职能的转变，加快电子政务推进，也有利于政府决策水平、信息调控和综合服务质量的提升。

案例1-2

船舶交通管理电子信息系统

几个世纪以来，船舶运输一直是国际贸易的主要运输手段。为了保障船舶航行安全，提高船舶航行效率，各国在各自的沿海水域设置了导航设施。航运业的迅速发展，船舶数量、吨位的不断增加以及船速的提高，对船舶航行的安全高效提出了更高的要求，并由此产生了对船舶交通进行管理的问题，出现了各种被动的船舶管理技术，如建立分道通航制，建立禁航区、预警区，采用单向航行系统及其他有关的定线航行措施，限制船速等。为了解决船舶密集、交通拥挤的问题，建立一个岸上系统，具备监视水域中船舶运动并能对船舶提供信息、建议和指示的功能，它能与船舶相互作用并能有效控制交通流，从而获得最大的港口营运效益，同时使船舶交通事故和环境污染的风险降至最低。这种能与船舶相互作用的管理(服务)系统称为船舶交通服务(Vessel Traffic Services，VTS)系统，它是一种船舶交通管理(服务)电子信息系统。

VTS是应用现代的技术手段和管理方法，通过交通信息进行交通控制，从而对船舶运行实施动态管理的系统。图1-11所示为VTS电子信息系统。VTS要实现它的功能，实施各种服务，必须在任何时候都能全面掌握交通态势，为此，VTS必须能够收集信息、传输信息、处理评估信息，并能向船舶等用户发布通过评估而得到的结果。VTS需要收集和处理与船舶交通相关的多种信息，特别是船舶动态信息，而且对船舶动态信息的实时性、准确性和可靠性有较高要求。

VTS需要收集的信息主要为以下两种。

(1)交通情况信息，包括船舶实时运动数据、航行计划，以及船舶所载货物、机器状况、船舶装备和人员配备等。

(2)交通环境信息，包括航道情况、助航设备状态、水文气象情况，以及港口设备和装备情况等。

上述信息可以通过雷达子系统、VHF通信子系统、岸基AIS、水文气象子系统和VHF测向子系统、CCTV监视子系统、红外线设备等其他信息收集手段，以及与联合服务的有关部门和临近VTS的合作进行收集。另外，有些视觉信息可由VTS操作人员直接提供，或由其他参加VTS的船舶提供。

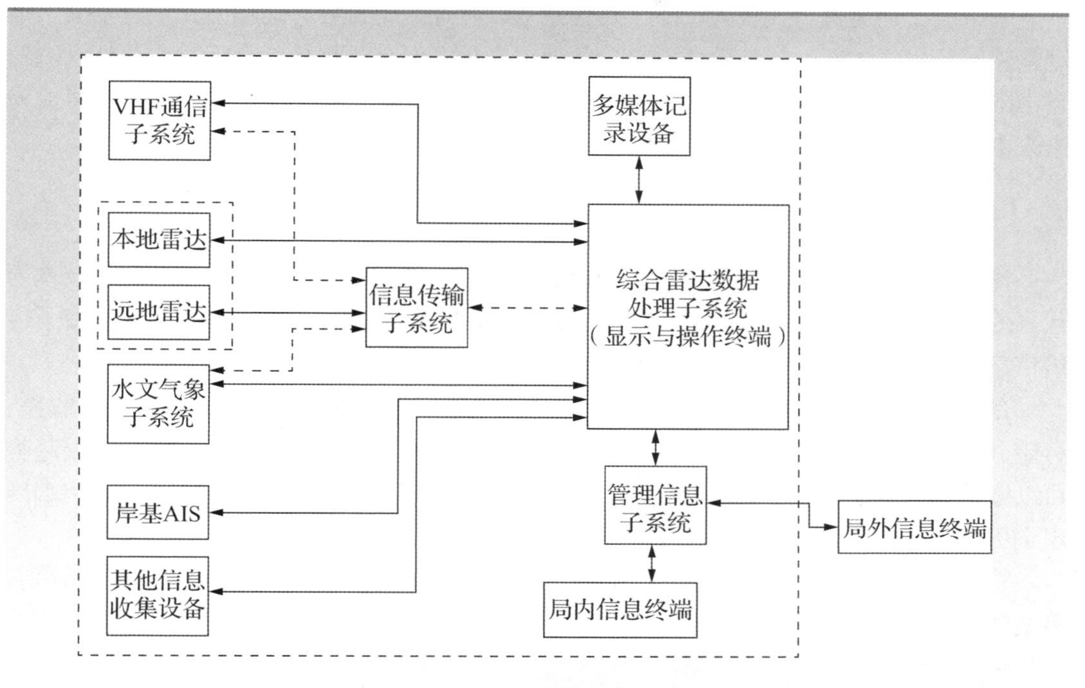

图 1-11　VTS 电子信息系统

资料来源：刘人杰，柳晓鸣，索继东，等，2006. 船舶交通管理电子信息系统[M]. 大连：大连海事大学出版社.

1.4.4　交通运输行业信息化发展

目前，随着 5G 技术的普及和大数据中心等重点领域的迅猛发展，大数据、互联网、人工智能、区块链、超级计算等新技术与交通行业逐渐深度融合，交通信息化得到了更多的应用，交通运输行业必然向数字化和智慧化进一步发展。这些发展都将进一步促进我国交通运输行业的不断进步。

2023 年 3 月，交通运输部、国家铁路局、中国民用航空局、国家邮政局、中国国家铁路集团有限公司联合印发的《加快建设交通强国五年行动计划（2023—2027 年）》（简称《行动计划》）是贯彻落实党的二十大精神的具体行动，提出了未来五年加快建设交通强国的行动目标和行动任务，是指导加快建设交通强国的重要文件。《行动计划》确定的行动目标是，到 2027 年，党的二十大关于交通运输工作部署得到全面贯彻落实，加快建设交通强国取得阶段性成果，交通运输高质量发展取得新突破，“四个一流”建设成效显著，现代化综合交通运输体系建设取得重大进展，“全国 123 出行交通圈”和“全球 123 快货物流圈”加速构建，有效服务保障全面建设社会主义现代化国家开局起步。

未来的交通运输将实现人、车、路信息互联互通，促进各种运输方式融合发展，推动运输服务模式创新，最终建成安全、便捷、高效、绿色的现代综合运输交通体系。随着中国经济的不断发展，中国交通运输信息化将会迎来一个快速发展的阶段，它将成为未来中国经济发展的重要驱动力。

【本章小结】

信息是继物质材料和能源两种资源之后的第三大资源。以计算机科学、通信技术为代表的信息技术进入了迅猛发展的时期，以大数据为代表的信息技术分析方法改变了传统信息分析的对象、模式、工具和结果。

系统是一个整体的概念，信息系统是指能够根据系统目标的需要，对数据进行收集、存储、加工处理、检索和传输，并能向人们提供有用信息的系统。信息系统的发展趋势可以概括为信息链接上更加社交化、物联化，系统实现上更加平台化、智能化，终端展现上更加服务化、互动化和移动化。

管理信息系统是一个信息系统，具备信息系统的基本功能，同时又具备预测、计划、控制和决策的管理功能。管理信息系统呈现出网络化、集成化、智能化和信息安全的发展趋势。

交通运输行业是现代信息技术应用最广泛的领域之一。从世界交通运输发展的一般规律来看，信息技术的应用程度深刻地影响着交通运输的现代化进程，信息化是现代交通运输业发展的重要标志。

【关键术语】

信息（Information）
信息系统（Information System，IS）
管理信息系统（Management Information System，MIS）

【习题】

一、判断题

1. 科技化是信息化的物质技术基础和主要载体。（ ）
2. 信息是有一定含义的数据，对决策或行为有虚拟或直接的价值。（ ）
3. 信息系统能对数据进行收集、存储、处理和传输，并能提供有用信息的系统。（ ）
4. 程序结构有两层含义，一是指程序的处理结构和控制结构；二是指由比程序高一级的程序单位（模块）组成程序的过程、方法和表示。（ ）

5. ITS 的总体功能是通过改进（通常是实时地）交通网络的管理者和其他用户的决策，改善整个运输系统的运行效率。 （　　）

二、选择题

1. 从概念结构上看，下面（　　）不是管理信息系统的组成成分。
A. 信息源　B. 信息技术　C. 信息生产者　D. 信息用户
E. 信息管理者

2. 信息的特性包括（　　）。
A. 普遍性　B. 时效性　C. 价值性　D. 层次性
E. 无序性

3. 信息系统的主要功能包括（　　）。
A. 信息检索　B. 信息存储　C. 信息转换　D. 信息查阅
E. 信息采集

4. 抽象定义强调了管理信息系统的三个核心问题，包括（　　）。
A. 信息技术　B. 计算机工具　C. 系统功能　D. 现代管理
E. 信息处理模型

5. 全球 ITS 领域已经形成以（　　）地方为代表的三强鼎立局面。
A. 美国　B. 日本　C. 中国　D. 俄罗斯
E. 欧洲

三、简答题

1. 什么是信息？信息的基本属性有哪些？
2. 什么是信息系统？
3. 如何理解管理、信息和系统的关系？
4. 结合我国交通行业信息系统发展，列出我国具有代表性的交通信息系统。
5. 信息技术可以按哪些形式分类？不同类型之间存在哪些联系？
6. 为何说硬件结构是软件结构实现的硬件基础？
7. 以铁路为例，说明其在信息化方面的发展阶段。

分析案例

数字时代的智慧高速公路发展

近年来，各国以5G、云计算、人工智能等数字技术主导的科技革命方兴未艾，智慧、智能、赋能等在交通领域炙手可热，交通行业在向数字化、自动化等方面深入发展。对于高速公路的运行，人们最先想到的是让其达到人、车、路和环境相统一的情况。目前，高速路上智慧信息已经能够帮助我们有效地判断道路情况、及时地共享信息等，但我们也依然会看到有车辆违规、交通事故、道路拥堵等情况出现，所以我们离智慧高速还有一定的距离。全球范围智慧高速公路展示如图 1-12 所示。

中国北京新机场车路协同

中国浙江杭绍台智慧高速

中国广东机荷双层高速

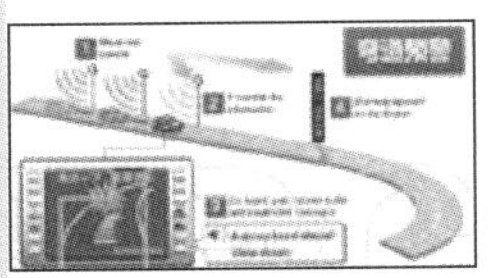

日本车路协同
（ETC2.0和VICS）

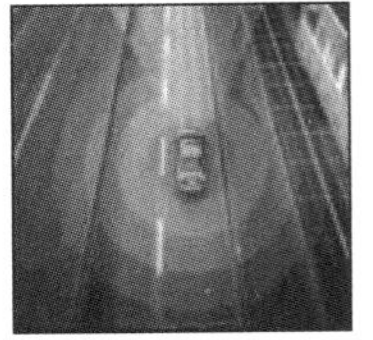

美国谷歌单车无人驾驶

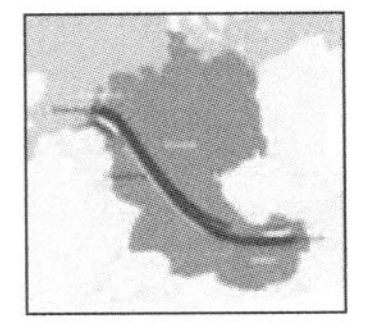

荷兰、德国、奥地利
三国智慧高速走廊

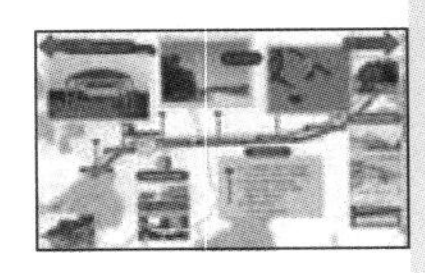

韩国智慧高速

图 1-12　全球范围智慧高速公路展示

各国都在不同程度地对智慧高速进行探索，国内外对于智慧高速的研究主要集中在无人驾驶、车路协同、自动化监测、智慧化运营和出行诱导服务等方面。

（1）美国。美国以高速公路为载体开展车路协同、自动驾驶等新技术的探索，重点推进专用无线通信设置、路侧 RSU 及车载 OBU 设备、超视距感知协同等技术研究，聚焦车辆碰撞防护，积极布设车路协同设备。

（2）日本。日本依托 ETC2.0，推进高速公路智能化管理服务，以高速公路动态费率为例，面向缓解城市拥堵，通过接入 ETC 车辆轨迹数据分析路网通行态势，主动引导车辆绕行外环高速，并结合拥挤情况提供约 50%的通行费用折扣，有效疏解城市内部道路拥挤情况。

（3）欧洲。欧洲以主动交通管控为基本路径推进智慧高速建设，聚焦高速公路主动交通管控，积极推进标准化专用短程通信（Dedicated Short Range Communication，DSRC）、车路通信、综合交通信息服务、新型长寿命道路材料、极端天气预警及智能诱导等技术的研究及部署。

（4）中国。我国以数据链为核心，差异化开展智慧公路示范建设，面向北京、浙江、广东等 9 个省、自治区、直辖市差异化开展新一代国家交通控制网和智慧公路试点示范，提出基础设施数字化、路运一体化车路协同、北斗高精度定位综合应用、基于大数据的路网综合管理、“互联网+”路网综合服务、新一代国家交通控制网六大试点方向，大力开展 5G、人工智能、云计算等新一代信息技术在高速公路上的应用。以浙江杭绍台智慧高速为例，基于高桥隧比、大雾冰雪等极端天气易发等基础特征，着重打造准全天候运行、智慧隧道、车路协同以及智慧服务区四类特色应用场景，搭建智慧高速云控平台，支持隧道主动应急救援及自动驾驶，实现高精度驾驶辅助及智能管理。

资料来源：http://www.sutpc.com/news/jishufenxiang/624.html.(2020-09-26)[2022-07-05].作者有改动。

讨论：高速公路行业也和其他交通领域一样面临着挑战，人们所说的智慧高速是什么？怎样建设智慧高速？智慧高速建设中使用的信息技术有哪些？

第2章 交通安全信息系统基础理论

【教学目标与要求】

- 了解交通安全管理信息化的发展与现状。
- 掌握道路交通事故调查与统计的基本内容。
- 掌握交通心理、汽车性能和结构对交通安全的影响。
- 掌握道路交通条件、交通环境与交通安全的关系。
- 了解道路交通安全的评价指标以及常用的交通安全评价方法，了解事故预测的基本内容和典型的事故预测方法。
- 了解大数据技术在交通管理中的应用。

【思维导图】

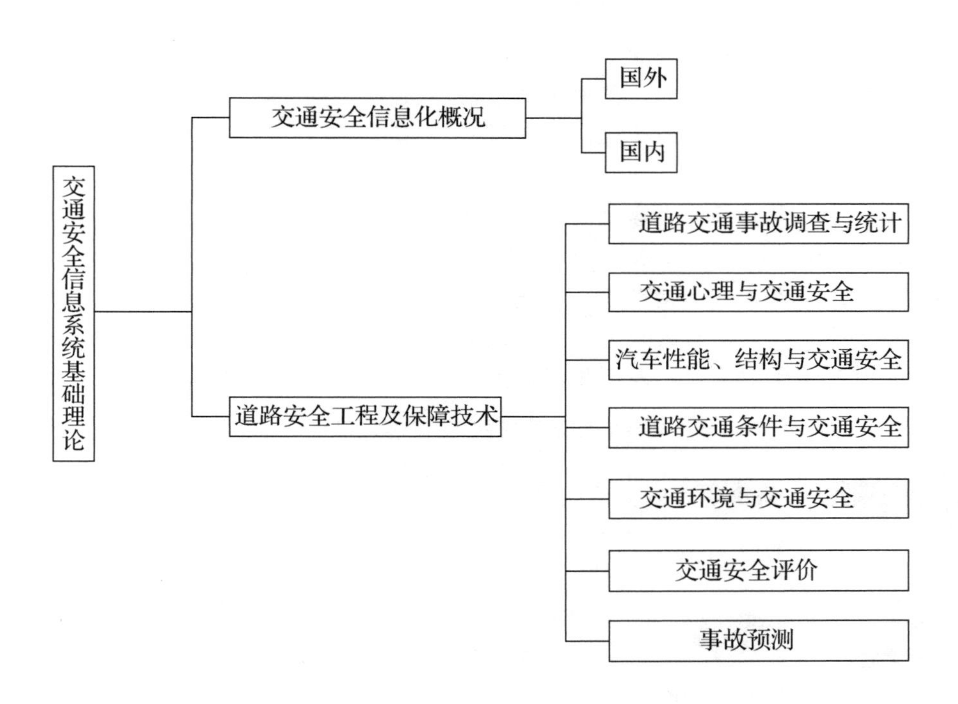
交通安全信息系统基础理论
交通安全信息化概况
国外
国内
道路安全工程及保障技术
道路交通事故调查与统计
交通心理与交通安全
汽车性能、结构与交通安全
道路交通条件与交通安全
交通环境与交通安全
交通安全评价
事故预测

【导入案例】

危险品运输车辆主动安全智能监管系统

在我们的日常生活中，石油、酒精以及各类化学物品是不可或缺的，但这类物品因其较高的易燃、易爆性而被列为“危险品”，其在运输过程中存在着巨大的安全隐患。在危险品的运输过程中，如何实时监督驾驶人行为、监测油箱压力温度、如何管制超载现象等，是目前危险品运输管理工作的主要难点，也是减少运输事故发生的关键所在。

《中华人民共和国安全生产法》和《道路运输车辆动态监督管理办法》中规定要加强危险品运输作业过程中的监督管理，凡应接入而尚未接入危险货物车辆联网联控系统的车辆、已安装监控系统但不能正常使用的车辆，以及故意损毁、屏蔽系统的车辆，责令其整顿，未按要求进行整改的予以从严处罚。

危险品运输车辆主动安全智能监管系统（见图 2-1）采用动态视频监控技术、4G 无线通信传输技术、恶劣环境大容量数据存储技术、GIS 可视化操作技术，集成司机状态监控(Driver Status Monitor, DSM)系统及高级驾驶辅助系统(Advanced Driving Assistance System，ADAS)，形成一套对营运车辆进行精准监控的综合服务管理平台。系统能够帮助危险品供应企业实时、有效地监管运输人员行为，有效地减少交通事故和油气偷盗行为的发生，及时避免危险品泄漏事故的发生，一旦发生时能够提供有力的核查依据。

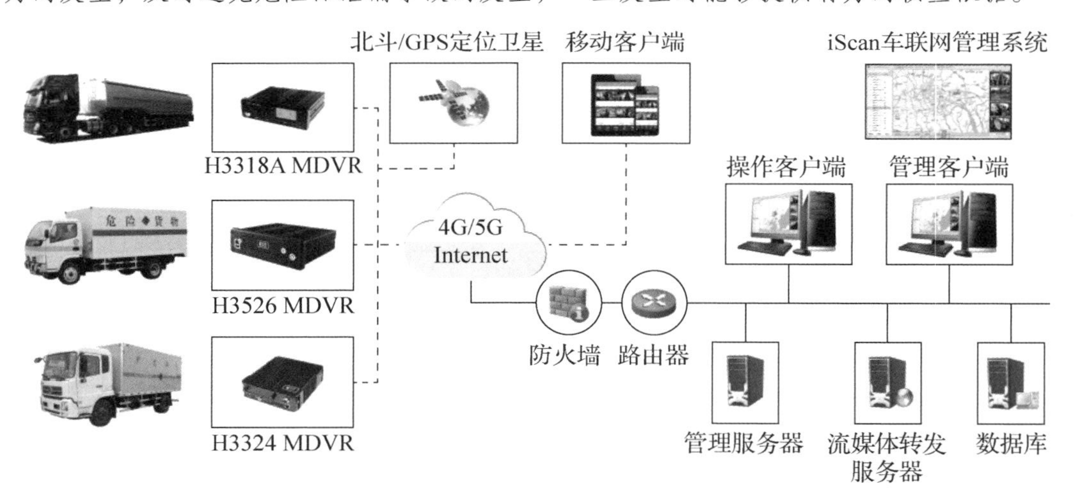

图 2-1 危险品车辆主动安全智能监管系统

讨论：生活中存在着各种各样的信息系统，你见过的交通信息系统有哪些？这些交通信息系统的表现有哪些？现实中的交通信息如何转化成系统中的信息？

2.1 交通安全信息化概况

2.1.1 国外交通安全信息化概况

国外早在 20 世纪 70 年代就将计算机技术逐步应用于安全信息化的开发研究中，除了利用计算机进行安全系统工程的基本事件分析，如事故分析、故障分析，国外学者更是将计算机的数据库技术广泛应用于安全信息管理，使得安全信息系统在多个领域得到开发应用，如航空工业、化学工业、交通安全等。同时，各国际组织和各国安全管理部门，如国际劳工组织、美国国家职业安全卫生管理部门等机构，都建立了自己的安全工程技术数据库，并开发了符合自己要求的综合管理系统。随着智能安全信息集成与管理的研究逐步开展，国外将安全信息的采集、危险源辨识、故障诊断、评价、专家决策等技术进行集成，并已在一些重要的部门和企业展开应用。

20 世纪 90 年代初，世界上一些主要工业化国家已经建立了较为完善的政府安全信息系统。英国等西方发达国家普遍利用现代网络化技术建立先进的安全管理信息系统，实现了信息统一管理、数据规范和资源共享，提高了信息管理效率和信息共享服务水平。这些国家的安全信息化建设，在提升企业安全保障能力，促进职业安全健康工作的开展，预测和预防事故发生等方面发挥了重要的作用。

欧洲是最早针对重大危险源进行研究和立法的地区，其中英国是最早系统地研究重大危险源控制技术的国家，为重大危险源监督管理法律法规的制定和监控技术的发展做出了重大贡献。随着通信技术和交通运输的发展，在欧盟国家内部和国家之间，建立了运输事故应急救援网络，该“网络”的运作，使得欧盟国家的产品发生事故时，都能得到有效的“救助”，从而使运输事故的危害降到最低。

2.1.2 我国交通安全信息化概况

一、我国安全信息化存在的问题

虽然我国的安全信息化建设已经取得了一些成果，但从总体上来说，还处在起步和探索阶段，目前还存在以下几个方面的问题。

（1）基础设施落后。各级安全监督、安全应急救援机构组建时间短，安全信息化资金投入较少，信息化的基础设施、装备和安全信息的技术管理手段都不完备。

（2）缺乏基础信息共享机制，信息资源共享程度低。安全监管的信息资源只限于本部门，各部门对自己长期以来采集的业务数据相对封闭，无法与其他部门实现资源共享。没有建立规范的、能够统领全局的、普遍适用于安全监管及应急救援的信息系统。尚未建立基础信息的共享机制、资源数据库和较为完备的共享系统，导致大量有效的信息资源不能得到更好的开发和利用。

（3）缺少总体规划。信息系统的建设，需要统一规划，统一执行。从国家到各级机构尚未建立统一的信息化建设和运行维护综合协调机构，缺乏安全信息化建设政策、规范和技术标准，因此，很难建立全国统一且有效的安全信息化建设、管理、运行、维护保障机制。许多企业没有将安全信息化纳入企业现代化建设的范畴，企业安全信息化系统性较差、随意性强，多为被动式建设。安全宣传教育、人员培训、安全救护、检测检验等技术支撑体系的信息化建设也是刚刚起步，还没有作为一个整体纳入安全信息体系的建设中来。

（4）缺乏安全信息化人才。许多市（地）、县（区）安全监督管理相关部门尚未配置专门的信息职能部门和技术人员。各级安全监督和安全应急救援机构，尤其是县（区）级的机构安全信息化建设和运行维护技术力量较为薄弱。除此之外，既懂安全又懂信息化管理的复合型人才较为缺乏。

二、我国安全信息化建设的目标及内容

根据中华人民共和国应急管理部（简称应急管理部）的规划，我国安全管理信息化建设要求坚持以信息化推进应急管理现代化，强化实战导向和“智慧应急”牵引。我国安全信息化建设的目标是：规划引领、集约发展、统筹建设、扁平应用，夯实信息化发展基础；补齐网络、数据、安全、标准等方面的短板弱项，推动形成体系完备、层次清晰、技术先进的应急管理信息化体系；全面提升监测预警、监管执法、辅助指挥决策、救援实战和社会动员能力。

我国安全信息化建设的内容有以下几个方面。

（1）统筹基础设施建设。应急管理部统一建设应急管理云，国家矿山安监局、中国地震局，国家消防救援局，部机关各司局，国家安全生产应急救援中心和部所属事业单位所有新建非涉密应用系统一律上传到管理云。各级应急管理部门、矿山安全监察机构、地震部门和消防救援队伍要充分依托应急管理云或本地政务云部署信息系统。

（2）统筹应用系统建设。应急管理部统一建设应急资源管理平台、“互联网+执法”、应急管理“一张图”、“天眼”卫星监测系统等应用系统，向全国免费推广，并提供接口方便各地系统对接和业务协同。

（3）统筹网络安全防护。应急管理部对应急管理云进行统一防护，对接入应急管理云的应用系统和网络提出安全防护要求。

（4）建立信息服务体系。应急管理部加强应急管理大数据统一规划，组织编制应急管理信息共享目录，建设应急管理部大数据应用平台，实行信息集中存储、统一管理，

面向全系统开展定制式、订阅式、滴灌式信息服务，通过接口调用等方式提供模型算法、知识图谱、智能应用等基础服务，满足各级信息需求和应用需求。

（5）加强数据分析应用。应急管理部各直属单位基于应急管理部大数据应用平台，结合各自实际开发大数据应用，重点加强自然灾害风险、灾情数据统计、重大安全隐患、安全监管执法、应急力量物资、应急预案方案、重点监管企业用电等基础信息综合分析研判，充分挖掘数据价值，为风险防范、预警预报、指挥调度、应急处置等提供智能化、专业化、精细化手段。

（6）推进安全生产风险监测预警系统建设。实施“工业互联网+安全生产”行动计划，在危险化学品安全生产风险监测预警系统中，接入储存硝酸铵、氯酸钾、氯酸钠、硝化棉等构成重大危险源的危险化学品仓库和涉及重大危险源的危险化学品装卸站台监测监控数据，新增视频智能分析功能，实现违规行为、异常情况等风险隐患的智能识别。

（7）推进监管和政务服务信息化建设。整合矿山、危险化学品、工贸和消防等重点行业领域监管监察执法系统，形成全国统一的应急管理监管执法信息系统和数据库。推进手持执法终端应用，积极探索网上巡查执法新模式，不断提高监管执法效能。推进“互联网+政务服务”建设，开展适老化改造，加快安全生产许可证、危险化学品经营许可证、烟花爆竹经营许可证等证照电子化，推动特种作业操作证申请换证和补发证件“跨省通办”，减少行政相对人负担。

（8）升级完善应急指挥平台。建设国家应急指挥平台，升级完善应急指挥“一张图”和应急资源管理平台，建设数字化应急预案库，推进应急管理部门系统内数据共享、外部门数据互通，汇聚互联网和社会单位数据，提升应急处置能力。

三、我国交通安全信息化现状

安全是加快建设交通强国的重要内容。党的二十大报告提出了，以新安全格局保障新发展格局，这也是推进国家安全体系和能力现代化，贯彻总体国家安全观的必然要求。近十年来，随着我国交通安全科技信息化建设的发展，大数据、人工智能技术的应用效果开始呈现，交通安全效能正在进一步提升。

目前，我国大部分已建或在建的 ITS 主要包括以下几种。

（1）交通信号控制与指挥系统。我国大多数信号控制系统的建设已经具有相当的规模，而且在此基础上又进一步建设了指挥系统；很多指挥中心的规模与设备水平已经达到一些发达国家的建设规模与水平，其中包括我国自主开发的系统，以及从国外引进系统，如澳大利亚的 SCATS（Sydney Coordinated Adaptive Traffic System）和英国的 SCOOT（Split Cycle Offset Optimization Technique）等。目前，我国一些研究机构和企业（集团）正致力于适合我国混合交通特点的、具有一定自主学习功能的、与交通诱导等其他子系统有一定协调能力的信号控制系统的研究与开发工作。

（2）交通监测与管控系统。我国多数城镇已经建立了以电视摄像为主的交通管控与信息监测系统。管理人员通过该系统管控突发的交通事故，及时处理交通事故、交通堵塞和记录交通违法行为。有些管控系统还能够根据交通流量的变化来控制摄像机镜头自动指向道路拥挤或发生突发交通事故的路段，具备了一定程度的智能化。

（3）交通管理信息系统。该系统利用网络技术实现车辆档案、驾驶人档案、交通事故及交通违法行为的综合管理，建立了机动车信息库、车辆与驾驶人信息库，并实现了数据共享。

（4）交通信息动态显示系统。该系统利用交通控制系统和交通信息系统及 122 报警台采集突发交通事故信息，通过道路交通显示屏播送信息，引导道路使用者合理地参与交通。

（5）交通诱导系统。该系统利用交通广播电台或交通可变信息牌实时播送交通信息。全国的部分大城市目前已经建立了交通广播电台，利用调频附加信道和广播信息交换网，实现跨地区长途运输的交通信息传输。

（6）交通运输安全报警系统。该系统利用 GPS/GIS 等相关技术，监管危化品运输车辆、客车、货车、出租车、网约车等营运车辆安全运行，实时管控交通意外事件的发生。

（7）交通违法检测系统。该系统利用照相、摄像、视频检测等手段，记录机动车违法信息，又称电子警察系统。目前我国城镇的主要道路基本已经安装了电子警察系统，为公安交通管理非现场执法提供依据。

（8）驾驶学员考试系统。该系统利用激光技术、摄像检测以及计算机信息技术自动记录驾驶学员的场地驾驶过程，实现场地考试自动监测；利用检测技术、信息技术自动记录驾驶学员的道路行驶过程，实现道路考试自动监测。

（9）交通事故快速勘察系统。该系统利用立体摄影、计算机信息和数据传输等技术，对事故现场进行快速勘察、制图和事故现场图像的及时传输，使指挥控制中心对交通事故进行实时处理。

（10）电子收费系统。该系统利用电子技术、计算机技术以及信息通信技术，通过安装在汽车上的电子标识卡（存储与车辆收费有关的大量信息，如预缴金额、车型、车主等）与安装在收费车道旁的读/写收发器，通过微波或红外线进行快速的数据交换，实现车辆的不停车收费。它不仅可以解决收费站的排队问题，而且可以方便地实现道路拥挤收费，进行交通需求管理；可完成交通监视、事件检测、交通出行动态 O-D（origin-destination）矩阵估计、驾驶人信息采集和各种费用的自动收取等。

（11）公共交通运营指挥调度系统。该系统利用 GPS/GIS 等相关技术，实现公共交通的智能运营组织调度，特别是针对大型活动或突发交通事故，能够提供辅助指挥调度方案，提高救援效率。

小知识

北京市交通安全信息化建设

目前，北京市已初步建成四大类ITS：道路交通控制、公共交通指挥与调度、高速公路管理、紧急事件管理系统，约30个子系统分散在各交通管理和运营部门。“十三五”期间，北京已构建并完善包括高速公路电子收费系统、轨道交通、综合交通枢纽智能化、地面公交智能化、智能停车管理与服务、智能化公共自行车服务等在内的智能交通服务体系，并重点建设公共交通基础设施及运营数据体系。

2.2 道路安全工程及保障技术

道路交通安全研究人员不仅要具备道路工程、汽车工程、交通心理学、行为学、气象学、统计学等相关学科的基础知识，还需要具备道路交通事故统计分析、交通心理与交通安全、汽车性能结构与安全、交通环境与交通安全、道路交通条件与交通安全、交通环境评价、交通安全评价与事故预测、交通安全措施等相关知识，同时还需借鉴国内外先进经验，努力创新。

小知识

道路交通安全保障技术

道路交通安全保障技术研究强调的是综合性，包括人、车、路、环境等诸多方面的安全技术问题，一般通过事故分析进行研究。

在道路交通安全保障技术的研究中，对人的研究包括从防护的角度去研究其心理、生理等各个方面，通过对事故成因及事故特征进行分析，应用模拟及在线技术，寻求规律性的参数与结论；对车的研究包括驾驶、碰撞、故障、仿真等，这些均要立足于事故成因分析的基础之上，而所有实验设备及实验装置以及有关测定方法和技术手段均属特殊条件和特殊要求制约下的应用技术研究；对路的研究包括道路适应性方面的几何条件、采光条件、安全防护、道路等级与功能划分、路面条件、附属工程条件等；对环境的研究包括气候、地理、人文、街道化程度、路况、车型、车型混入率、交通干扰、专业运输、文化及职业特征等对交通安全的影响。

2.2.1 道路交通事故调查与统计

一、道路交通事故调查的内容

道路交通事故调查按照调查的先后顺序可分为事故现场勘查和事后调查。道路交通事故调查的主要内容如下。

（1）事故相关人员调查：包括事故当事人的年龄、性别、家庭、工作、驾驶证、驾龄、心理和生理状况等调查。

（2）事故相关车辆调查：包括车辆的类型、出厂日期、荷载、实载、技术参数以及车身上的碰撞点位置、车身破损变形等调查。

（3）事故发生道路调查：包括道路的线形、几何尺寸、路面（沥青、水泥、土、砂石等材料状况，雨、雪等湿滑状况）等调查。

（4）事故发生环境调查：包括天气（风、雨、雪、雾、阴、晴等对视线的影响）、交通流（周围车辆的流量、速度、密度、车头时距、车头间距）、现场周围建筑、交通管理和控制方式等调查。

（5）事故现场痕迹调查：包括路面痕迹（拖印、凿印、挫印、划痕）、散落物位置、人车损伤痕迹等调查。

（6）事故发生过程调查：主要对车辆和行人在整个事故过程中的运动状态进行调查，包括速度大小、速度方向、加速度及在路面上的行驶轨迹、路面碰撞点等。

（7）事故发生原因调查：包括主观原因（人的违法行为或故意行为）和客观原因（道路、车辆、自然原因等）调查。

（8）事故后果调查：包括人员伤亡和财产损失调查。

（9）其他调查：除了上述调查内容，还包括事故发生时间、地点（道路或交叉口名称）、当地民俗以及事故目击者、证人等调查。

二、道路交通事故统计调查

道路交通事故统计调查是收集事故及相关资料的过程，对整个统计分析具有重要意义。如果调查获得的资料不准确、不全面，即使后面的工作做得再好，也不可能得出正确的结论。因此，在进行调查时，一定要确保资料的准确、安全、全面和及时。

在我国，交通事故统计分析资料必须由交通管理部门登记和汇总，交通事故的统计采用基层初步统计和逐步汇总的方式进行。

初步统计资料的一般形式是交通管理部门基层单位所填写的交通事故统计报表，统计报表的格式和项目一般由上级管理机关统一设计。我国交通事故统计报表的介绍见第 4 章的 4.1 节里的相关内容。由于采用逐步汇总方式，项目过多不便于人工汇总，故事故报表的格式比较简单，项目也不够详尽。随着计算机网络技术、信息技术的发展，我国各省、市的交通管理部门已经统一采用了“道路交通事故信息系统”。该系统利用先进的科技手段，不仅详细地记录了交通事故各方面的信息，而且具有强大的统计分析和报表功能，已成为交通事故统计调查的重要手段。

交通事故统计资料的汇总广泛采用的是分类统计方法，其方法有如下四种常见的形式。

1. 按地区分类

按交通事故的发生地区进行分组统计和汇总。全国性的统计资料多按省、自治区、直辖市分组；省一级按市（地）、县（区）分组；国际性的统计资料则按国别分组。

2. 按时间分类

按交通事故的发生时间进行分组统计和汇总。从按时间分类的统计资料中，可明显看到交通事故随时间变化的情况，所以统计结果具有动态性。

3. 按质别分类

按交通事故统计对象的属性不同进行分组统计和汇总，如按车辆类型、事故原因、伤亡人员类型、道路状况、天气条件、事故形态等进行分组统计和汇总。

4. 按量别分类

按统计对象的数值大小进行分组统计和汇总，如按交通事故直接经济损失的数额、肇事驾驶人的年龄、车速以及道路坡度等进行分组统计和汇总。

除了上述四种分类统计汇总方法，在实际应用中还经常采用复合分类汇总方法。常见的形式有：时间与地区的复合（如各地不同月份的事故统计）、质别与地区的复合（如各地不同路面上的事故统计）、量别与地区的复合（如各地驾驶人不同年龄的事故统计）等。

另外，为了更全面地反映交通事故的本质和规律，揭示各种影响因素对交通事故的作用及其相互关系，还应从相关部门（如统计部门和交通部门等）收集人口、交通工具拥有状况、道路交通状况等大量的相关资料。

三、统计分析指标

为了反映交通事故总体的数量特征，必须建立相应的统计分析模型。而且，由于交通事故的复杂性，需要用一系列的指标才能反映出交通事故总体的数量特征，揭示出其内在规律。

统计分析指标应具有实用性、相对性和可比性，能明确反映出交通事故发生的频率和严重程度。另外，所建立的指标与计算模型应简单明了，便于使用时收集数据资料，也使计算更加方便。

1. 绝对指标

绝对指标是用来反映交通事故的总体规模和水平的绝对数量。根据所反映的时间状况不同，绝对指标可分为时点指标和时期指标。前者反映某一时刻上的规模和水平，例如某一年的汽车拥有量、人口总数等；后者反映某一时期内的累积数量，如某一年内或某一月份内的事故次数、事故伤亡人数等。

绝对指标既是认识交通事故总体的起点，又是计算其他相对指标的基础，在事故统计分析中具有重要意义。目前我国在交通安全领域上常采用的绝对指标有交通事故次数、受伤人数、死亡人数和直接经济损失的数额，即交通安全四项指标。

2. 相对指标

相对指标是通过对交通事故总体中的有关指标进行对比而得到的。利用相对指标可深入地认识交通事故的发展变化程度、内部构成、对比情况以及事故强度等。此外，还可以把一些不能直接对比的绝对指标放在共同基础上进行分析比较。

相对指标可分为结构相对数、比较相对数和强度相对数。

1）结构相对数

结构相对数即部分数与总数的比值，通常用在事故质别分组中，用以表明各类事故构成占总数量的比值，说明各构成的比例。例如交通事故的总数为 208 起，其中机动车事故 131 起、非机动车事故 52 起、行人事故 25 起，那么它们的结构相对数分别为 63%、25%和 12%。

2）比较相对数

比较相对数即同一交通事故现象在同一时期内的指标数在不同地区之间的比值或同一总体中有联系的两个指标数的相对比。例如，1996 年中国交通事故的死亡人数为 73 655 人，美国为 41 907 人，二者的比较相对数是：中国是美国的 1.76 倍。再如，1995 年美国交通事故受伤人数与死亡人数的相对比（比较相对数，常用来反映事故的严重程度）为 81∶1，英国为 82∶1，法国为 21∶1，德国为 59∶1，中国为 2∶1，可以看出，该年中国交通事故的严重程度明显高于国外一些经济发达的国家。

3）强度相对数

强度相对数即两个性质不同但有密切联系的绝对指标数的比值，用以表明交通事故总体中某一方面的严重程度。例如，交通事故死亡人数与机动车保有量之比、交通事故死亡人数与人口数之比等。后面将要介绍的亿车公里事故率（次/亿车公里）、百万辆车事故率（次/百万辆车）等也是强度相对数。强度相对数的计算公式为

$$\text{强度相对数}=\frac{\text{某一绝对指标数}}{\text{另一有联系但性质不同的绝对指标数}} \tag{2.1}$$

3. 平均指标

平均指标即平均数，是说明交通事故总体一般水平的统计指标，通常用以表明某地或某一时间段内的平均事故状况。其计算形式有算术平均数、调和平均数、中位数和几何平均数等，在实际工作中多采用算术平均数。

4. 动态分析指标

为进一步认识交通事故在时间上的变化规律，需要一些动态分析指标，常用的动态分析指标有动态绝对数、动态相对数和动态平均数。

1）动态绝对数

（1）动态绝对数列。

动态绝对数列就是将反映交通事故的某一绝对指标在不同时间上的不同数值，按时间先后顺序排列起来形成的数列。

（2）增减量。

增减量是指交通事故指标在一定时期内增加或减少的绝对数量。由于使用的基准期不同，增减量可分为定基增减量和环比增减量。前者在每次计算时，都以计算期前的某一特定时期为固定的基准期（一般取动态绝对数列的最初时期作为固定基准期），用以表明一段时间内累积增减的数量；后者在每次计算时，都以计算期的前一期为基准期，用以表明单位时间内的增减量。

2）动态相对数

动态相对数是同一事故现象在不同时期的两个数值之比，动态相对数指标主要有事故发展率和事故增长率。

（1）事故发展率。

事故发展率是本期数值与基期数值之比，用以表明同类型事故统计数在不同时期发展变化的程度。事故发展率又可分为定基发展率和环比发展率两种。

① 定基发展率 K_g 是本期统计数与基期统计数的比率，即

$$K_g = \frac{F_C}{F_E} \times 100\% \tag{2.2}$$

式中 F_C —— 本期统计数；

F_E —— 基期统计数。

② 环比发展率 K_b 是本期统计数与前期统计数的比率，即

$$K_b = \frac{F_C}{F_B} \times 100\% \tag{2.3}$$

式中 F_B —— 前期统计数。

（2）事故增长率。

事故增长率表明事故统计数以基期或前期为基础净增长的比率，分为定基增长率和环比增长率。

① 定基增长率 j_g 是定基增减量与基期统计数的比率，即

$$j_g = \frac{F_C - F_E}{F_E} \times 100\% \tag{2.4}$$

② 环比增长率 j_b 是环比增减量与前期统计数的比率，即

$$j_b = \frac{F_C - F_B}{F_B} \times 100\% \tag{2.5}$$

3）动态平均数

动态平均数包括平均增减量、平均发展率和平均增长率。

（1）平均增减量。

平均增减量是环比增减量时间序列的序时平均数，可用算术平均数计算。

（2）平均发展率。

平均发展率是环比发展率时间序列的序时平均数，采用几何平均算法。

（3）平均增长率。

平均增长率可视作环比增长率的序时平均数，但它是根据平均发展率计算的，而不是直接根据环比增长率计算的。

5. 事故率

交通事故率是表示一定时期内，某一国家、地区或具体道路地点的事故次数、伤亡人数与其人口数、登记机动车辆数、运行里程的相对关系。交通事故率既是重要的强度相对指标，又是交通安全评价的基础指标，它是可以说明综合治理交通的水平，因此其应用非常广泛。根据计算方法和用途的不同，可分为亿车公里事故率、百万辆车事故率、人口事故率、车辆事故率和综合事故率等，具体算法如下。

1）亿车公里事故率

亿车公里事故率是国际上广泛采用的一种事故率指标，其值越小说明交通安全状况越好。亿车公里事故率的计算公式为

$$R_V = \frac{D}{V} \times 10^8 \tag{2.6}$$

式中 R_V—— 一年间每亿车公里事故次数或伤、亡人数；

D—— 全年或一定时期内的事故死亡人数；

V—— 全年总计运行车公里数。

关于车公里数，可采用以下几种计算方法：以每辆车的年平均运行公里数乘以运行车辆数；用道路长度乘以道路上的年交通量（或由年平均日交通量推算出年交通量）；以

所辖区全年总的燃料消耗量（升）除以单车每公里平均燃料消耗量（升/车公里）。

2）百万辆车事故率

百万辆车事故率的计算公式为

$$R_M = \frac{D}{M} \times 10^6 \tag{2.7}$$

式中 R_M —— 一年间每百万辆车事故次数或伤、亡人数；

D —— 全年或一定时期内的事故死亡人数；

M —— 全年交通量或某一交叉口进入车辆总数。

一般用百万辆车事故率计算交叉口的交通事故率。

3）人口事故率

人口事故率的计算公式为

$$R_p = \frac{D}{P} \times 10^6 \tag{2.8}$$

式中 R_p —— 每百万人事故死亡率；

D —— 全年或一定时期内的事故死亡人数；

P —— 该年或该时期统计区域的人口数量。

每百万人事故死亡率多用于国家或国际地区级的统计区域。若应用于某一城市，则多采用十万人为单位，即每十万人事故死亡率。

4）车辆事故率

车辆事故率的计算公式为

$$R_W = \frac{D}{W} \times 10^5 \tag{2.9}$$

式中 R_W —— 每十万辆机动车的事故死亡率；

D —— 全年或一定时期内的事故死亡人数；

W —— 该年或该时间的机动车保有量。

上述事故率计算公式中，亿车公里事故率包括了交通安全的人、车、路三要素，作为国际上的指标是合理的，应用于不同地区间也有较好的可比性。式（2.8）的人口事故率和式（2.9）的车辆事故率，在人口少、机动化程度高的发达国家和人口多、机动化程度低的发展中国家之间可能会出现较大差距。显然采用这两个指标进行国际间的事故对比是不切实际和不客观的。因此国内外有时也采用综合指标（综合事故率）计算事故死亡率。

5）综合事故率

综合事故率，也称死亡系数，是万车事故率与万人事故率的几何平均值，综合考虑了人和车两个方面的因素，但未考虑车辆的行驶里程。其计公式为

$$R = \frac{D}{\sqrt{WP}} \times 10^4 \tag{2.10}$$

式中 R——全年或一定时期内交通事故死亡率；

D——全年或一定时期内的事故死亡人数；

W——该年或该时期的机动车保有量；

P——该年或该时期统计区域的人口数量。

交通事故死亡率是交通安全评价的重要指标。但是仅根据死亡人数确定的事故死亡率还不能全面地表明事故的伤害程度。因此有时还必须采用事故当量死亡率这一指标。在当量死亡率中，事故死亡人数除了实际死亡人数，还应再加上按轻伤、重伤折算的当量死亡人数。当量死亡人数按式（2.11）计算。

$$D_d = D + K_1D_1 + K_2D_2 \tag{2.11}$$

式中 D_d——当量死亡人数；

D——全年或一定时期内的事故死亡人数；

D_1, D_2——分别为轻伤和重伤人数；

K_1, K_2——分别为轻伤和重伤换算为死亡的换算系数。

系数 K_1 和 K_2 的制订应遵循统一的折算原则，这样该指标就能比较全面地对交通的安全度做出评估。

四、统计分析方法

交通事故统计分析的方法主要有统计表法和统计图法。

1. 统计表法

根据不同的分析目的，将统计分析的结果制成各种表格，即为统计表，其内容包括各种必要的绝对指标和相对指标，是交通事故统计中常用的一种方式。按照统计数字或统计指标的不同特点，统计表可分为静态统计表和动态统计表。

仅列出同一时期事故统计数的表格称为静态统计表。从时间状态上看，表上的统计数是静止的，从而便于对不同地区或不同性质条件的事故现象进行对比。静态统计表中可同时列出相对数和绝对数。将不同时期的事故统计数字列成表格，即为动态统计表，可用于反映交通事故随时间变化或分布的情况。

2. 统计图法

利用一些几何图形或象形图形等，将统计数字或计算出的统计指标形象化，从而反映事故现象的数量关系和发展趋势。统计图法的主要作用包括：表明现象之间的对比关系、反映事故现象的发展趋势、表明事故总体的内部结构、表明事故的分布情况、揭示事故现象之间的相互依存关系等。作为数字的语言，统计图比统计表更鲜明、更直观、更生动有力。但图形只能起示意作用，数量之间的差距又被抽象化了。因此，在实际工作中，统计图常与统计表、文字分析结合应用。

常用的统计图有条形图（直方图）、圆形图（扇形图）、散布图和排列图等。

2.2.2 交通心理与交通安全

人作为道路交通系统中的主体，起主导控制作用。通常认为，交通事故的直接原因主要是驾驶人在观察、判断、操作等方面出现的失误。

一、驾驶人视觉特性

汽车驾驶人在行车过程中，有 80%以上的信息是依靠视觉获得的。驾驶人的眼睛是保证安全行车的重要的视觉器官，眼睛的视觉特性与交通安全有着密切的关系。

1. 视力

视力也叫视敏度，是指分辨细小的或遥远的物体，或物体的细微部分的能力。视敏度的基本特征就在于辨别两物体之间距离的长短。视力分为静视力、动视力和夜间视力三种。

1）静视力

静视力是指在人和视标都不动的状态下检查的视力。在报考驾驶证时都要进行视力检查。视力共分 12 级，用 0.1～1.0 表示（一般认为 1.0 是正常视力），相邻两级相差 0.1，此外还有 1.2 和 1.5 两级。我国规定，对于驾驶人的视力要求是两眼均为 0.7 以上（可戴眼镜）。

2）动视力

动视力是指人和视标处于运动（其中的一方运动或两方都运动）状态时检查的视力，汽车驾驶人在行车过程中的视力为动视力。驾驶人的动视力随车辆行驶速度的变化而变化，随着速度提高，动视力下降，如图 2-2 所示。一般来说，动视力比静视力低 10%～20%，特殊情况下比静视力低 30%～40%。实验表明：行车速度为 40km/h 时，视野角度低于 100°；行车速度为 70km/h 时，视野角度低于 65°；行车速度为 100km/h 时，视野角度低于 40°。因此，对于设计行驶速度较高的道路，特别是高速公路，道路两旁必须有隔离措施，而且车行道旁不允许行人或自行车通行，以免发生危险。

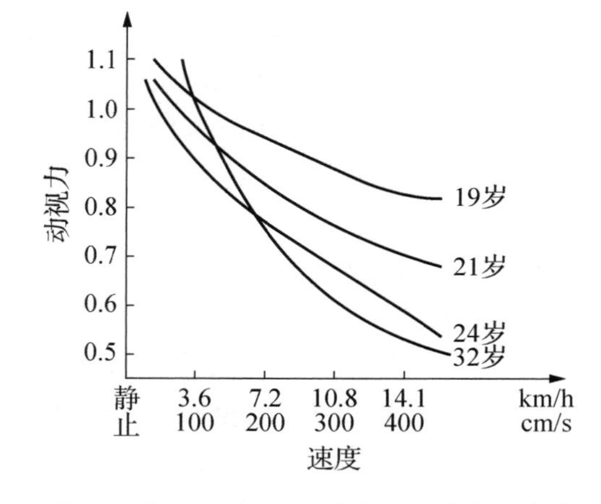

图 2-2 驾驶人动视力与车辆行驶速度的关系

驾驶人的动视力还随客观刺激显露时间的长短而变化，当目标急速移动时，动视力与目标显露时间的关系示意，如图 2-3 所示。在照明亮度为 20lx 条件下，当目标显露时间长达 1/10s 时，动视力为 1.0；当目标显露时间为 1/25s 时，动视力下降为 0.5。一般来讲，目标作垂直方向移动引起的视力下降比作水平方向移动所引起的视力下降要大得多。

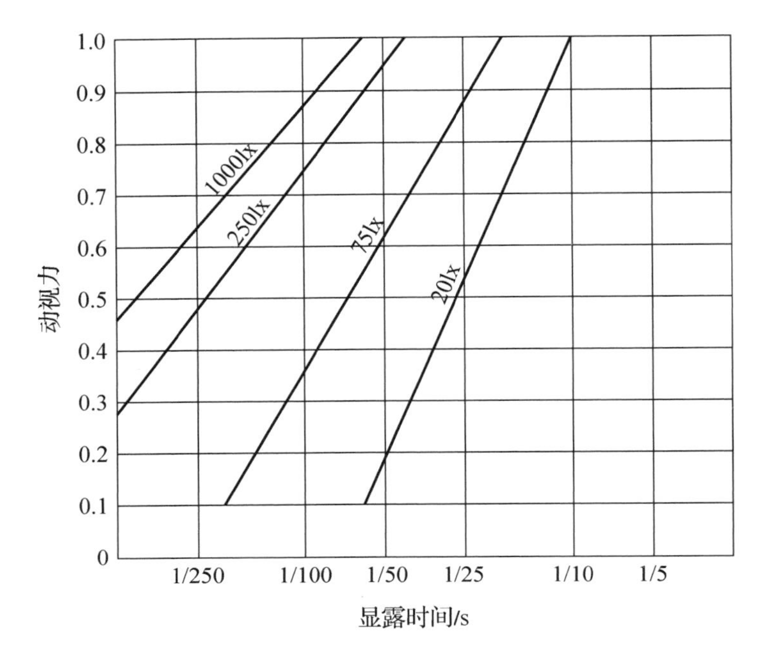

图 2-3 动视力与目标显露时间的关系示意

3）静视力与动视力的关系

静视力好是动视力好的前提，但静视力好的人不一定动视力都好。许多研究都表明，驾驶人的动视力与交通事故有密切的关系，一项对 365 名驾驶人动视力与静视力相关性的研究结果表明：静视力为 1.0 的 276 人中，动视力小于等于 0.5 的有 170 人，占总人数的 62%。因此对于报考驾驶证的人员，不仅要检查静视力，还应检查动视力，而且要定期检查。

动视力还与年龄有关：年龄越大，动视力与静视力之差就越大。

4）夜间视力

夜间视力与光线亮度有关，亮度增加可以增强夜间视力，在照度为 0.1 ~ 1000lx 的范围内，两者几乎成线性的关系。由于夜间照度低引起的视力下降叫作夜近视。通过研究发现：夜间的交通事故往往与夜间光线不足、视力下降有直接关系。

对于驾驶人来说，一天中最危险的时刻是黄昏，因为黄昏时光线较暗，不开前照灯看不清楚路况，而当打开前照灯时，其亮度与周围环境亮度相差不大，因而也不易看清周围的车辆和行人，往往会因观察失误而发生事故。

汽车在夜间打开前照灯行驶时，汽车驾驶人应注意以下几种情况。

① 夜间视力与物体大小的关系。

在白天，大的物体即使在远处也可以看清；但在夜间，离汽车前照灯的距离越远，照度越低，因此远处大的物体也不易看清。

② 夜间视力与物体对比度的关系。

在夜间，对比度大的物体比对比度小的物体更容易确认。表 2-1 是用国际视标缺口环进行夜间视力测试的一组实验数据。实验时，汽车开启前照灯行驶，当驾驶人看到视标的距离为认知距离，能确认视标缺口方向的距离为确认距离。

表 2-1 不同对比度下的认知与确认距离的实验数据

光源	距离	对比度为 88%的视标/m	对比度为 35%的视标/m
远光灯	认知距离（S_1）	70.4	20.3
	确认距离（S_2）	60.5	17.0
	S_1-S_2	9.9	3.3
近光灯	认知距离（S_1）	43.3	9.7
	确认距离（S_2）	25.5	8.0
	S_1-S_2	17.8	1.7

当对比度大时，认知距离与确认距离之差较大，此时驾驶人有较充分的时间应付各种事件，行车比较安全；对比度小时，认知距离与确认距离相差较小，这时行车是不安全的。由此可见，夜间行车时，物体的对比度大小显得特别重要。在驾驶人夜间行车可能遇到危险的地方要设置对比度大的警告标志，就是这个缘故。

③ 夜间视力与物体颜色的关系。

交通环境中的众多信息，例如交通信号、交通标志、标线及汽车内部的仪表灯、警告灯、车外的转向灯、示宽灯和制动灯等是靠色彩来表达和传递的，加之车身的色彩也是交通景观的一个重要组成部分，由此看来色彩与交通有着密切的关系，所以色彩对车辆驾驶人来讲也是很重要的。通过夜间与白天各种气候条件下不同颜色的视认性对比可知，在同样的气候条件下，同一种颜色，夜间的视认性较白天差得多。夜间行车时，驾驶人对于物体的视认能力，会因物体的颜色不同而不同。红色、白色及黄色是最容易辨认的，绿色次之，而蓝色则是最不容易辨认的。

④ 夜间驾驶人对路面的观察。

车灯直射路面时，凸出处显得明亮，凹陷处很黑，驾驶人在行车过程中可根据路面明暗来避让凹坑。但由于灯光晃动，有时判断不准，若远处发现的黑影车辆驶近时消失，则该黑影可能是小凹坑；若黑影仍然存在，可能凹坑较大、较深。月夜路面为灰白色，积水的地方为白色，而且反光、发亮；无月亮的夜晚，路面为深灰色。若车辆在行驶过程中前面突然发黑，则是公路的转弯处。

5）夜间行驶驾驶人对行人的辨认

夜间行驶，在仅依靠汽车前照灯照明的情况下，对驾驶人进行行人的辨别实验。驾驶人在夜间行驶时对行人的辨别如图 2-4 所示，驾驶人在夜间会车时对行人的辨别如图 2-5 所示。

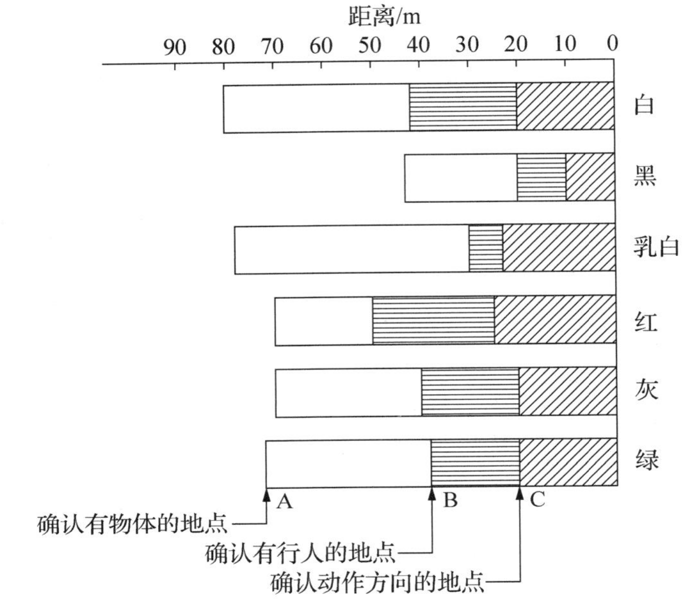

图 2-4 夜间行驶时对行人的辨别

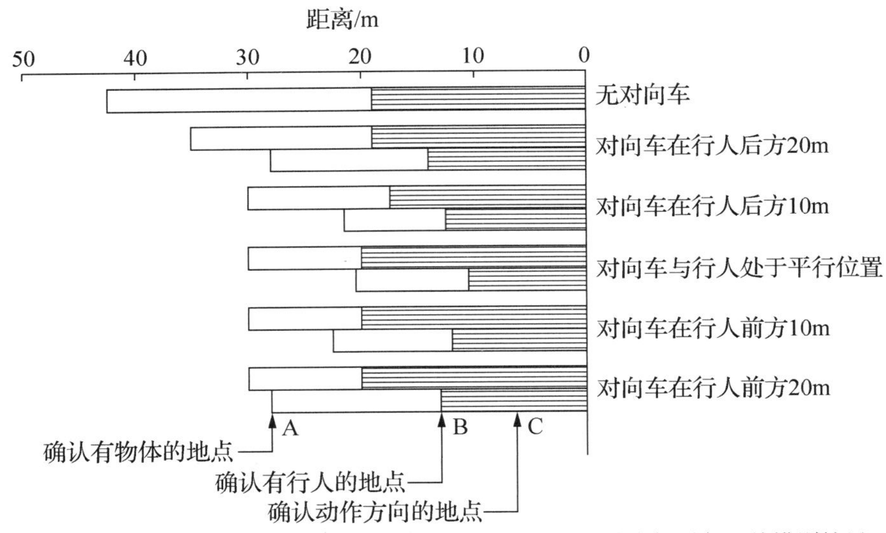

注：同一组柱形图上和下分别表示行车道上同向和对向两个方向的车辆对行人的辨别结果。

图 2-5 夜间会车时对行人的辨别

由图 2-4 可知，辨认路肩上是否有物体存在，如为白色物体且使用前照灯，行驶的车辆距此物体距离 80m 左右时即可辨认，黑色物体则需行至 43m 才能辨认；确认为行人时，距离更短，穿白衣服者为 42m，穿黑衣服者为 20m；若要由其动作姿势确认行为方向时，穿白衣服者为 20m，穿黑衣服者为 10m。由此看来，行人衣服的颜色对驾驶人辨认距离的影响很大。有些国家规定，夜间在道路上作业的人员必须穿黄色反光衣服，以确保安全。

由图 2-5 可知，驾驶人由于受到对面来车前照灯的影响，对行人的辨认能力降低，降低的程度与对方来车的前照灯的光轴方向、对方车辆和本车及行人的相对位置等因素有关。假设行人穿黑色衣服，要辨认此人，无对向车时的辨认距离为 20m，当对面来车由行人后方逐渐接近时，辨认距离逐渐缩短。

2. 适应与眩目

1）适应

在实际道路交通中，驾驶人行车时遇到的环境光照度是变化的。当光照强度发生变化时，驾驶人的眼睛要通过一系列的生理过程进行适应，这种适应主要靠瞳孔大小的变化及视网膜感光细胞对光线的敏感程度的变化实现。适应需要经过一段时间，不可能在一瞬间完成，所以当外界光线突然发生变化时，人眼便会出现短时间的视觉障碍，这就是人眼的适应过程。光线突然由亮变暗时的适应过程称为“暗适应”，反之称为“明适应”。“明适应”过程较快，不过数秒至一分钟，但“暗适应”过程却慢得多。

图 2-6 为暗适应曲线，这一过程可分为两个阶段，最开始曲线下降较快，但 5～8min 内曲线下降趋于平缓，这一段称为 A 段；8～15min 曲线较陡，但经过 15min 以后，又开始缓慢下降，这一段称为 B 段。暗适应曲线表明人眼在暗适应过程中，有光感的照度随时间的增加逐渐变低。暗适应延续发展的时间很长，可达 1h。暗适应过程对安全行车影响最大，例如汽车在白天驶入隧道时，光线突然由亮变暗，在进入隧道最初的几秒内，驾驶人可能感到视觉障碍，为了适应人眼的特性，隧道入口处应加强照明，汽车进入隧道后必须打开前照灯。暗适应过程因人而异，暗适应速度过慢、眼机能调节较差者容易发生事故。

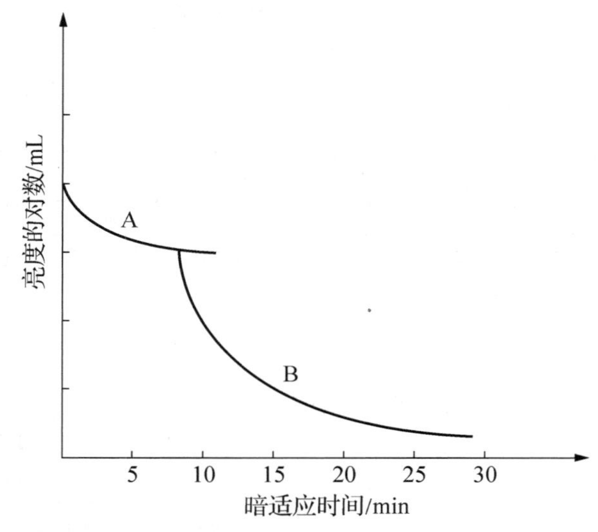

注：mL为亮度单位millilambert的缩写。

图 2-6 暗适应曲线

2）眩目

眩目会使人的视力下降，下降的程度取决于光源的强度、光源与视线的相对位置、光源周围的亮度和眼睛的适应性等多种因素。汽车夜间行驶多数遇到的是间断性眩光，一般认为，在以人眼视线为中心线 30°角以内的范围是容易发生眩目的区域，希望在此区域内不要有发射强烈光线的光源。

如有强光照射，视力从眩光影响中恢复需要一定的时间，从亮处到暗处大约为 6s，从暗处到亮处大约为 3s。视力恢复时间的长短与刺激光的亮度、持续时间、受刺激人的年龄有关。年龄越小，夜间眩光后视力的恢复时间越短，年轻驾驶人的视力恢复时间为 2～3s；年龄超过 55 岁时，恢复时间大约为 10s。一般情况下，在道路中心线上的行人比在路侧的行人更容易被驾驶人发现。但在夜间会车时，由于对向车前照灯引起的眩目作用，使驾驶人反而不容易看清中心线附近的人和物，因而人在夜间处于道路中心线上是很危险的。为防止夜间会车时眩目，汽车前照灯应备有远近两种灯光，会车时使用近光。在道路设施方面也要注意防眩，如在上下行车道间设置隔离带、防眩板、加强路灯照明使汽车夜间行车时不必使用前照灯等。

二、驾驶人的信息处理

驾驶人驾驶车辆在道路上正常行驶时，需要不断地认知情况、确定措施并实施操作。认知情况→确定措施→实施操作这一过程，实质上就是获取信息和处理信息的过程。驾驶人的信息处理过程，如图 2-7 所示，首先由环境获得信息，由接收器（感觉器官，主要是视觉、听觉和触觉等）经传入神经系统传递到信息处理系统（中枢神经系统），经思考判断作出决定，然后经传出神经系统传递到效果器（手、脚等运动器官），最后使车辆

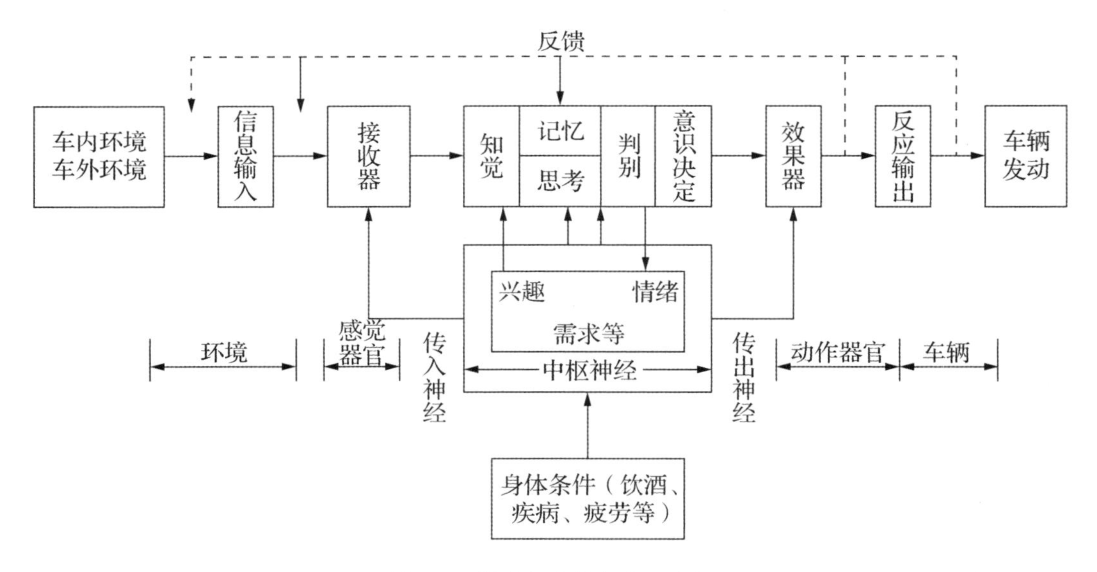

图 2-7　驾驶人的信息处理过程

产生运动。如果效果器在响应上有偏差，导致车辆发动响应异常，则必须把此信息返回到中枢神经系统进行修正，再次传递并由效果器执行修正后的命令。实际上，驾驶人的情绪、身体条件、疲劳程度、疾病等都与安全驾驶有密切关系，对信息处理得正确与否，会对响应特性产生很大的影响。

驾驶人对信息的处理，是在一定的时间条件下进行的，并在一定时间内完成，及时准确地对信息进行处理是安全驾驶的关键。

三、驾驶人的反应特性

反应特性又称反应时间，是指从刺激到反应之间的时距。

人的反应时间与交通安全存在密切关系。由于反应时间是人体本身固有的特性，不可能通过某种技术手段来改变，我们只能通过对反应时间的研究来认识其特点，尽量减少反应时间对交通安全的影响。

1. 简单反应与复杂反应

反应有简单反应和复杂反应之分。简单反应是给予驾驶人单一的刺激，要求驾驶人做出反应。这种反应，除该刺激信号外，驾驶人的注意力不被另外的目标所占据，生理上的条件反射往往都是简单反应，因为它不经过大脑的分析、判断和选择。当驾驶人对外界某种刺激信息做出反应时，看起来是很快地产生动作，而实际上有一个过程，需要一定的时间。一般说来，简单反应时间较短。在实验室条件下，从眼到手这种反应是简单反应，如要求按响喇叭，通常需要0.15～0.25s；从眼到脚的反应，如要求踩下制动踏板，约需0.5s。

复杂反应是给予驾驶人多种刺激，要求驾驶人做出不同的反应。例如，驾驶人在超车过程中，既要知道自己车辆的行驶速度，又要估计被超越车辆的速度和让行超越路面的情况，操作上便有选择地准备超越时间。若超越时间长，至中途时，还要观察被超越车辆前面有无障碍或骑车、走路的人是否多占了有效路面，被超越车辆的驾驶人是否可以靠拢道路中心线或驶过道路中心线避让情况等，待确保安全时，再决定加速超车或停止超车。因此，超越车辆的驾驶人必须有选择和预知准备的余地，懂得道路行驶规律，才能在复杂的道路中安全行驶。复杂反应的复杂程度取决于交通量的大小、汽车和车流中的另外一些车辆的速度、行驶路线及道路环境情况的变化等多种因素。

2. 影响驾驶人反应的因素

由于驾驶人的反应对车辆的安全行驶有很重要的作用，因此有必要分析哪些因素会影响驾驶人的反应，以便尽量减少反应时间对行车安全的影响，在车辆、道路及交通环境的设计方面，采取有利于提高驾驶人反应速度的措施。一般情况下，影响驾驶人反应的因素分为客观刺激物和驾驶人自身特性两个方面，下面分别加以分析。

（1）刺激与反应。

① 刺激对象不同，反应时间不同，刺激对象与反应时间的关系如表 2-2 所示；不同运动器官与反应时间的关系如表 2-3 所示。由表 2-2 可见，反应最快的是触觉，其次是听觉，再次是视觉，反应最慢的是嗅觉。作为道路交通信息来说，利用接触刺激和声音刺激，都有一些困难，因此现在大部分用光线作为刺激物，如各种交通信号、交通标志和路面标线等。

表 2-2　刺激对象与反应时间的关系

感觉（刺激对象）	触觉	听觉	视觉	嗅觉
反应时间/s	0.11～0.16	0.12～0.16	0.15～0.20	0.20～0.80

表 2-3　不同运动器官与反应时间的关系

运动器官	反应时间/s	运动器官	反应时间/s
左手	144	右手	147
左脚	179	右脚	174

② 同种刺激，强度越大，反应时间越短。这是因为刺激物作用于感觉器官的能量越大，则在神经系统中进行的速度越快。所以如果以光线作为刺激物，则应提高它的亮度；如果以声音作为刺激物，则应提高它的响度。这些都有利于缩短驾驶人的反应时间。

③ 刺激信号数目的增加会使反应时间增长。如红色信号和有声信号同时作用，驾驶人的反应时间会比只用红色信号作用的反应时间增加 1～2 倍。

④ 刺激信号显露的时间不同，反应时间也不同。在一定范围内，反应时间随刺激信号显露时间的增加而减少。表 2-4 为光刺激时间与反应时间的实验数据。

实验数据表明，光刺激持续的时间越长，反应时间越短，但当光刺激时间超过 24ms 时，反应时间不再减少。

表 2-4　光刺激时间与反应时间的实验数据

单位：ms

光刺激时间	3	6	6	12	24	48
反应时间	191	189	189	187	184	184

⑤ 反应时间与刺激信号的空间位置、尺寸大小等空间特性有关。在一定限度内，驾驶人看刺激信号的视角越小，反应时间越长，反之则越短。同时刺激信号的空间特性对

反应时间的影响还表现在，双眼视觉反应时间比单眼反应时间显著缩短，双耳听觉反应时间也比单耳反应时间短，等等。

（2）年龄和性别与反应。

反应时间与人的年龄和性别都有关系。一般来讲，在 30 岁以前，反应时间随年龄的增加而缩短，30 岁以后则逐渐增加；同龄的男性比女性反应时间要短，人的年龄与反应时间的关系如图 2-8 所示。

对驾驶人进行一般情况和紧急情况下的驾驶反应测试表明，在一般情况下驾驶，年龄大者（不超过 45 岁）得分高，事故少；在紧急情况下驾驶，22～25 岁的男性驾驶人，反应时间短，事故少，年龄较大者成绩差；22 岁的青年，教习约 22h，可获得驾驶执照；45 岁以上的男性驾驶人，需要教习约 35h 才能获得执照；45 岁以上的男性驾驶人，身体素质、神经感觉和精力等均有所衰退，驾驶机能下降。

一般而言，在行驶过程中，男性驾驶人反应时间短，女性驾驶人反应时间较长；达到获得执照标准的时间，女性驾驶人比男性驾驶人长 26%。遇到紧急情况时，性别不同反应的差别较大，如在遇到正面冲撞前的一刹那，多数男性驾驶人会想方设法摆脱，而多数女性驾驶人则会恐慌、手足无措。在培训驾驶人时，可适当延长女性学员的训练时间；在安排任务时，应给女性驾驶人操纵较轻便的车辆，这样有利于保证交通安全。

（3）情绪和注意力与反应。

反应快慢不仅与年龄有关，而且与驾驶人在行车途中的思想集中程度、当时的情绪及驾驶技术水平等有着密切的关系。积极的情绪可以增强人的活力，当驾驶人在喜悦、惬意、舒畅的状态下，反应速度快，大脑灵敏度较高，判断准，操作失误少；而在烦恼、气愤和抑郁的状态下，反应迟钝，大脑灵敏度低，判断容易失误，出错多，特别是在应激的状态下对驾驶人的影响更大。

驾驶人在行驶过程中若注意力分散，如谈话、接听电话、吸烟、考虑与驾驶无关的事情等都会使反应时间成倍增加。当遇到突发性的险情时，易出现惊慌失措、手忙脚乱的现象，甚至发生交通事故。

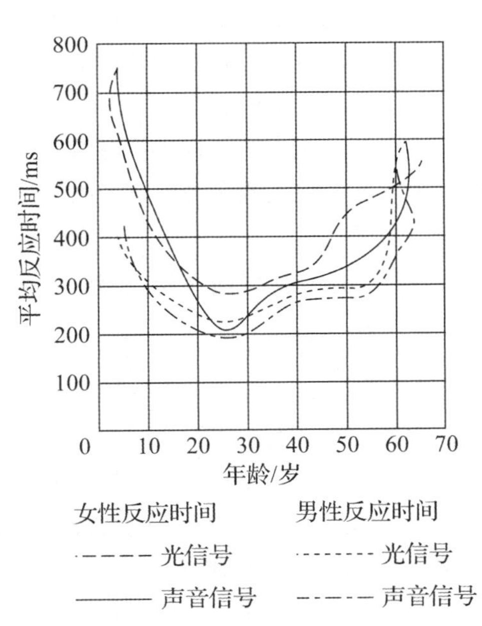

图 2-8　人的年龄与反应时间的关系

（4）车速与反应。

汽车速度越快，驾驶人的反应时间越长，反之反应时间则越短。从人的生理角度来看，车速越快，驾驶人的视野越窄，看不清视野以外的情况，情绪和中枢神经系统都处于相对紧张的状态，导致反应时间变长。据测试，驾驶人在正常情况下，车速为 40km/h 时，反应时间为 0.6s 左右；当车速增加到 80km/h 时，反应时间增加到 1.3s 左右。

随着车辆运行速度的提高，驾驶人的脉搏和眼动都会加快，感知和反应变慢，对各种信息的感受刺激迟钝，在会车和超车中往往会出现对车速估计过低，对距离估计失误等情况，尤其在越过障碍和在盲区路段行驶中对突发情况还未做出反应，事故就发生了。这种情况在肇事现场中就属车辆先将行人、物撞倒，然后再出现制动痕迹，肇事接触点在路面上的投影点，必然落在制动痕迹的前面。其实，很多事故都是驾驶人盲目开快车、遇到紧急情况来不及反应所致。

（5）疲劳与反应。

疲劳会使驾驶人的驾驶机能失调、下降，给安全行车带来不利影响。

驾驶人的疲劳主要是神经系统和感觉器官的疲劳。由于驾驶人在行车中要连续用脑来观察、判断和处理道路情况，脑部比其他器官需要更多的氧气，长时间驾驶车辆，脑部会感到供氧不充分而产生疲劳，开始出现意识水平下降、感觉迟钝等症状，若继续工作下去，会感觉进一步钝化、注意力下降、注意范围缩小。这些症状是中枢神经系统在疲劳时出现的保护性反应，好像机械设备中的安全阀发生故障一样。在这种状态下驾驶汽车容易出现观察、判断和动作上的失误，增加发生事故的可能性。

（6）饮酒与反应。

饮酒会影响人的中枢神经系统，导致感觉模糊、判断失误、反应不当，进而危及行车安全。饮酒使人的色彩感觉能力降低，视觉受到影响；饮酒对人的思考、判断能力有影响；饮酒使人的记忆力、注意力降低；饮酒还容易导致人的情绪变得不稳定、触觉感受性降低，这些都会使驾驶人的反应迟缓，增加发生事故的可能性。

四、驾驶心理

个别差异是一项不可否认的事实，驾驶人不仅会有年龄的差异，而且能力也不尽相同，即每个驾驶人之间的生理与心理特征，如性别、性格、经验等都有很大差异。交通安全心理学主要关注一些与驾驶行为有关的个别差异。首先对同龄驾驶人的观察发现，他们处理信息、判断和反应能力会存在很大差异；然后对不同年龄驾驶人的观察发现，驾驶人的年龄分布在 18～60 岁，随着年龄的增长，驾驶人能力也会发生变化，老年驾驶人可通过他们的驾驶经验和细心来补偿他们生理上的弱点。交通安全心理学所关心的是个别差异的类型以及造成这些差异的原因，研究区别安全驾驶人和出事故驾驶人的特征。

（1）驾驶人个性是指影响驾驶人在不同情况下行为方式的一种相对稳定特征的综合体。许多研究表明，驾驶人个性特征与驾驶行为和交通事故有一定的关系。驾驶人的个人适应不良和社会适应不良都可能引起交通事故。此外有关的驾驶技术和能力，如驾驶经验可能影响驾驶行为和交通事故。

（2）现场独立性可用来区别优秀驾驶人和倾向事故驾驶人，具有现场独立性特征的驾驶人在复杂环境下可以敏锐地发现视觉线索，而具有现场依赖性的驾驶人发现危险情况的能力较差，前者很少发生交通事故，而后者会经常发生事故。

（3）暂时损伤对驾驶能力的影响很大，疲劳、酒精和药物都可能引起暂时损伤。疲劳影响驾驶人的视觉探测行为、刹车行为和保持车辆正确行驶位置的能力；酒精对交通事故的影响也得到充分证明，许多国家都在法律上规定饮酒的驾驶人不准开车。通常，我国规定驾驶人血液中的酒精含量大于或等于 80 mg/mL 即为酒醉，在这种情况下发生的交通事故数量是未饮酒时的 6～7 倍；药物，如苯基丙胺、大麻和镇静剂等，都在不同程度地影响驾驶技能，如果与酒精混用，其影响就大大加强。

（4）事故趋势理论认为，对事故多发者进行测量可以发现他们的共同特征，然后用这些特征作为预测手段将有助于减少交通事故的发生。

（5）某些个别差异与驾驶行为有关，如驾驶经验（体现在驾车年限上），虽然它对掌握和提高驾驶技能很重要，却与交通事故无必须关系，驾驶人缺乏经验可能发生交通事故，而有经验的驾驶人比普通驾驶人更可能发生事故，是因为获得的驾驶经验会增加其冒险的可能性。

2.2.3 汽车性能、结构与交通安全

车辆是工具，是道路交通系统的重要组成部分，与交通安全有着密切的关系。虽然在事故统计中，因为车辆而直接导致的事故比例并不大，但如果能进一步改善车辆的结构和性能，实时监控车辆动态参数，按规定进行安全检查，使汽车具有良好的技术状况，从某种角度上讲是可以防止驾驶人失误的，至少也能减轻事故造成的损失。

一、安全行驶性能

1. 车辆设计、制造的安全标准化

20 世纪五六十年代，随着汽车交通在世界范围内的迅速发展，各国要求减少交通事故、提高车辆运行安全性的呼声越来越高，机动车安全标准由此诞生。它规定了汽车安全运行的最低限度的构造、装置及性能标准。随着社会环境的变化、科学技术的进步，机动车安全标准的内容也在不断地进行修订或追加项目，使之趋于严格和完善。

我国的汽车工业也制定了自己的国家标准和行业标准。随着近年来汽车工业的迅猛

发展，标准的制定、修订工作以及贯彻实施越来越受到重视，并纳入了法治轨道。在新的经济形势下，与国际经济接轨的要求越来越迫切，我国的汽车标准也在逐渐地采用国际标准，以增强竞争力。

小知识

汽车安全标准

汽车的设计、制造必须符合一定的标准才能保证其安全运行，世界各国都有自己的汽车安全标准。例如，美国联邦机动车安全标准（Federal Motor Vehicle Safety Standards，FMVSS）是世界上最完备的汽车安全标准之一，欧洲经济委员会（Economic Commission of Europe，ECE）和欧洲经济共同体（European Economic Community，EEC）制定的汽车安全的相关法规，另外还有澳大利亚汽车设计规则（Australia Design Rules，ADRs）和与相近的加拿大机动车安全标准（Canadian Motor Vehicle Safety Standards，CMVSS）以及日本的《道路运输车辆法》。安全标准的试验方法在国际上是统一的，但标准的具体条款则因各国的国情而异。

2. 汽车构造安全化

在道路交通中，如何减少对人的伤害是交通事故防治的重点。改善交通事故损失的致害因素，就是考虑在事故发生的瞬间，导致乘员、骑自行车者、行人损伤的致害物，应在车辆设计、使用方面予以改进，使得参与交通的人获得最大程度的保护。

在交通事故尤其是碰撞事故发生时，汽车对乘员应有足够的保护能力，这就要求车辆在设计制造时要有安全的车体构造，针对碰撞发生部位的不同，车体不同位置的安全要求也不同。

对于正面碰撞，为了乘员的安全，车辆前部要做得坚固，并要防止车室变形以确保生存空间。汽车前部的压扁特性与车体结构的材料、动力传动系统的形状、悬架和发动机的布置等有关。一般小型轿车在 50km/h 速度下与墙壁碰撞时，变形距离为 450mm，最大反力为 40t，最大减速度为 40g，乘员可能移动的距离为 200～240mm。反力过大，车室会因强度不够而变形，变形距离随着碰撞时车辆速度的提高而变大，在高速时为保护乘员应采取较大的压扁距离来提高能量吸收率和降低反力。在追尾碰撞发生时对车辆后部结构的考虑也是要协调好反力、变形距离及车室强度三者之间的关系，尤其要注意对燃料箱的保护。

对于侧面碰撞，要减小碰撞时的攻击性，车体强度要求能适应翻车。同时为确保驾驶人的视野，前立柱和中立柱也要有必要的强度。

3. 提高被动安全性

在车辆发生碰撞时，为达到保护乘员的目的，一是要把减速度控制在允许限度内，以保证乘员的动能得以吸收；二是要防止负荷过度集中而使乘员受伤。利用乘员保护装置可控制乘员的减速度。安全带是最便宜而且有效的乘员保护装置，车辆上已普遍安装。但在我国安全带的使用率较低，应加强宣传力度，使佩戴安全带成为乘员的自觉行为，以保障其人身安全。

为防止碰撞时人体受到局部过大的压力而受伤，应在防止车室变形、确保生存空间的同时，使车内突出物、仪表板具有能量吸收性，并铺上减震垫，另外还要使用强化玻璃或夹层玻璃以减轻伤害。

为了保护行人、骑自行车/电动车的人，要将车辆外部做成柔性结构并没有复杂的突出物，反光镜做成可折式的。还要根据碰撞时行人的反应动作研究保险杠的高度和强度。对于大型车，要注意防止碰撞或将行人、骑自行车/电动车的人卷入车下等情况。

二、智能化车辆安全技术

汽车安全性已经不仅是技术问题，在某种程度上也是一个重要的社会问题。汽车的主/被动安全性因其定位于防患于未然，所以有着广阔的发展前景，越来越受到汽车生产企业、政府管理部门和消费者的重视。应用电子信息技术使车辆实现高度智能化是汽车主动安全技术能在世界范围内发生质的跃变的主要因素。

案例2-1

美国 20 世纪 70 年代提出的试验安全车（Experiment Safety Vehicle，ESV），日本 20 世纪 90 年代提出的 ASV 虽然是两个不同历史时期提高汽车安全性的代表作，但它们都是未来安全汽车的雏形。

车辆运行的先决条件是驾驶人明确知道自己驾驶车辆的性能参数及将运行道路的状况信息，然后在此基础上做出正确判断并实施操作，ASV 可以从三个方面帮助驾驶人安全驾驶车辆。

（1）ASV 上安装有预防交通事故发生的驾驶人工作状态及性能参数检测装置和交通信息接收装置。

（2）ASV 上安装有多种自动操作装置，可以帮助驾驶人避免交通事故的发生。

（3）ASV 上安装有减缓交通事故危害的设施及善后处理装置。

ASV的技术研究集中体现在事故预防、事故避免、最小碰撞损伤和最小事故后损伤四个方面。

日本运输省在先进安全车辆计划中提出先进安全车辆的设计原则，包括如下三点。

（1）驾驶人辅助。

驾驶人辅助由知觉（Perception）辅助、决策（Decision）辅助与控制（Control）辅助组成。其所包含的功能有：增强驾驶人的知觉能力（Enhancement of Driver Perception，EDP）、信息呈现（Information Presentation，IP）、警示（Warning）、事故预防控制（Accident Avoidance Control，AAC）、驾驶人负担减轻控制（Driver Load Reduction Control，DLRC）。

（2）驾驶人接受。

驾驶人接受是指驾驶人辅助技术必须很容易被所有驾驶人了解与操作，人机接口（Human Machine Interface，HMI）必须很友善。

（3）社会接受。

社会接受泛指大众对于先进安全车辆的接受度。汽车厂商必须清楚地说明系统功能与限制，使用者在使用系统时必须依照指示，小心使用。厂商也需评估先进安全车辆技术在减少交通事故上的效果。

日本ASV计划所研发的系统技术可分为六大类32项（见表2-5和图2-9）。

表2-5 日本AVS计划所研发的系统技术

类别	项目
安全预防	① 驾驶人危险状态警告系统 ② 车辆危险状态警告系统 ③ 提升驾驶视野及辨认性支持系统 ④ 夜间提升驾驶视野及辨认性支持系统 ⑤ 视野死角警告系统 ⑥ 周边车辆信息取得及警告系统 ⑦ 道路环境信息取得及警告系统 ⑧ 对外传送信息及警告系统 ⑨ 行驶负载减轻系统

续表

类别	项目
事故回避	⑩ 提升车辆运动及操控性能系统 ⑪ 驾驶人危险状态回避系统 ⑫ 视线死角事故回避系统 ⑬ 周边车辆等的事故回避系统 ⑭ 道路环境信息事故回避系统
全自动驾驶	⑮ 使用现有道路基础设施链的自动行驶系统 ⑯ 使用新规格道路基础设施的自动驾驶系统
降低伤害	⑰ 碰撞时冲击吸收系统 ⑱ 乘员保护系统 ⑲ 行人伤害减轻系统
防止灾害扩大	⑳ 紧急时车门锁解除系统 ㉑ 多重碰撞减缓系统 ㉒ 火灾灭火系统 ㉓ 事故时自动通报系统
车辆基础技术	㉔ 汽车电话安全对应系统 ㉕ 高精度数位式行驶记录系统 ㉖ 电子式车辆识别证 ㉗ 车辆状态自动答复系统 ㉘ 高精度 GPS 定位系统 ㉙ 线控行驶 ㉚ 高龄驾驶人支持技术 ㉛ 生理疲劳量测及对策技术 ㉜ 人机接口基础技术

（1）小汽车运行前安全系统。

小汽车运行前安全系统（图 2-10）主要包括旅行前智慧型导航系统，路况、气象资讯语音接收系统，运行前车况诊断系统，等等。

（2）小汽车运行过程中安全系统。

小汽车运行中安全系统见表 2-6，包括基本系统和子系统（部分）。图 2-11 给出了各子系统的具体位置。

（3）小汽车紧急状况辅助安全系统。

一旦遇到交通紧急状况时，ASV 就会提醒驾驶人注意并采取相应的措施以避免事故的发生，如果事故无法避免，则尽量减少事故损失。

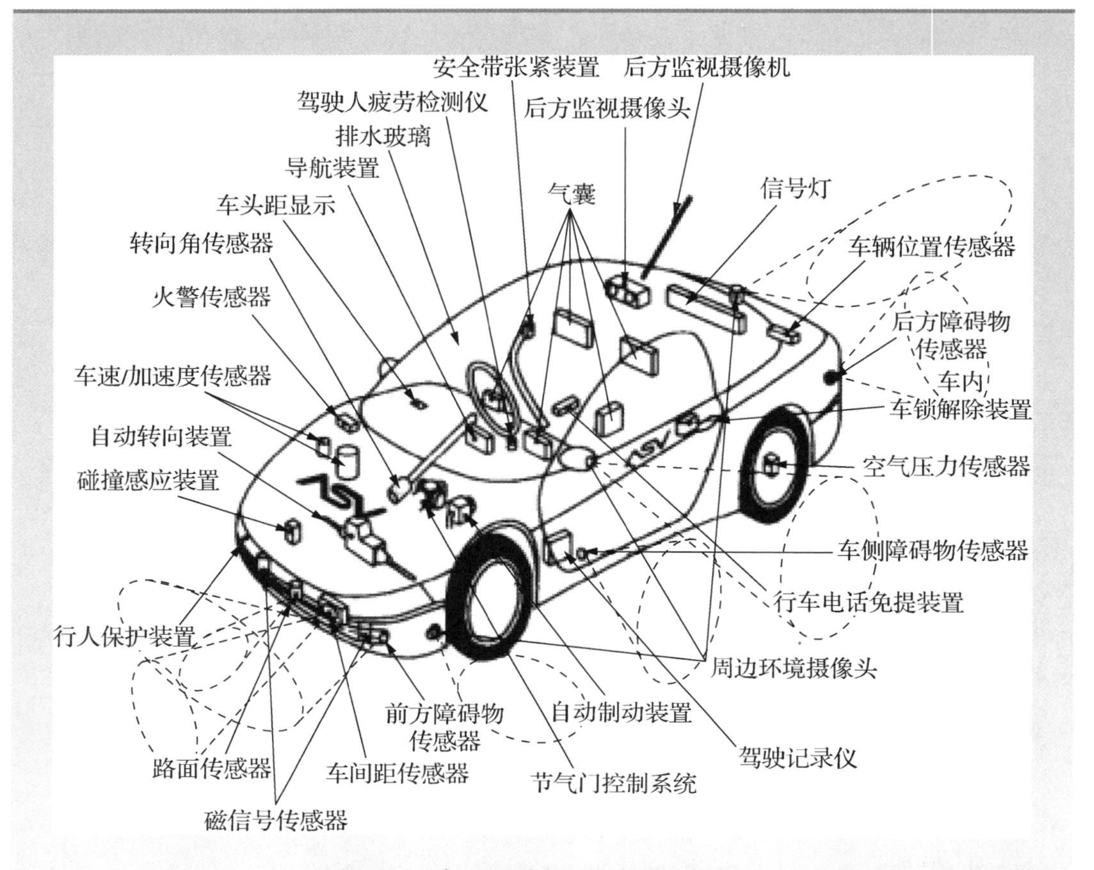

图 2-9　日本 AVS 计划所研发的系统技术

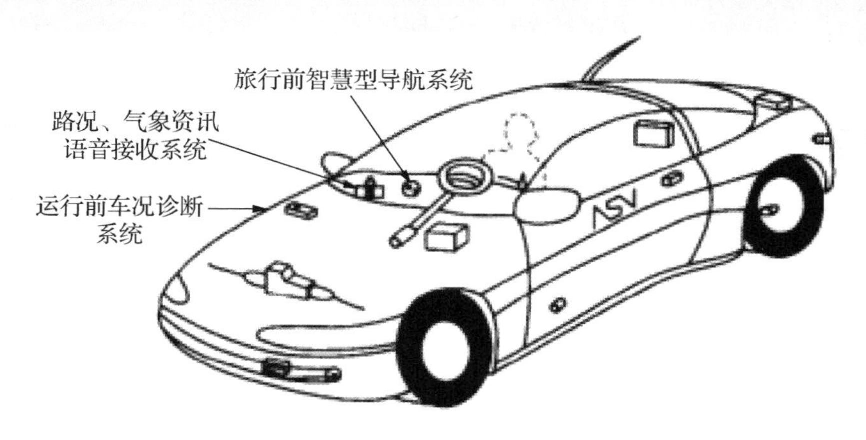

图 2-10　小汽车运行前安全系统

表 2-6　小汽车运行中安全系统

基本系统	子系统	功能说明
周围环境危险警告	安全车距警示与辅助系统	根据车速设定与前车的安全距离，与前车未保持安全距离时，系统即以语音方式警告驾驶人做修正，并自动协助驾驶保持安全车距
	视线死角警示系统	侦探驾驶人视线死角，当有障碍物，行人、车辆出没时，给予驾驶人语音警示
车辆危险警示系统	运行中车况诊断系统	车辆行驶过程中，持续监控与诊断车况，并将危险状况以语音方式警告驾驶人做修正
驾驶人生理状况及操作不良警告	驾驶人危险状态警示系统（醉酒、疲劳、身心不适警告）	系统可侦测驾驶人之身心状况，当驾驶人有醉酒、疲劳、身心不适等危害驾驶安全之状态时，给予驾驶人语音警告
	超速行驶警示与定速辅助系统	系统依各路段限速设定车速，当驾驶人超速行驶时，系统会给予语音警示，并协助驾驶人维持定速行驶
	车道偏离警示与辅助系统	当有特殊因素（如接听电话、发呆或与他人交谈等情况）而使车子有非预期之车道偏离情况时，系统即以语音方式警告驾驶人做修正，并协助驾驶人做修正
驾驶辅助	变换车道辅助系统	自动协助驾驶人判断后方来车及变换车道
	驾驶视野及辨识性支援系统（隧道、夜间、天气不良时之辅助）	利用红外线或热感应方式，以抬头显示器，提供驾驶夜视仪或视线不良时之辅助
	前照灯自动配光控制系统	依车况与路况感应方式，自动开启灯光并调整光线与投射角度
	智能型除雾与拨水系统	拨水玻璃与自动除雾系统

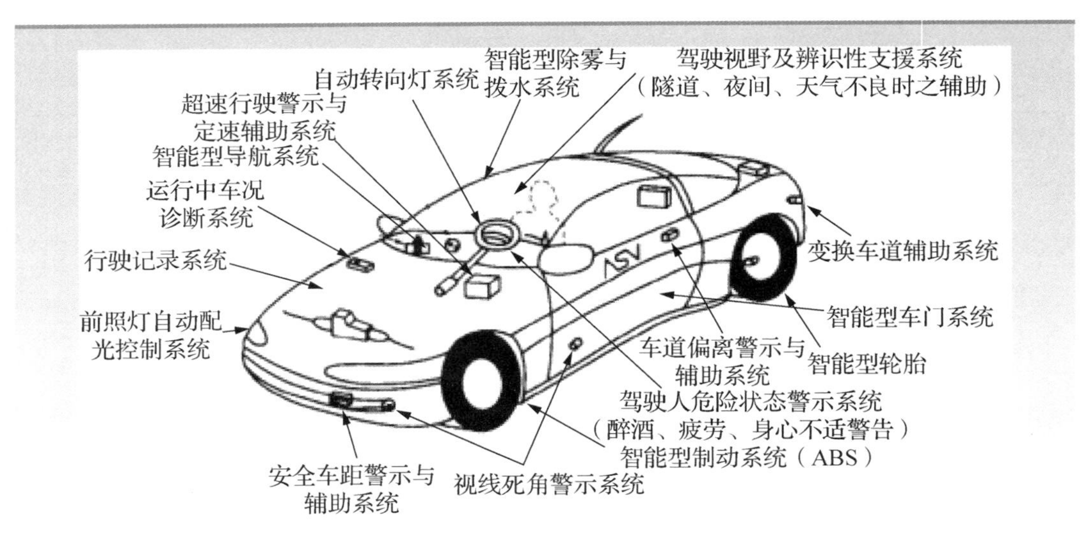

图 2-11 小汽车运行过程中安全系统

2.2.4 道路交通条件与交通安全

道路作为道路交通系统赖以生存的基础设施，对交通安全起着重要作用。虽然多数国家的统计结果表明交通事故的原因主要在于人和车，但事实上驾驶人的粗心和失误大部分是由于不佳的道路条件引起的，而道路条件与道路设计、施工、养护是分不开的。

具有足够强度的路面在行车和自然因素的作用下，不能产生过多的磨损、压碎及变形，同时还要保证一定限度内的抗滑能力和平整性，这样才能为安全行车创造有利条件。在道路线形设计时，应该合理安排曲线的半径和转角，通过弯道超高、弯道加宽的办法防止出现横向翻车或滑移的现象，同时要有足够的视距能够在发现障碍物时及时采取措施。因为汇集在交叉路口的机动车、行人以及自行车的行驶方向各不相同，所以交叉口处存在着大量的干扰与冲突，在设计时应尽量避免四路以上的交叉路口，同时采用交通信号控制交叉路口交通流的相对速度，采用分离车道和隔离式道路为左右转弯车辆的运行提供便利，减少车辆在交叉路口区域的冲突。

一、交通流状态

交通流量与交通事故率的关系受到道路车道宽、路肩宽、视距及路侧状况等因素的影响。通常，在交通流量小时，车辆行驶的安全性主要取决于道路条件和车辆本身的性能，交通事故的发生与这两者有关系；随着交通流量增大，交通条件在道路安全中占主流地位，由车辆相互影响而导致的交通事故时有发生。为了更直观地展示交通流状态，引入道路交通运行指数（交通运行指数），图 2-12 所示为道路等级与交通运行指数、交通事故率的关系。

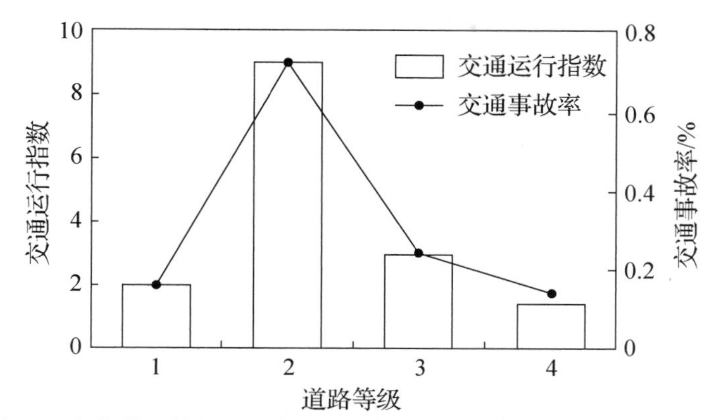

交通运行指数取值范围分为五个级别：0～2 畅通、2～4 基本畅通、4～6 轻度拥堵、6～8 中度拥堵、8～10 严重拥堵。

图 2-12 道路等级与交通运行指数、交通事故率的关系

交通事故的多少与道路上各种车辆行驶速度的离散程度成正比，即速度太快或太慢均易发生事故，而顺应交通流的一般速度则是安全的。

宏观分析可以确定路段上交通流量（N）与全年交通事故件数（U）之间的相互关系。

对单车道：

$$U = aN^{p} \tag{2.12}$$

对复合车道：

$$U = aN_1^{p_1}N_2^{p_2} \tag{2.13}$$

式中 a，p_1，p_2——回归系数；

N，N_1，N_2——交通流量。

二、车道与路面宽度

国外研究表明，车道宽度增加，交通事故的数量增加，随着道路宽度的增加，每公里交通事故的数量也增加，尤其在相当于干线道路的 13.0m 以上的道路上，事故发生的可能性更高；交通事故发生状况也因道路的种类、规格而变化，在同样的日交通量（Average Daily Traffic，ADT）下，交通条件越差，交通事故的数量越多。同时研究还表明，交通事故的数量与车道数也有关系，6 车道道路发生交通事故的数量比 4 车道道路少。

道路交通事故的相对值随着路面宽度的减少而增加。路面宽度的有效利用很大程度上取决于路肩以及附近的路缘带或路缘石的状况。为了确保驾驶人对路面宽度的有效利用，在路面与路肩之间，沿路设置宽度为 0.2～0.75m 的过渡路缘带。由于路缘带的存在，提高了行车的舒适度和安全性。因此，采用现代筑路方法加宽路面，在其上画一条连续的白色边线作为路缘带。

三、路面平整度

路面不但应具有一定的强度、刚度、耐久性，而且还必须具有一定的平整度和抗滑性。为了保证一定的附着力和制动时的安全性，路面必须满足一定的摩阻值，这可以通过路面质量检测（弯沉测量仪）的结果进行衡量。

相关资料表明，由于不良的道路条件引起的交通事故中，13%～18%是由于路面不平整引起的。可以设想，不平整路段开始处的事故是由于前面行驶的汽车速度突然降低，跟在其后间距很小的汽车与其相撞所致。这样的事故特征同安全系数密切相关，特别是从远处不能看清路面不平整的条件下。不平整路段中间部分事故的发生是由于行车绕避本身车道上的坑槽而驶入对面车道，引起撞车；此外，事故还与振幅增加而影响汽车列车的拖挂有关。同样，汽车在不平整的路面上行驶时，振动也起一定的作用，这时车轮荷载对路面的作用就会发生变化。当汽车沿曲线行驶时，由于存在横向力，汽车对路面附着重量就会减小，可能引起滑溜。不平整的路面会使驾驶人的工作复杂化，这时，过载会影响驾驶人的身心状况，使之不愉快，甚至身体不适。路面状态与交通事故的关系如表 2-7 所示。

表 2-7　路面状态与交通事故数量的关系

单位：件

车种	路面状态							
	干燥		湿润		降雪冻结		合计	
	打滑	全体	打滑	全体	打滑	全体	打滑	全体
小客车	17 987	171 297	17 315	102 153	3 656	6 499	38 958	279 949
1.5t 以下货车	1 191	12 900	1 253	7 471	270	540	2 714	20 911
1.5t 以上货车	1 111	8 072	1 217	5 694	163	431	2 491	14 197

四、几何线形

1. 平面曲线

据统计，有 10%以上的交通事故发生在平曲线上，平曲线半径越小，发生事故的概率越高。在道路设计时，为最大限度地保证行车安全，应慎重选择平曲线半径。一般情况下，尽可能选择不设超高的平曲线半径，只有当地形条件非常差时，不得已才选用极限最小半径。

小知识

不同线形路面对交通事故的影响不同

美国的一项研究结果显示，左向急转弯和下陡坡容易出现交通事故。竖曲线形和平面曲线的组合称为综合线形，综合线形路面排水不良的道路容易发生交通事故，影响较大的是路面宽度和横坡。在大半径弯道上，水膜厚度比相同横坡路顶区大两倍，应更加重视路面的排水。如果要从线形上解决路面的排水问题，大半径弯道因横向排水长度大，需要专门研究。下坡弯道及需要足够摩擦力的道路，摩擦阻力应比一般道路的规定值大一些。

2. 纵坡

当纵坡 $i>2\%$时，事故率明显增加；而当 $i\leqslant 2\%$时，事故率则相对减少。因此在进行公路设计时，考虑到汽车的动力性能、行驶速度和营运效益等诸多方面，应尽可能选用偏小的纵坡。同时在任何情况下，都不要超过表2-8所规定的各级公路的最大纵坡。在具体设计时，应保证纵坡坡长不宜过短，一般最小纵坡长度不应小于 10s 的汽车行程，并应考虑缓和坡度和平均纵坡的设置。海拔在3 000m以上的公路，最大纵坡要折减1%～3%。

表2-8 各级公路的最大纵坡

公路等级	汽车专用路							一般公路					
	高速公路			一		二		二		三		四	
地形	平原微丘	重丘	山岭	平原微丘	山岭重丘	平原微丘	山岭重丘	平原微丘	山岭重丘	平原微丘	山岭重丘	平原微丘	山岭重丘
最大纵坡/%	3	4	5	4	6	5	7	5	7	6	8	6	9

五、路肩宽度

当路肩较窄时，在路肩上停留的汽车会占据一部分路面，以较大速度行驶的汽车极易与其发生碰撞。设置一定宽度的路肩并进行加固，对行车安全具有良好的保障作用。

为保证行车安全，各级公路必须设置路肩，各级公路路肩宽度见表 2-9 所示。统计资料及我国特大事故表明，路肩加固的类型及状况对行车安全有重要意义。具有一定宽度、加固、表面密实度高的路肩，可避免车辆驶出路面或压坏路肩而翻车的恶性事故发生。路肩宽度在 2.5m 以上，其对道路交通事故的影响就不明显了。

表 2-9 各级公路路肩宽度

<table>
<tr><th colspan="2">公路等级</th><th>地形</th><th>右侧硬路肩宽度/m</th><th>土路肩宽度/m</th></tr>
<tr><td rowspan="7">汽车专用路</td><td rowspan="3">高速公路</td><td>平原微丘</td><td>≥2.5</td><td>≥0.75</td></tr>
<tr><td>重丘</td><td>≥2.25（1.75）</td><td>≥0.75</td></tr>
<tr><td>山岭</td><td>≥2.00（1.5）</td><td>≥0.50</td></tr>
<tr><td rowspan="4">一级</td><td>平原微丘</td><td>≥2.50（2.25）</td><td>≥0.75</td></tr>
<tr><td>山岭重丘</td><td>≥2.00（1.50）</td><td>≥0.75</td></tr>
<tr><td>重丘</td><td>—</td><td>1.5</td></tr>
<tr><td>山岭</td><td>—</td><td>0.75</td></tr>
<tr><td rowspan="6">一般公路</td><td rowspan="2">二级</td><td>平原微丘</td><td>—</td><td>1.5</td></tr>
<tr><td>山岭重丘</td><td>—</td><td>0.75</td></tr>
<tr><td rowspan="2">三级</td><td>平原微丘</td><td>—</td><td>0.75</td></tr>
<tr><td>山岭重丘</td><td>—</td><td>0.75</td></tr>
<tr><td rowspan="2">四级</td><td>平原微丘</td><td>—</td><td>0.5 或 1.5</td></tr>
<tr><td>山岭重丘</td><td>—</td><td>0.5 或 1.5</td></tr>
</table>

六、交叉口

1. 交通流量的影响

在交叉口的区域，由于两个方向的交通流叠加在一起，因此交通流量增加。一部分汽车要在交叉口上转弯，这会使其后直线方向行驶的汽车不能正常行驶。在通过交叉口时，交通流的行驶状况会发生变化，因为行驶者往往不清楚那些不及时完成队形改变或未明确发出准备转弯信号要求的其他驾驶人的意图。十字交叉口交通冲突示意如图 2-13 所示。

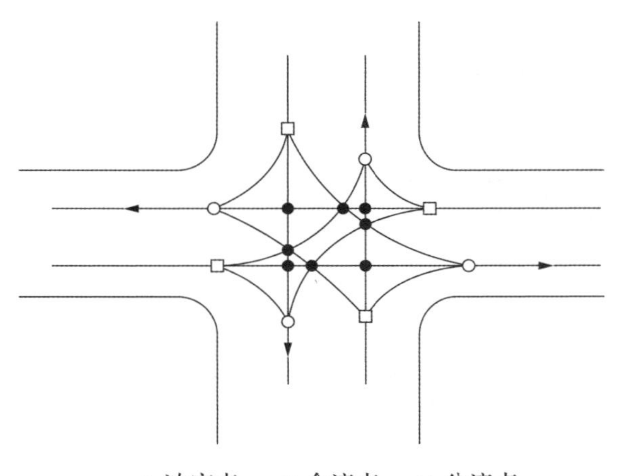

图 2-13 十字交叉口交通冲突示意

综合许多资料，可知交叉口相交道路交通流量对交通安全影响的相对系数（见表 2-10）。

表 2-10 交叉口相交道路交通流量对交通安全影响的相对系数

相交道路的交通流量占总交通流量的百分比/%	0	10	11～19	20
相对系数	1	1.5	3	3.6

2. 行车视距的影响

通常，驶近交叉口时，横向越过道路的视距要比其他基本路段的视距小很多。在纵断面中，交叉口的布置同样具有重要的意义。交叉口置于两条道路的直线段，并在纵断面的凹形竖曲线处有最好的视距条件，置于凸形竖曲线处，视距条件最差。通常不把交叉口置于路堑处，虽然在多数情况下，符合景观设计的原则。

上述在交叉口处的行车特点导致道路交通事故的增加，事故的数量与交通流量以及交叉口路段的视距有关。

平面交叉口的行车安全很大程度上取决于行近汽车对另一相交道路视距的保证程度。

根据在里约热内卢召开的第十一届国际道路会议上挪威的报告资料，可以确定交叉口视距影响的相对系数值（见表 2-11）。

表 2-11　交叉口视距影响的相对系数值

视距/m	>60	41 ~ 60	31 ~ 40	20 ~ 30	<20
视距影响系数	1	1.1	1.65	2.5	10

建议次要道路上等待合适的时机驶入主要道路上的汽车，保证视距不小于下列数值（见表 2-12）。

表 2-12　交通流量与视距要求

交叉口上总的交通流量/辆/日		1 000	3 000	5 000
最小视距/m	主要道路	140	150	175
	次要道路	75	75	100

3. 交叉口交角的影响

详细研究各种不同布置的平面交叉口的行车特点后发现，交通流的交角对于行车安全有很大影响。据英国运输与道路研究实验室等的研究资料，从行车安全角度出发，交角为 50° ~ 75° 的叉道口可以认为是最佳的，因为这时从汽车上没有看不到的区域，而驾驶人具有评价行车状况的最佳条件。

2.2.5　交通环境与交通安全

车辆是在道路条件、交通条件和天气条件等组成的硬环境以及由交通管理措施组成的软环境中运行的，交通环境对交通安全有明显的影响，分析交通环境与交通安全的关系，掌握影响交通安全的主要交通环境因素，通过改善道路条件、加强交通管理、完善安全设施，能够切实减少事故的发生。

一、交通环境

环境是指车辆在运行过程中，所处的道路条件、交通条件、管理条件、气候条件等相互作用的关系。交通环境包括硬环境和软环境，其中硬环境包括道路条件、交通安全设施、噪声和天气条件等；软环境主要指交通管理措施，如法律法规等。

二、道路景观的安全作用

1. 道路

道路线形是影响道路景观的一个重要因素。直线线形带有很明确的方向，给人以简洁明了的感觉，但直线线形道路从车行道或人行道的视线上看比较单调、呆板，静观时路线缺乏动感，容易使驾驶人注意力分散，发生事故。曲线线形流畅，具有动感，在曲线道路上行驶可以很清楚地判别方向变化，看清道路两侧的景观，并可能在道路前方封闭视线形成优美的街景，有利于驾驶安全。曲线线形容易配合地形，同时可以绕越已有地物，在道路改造时容易结合现状。纵断面线形对道路使用者视觉及街景变化也有影响，尤其凸形竖曲线对道路景观影响较大。在道路设计中尽可能采用较大的竖曲线半径，以避免产生街景的“驼峰点”，导致景观不连续，从而破坏道路空间序列，引起驾驶人的不适感。

2. 绿化

道路景观由多种景观元素组成，各种景观元素的作用、地位都应当恰如其分。一般情况下，绿化应与道路环境中的景观诸元素相协调，应该使道路使用者从各方面来看都有良好的视觉效果。有些道路绿化成了视线的障碍，使道路使用者看不清街道面貌，从街道景观元素协调的角度来看就不适宜了。绿化具有诱导视线、防眩、缓冲、遮蔽、协调、指路标记、保护坡面、沿线保护等安全功能。

3. 建筑

一条道路的景观好坏，建筑是否与道路协调是最主要的因素，而建筑与道路宽度的协调则是关键。不同交通性质道路的建筑高度 H 与道路宽度 D 的比例关系是不同的。一般认为，$1<D/H<2$ 时，既具有封闭空间的能力，又不会有压迫感。在这种空间比例下，步行和驾车都可获得一定的亲切感和热闹气氛，而且绿化为两侧建筑群体空间提供了一个过渡，使两侧高大建筑群之间产生一种渐进关系，从而避免了两侧建筑群体的空间离散作用，使人感到突然和单薄。对于商业街，D/H 宜小，这样空间紧凑，显得繁华热闹；而居住区需要对建筑群有一定的观赏机会，这种比例就应大些；交通干道的道路宽度较大，建筑物的尺寸、体量也会较大，而且高低错落，可按 $D/H=14$ 来控制，这样可以看清建筑的轮廓线，给人以和谐明朗的印象。

4. 照明

道路景观的亮化是指道路夜景的统一设计和道路两侧建筑立面的橱窗、景观灯、霓虹灯绿化的地灯等统一设计，烘托建筑轮廓线，亮化道路的夜间景观。千姿百态的路灯设施不仅照亮了城市，也美化了城市，五光十色的灯光形成了城市夜晚一道亮丽的风景线。照明除了给人良好的视觉效果，还具有安全功能，它可以指示道路方向、道路标记，但照明设计不好也会引发眩光，引起交通事故。同时还要注意节约能源和防止光污染。

三、气候条件与交通安全

气候条件与交通安全有着密切的关系。恶劣的天气条件会带来路面摩擦系数的下降，驾驶人视线受阻、驾驶人心理变化较大等影响，容易导致交通事故。因此研究气候条件与交通安全的关系，可以有效控制交通事故的发生，保障交通安全。

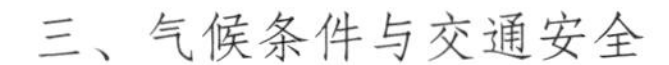

小知识

气温和积雪厚度对交通的影响

研究表明，气温不同、积雪的厚度不同，对行车的危害也不一样。当积雪厚度在5～15cm，气温在0℃左右时，汽车最容易发生事故。因此在这种条件下，路面上的雪常常呈“夜冻昼化”状态，路表面更加光滑，车辆几乎无法行驶。此时，车轮必须装上防滑铁链，车速要缓慢，上下坡尤其不可突然加速，避免或减少交通事故的发生。

1. 冰雪天

北方寒冷地区的冬季，在车轮的作用下，积雪会使道路表面变得坚硬、光滑，特别是在初冬和初春季节，由于气温变化频繁，路面极易产生薄冰层，导致路面摩擦系数急剧降低，致使交通事故频繁发生。

冰雪天气对行车的影响比下雨天大得多。积雪对公路行车的危害，首先表现为路况的改变。路面积雪经车辆压实后，车轮与路面的摩擦力减小，车辆易左右滑摆（通常说的“侧滑”）。同时汽车的制动距离也较难控制，一旦车速过快、转弯太急都有可能发生交通事故。

另外雪中行车时，飘洒的雪花会影响驾驶人的视线，路面积雪也会带来阻碍，同时积雪对阳光的强烈反射，容易产生雪盲现象（眩目），从而伤害驾驶人的眼睛，同时造成视力疲劳，对安全行车极为不利。

2. 雨天

降雨是最常见的天气现象之一，由降雨引发的交通事故也最为普遍。据国外研究所得出的结论：雨中行车比在干燥路面上行车危险会增大2～3倍。雨天车辆在高速公路上行驶时，经常会出现“水滑”现象，路面变滑、摩擦系数明显降低，同时行车视线和路线的可视距离也会受到较大影响。个别路段因路面不平形成的局部积水以及暴雨带来的滑坡、落石和泥石流等，都是很大的事故隐患。值得注意的是，阴雨绵绵比暴雨更具危险性，一方面是由于驾驶人通常对小雨不会引起足够的重视，而在暴雨中行车，驾驶人会本能地注意到危险而集中精神，进而控制车速；另一方面是由于小雨中的路面比暴雨中的路面更容易打滑。

雨中行车的安全隐患主要表现为降水对路面的影响,容易导致车辆侧滑和控制失灵。就全国而言，日总降水量在 10mm 以上时发生车祸的概率开始增大。因为此时路面一般都有积水，从而使摩擦力减小，汽车的制动距离增加，侧滑的可能性增大，方向控制也容易失灵，一旦有险情，汽车很难及时停止。另外雨天能见度低，驾驶人视线容易受阻，给安全行车带来困难。下小雨时，空气水平能见度低，而狂风骤雨时，雨刮器常常不能刮尽玻璃上的雨水从而造成驾驶人视线模糊，而此时行人都撑起雨伞，也使得驾驶人无法看清路况，从而形成了安全隐患。

3. 雾天

雾是一种常见的天气现象。气象观测学定义：当浮游在空中的大量微小水滴使得水平有效能见度低于 1 000m 时就称为大雾天气。

在各种恶劣天气中，雾天对高速公路行车安全构成的威胁是最大的。雾天对行车产生的影响有两个方面，一是大大降低能见度，使驾驶人看不清前方和周围的情况，行车视线距离缩短，可变情报板、标志标线及其他交通安全设施的辨别效果较差，前后车辆的最短安全间距无法保持，驾驶人的观察和判断能力受到严重影响，尤其是浓雾天气和雾带的出现极易引发连锁追尾相撞事故；二是道路上的雾水使附着系数减小，制动距离增加。

2.2.6 交通安全评价

世界道路协会对道路安全评价的定义为：道路安全评价是应用系统方法，将道路交通安全的知识，应用于道路的规划、设计和运营等各个阶段。国外研究表明，道路安全评价可有效地预防交通事故，降低交通事故数量及交通事故的严重程度，减少道路开通后改建完善和运营管理费用，提升交通安全文化。国外道路交通安全的常用评价指标如图 2-14 所示。

一、构建交通安全评价体系的原则

道路交通管理是涉及道路交通管理与控制、交通诱导、事故处理、交通教育、交通执法等的综合系统，其管理效果可以从交通秩序、交通拥挤程度、交通事故情况、交通服务水平等诸多方面得到反映。此外，交通结构的合理化，土地利用的调整以及管理体制、交通投资、规划的制定与实施都是解决交通问题不可缺少的重要内容。因此，在评价道路交通管理时，必须采取多目标原则，对影响道路交通管理水平的各个方面进行定量和定性分析，确定评价标准和方法，然后综合评价整个道路交通管理的总体水平。在选取评价指标时应依照如下原则。

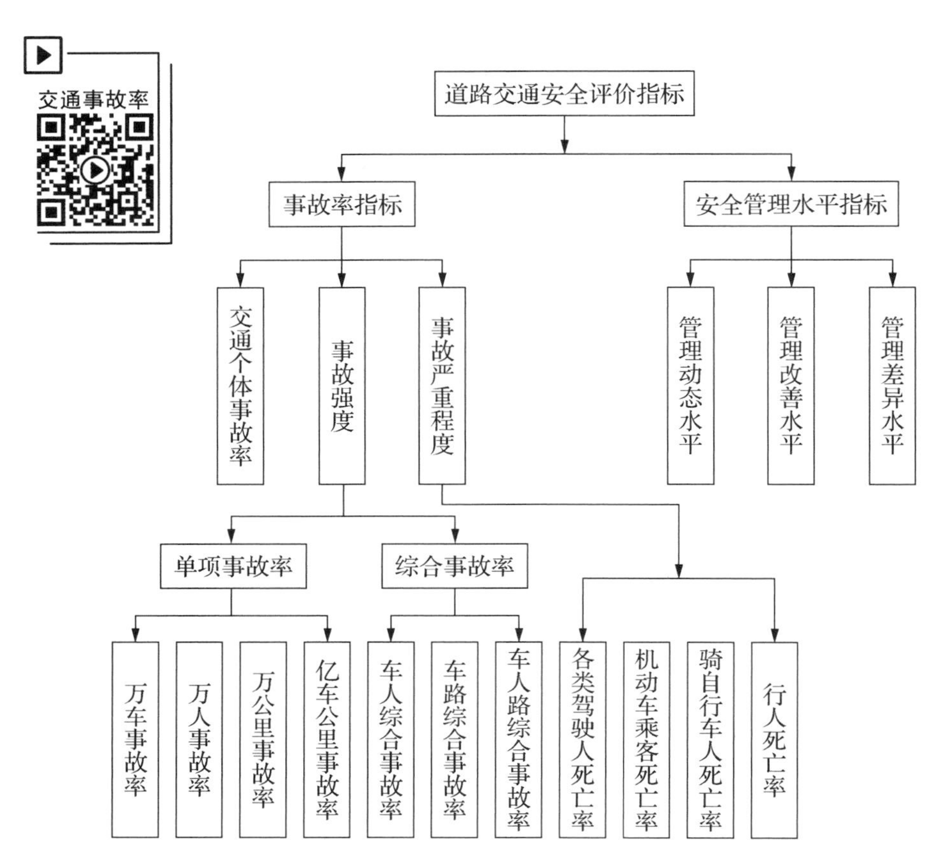

图 2-14　国外道路交通安全的常用评价指标

1. 系统性原则

道路交通系统是一个复杂的系统。对于交通系统本身，从道路网络的规划、建设到交通工程设施的设置，从动态交通组织到停车管理，涉及交通相关的硬件、软件的各个方面的问题。除此之外，交通系统还与管理体制、投资政策、土地利用、交通结构、交通教育、交通执法、队伍素质等方面关系密切。因此在分析交通问题时应从系统全局出发，将方方面面的因素加以详尽考虑。

2. 定量指标为主，定性指标为辅

定量指标即可量化指标，它可以通过一定的技术测量手段确定量值。量化指标有利于进行准确、科学、合理的评价。而定性指标具有模糊和非定量化的特点，因此对于有些难于量化的内容，采用定性的评价指标。为了得到综合评价的结果，需要将各指标得分加权求和。因此，各指标之间的独立性就十分重要，否则就会给权重确定带来不必要的困难，并可能造成综合评价的失真。

3. 实用性原则

评价道路交通管理的目的在于分析目前交通管理工作的现状，从而发现问题，有针对性地实施科学管理，提高交通设施的使用效率。因此，拟定的评价指标体系应当思路清楚、层次分明，能准确和全面地评价道路交通管理的实际水平。评价指标应该简单明确、使用方便、便于统计和量化计算、评价指标的测定必须有良好的可操作性，才能保证评价指标值能准确、快速地获取，以确保评价工作正常进行。指标个数的多少应以说明问题为准，同时保证指标的公正性。

4. 可比性原则

不同规模的、不同经济发展阶段的交通管理规划的侧重内容不完全一致。因此拟定的评价指标体系，应既能客观地评价不同时期的交通管理状况，又能评价同一时期不同的交通管理水平，这就是要有可比性。指标体系的建立，应考虑到交通管理发展的过程，选取在一段时间内统计上通用的指标，同时指标尽量应选用相对值，以方便比较。在指标的具体运用方面，应根据不同评价目的，选取不同的评价指标。或对不同的类型，对于相同的指标值给予不同的分值。要紧密结合我国的实际情况，同时兼顾社会经济发展不平衡的特点。总之，在管理评价过程中应从实际出发选取适当的指标值对交通管理进行评价。

5. 科学性和可靠性原则

评价标准和理论必须建立在科学的基础上，才能反映客观实际，对实践具有指导作用的评价指标必须可靠，起实际作用，才能构成评价标准的基础，如果指标本身很不可靠，那么评价标准就失去了意义。评价指标体系在道路交通管理走向科学化和现代化的过程中起重要指导作用，它的科学性和可靠性尤为重要。

二、常用的交通安全评价方法

在我国道路交通系统中，混合交通普遍存在，不同的交通方式由于运行方式、运行速度、可到达范围、运载能力、运输成本、舒适度、道路占有面积、安全度等指标上有很大差别，因此对交通的可持续性具有不同程度的影响。由于存在大量自行车、行人及其他非机动车的干扰，因此在分析我国交通系统时，很难找到适合我国交通特点的安全评价指标体系。目前，关于道路交通安全评价的方法比较多，总结起来主要分为宏观评价方法和微观评价方法两大类。

1. 宏观评价方法

宏观评价方法主要是事故强度法。事故强度法又分为当量综合事故强度法和动态事故强度法。

（1）当量综合事故强度法。

$$K_d = 10^3 \times \frac{D_d}{\sqrt[3]{PN_d L}} \tag{2.14}$$

式中 K_d——当量综合死亡率；

D_d——当量死亡人数（人）；

N_d——当量车辆数（pcu）；

P——人口数量（人）；

L——公路里程（km）。

该方法综合考虑了人、车、路与交通事故的关系，但由于人、车、路各因素在交通事故产生过程中所起的作用程度不同，这一问题并未表示出来，所以会使评价结果的可比性降低。此外该方法选用的指标之一是公路里程，而当量综合死亡率是对全部路网的统计结果，指标的取值范围不对应当量综合死亡率（综合考虑了死亡人数、受伤人数、直接经济损失），但在统计时各地的受伤人数和经济损失估计的差异很大，会使评价结果的客观性降低。

（2）动态事故强度法。

道路交通运输系统由人、车、路三部分组成，在进行道路交通安全评价时应考虑人、车、路三者实际参与到道路交通事故中的因素及对道路交通事故的影响程度，动态事故强度法就是根据该原则得出的。该方法综合考虑了人、车、路对道路交通事故的影响，避免了事故率评价方法的片面性。方法中提出的公路事故系数的概念，即公路当量总事故次数占全部路网当量总事故次数的比例，是用来解决原综合事故强度法中出现的指标取值范围不对应的问题，交通事故死亡人数与死亡人数换算系数的乘积替代当量综合死亡率，使得评价目标的可比性增强。道路交通事故是人、车、路组成的系统不能相互协调而产生的一种不良结果，在发生事故的过程中，为了描述人、车、路的作用，方法中定义了道路交通事故影响程度概念，即人、车、路在交通事故产生过程中所起的作用程度。通过定义道路交通事故影响程度可以把原事故强度法中人、车、路的相关指标数量的乘积换算成人、车、路对道路交通事故相同影响程度下的指标数量的乘积，从而使评价的目标具有可比性，评价结果要比事故率法和综合事故强度法客观。

2. 微观评价方法

对不同道路类型的安全状况进行评价，以便对事故多发的道路类型采取事故预防措施，对于降低道路事故率及事故严重程度具有重要的意义。目前典型的微观评价方法主要有四项指标相对数法、亿车公里事故率法、绝对数–事故率法。

（1）四项指标相对数法。

四项指标相对数法是把不同类型道路交通事故的四项指标的绝对数占总数的百分比

作为一个相对指标，利用此相对指标可深入地认识各种道路类型交通事故的对比情况，计算各种道路类型交通事故发生的比例，计算公式为

$$\eta = \frac{A_i}{\sum A_i} \times 100\% \tag{2.15}$$

式中 η——指标的相对数；

A_i——不同道路类型的交通事故各项指标的绝对数；

$\sum A_i$——各种道路类型的交通事故各项指标总数。

应用四项指标相对数法可以从总体上对各种类型道路的交通事故情况进行分析，确定不同类型道路的交通事故比例分布。

（2）亿车公里事故率法。

亿车公里事故率作为一个相对指标可以用来表征不同道路类型发生交通事故的危险程度，计算公式为

$$AR = \frac{N \times 10^8}{\text{AADT} \times 365 \times M_l} \tag{2.16}$$

式中 AR——亿车公里事故率（次/亿车公里）；

N——年交通事故次数（次）；

AADT——年平均日交通量（pcu/d）；

M_l——道路里程（km）。

（3）绝对数–事故率法。

绝对数–事故率法是以事故绝对数为横坐标，以每公里事故率为纵坐标，按事故绝对数和事故率的一定值，将绝对数–事故率分析图划分出 1 区、2 区、3 区、4 区，分别代表不同的危险级别，1 区为最危险区，即道路交通事故数和事故率均最高的事故多发道路类型。绝对数–事故率法如图 2-15 所示。

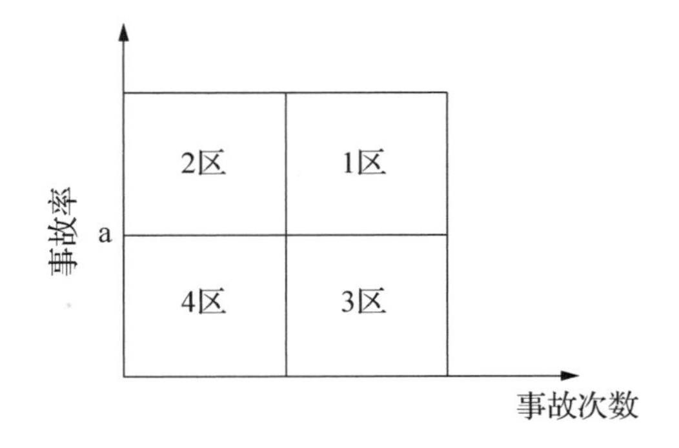

图 2-15 绝对数–事故率法

3. 综合评价决策方法体系

单一评价方法的优点是计算简单，缺点是考虑的因素太少，评价结果的准确率不高。许多专家学者基于前人的研究成果，构造道路交通安全综合评价决策方法体系，如层次分析法（Analytic Hierarchy Process，AHP）、模糊评价法等。

AHP 是一种将定性分析与定量分析相结合的系统分析方法，是分析多目标、多准则

的复杂系统的有力工具。它具有思路清晰、方法简便、适用面广、系统性强等特点，最适合解决那些很难完全用定量方法进行分析的决策问题，因此，它是复杂的社会经济系统中实现科学决策的有力工具。

应用 AHP 解决问题的思路是：首先把要解决的问题分层系列化，即根据问题的性质和要实现的目标，将问题分解为不同的组成因素，按照因素之间的相互影响和隶属关系将其分层聚类组合，形成一个递阶的、有序的层次结构模型。然后对模型中每一层次因素的相对重要性依据专家对客观事实的判断给予定量表示，并利用数学方法确定每一层次全部因素相对重要性次序的权值。最后通过综合计算各层因素相对重要性的权值，得到最低层（方案层）相对于最高层（目标层）的相对重要性次序的组合权值，以此作为评价和选择方案的依据。AHP 将专家的思维过程和主观判断数学化，不仅简化了系统分析和计算工作，而且有助于决策者保持其思维过程和决策原则的一致性。所以对于那些难以全部量化处理的复杂问题，应用 AHP 能得到比较合理的结果。在道路安全评价方面，由于存在很多不能定量测量的数据，因此采用 AHP 能够较好地解决问题。应用 AHP 分析问题大体要经过以下五个步骤。

第一步：建立层次结构模型。

第二步：依据相对重要性构造判断矩阵。

第三步：每一层次进行层次单排序。

第四步：层次总排序。

第五步：一致性检验的决策结果。

模糊综合评价法就是以模糊数学为基础，应用模糊关系合成的原理，将一些边界不清、不易定量的因素定量化处理，依次确定因素集、评判集，并通过单因素评判得到模糊矩阵，利用模糊矩阵与权重向量共同得出综合评判结果的一种评价方法。模糊综合评价可以用于对人、事、物进行全面、正确而又定量的评价，因此它是提高领导者决策能力和管理水平的一种有效方法。模糊综合评价涉及的基本要素如下。

① 因素集 $U=\{u_1,u_2,\cdots,u_n\}$，被评判对象的各因素组成的集合。

② 评价集 $V=\{v_1,v_2,\cdots,v_n\}$，评语组成的集合。

③ 单因素评判，即对单个因素 u_i（i=1,2, ⋯ ,n）的评判，得到 V 上的模糊集 $\{r_{i1},\cdots,r_{im}\}$。

2.2.7 事故预测

预测是科学决策的重要前提，道路交通安全决策也不例外。我国的道路交通事故目前正处在多发时期。道路交通事故在一段时间内，随着经济的发展，汽车保有量的增加，还有增长的趋势。在道路交通规划、设计、管理、法规和教育等方面，道路交通安全的科学决策显得越来越重要。不仅需要决策的交通安全措施越来越多，而且对时间和空间的要求也越来越高。因此，做好道路交通事故预测工作，对提高道路交通安全管理的工作水平具有十分重要的意义，道路交通事故预测程序如图 2-16 所示。

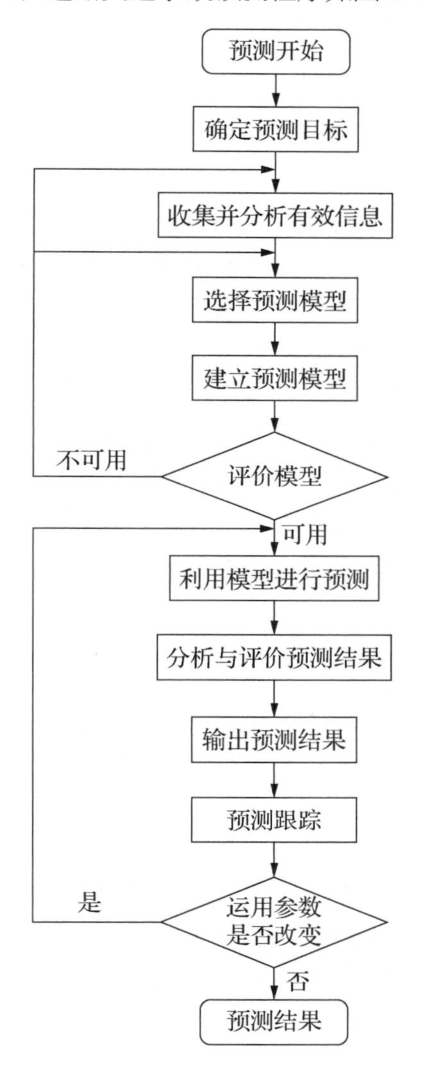

图 2-16　道路交通事故预测程序

事故预测能使我们找出道路交通事故发生的规律以及在现有道路交通条件下交通事故未来的发展趋势，为制定道路交通安全对策提供了理论依据。

事故预测是安全决策科学化的基础，对主动掌握事故预防和遏制事故的发生具有重要意义。它在分析、研究系统过去和现在安全可知信息的基础上，利用各种知识和科学方法，对系统未来的安全状况进行预测，以便对事故进行预报和预防。

事故预测的原理，是依据事故所具有的因果性、偶然性、必然性和再现性的特点，寻找事故的规律性。当然，事故是一种随机现象，对于个别事故案例的考察具有不确定性，但是对于大多数事故则表现出一定的规律性。事故预测的数学模型就是在大量事故统计的基础上，去寻找事故的规律性。典型的事故预测方法主要有回归预测法、情景分析法、时间序列预测法、马尔可夫链预测模型、灰色模型、人工神经网络预测法等。

一、回归预测法

回归预测是根据历史数据的变化规律，寻找自变量与因变量之间的回归方程式，确定模型参数，据此作出预测。回归预测中的因变量和自变量在时间上是并进关系，即因变量的预测值要由并进的自变量的值来旁推。回归预测要求样本量大且样本有较好的分布规律。根据自变量的数量可将回归问题分为一元回归和多元回归、按照回归方程的类型可分为线性回归和非线性回归。

该方法对于想要分析系统的数据量要求较大，即该模型是建立在大量的事故统计基础之上的。来自实践的事故数据可靠和真实，运用的数学方法或手段正确，建立的事故预测数学模型预测未来时间内的事故就非常准确，对于预防事故和安全生产具有指导性作用。所以回归预测法的运用关键是事故数据的真实性和数学方法的正确采用，以及实践知识的积累。

二、情景分析法

情景分析法（Scenario Analysis Method）普遍适用于对缺少历史统计资料或趋势面临转折的事件进行预测。情景分析法目前发展很快，在事故预测方面常结合其他定量方法，根据情景分析得到最有可能发生的情景方案对其进行调整优化，将会使预测的结果更加合理。常见的预测事故的情景分析法有事件树、故障树和 Petri 网等。从事件排序、事件因素、事件之间的依赖性、建模时间以及差错恢复能力等方面对这三种方法进行对比，发现 Petri 网为事故的发展提供了较好的时间描述，事件树侧重于分析事件的起因，是一种危险源辨识方法，故障树侧重于梳理出影响事故发生的主要事件。

三、时间序列预测法

时间序列的变化受许多因素的影响，概括地讲，可以将影响时间序列变化的因素分为四种，即长期趋势因素、季节变动因素、周期变动因素和不规则变动因素。在时间序列分解模型的基础上，对四种变动因素有侧重地进行预处理，从而派生出剔除季节变动法、移动平均法、自回归法和时间函数拟合法等具体预测方法。在事故预测中，最常用的有指数平滑法和自回归移动平均（Autoregressive Moving Average，ARMA）模型。

四、马尔可夫链预测模型

如果系统安全性指标量值在时间轴上呈离散状态，则可作为一个马尔可夫链

（Markov Chain）来对待。马尔可夫链预测模型是根据事故各状态之间的转移概率来预测事故未来的发展，转移概率反映了各种随机因素的影响程度和各状态之间的内在规律性，因此该模型适用于随机波动性较大的预测。传统的方法用步长（滞时）为 1 的马尔可夫链模型和初始分布推算出未来时段状态的绝对分布来做预测分析。该法默认所论马尔可夫链满足"齐次性"。但在实际应用中所论及的随机变量序列满足"马氏性"，可是"齐次性"一般都不满足。另外，该法没有考虑对应各阶（各种步长）马尔可夫链的绝对分布在预测中所起的作用，因此没有充分利用已知数据资料的信息。利用各阶马尔可夫链求得状态的绝对分布叠加来做预测分析，可称之为叠加马尔可夫链预测方法。然而这种方法没有考虑各阶马尔可夫链对应的绝对概率在叠加中所起的作用，即认为各阶所起的作用是相同的，这显然是不科学的。因此也许可以考虑一种加权马尔可夫链预测，也就是先分别依其前面若干时段的指标值对该时段进行预测，然后按往年与该年相依关系的强弱加权求和，这样可以更加充分、合理地利用信息。

马尔可夫链模型应用于事故预测中往往会结合其他模型，充分利用各自的优势，如回归–马尔可夫链模型，灰色–马尔可夫链模型等。用马尔可夫链预测模型对事故的状态进行划分，优点是能够正确描述事件的依赖性和跨阶段依赖性，还可以克服事故数据的随机波动性对预测精度的影响；缺点是状态空间爆炸的问题，即状态规模随着系统因素的数量增加呈指数增长，这样会使马尔可夫链模型的计算量大大增加。在运用马尔可夫链预测模型时状态划分是预测准确与否的关键，状态划分一般应依据以下原则。

① 分析精度的要求。一般在数据满足一定数量的情况下，状态划分越细，精度越高。

② 原始数据的长短和波动幅度。数据较多、波动幅度较大时，状态数应相对多一些，反之，状态数应相对少一些。

③ 在允许的条件下，尽量减小划分的跨度。

五、灰色模型

灰色模型（Grey Model，GM）是一种对含有不确定因素的系统进行预测的方法。该理论将信息完全明确的系统定义为白色系统，将信息完全不明确的系统定义为黑色系统，将信息部分明确、部分不明确的系统定义为灰色系统。安全系统是一个多因素、多层次、多目标的相互联系、相互制约的巨大系统，其运行过程是由许多错综复杂的关系所组成的灰色动态过程，具有明显的灰色性质。运用灰色模型对于安全事故的预测有一定帮助。

但是灰色模型的曲线拟合能力差，所以可以将灰色模型与马尔可夫链预测模型结合起来，建立灰色–马尔可夫链预测模型，这样就可以利用灰色模型和马尔可夫链预测模型各自的优势，达到更好的预测效果。

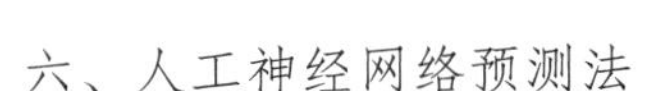

六、人工神经网络预测法

人工神经网络（Artificial Neural Network，ANN）具有表示任意非线性关系和学习的能力，给解决很多具有复杂的不确定性和时变性的实际问题提供了新思想和新方法。大多数研究中用到的方法都是通过确定每个输入变量对输出变量的影响，来消除不相关的输入和训练样本中的冗余部分的。热夫雷（M. Gevrey）等回顾并比较分析了输入变量影响的七种方法，认为决定单个变量的影响力在于对部分回归系数最终值的验算。利用神经元网络来研究预测问题，一个很大的困难就在于如何确定网络的结构。误差曲面上存在着平坦区域，如果在调整进入平坦区后，设法压缩神经元的净输入，使其输出退出激活函数的饱和区，就可以改变误差函数的形状，从而使调整脱离平坦区。实现这一思路的具体做法是：在其中引入一个陡度因子，对激活函数进行适当的调整。

【本章小结】

现代信息技术已广泛应用于交通管理行业，是提高交通管理水平的重要手段，给交通管理带来了深刻的影响。目前，交通安全信息化还受到人员专业素质、软硬件条件、管理意识等方面的制约，必须意识到信息化建设过程中还存在诸多问题，采取有效措施，推动交通信息化发展，才能更好地提供交通管理服务。

道路安全保障是一项复杂的系统工程，涉及许多学科和领域。要系统地、全面地进行道路安全保障工程，需要具有广泛的知识和理论基础。

数据是智能交通管理中的重要组成部分，只有经过有效的采集与处理，数据才能够帮助智能交通管理系统完成相应的工作。大数据技术是这一重要环节的重要工具。大数据技术具有数量庞大且数据类型繁杂、处理速度快、数据应用价值较高四个特点，同时还可以通过技术处理将海量的交通数据可视化，大大提升了智能交通管理的水平。

【关键术语】

安全信息化（Safety Informatization，SI）
智能交通（Intelligent Transportation，ID）
安全保障技术（Safety Security Techniques，SST）

【习题】

一、简答题

1. 我国安全信息化的建设重点有哪些？
2. 试归纳公路安全保障工程研究的主要内容。
3. 试总结事故统计调查与统计分析方法及其适用条件。

4. 影响交通安全的驾驶人心理特性有哪些？
5. 汽车行驶安全性能包括哪些内容？
6. 构建交通安全评价体系的原则有哪些？
7. 道路交通事故的预测方法主要有哪些？试分析各预测方法的适用条件及优缺点。

分析案例

信息化平台推进公路养管现代化

潍坊市潍城区交通运输局加强农村公路养护管理信息化平台建设，利用信息化手段采集农村公路路基、路面、安防设施等交通基础设施数据，完成路况信息并及时上报巡查、应急处置等工作信息。县、乡、村三级护路员和社会公众通过手机 App、微信小程序、公众号等方式报告农村公路病害、安全隐患、路域环境等路况信息，推进了农村公路管理体系和治理能力现代化。

通过信息化平台建设，定期开展公路技术状况评定，建立和完善养护管理信息系统和技术状况统计更新，加强公路养护巡查和桥梁日常检查的信息上报，注重预防性养护，推进农村公路危桥改造、安全生命防护工程和道路安全隐患整治，延长公路使用寿命。

讨论：在信息化的建设中所采用的信息技术有哪些？公路养管的信息特征是什么？如何通过信息系统来对公路养护进行评价？

第 3 章 交通安全信息技术

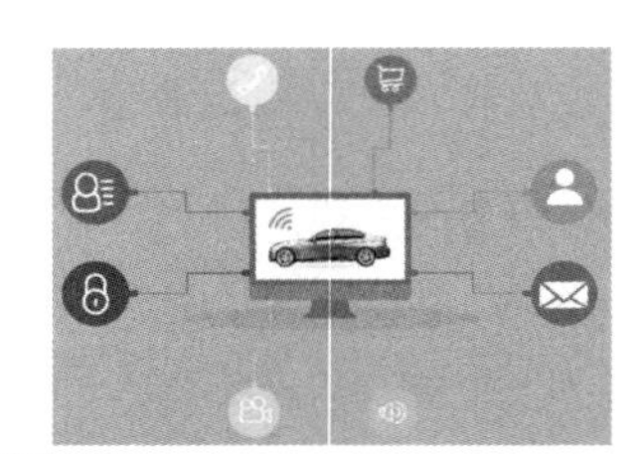

【教学目标与要求】

- 掌握交通系统中各种信息源的概念及处理方法。
- 了解固定式、移动式交通信息检测技术的原理、适用情景及局限性。
- 了解交通信息检测技术的分类、射频识别技术的发展概况、各项基于波频的检测技术及应用、视频车辆检测技术的发展概况。
- 掌握两种车辆检测器的原理及应用、RFID 系统组成及在智能交通中的应用、GPS 浮动车信息采集系统的基本组成和工作原理。
- 了解无线通信技术、大数据技术在智能交通管理中的应用。

【思维导图】

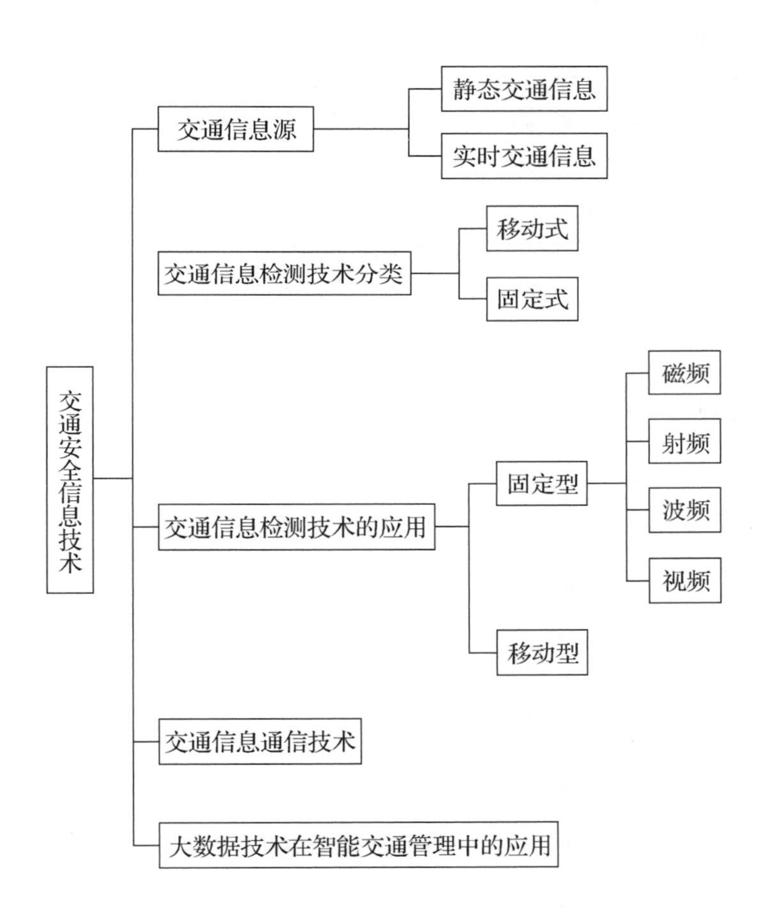
交通安全信息技术
交通信息源
静态交通信息
实时交通信息
交通信息检测技术分类
移动式
固定式
交通信息检测技术的应用
固定型
磁频
射频
波频
视频
移动型
交通信息通信技术
大数据技术在智能交通管理中的应用

【导入案例】

基于大数据的道路交通安全风险分析与应用

目前，基于事前评价指标的交通安全风险识别与致因挖掘已成为研究热点。数据主要来源于三个方面：一是基于实车的车载诊断系统（On-Board Diagnostics，OBD）数据，记录了详细的驾驶行为数据；二是来自互联网的大数据平台，包括地图数据、驾驶行为数据、拥堵数据等；三是其他数据，包括事故数据、违法数据、卡口数据等。

有了更多数据类型后，先判断用哪些指标来评判道路上是否有交通安全风险。我们主要通过激进驾驶行为和速度变化系数指标进行识别和判断，此外，拥堵指数、道路类型、用户比例等也是影响交通安全风险的重要因素。比如：在出口处，驾驶人往往进行更多的加减速操作，因此在出口处存在较多急加速和急刹车的激进驾驶行为；在左右转车道、入口、环岛等地方，驾驶人需要转弯、合流及分流时，也存在较多急加速和急刹车的激进驾驶行为。不同道路类型的激进驾驶行为特征如图 3-1 所示。

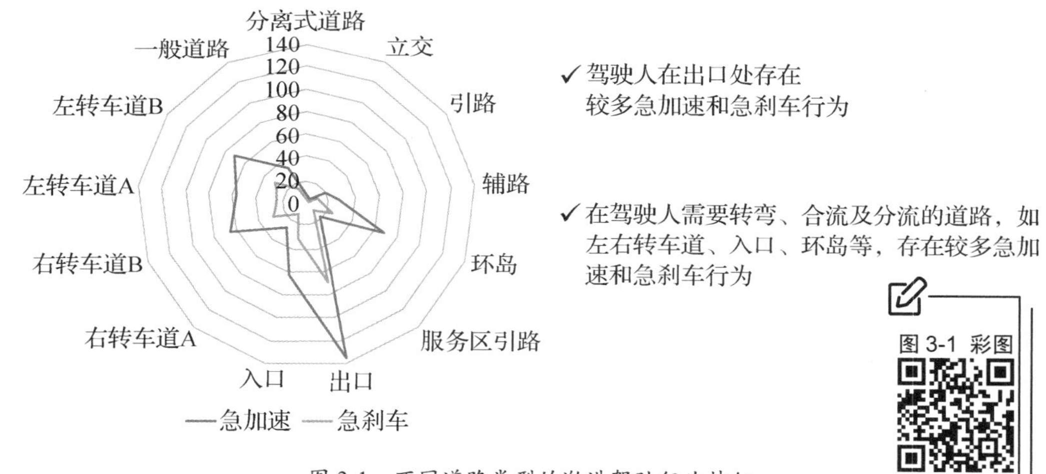

图 3-1 不同道路类型的激进驾驶行为特征

不同的地点，发生激进驾驶行为的数量不同，因此，我们对道路类型和拥堵状态进行划分，在不同道路类型下，用“秩序指数”判断整个路网在全时间段和空间里的风险程度，如在同类型的道路、同样的拥堵状态下，驾驶人激进驾驶行为的指数、速度变化系数是多少，从而整体衡量道路的风险程度。实际上，“秩序指数”与事故有较强的关联性。

当发现道路存在交通事故风险时，如何分析风险致因呢？以下是一个“城市快速路安全分析”实例。如图 3-2 所示，这是北京西二环和莲花池东西路的路段图示，在该路段可用“秩序指数”来对城市快速路风险致因进行诊断分析，图中黑色的地方发生交通事故的风险比较高。此外，还可以通过机器学习、双因素交互影响分析方法来分析是什么原因导致某一路段成为交通事故风险高的路段。

研究目标：

基于秩序指数（激进驾驶行为、速度离散程序），实现城市快速路风险致因诊断

研究区域：

- 北京西二环、莲花池东西路
- 采集时间为2019年6月1日—30日

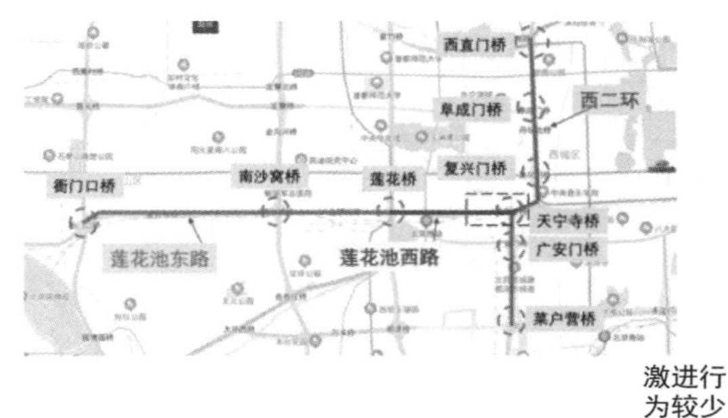

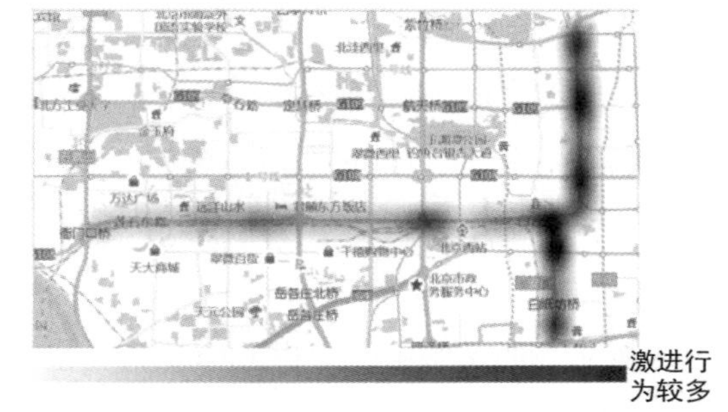

注：研究范围包含9个复杂立交出口在内的45个出口。

图 3-2　北京西二环和莲花池东西路的路段图示

资料来源：https://baijiahao.baidu.com/s?id=1704522358633149591&wfr=spider&for=pc.(2021-07-06)[2022-04-19].

讨论：道路交通安全风险有哪些？常见的交通安全技术有哪些？大数据技术在道路交通安全中的应用体现在哪些方面？

3.1　交通信息源

随着社会的发展和技术的进步，ITS 从最初的计算机化的交通管理系统发展为强调系统性、信息交流的交互性及服务广泛性的交通工程与管理系统。

交通系统的基本构成要素包括四个方面：人（交通出行者、交通管理者）、物（货物）、各类交通工具和相应的交通设施。交通信息则是上述各要素所关联的一切信息，是系统运行的反映。因此，就形成了交通信息的以下特点。

1．信息来源广、种类多、表现形式迥异、信息量大

多源性是指信息种类繁多、来源广泛、分布分散，可以从主体要素、时间、空间、参与层次、获取途径、状态类别等方面加以描述。在现代交通系统中，由于充分利用了当前迅速发展的信息技术，信息的来源渠道和种类很多。

2. 信息的分布范围很广，共享的需求程度、标准化要求高

在智能交通系统中，涉及多个单位和部门，这些单位和部门都有自身的信息采集、处理和应用系统，也就是一个个相对独立的“信息孤岛”，而交通行为控制对信息的最重要的要求是将这些“信息孤岛”联系起来，实现信息在整个系统乃至全社会范围内的共享。

3. 交通信息在其应用中，有着明显的层次性

在智能交通系统中，信息可以分为采集、融合、决策、协作和服务这几个层次。这些不同层次上的信息特性各不相同，用途也各异。例如，位于底层子系统提供的信息通常作为上层信息叠加和应用的基础，它们之间的信息交换较少；而上层的信息，主要面向信息的具体应用，并且信息在各个上层子系统之间的交换和共享相对频繁。

4. 很强的时空相关性

智能交通系统中所提供的信息，大多数是与时间、空间相关的。例如，车流量数据只有在与一定的时刻及路口相联系时才有意义，否则就不能被人们所理解和利用。而这些信息的时间及空间相关性又为进行交通信息的控制、预测、研究等提供了强大的支持。例如，可以利用交通流的时间相关性进行交通流的时间序列分析，对交通流的发展变化趋势进行较为精确的预测；也可以利用交通流的空间相关性，分析交通流在路网中的分布特征，为交通控制提供参考。

5. 主题相关性

在智能交通系统中，信息是明显与主题相关的。信息按照主题划分为交通流信息、交通信号控制信息、交通事故信息、交通违法信息、公交调度信息、地理信息、天气信息、停车场信息、收费信息等，根据不同的主题，就可以将智能交通系统中采集和处理得到的信息进行分类，以优化对这类信息的查询或进一步处理。

6. 智能交通系统中信息的生命特性

与生物一样，智能交通系统中的信息存在着自繁衍、自进化、消亡这三大生命的基本特性。道路交通信息从采集、融合、加工、应用到最后被舍弃的过程，体现了生物进化论中遗传、变异、选择和进化的思想。因此，可以借鉴生物进化论的思想，为道路交通信息赋予一定的生命特征属性，并采用发展、变化和进化的思想对信息进行有机的建模、组织和处理。

7. 在智能交通系统中，信息的用户种类繁多，信息需求同样也千差万别

从时间上来说，既需要实时信息，也需要历史信息；从信息内容来说，既需要通用信息，也需要针对特定用户的专业化、个性化信息，如根据当前的实时交通状况及预测

信息，为某位出行者定制行车路线等。另外，不同部门、不同用户对交通信息的精度要求、质量要求也各不相同。而且，对信息的需求在时间和空间分布上也是不均匀的。

8. 信息安全、隐私保护要求高

信息是智能交通系统中的核心资源，如果缺乏有效的安全保护机制，在受到攻击时将会导致智能交通系统崩溃或者在不法分子的控制下进行恶意操作，造成大量的交通拥堵和交通事故。给社会及广大交通系统用户带来巨大的损失。

交通信息是城市交通规划和交通控制与管理的重要基础信息，按照信息来源不同，可分为城市道路交通信息、高速公路交通信息；按照统计间隔不同，可分为宏观交通信息、中观交通信息、微观交通信息；按照时间性质不同，可分为历史交通信息、实时交通信息；按照信息变化情况的不同，可分为静态交通信息和动态交通信息。静态交通信息是指交通系统中一段时间内稳定不变的信息，主要包括道路路网、交通管理设施等交通基础设施信息，也包括机动车保有量、道路交通流量等统计信息及交通参与者的出行规律，这些是在时间上和空间上相对稳定的信息。动态交通信息是指实时道路交通流信息、交通控制状态信息、实时交通环境信息等，这些都是在时间上和空间上相对变化着的信息。

另外，实时交通信息是指能表征城市道路实时交通状态的相关信息，如交通流三参数（流量、密度、速度）实时信息、交通事故信息、天气信息、实时交通管理与控制信息、车辆和出行者需求服务信息等。实时交通信息主要是通过检测器获取的。检测器（又称交通信息采集系统）是现代交通控制系统中的基础设施。以车辆检测器为例，它以机动车辆为检测目标，检测车辆的通过或存在状况，主要检测对象包括车辆的行驶速度、交通流量、占有率等信息，从而提供较为全面的道路交通状况感知信息，以便为智能交通系统的建模、控制和决策诱导提供数据支撑。

由于篇幅限制，以下只介绍静态交通信息和实时交通信息的相关内容。

3.1.1 静态交通信息

静态交通信息主要包括城市基础地理信息（如路网分布、功能小区的划分、交叉口的布局、城市基础交通设施信息等）、城市道路网基础信息（如道路技术等级、长度、收费、立交连接方式等）、车辆保有量信息（包括分区域、时间、不同车种车辆保有量信息等）及交通管理信息（如驾驶人信息、交通管控信息等）。

因此，静态交通信息通常采用人工或测量仪器调查获取。比如：城市基础地理信息、城市道路网基础信息等主要通过这些方式采集。为了减少不必要的重复性工作，并减少不同方式得到数据的不一致性，可以通过与其他系统的对接，从其他系统获得相关的基础信息，如车辆保有量信息、交通管理信息等。

静态交通信息是相对稳定的，变化的频率较小，也没有变化规律。因此，静态交通

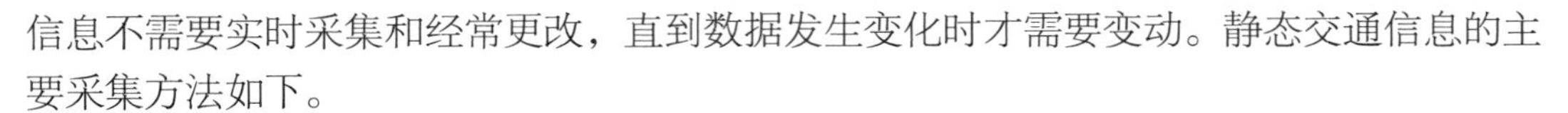

信息不需要实时采集和经常更改，直到数据发生变化时才需要变动。静态交通信息的主要采集方法如下。

（1）调查法。

采用人工或测量仪器进行调查，可获取城市基础地理信息、城市道路网基础信息等。

（2）其他系统接入法。

静态交通信息可从其他部门获得，如规划部门、城建部门、交通管理部门等。

3.1.2 实时交通信息

实时交通信息主要关注交通流的参数实时信息，交通流是指汽车在道路上连续行驶形成的车流。交通流状态分为稳定交通流状态和非稳定交通流状态。稳定交通流状态是指车辆在道路上行驶时，依次鱼贯而行，受到外界的干扰因素较少，主要参数包括交通流量、速度和密度，以及车头时距、车头间距。非稳定交通流状态是指接近或超过道路通行能力时，交通流受阻，出现排队或等待，主要参数包括排队长度、等待（延误）时间等。

小知识

交通拥堵指数

北京交通发展研究中心开发的“北京市交通运行智能化分析平台”首次提出“交通拥堵指数”的概念。它通过道路实时交通拥堵指数，综合反映宏观路网的运行状况，从拥堵强度、拥堵范围、拥堵时间、发生频度、稳定性五个维度特征，表征拥堵的严重程度，时间和空间的影响程度，全方位反映城市交通流定性特征及演变规律。定量特征，即上述提及的交通流参数，主要包括交通流量、车速和交通密度，以及车头时距、车头间距、排队长度、等待（延误）时间等。

交通流定性特征和定量特征，称为交通流特性。定性特征主要是指道路状况（畅通、拥堵情况等）。

一、交通流量

交通流量是指在单位时间内，通过道路某一点、某一断面或者某一条车道的运行单元数。当运行单元是车辆时，结果为车辆交通流量；当运行单元是行人或自行车时，结果为行人交通流量或自行车交通流量。

车辆交通流量的计算公式如下

$$Q = N / T \tag{3.1}$$

式中 Q—— 交通流量（veh/h）;

N—— 数据采样间隔内的车辆数（veh）;

T—— 数据统计采用的时间间隔（h）。

二、车速

车辆行驶路程与相应时间之比，称为车速，是衡量车辆为驾驶人提供交通服务质量的一个重要指标。车速有以下几种不同的定义。

平均行程速度是以观测车辆通过已知长度路段的行程时间为基础来度量交通流情况的。平均行程速度等于车辆行驶路段长度除以车辆经过该路段的平均行程时间。行程时间包括车辆运动时间、停车延误时间。

地点速度又称瞬时车速或点速度，它是车辆通过某一地点的瞬时速度。一般在测定地点速度时，通常取 20～50m 的距离来测定。

时间平均速度是指通过道路上某一点观测车速的算术平均值，也称平均地点速度。

区间平均速度是指在某一特定时间内处在所测路段长度范围内的所有车辆行驶路程的平均值。

以环形线圈车辆检测器为例，每辆车的地点速度可以用式（3.2）来计算。

$$v_i = \frac{D}{\Delta t_i} \tag{3.2}$$

式中 v_i —— 采样间隔内第 i 辆车的地点速度（km/h）;

Δt_i —— 采样间隔内第 i 辆车通过前后线圈的时间差（h）;

D —— 前后线圈之间的距离（m）。

根据 GB/T 26942—2011《环形线圈车辆检测器》的要求，环形线圈车辆检测器输出的平均速度为时间平均速度，即观测时间内通过道路某断面所有车地点速度的算术平均值，即

$$\overline{v}_t = \frac{1}{N}\sum_{i=1}^{N} v_i \tag{3.3}$$

式中 $\overline{v}_t$ —— 采样间隔内的时间平均速度（km/h）;

v_i —— 采样间隔内第 i 辆车的地点速度（km/h）;

N —— 数据采样间隔内的车辆数（veh）。

三、交通密度

当交通流量为零时，不能认定此刻没有车辆通行，而是有两种情况：一是道路上没有行驶车辆；二是车速为零，有车而不流，即阻塞。这种情况下，不能只用交通流量来描述交通状况，而应采用交通密度来描述交通状况。

所谓交通密度，是指单位长度的道路上，在某一瞬间的车辆总数。为使车流有可比

性，对于同一条道路，可以不考虑车道仅考虑方向来比较；对于不同车道数的不同道路应采用单车道来定义密度。交通密度是衡量车流畅通状况的重要指标，其计算公式为

$$\rho = \frac{N}{L} \tag{3.4}$$

式中 ρ —— 交通密度（veh/km）；

L —— 路段长度（km）；

N —— 路段长度 L 内的某瞬时车辆数（veh）。

下面介绍几个相关概念。

（1）临界交通密度：是指交通流量接近或达到道路通行能力极限时的交通密度，又称最佳交通密度，用 ρ_m 表示。

（2）阻塞交通密度：是指车流密集到所有车辆基本无法运动时的交通密度，用 ρ_j 表示。此时车速近似于零，车流量也接近于零。

（3）交通密度的分布特征用空间占有率和时间占有率来描述，统称为车道占有率。车道占有率越高，则交通密度越大。

（4）空间占有率：是指在某一瞬间、一定的观测路段长度内行驶的车辆总长度占该观测路段长度的百分比，用 R_s 表示。

$$R_s = \frac{1}{L}\sum_{i=0}^{N} l_i \times 100\% \tag{3.5}$$

式中 L —— 观测路段的总长度（m）；

l_i —— 第 i 辆车的车身长度（m）；

N —— 观测路段上的车辆总数（veh）。

（5）时间占有率：是指在某一时段内，车辆通过某一断面的累积时间占该时段的百分比，用 R_i 表示。

$$R_i = \frac{1}{T_0}\sum_{i=0}^{N} t_i \times 100\% \tag{3.6}$$

式中 T_0 —— 观测时段（s）；

t_i —— 第 i 辆车通过观测断面时占用的时间（s）；

N —— 观测时段内通过观测断面的车辆总数（veh）。

四、交通流量、车速、交通密度之间的相互关系

在以上的交通流参数中，交通流量、车速和交通密度一般称为交通流三要素，这三要素是描述交通流基本特征的主要参数，它们彼此之间既相互联系，又相互制约。车速和交通密度反映了交通流从道路上获得的服务质量，交通流量可度量车流的数量和对交通设施的需求情况。交通流量 Q、车速 v 和交通密度 ρ 三者之间的基本关系为

$$\bar{Q} = \bar{\rho}\,\bar{v} \tag{3.7}$$

式中 $\bar{Q}$——平均交通流量（veh/h）;

$\bar{v}$——空间平均速度（km/h）;

$\bar{\rho}$——平均交通密度（veh/km）。

1. 车速与交通密度的关系

在道路上行车时会有一种直观认识，当道路上交通密度小时，车速较高，畅行无阻；当交通密度增大，即道路上的车辆增加时，驾驶人被迫降低车速；当交通达到拥挤状态时，车速会降得更低，直至处于停止状态。这表明车速和交通密度之间存在着一定的关系，一般有以下几种模型可以表述这种关系。

（1）线性关系模型。根据实践经验，1933 年美国交通领域专家格林希尔兹（G. D. Greenshields）提出了车速–交通密度的单段式线性关系模型，即

$$v = a - b\rho \tag{3.8}$$

式中，a、b 为常数。当 ρ=0 时，v 可达到理论上的最高速度，即达到畅行速度 v_f，v_f=a；当交通密度达到最大值，即 $\rho = \rho_j$ 时，车速 v=0，则 b=v_f / ρ_j，代入式（3.8）有

$$v = v_f - \frac{v_f}{\rho_j}\rho \tag{3.9}$$

式中 ρ——阻塞交通密度（veh/km）。

以下为阻塞交通密度的变化和车速的关系

$$\rho = 0 \rightarrow v = v_f$$

$$\rho = \rho_j \rightarrow v = 0$$

$$\rho = \rho_m \rightarrow v = v_m$$

格林希尔兹提出的车速–交通密度的单段式线性关系模型，在交通密度适中的情况下是比较符合实际的。但此模型不能很好地表征交通密度很大或很小情况下的车速–交通密度关系。

（2）对数模型。当交通密度比较大时，采用 1959 年格林伯格（H. Greenberg）提出的基于对数模型的车速–交通密度关系能够较好地描述实际情况，其公式如下

$$v = v_m \ln\frac{\rho_j}{\rho} \tag{3.10}$$

式中，v_m——对应最大交通流量时的车速（km/h）。

这种模型和交通拥挤情况的现场数据相符合，但是当交通密度很小时不适用。

（3）指数模型。1961 年，安德伍德（R. T. Underwood）提出的指数模型比较适合交通密度小的情况，其公式如下

$$v = v_f \mathrm{e}^{\frac{\rho}{\rho_m}} \tag{3.11}$$

式中 ρ_m——最大交通流量时的交通密度（veh/km）；

e——自然对数的底数。

在交通流量较小的情况下，这种模型与现场数据曲线很吻合。但是存在一个问题，当交通密度趋近于阻塞交通密度时，以此模型推得的车速并不趋近于零，与实际相比存在较大误差。

（4）广义的车速-交通密度模型，它的计算公式为

$$v = v_f\left(1 - \frac{\rho}{\rho_j}\right)^n \tag{3.12}$$

式中 n——大于零的实数，当 n=1 时，式（3.12）变为线性关系式。

2. 交通流量与交通密度的关系

由交通流量、车速、交通密度之间的基本关系式（3.7）和式（3.9），可得

$$Q = \rho v = \rho v_f\left(1 - \frac{\rho}{\rho_j}\right) = v_f\left(\rho - \frac{\rho^2}{\rho_j}\right) \tag{3.13}$$

对式（3.13）中的 Q 求导

$$\frac{\mathrm{d}Q}{\mathrm{d}\rho} = v_f - \frac{2v_f\rho}{\rho_j} = 0$$

可求出，当 $\rho = \rho_j / 2$ 时，Q 最大，即

$$Q_{\max} = \frac{v_f\rho_j}{4} \tag{3.14}$$

交通流量与交通密度的关系曲线如图 3-3 所示。

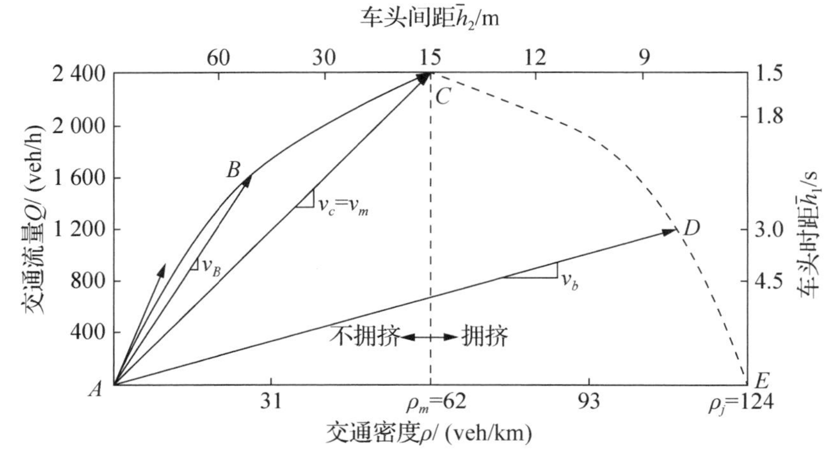

图 3-3 交通流量与交通密度的关系曲线

根据不同的拥挤程度，采用不同的车速-交通密度公式，就可以求得不同的交通流量-交通密度公式。

由图 3-3 所示的交通流量–交通密度曲线，可以得到这两个变量之间的主要特征关系如下。

（1）当交通密度为零时，交通流量也为零，故曲线通过坐标原点。

（2）随着交通密度增加，交通流量也增大，直至达到道路的通行能力，即曲线上点 C 的交通流量达到最大值，对应的交通密度为最佳交通密度 ρ_m。

（3）从点 C 起，交通密度增加，车速下降，交通流量减少，直到阻塞交通密度 ρ_j，则车速等于零，交通流量也等于零。

（4）由坐标原点向曲线上任意一点画矢径。这些矢径的斜率表示区段平均速度，通过点 A 的矢径与曲线相切，其斜率为畅行车速 v_t。

（5）交通密度比 ρ_m 小的点表示不拥挤的情况，而交通密度比 ρ_m 大的点表示拥挤的情况。

3. 交通流量与车速的关系

由前面的论述可知，车速与交通密度之间的关系可用多种关系式模型表达。以线性关系模型为例，由式（3.9）可得

$$\rho=\rho_j\left(1-\frac{v}{v_f}\right) \tag{3.15}$$

将式（3.15）代入三个参数的基本关系式（3.7）得

$$Q=\rho_j\left(v-\frac{v^2}{v_f}\right) \tag{3.16}$$

Q 与 v 是二次函数关系，则交通流量–车速关系曲线如图 3-4 所示。

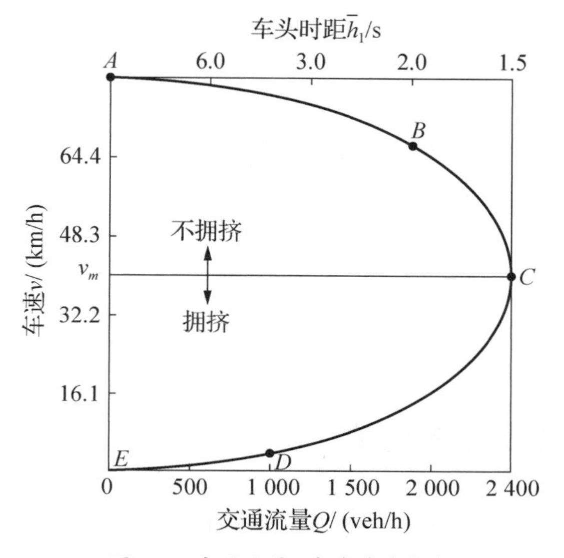

图 3-4 交通流量–车速关系曲线

当交通密度与交通流量均为较小值时，车速可达最大值，即畅行车速v_f，如图 3-4 所示的最高点 A；当交通密度增加，交通流量也随之增大时，车速逐渐减小，直至达到最佳速度v_m。这时交通流量最大，为点 C。因此，从v_m处至点 C 的直线与曲线上半部分所围成的区域为不拥挤的区域。

当交通密度继续增加时，交通流量反而减小，车速也减小，直至达到最大交通密度ρ时形成阻塞，这时车流停止运动，交通流量和车速均为零。因此，交通流量–车速曲线通过坐标原点。同时，从v_m处至点 C 的直线与曲线下半部分所围成的区域为拥挤的区域。

综上所述，从车速–交通密度模型、交通流量–交通密度模型、交通流量–车速模型可以看出Q_m、v_m和ρ_m是划分交通拥挤状况的重要特征，交通流三要素关系曲线如图 3-5 所示。

① 当$Q \leqslant Q_m$、$\rho > \rho_m$、$v < v_m$时，属于拥挤状态。

② 当$Q \leqslant Q_m$、$\rho \leqslant \rho_m$、$v \geqslant v_m$时，属于不拥挤状态。

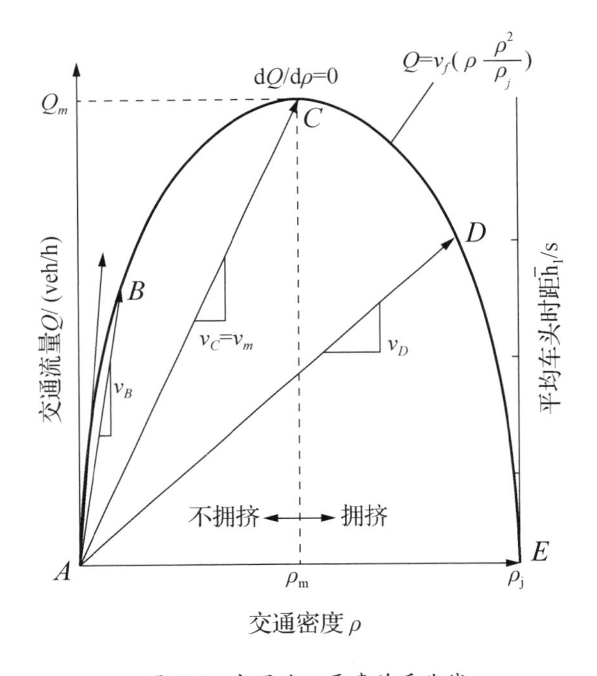

图 3-5 交通流三要素关系曲线

3.2 交通信息检测技术分类

交通信息检测器在智能交通系统中占有重要的地位，是实现智能交通控制与管理的关键基础设施。通过不同的检测技术实时获取道路上的交通流量、车速、交通密度和时空占有率等交通参数，为监控中心分析、判断、发出信息和优化控制方案提供依据。交通信息检测器的检测技术水平直接影响到道路交通管控系统的整体运行管控水平。

在交通流检测系统中，常用的车辆信息检测采集使用环形线圈、微波、视频、超声波等车辆检测器，可概括为移动式检测和固定式检测两大类。移动式检测多以浮动车检测技术为代表，该技术能够检测整个路段，信息完备性好，但由于受到检测车随意停车等因素的影响，存在检测精度不高的情况。固定式检测以环形线圈检测技术为代表，该技术较成熟、检测准确度高，但由于只能检测路段点信息，因此信息完备性差。

3.2.1 移动式交通信息检测技术

移动式交通信息检测技术是指运用装有特定设备的移动车辆检测道路上的特定标示物来采集交通数据方法的总称。

移动式交通信息检测技术主要有基于定位技术的动态交通数据采集技术、基于电子标签的动态交通数据采集技术、基于汽车牌照自动判别的动态交通数据采集技术和基于手机探测车的交通信息采集技术。

随着车路协同技术的发展，对移动式交通信息检测技术的要求越来越高，应用也会越来越广泛。

一、基于GPS定位的动态交通数据采集技术

基于 GPS 定位的动态交通数据采集技术是在车辆上配备 GPS 接收装置，以一定的采样间隔记录车辆的三维位置坐标和时间数据，这些数据通过与 GIS 的电子地图相结合，计算出车辆瞬时车速和通过特定路段的行程时间与行程速度。若在给定的时段内有多辆车经过特定路段，可以得到该路段的平均行程时间和平均行程速度。其不足之处在于，需要大量装有 GPS 的车辆运行在城市路网中，检测准确度与 GPS 的定位准确度有很大的关系，且检测数据易受到电磁干扰。GPS 车辆管理拓扑图如图 3-6 所示。

图 3-6 GPS 车辆管理拓扑图

二、基于电子标签的动态交通数据采集技术

电子标签是RFID系统的基本组成之一。基本的RFID系统由阅读器和应答器组成。应答器是RFID系统的信息载体，阅读器通过射频天线发送一定频率的射频信号，阅读器对接收的信号进行解调和解码，然后送到后台主系统，由主系统进行相关处理。基于电子标签的动态交通数据采集技术可以直接获取交通流量信息，间接得到车辆的行程时间、行程速度等。其不足之处在于，车辆必须安装电子标签，路网中车辆的贴签率是获得准确检测交通数据的关键因素。

3.2.2 固定式交通信息检测技术

固定式交通信息检测技术主要是指，运用安装在固定地点的交通检测器对移动的车辆进行监测，从而实现交通信息采集的方法的总称。固定式交通检测器绝大部分安装在高速公路、快速路以及城市主干道和次干路的重要交叉口处。

一、按检测原理分类

按检测器检测原理不同，检测器可划分为磁频车辆检测器、波频车辆检测器和视频车辆检测器。

1. 磁频车辆检测器

利用磁频技术采集交通信息的设备主要有环形线圈车辆检测器、地磁车辆检测器等。其中，环形线圈车辆检测器是目前检测参数较多、车辆信息采集准确度较高、在交通控制中应用最为广泛的交通流检测器。它是利用埋设在车道下的感应线圈对通过线圈或位于线圈之上的车辆所引起电磁感应的变化进行处理来达到检测目的的。当车辆通过线圈时产生电感的变化会导致相位的变化，通过相位比较器获得一个相应的信号。它可以用来检测交通流量、占有率、车速以及车辆类型等。高速公路环形线圈车辆检测如图3-7所示。

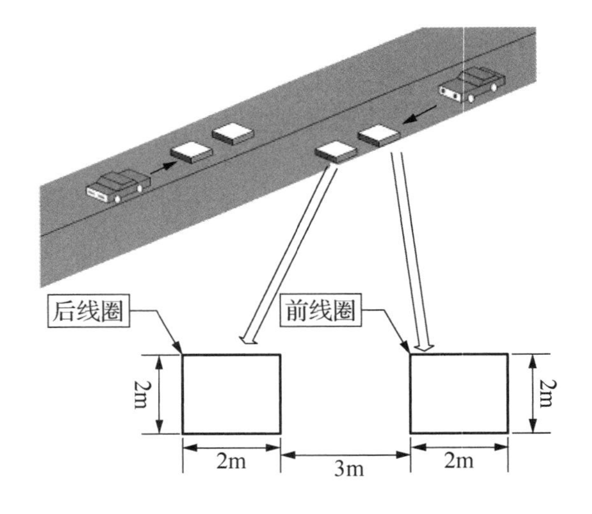

图3-7 高速公路环形线圈车辆检测

2. 波频车辆检测器

波频车辆检测器主要有超声波车辆检测器、微波车辆检测器、红外车辆检测器。

超声波车辆检测器的工作原理是利用“多普勒效应”反射原理，通过接收由超声波发生器发生、发射的超声波束并经车辆反射的超声波回波来检测车辆，通过判断发射信号与反射回波信号在时间上的差异来检测车辆数量和车辆类型等。它采用悬挂式安装，具有使用寿命长、可移动、架设方便的特点，但易受到环境的影响。

微波车辆检测器（图 3-8）同样是利用“多普勒效应”反射原理通过发射器对检测区域发射微波，当车辆通过时，多普勒效应反射波会以不同的频率返回，就可以通过检测反射波的频率来检测通过车辆的信息。其优势是能适应恶劣环境、全天候工作，检测出多达八个车道的交通流量、道路占有率、平均车速、车流量等交通流参数。但对于多车道、车辆并行或人车混杂的复杂路段，在相邻车道同时过车时会出现误检现象。

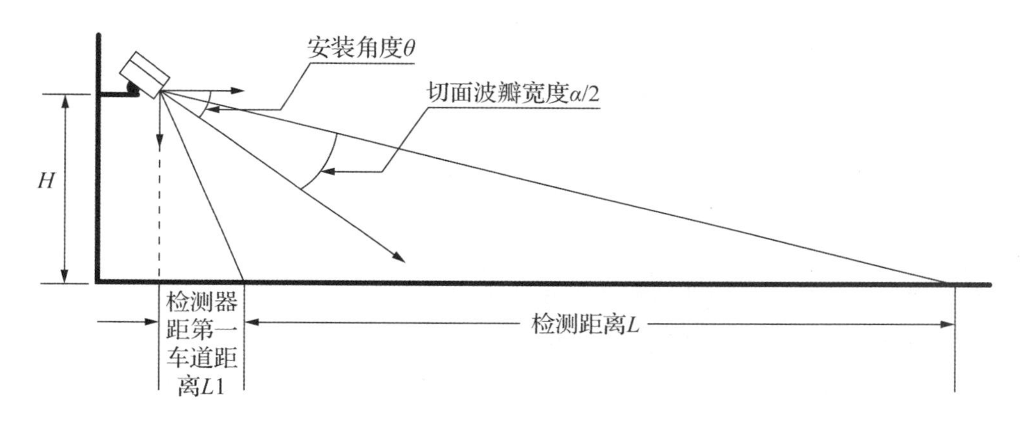

图 3-8 微波车辆检测器

红外车辆检测器采用反射式检测技术，反射式检测探头由一个红外发光管和一个红外接收管组成。通过红外探头向道路上发射调制脉冲，当有车辆通过时，红外线脉冲从车体反射回来被探头的接收管接收，经处理输出一个检测信号。该检测器具有快速准确的特点，但易受环境影响，如灰尘、冰、雾会影响系统的正常工作。

3. 视频检测技术

视频检测技术是将视频图像和模式识别技术结合起来并应用于交通领域的新型数据采集技术。它通过实时分析输入的交通图像，判断图像中划定的一个或者多个检测区域内的运动目标，获得所需的交通数据。其优势是安装和维护比较方便，通过单台摄像机可检测多车道，信息全面，可实现检测车辆的存在、车速、占有率、车型、车色、车流向、车辆行驶轨迹、车头时距、通过时间、排队长度与交通密度等，但阴影、积水反射和天气变化易对车辆信息的提取造成不利的影响。

二、按施工方式分类

交通检测器按照施工方式的不同可分为侵入式检测器（Intrusive Detector，ID）和非侵入式检测器（Non-intrusive Detector，ND）两种类型。其中，侵入式检测器包含环形线圈车辆检测器、地磁车辆检测器；非侵入式检测器包含视频、微波雷达、激光雷达、被动红外、超声波车辆检测器，以及它们几个的共同使用而形成的新方式。侵入式检测的设备要直接安装到公路的地表下方，需破开路面，这些检测器的应用都比较成熟。不过也正是因为它们在安装时需要挖开地表，不仅影响公路的使用寿命，而且在维修和更改应用时需要再次挖开地表，使它们逐渐被非侵入式的检测设备取代。非侵入式检测技术正是为了解决侵入式检测技术的这一缺点而提出来的。一般来说，它们在安装时对交通的影响比较小，并且能够提供高准确度的数据。研究表明，安装在地表以上的检测器采集的数据基本可以表征相应路段的交通流参数。但其缺点是容易受环境的影响，如对于超声波车辆检测器，当风速达到 6 级以上时，反射波产生漂移使其无法正常检测；探头下方通过的人或物会产生反射波，造成误检。另外，工作现场的灰尘、冰、雾也会影响红外车辆检测器系统的正常工作。这两种检测方法各有利弊，因此还有些路段会在检测时将几种方式结合使用，以获得更准确的测量结果。

三、按工作方式分类

在车辆检测中使用的检测器按照工作方式的不同可分为主动式（Active）检测器和被动式（Passive）检测器两种类型。例如，激光测距仪、毫米波雷达等为主动式检测器，电荷耦合器件（Charge-Coupled Device，CCD）摄像机，地磁线圈检测器、超声及红外检测器则属于被动式检测器。使用主动式检测器进行车辆检测，算法实现简单、性能较好，但是仍然存在一些不足，如分辨率较低、检测器之间互有干扰、成本昂贵及可能带来的环境问题。相比较而言，被动式检测器的价格相对便宜，并且对车辆的具体位置信息要求不高，能提供交通路口的排队长度以及车辆类型等基本信息。以上因素决定了车辆检测的主流算法大部分基于被动式检测器。目前被广泛采用的被动式检测器为视频检测器。其优点在于在车辆行驶路线发生改变时（如转弯），可以实现更有效的检测与跟踪，而且丰富的视频信息可以用来进行相关的应用，如道路检测、交通标志识别，以及行人、障碍物的检测与识别等。

四、按检测主体分类

利用先进的检测或者视频技术测量交通流和车辆的情况，如果按照对检测主体要求的不同又可分为不可区分个体车辆的车流检测（Traffic Detection，TD）技术和可区分个体车辆的车辆识别（Vehicle Identification，VI）技术两种类型。不可区分个体车辆的车流检测技术能够检测到每辆通过检测区域的车辆，但是不能辨别其身份，如使用传统的埋在地下的感应线圈、设置于路上的微波检测设备。其目的是检测多种交通流数据，包括交通流量（计数）、速度、占有率、车辆分类等。可区分个体车辆的车辆识别技术能够判断通过监测区域的每辆车的身份，如车牌自动识别（Automatic License Plate Recognition，ALPR）技术、基于视频图像识别车辆颜色和外形的技术，但其造价高于车流检测设备。

表 3-1 给出了广泛应用的各种车辆信息采集技术的特点，具体的原理和应用将在后续的章节中详细叙述。

表 3-1 各种车辆信息采集技术的特点

技术	优点	缺点
环形线圈	技术成熟，能够大范围应用； 能够提供基本的交通流参数（交通流量，是否存在车辆，道路占用率，车速等）； 高频激励模型可以提供车辆分类的功能	安装时需要挖开道路，减少了公路的使用寿命； 安装维护时需要关闭路段； 使用的可靠性与交通压力及温度有关
磁力计	与环形线圈相比，受交通压力的影响更小； 可以使用射频连接传输数据	安装时需要挖开道路，减少了公路的使用寿命； 安装维护时需要关闭路段，测试区域狭小
磁场探测（电感或探测线圈）	可用在环形线圈无法应用的场合（如桥上）； 受交通压力的影响较小	安装时需要挖开道路或在道路下方开挖隧道作业； 不能检测静止车辆
微波雷达	一般情况下，在恶劣天气下能正常使用； 能直接测量出车速； 能应用在多车道路段	无线传输带宽和传输波形不能方便使用； 多普勒传感器不能探测静止车辆
红外	可准确测量车辆的位置、车速及车辆类型； 能够通过多区域测量车速； 能应用在多车道路段	受烟雾、雨雪等天气因素影响； 在下雨或有雾的天气条件下，检测器的灵敏度会受到影响
超声波	能应用在多车道路段	温度变化很大的情况下，会影响测量效果； 车速较高的情况下，大周期方波会减少其对车道占用率的检测能力
声音	是非侵入式检测方法； 对于车速陡然增加有很高的灵敏度； 能应用在多车道路段	低温情况下，影响数据的准确程度； 特定模型，不适用于车速较慢的场合

续表

技术	优点	缺点
视频图像处理	能够监视多区域、多车道； 易于修改和增加检测区域； 能够提供大量数据； 多摄像头拼接能够提供较大范围的检测数据	由于天气的变化，车辆投到相邻车道的影子会影响测量数据的有效性； 对安装高度有一定要求； 大风天气对检测结果有较大影响； 系统建设费用较高

随着智能交通与控制系统性能的日益完善和丰富，交通部门对底层交通信息采集的准确度要求越来越高，这就促进了交通信息检测技术的迅速发展。

3.3 交通信息检测技术的应用

3.3.1 基于磁频的检测

磁频检测技术是基于电磁原理进行车辆检测的，通过检测磁场强度的变化来判断有车辆存在或通过，主要包括环形线圈车辆检测器、磁性车辆检测器、地磁车辆检测器、微型线圈车辆检测器和磁成像车辆检测器等。

环形线圈车辆检测器因其高准确度、高可靠性和低成本而被广泛使用，目前国内外大多数城市道路交通信息检测采用的是环形线圈车辆检测器。

一、环形线圈车辆检测器

环形线圈车辆检测器是一种基于电磁感应原理的车辆检测器，由埋设在路面下的环形线圈、信号检测处理单元（包括耦合振荡电路、信号整形电路、检测信号放大电路、数据处理单元和通信接口等）及馈线三部分构成，环形线圈车辆检测器如图 3-9 所示。

优点：准确度高、可靠性高、成本低。

缺点：施工和维护时会破坏路面，检测参数少。

通有交流电流的环形线圈埋在待检区域的路面下，当车辆通过线圈或者停在线圈上时，引起回路电感变化，信号检测处理单元检测出该变化就可以检测出车辆的存在。电感量的变化表现为耦合振荡电路频率的变化和相位的变化，所以检测这个电感变化量一般来说有两种方式：一种方式是利用相位锁存器和鉴相器，对相位的变化进行检测；另一种方式则是利用计数器等对其振荡频率进行检测。

1. 环形线圈车辆检测器在电子警察系统中的应用

电子警察系统又称闯红灯自动监控系统，一般包括数据采集、视频抓拍、违法确认、数据上报、处罚等子系统，主要安装于城市交通路口，全天候对闯红灯的机动车辆进行自动识别与抓拍，并对闯红灯的车辆进行记录。公安交通管理部门以抓拍的违法照片为依据，对违法者进行处罚和教育，这样可以大大提高机动车驾驶人的自觉性并增强其安全意识，保证道路畅通。IR100 智能道路事件检测系统如图 3-10 所示。

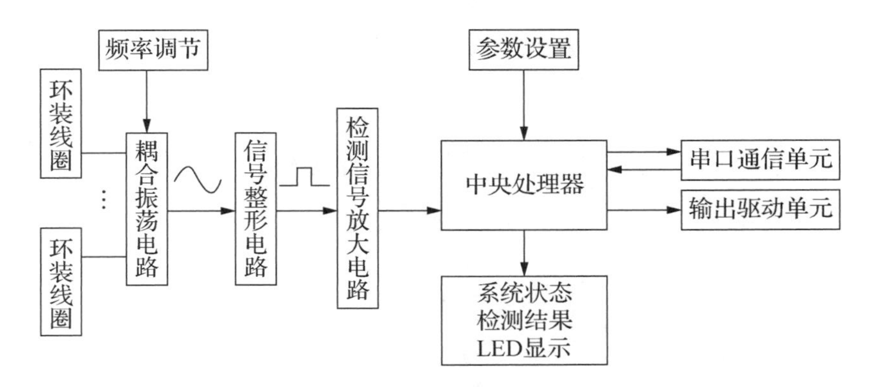

图 3-9　环形线圈车辆检测器

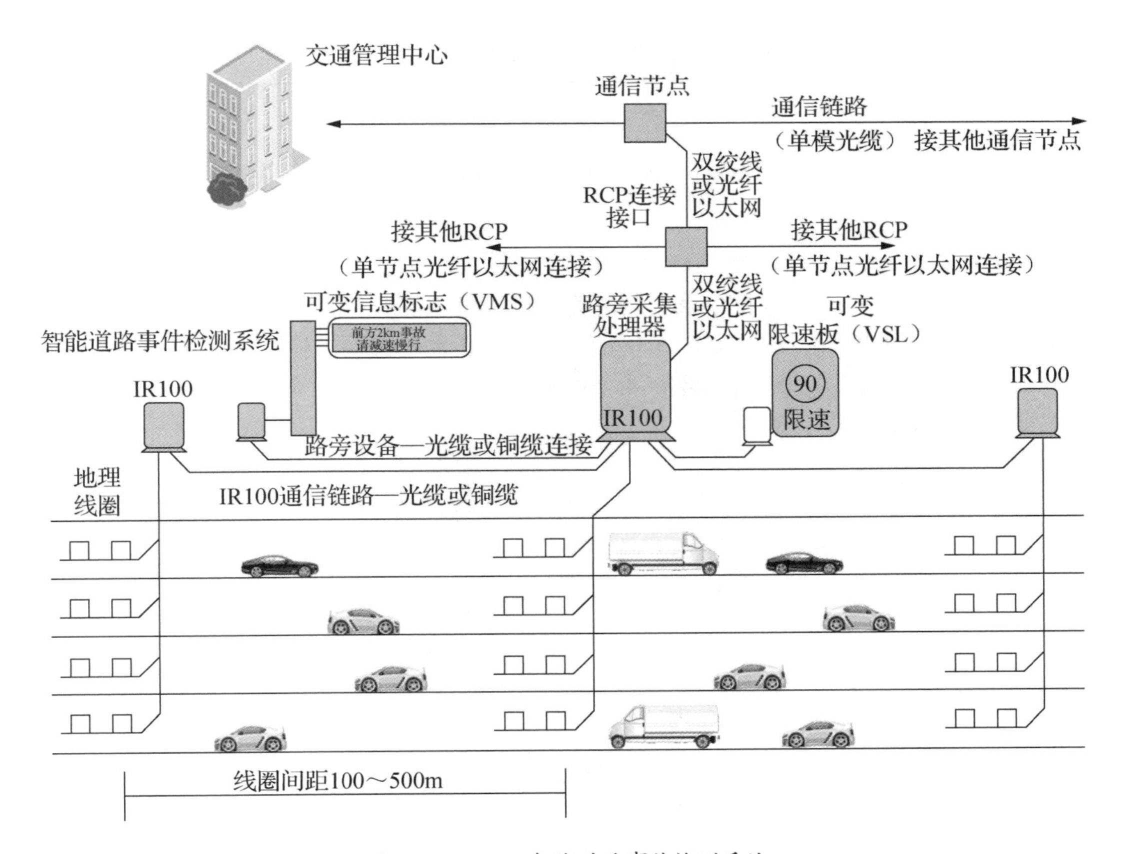

图 3-10　IR100 智能道路事件检测系统

1）闯红灯自动监控系统

闯红灯自动监控系统由指挥中心管理部分、通信网络部分和路口控制部分组成，通过有线和无线通信相结合的网络数据交换体系进行信息传递。指挥中心管理部分主要实现对路口设备、网络的监控和抓拍的图像、数据进行处理；通信网络部分实现路口控制部分和指挥中心管理部分的数据和图像信息的传输；路口控制部分通过高清摄像机抓拍机动车辆闯红灯的图像信息，并将图像信息传输至指挥中心管理部分，如图 3-11 所示。

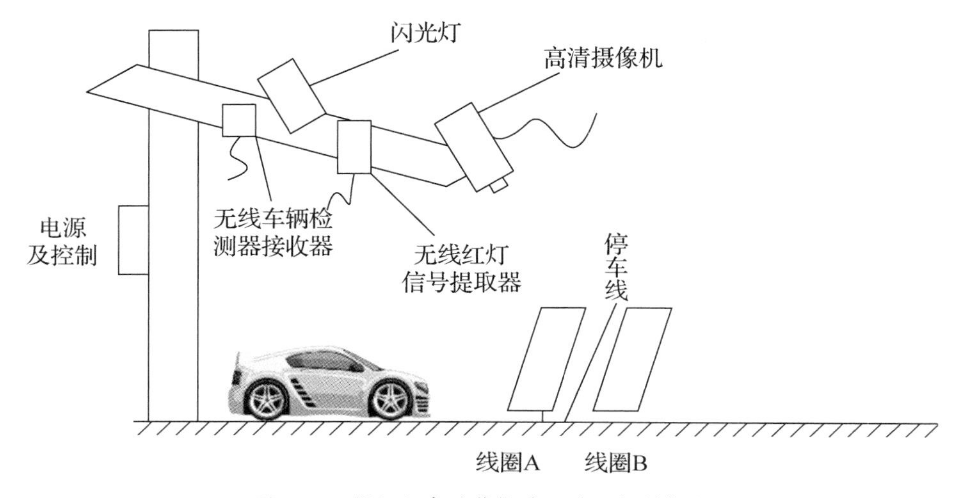

图 3-11　闯红灯自动监控系统路口控制部分

2）检测器的布设

在 GA/T 496—2014《闯红灯自动记录系统通用技术条件》中规定，不对绿灯、黄灯相位通过停车线的机动车进行记录。同时为了避免红灯相位期间由对向的通行机动车误触发所产生的无效图像，往往要求车辆检测器具有机动车通行方向判断功能。因此，这就要求车辆检测器在同一车道上要有两个检测点，图 3-11 所示两个车辆检测点分别位于停车线前方和后方。

3）闯红灯抓拍工作原理

环形线圈车辆检测器检测到车辆进出线圈，车辆检测器就会给控制器输出相应信号。车辆闯红灯抓拍工作原理框图如图 3-12 所示。

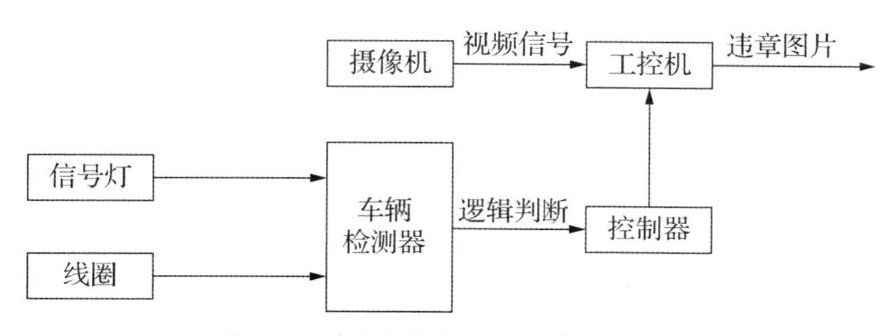

图 3-12　车辆闯红灯抓拍工作原理框图

控制器同时和车辆检测器、红绿灯信号相连。红绿灯信号通过光耦隔离转换成标准晶体管–晶体管（Transistor-Transistor Logic，TTL）电平输入。控制器时刻监控车辆检测器输出的车辆通过线圈的情况和红绿灯信号的状态，一旦有闯红灯的车辆出现，控制器就会传输信号给工控机，控制违法抓拍和违法图片的上传。

4）具体工作流程

在通行状态下（该方向绿灯亮时），系统持续判断是否有车辆通过检测区域，并监测信号灯的状态。

在禁行状态下（该方向红灯亮时），根据以下四个阶段来判定违法事件。

（1）车辆驶入线圈 A，但未驶入线圈 B。系统开始监控，如果在此红灯周期内，该车辆并未继续前进，只是停在线圈 A 上，则系统会判定车辆没有违法。

（2）车辆驶离线圈 A。如果在此红灯周期内，该车辆继续前进，当车辆车体离开线圈 A 而车身压在停车线上时，系统判定违法事件发生。系统发出控制指令拍摄第 1 张过程视频照片，车辆闯红灯违法抓拍工作流程 1，如图 3-13 所示。

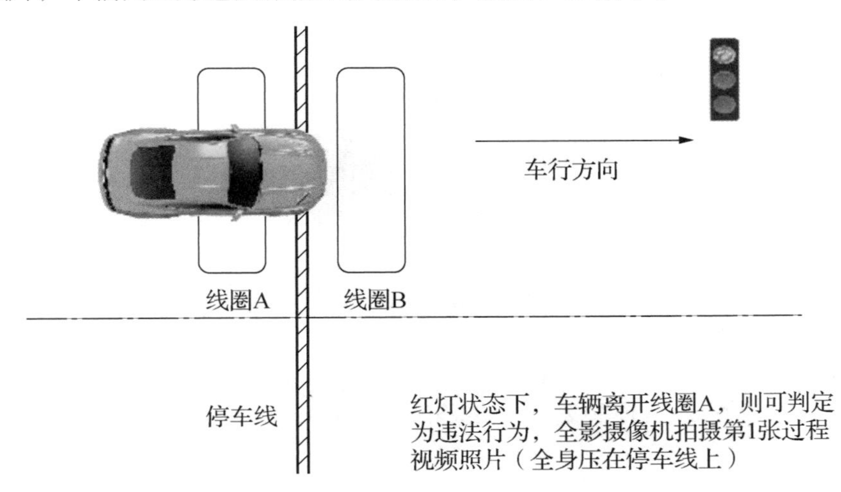

图 3-13　车辆闯红灯违法抓拍工作流程 1

（3）车辆驶入线圈 B。当车辆驶入线圈 B 时，摄像机拍摄第 2 张违法过程视频照片，抓拍违法细节照片，具体如图 3-14 所示。系统记录车辆离开时刻，并启动违法过程录像功能，将车辆越过停车线前 2s 后 3s，总共 5s 时间段内的视频进行数字压缩，以录像资料文件形式保存，可以动态完整地再现车辆违法的全过程，减少争议。

（4）车辆驶离线圈 B。车辆驶离线圈 B 时，摄像机抓拍第 3 张违法过程视频照片，如图 3-15 所示。至此，形成完整的 3 张过程照片，包括车辆压到停车线、离开停车线、继续前进这 3 个不同位置的状态。至此，电子警察系统获得了关于此次违法事件的所有图像证据。

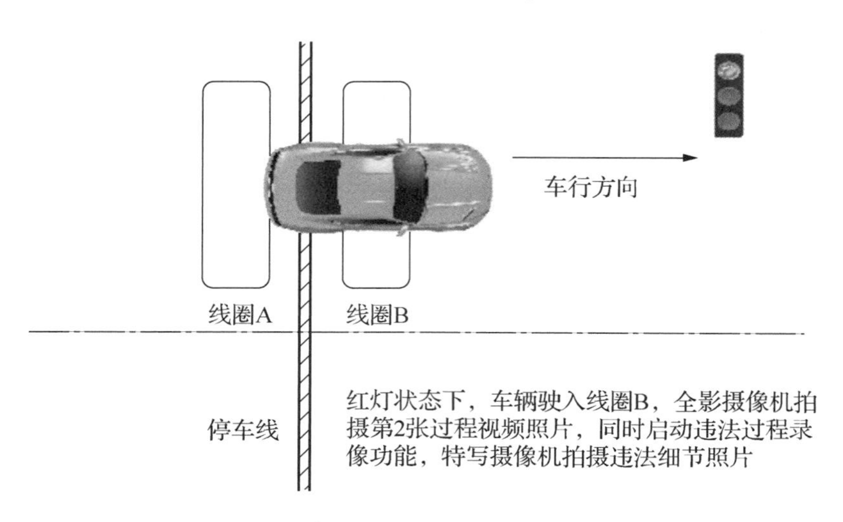
车行方向
线圈A
线圈B
停车线
红灯状态下，车辆驶入线圈B，全影摄像机拍摄第2张过程视频照片，同时启动违法过程录像功能，特写摄像机拍摄违法细节照片

图 3-14 车辆闯红灯违法抓拍工作流程 2

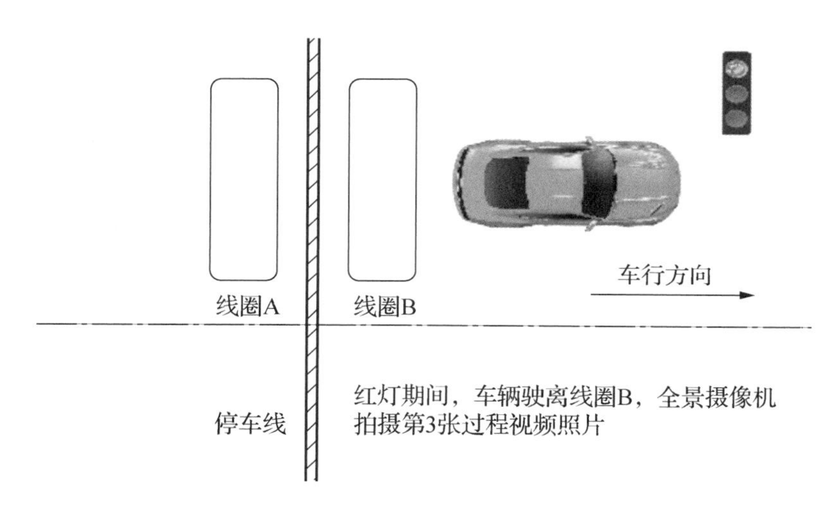
车行方向
线圈A
线圈B
停车线
红灯期间，车辆驶离线圈B，全景摄像机拍摄第3张过程视频照片

图 3-15 车辆闯红灯违法抓拍工作流程 3

如果从相邻方向左转的车辆或对向车辆触发该线圈，由于是先触发线圈 B，再触发线圈 A，系统会判断不是违法车辆，以避免误拍。

2. 环形线圈车辆检测器在城市快速路出入口信号控制系统中的应用

城市的道路网系统一般由常规的城市道路系统、城市快速路系统、高速公路系统组成。城市快速路作为高速公路系统和城市主干道的衔接，一般起着连接城市中心商业区和机场、码头、车站等大型公共设施的作用，特别是作为疏散内部交通压力的放射状快速路，一般都与区域交通网络连接。通过合理科学的监控手段，提高快速路的监控水平，提高车辆的运行效率，是缓解城市道路拥堵的重要措施之一。

1）检测器的位置设置

环形线圈车辆检测器在快速路出入口匝道布设时应根据控制算法中的需求而设置，作为信号控制检测环节，一般情况下在出入口上游/下游 50～80m 之间设置环形线圈车辆检测器。此外，在出口的辅路上下游也应设置环形线圈车辆检测器；在出口匝道或者入口匝道的出入口处有时也需设置环形线圈车辆检测器。

（1）城市快速路入口匝道信号控制系统中的检测器设置。

城市快速路入口一般需设置匝道排队检测器、上游检测器、下游检测器、汇入检测器等采集交通数据，入口匝道检测器的设置如图 3-16 所示。

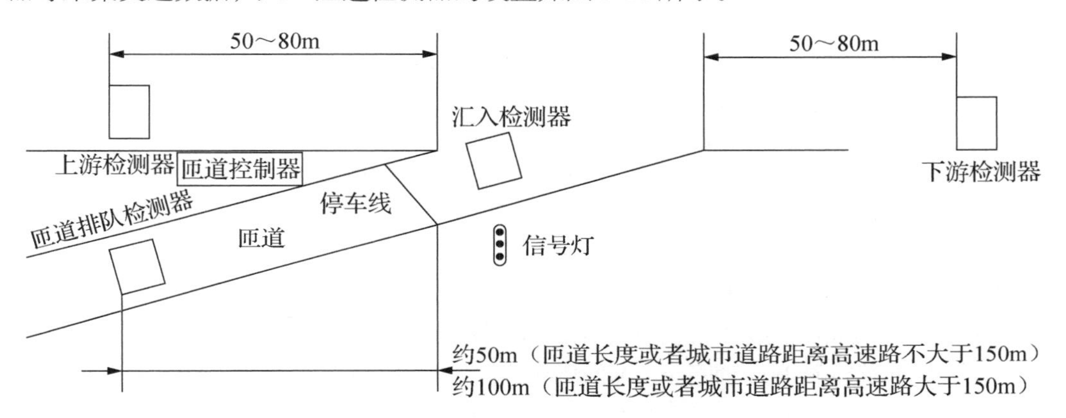

图 3-16 入口匝道检测器的设置

① 匝道排队检测器。匝道排队检测器的设置需根据匝道长度而定，如果匝道长度较短，或者与匝道相连接的城市地面道路距离高速路较近（不大于 150m），匝道排队检测器需设置在距离入口匝道与城市地面道路相连接点约 50m 处。以保证入口匝道上的排队车辆不影响城市地面道路的通行。如果匝道长度较长或者与匝道相连接的城市地面道路距离高速路较远（大于 150m），匝道排队检测器应设置在距离入口匝道停车线约 100m 处。当匝道排队检测器被车流长时间占有时，说明车辆排队已至匝道排队检测器位置。

② 上游检测器。上游检测器设置在高速路上的入口匝道上游处，距离入口匝道汇入处 50～80m，用来检测上游车辆的交通流量和占有率。

③ 下游检测器。下游检测器设置在高速路上的入口匝道下游处，距离入口匝道汇入处 50～80m，用来检测下游车辆的交通流量和占有率。

④ 汇入检测器用于检测车辆是否能顺利地汇入快速路主路上。

（2）城市快速路出口匝道检测器的设置。

对于出口匝道与相连辅路而言，应确保出口匝道流量与辅路流量总和不超过出口匝道下游辅路路段瓶颈处的通行能力，这样才能避免交通拥挤的发生。由于驶离出口匝道的车辆未采用信号调节，考虑到辅路容量的限制，为了避免出口匝道与辅路车流的相互干扰，采取的办法是在辅路安装信号灯调节辅路车流的运行，以确保出口匝道的车辆及时驶出。

以一个典型的城市快速路的出口匝道为例，设置下列用来采集交通数据的车辆检测器：出口匝道检测器和辅路下游检测器，如图 3-17 所示。

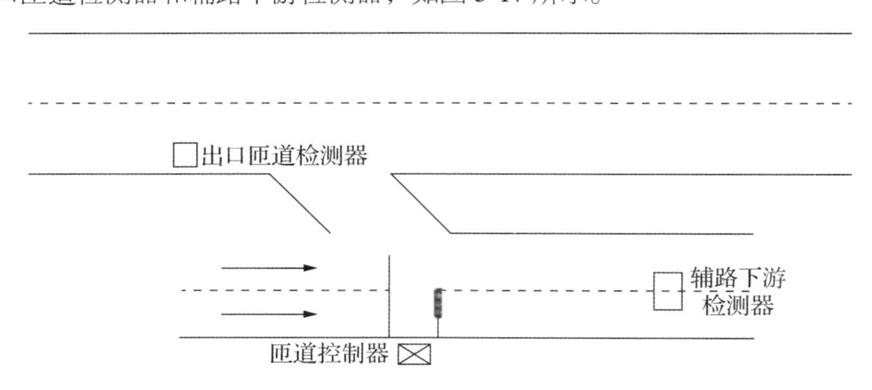

图 3-17 出口匝道检测器和辅路下游检测器的设置

① 出口匝道检测器。出口匝道检测器设置在高速路上的出口匝道上游处，距离出口匝道会合处 50～80m，用来检测上游车辆的交通流量和占有率。

② 辅路下游检测器。辅路下游检测器设置在快速路辅路下游处，距离辅路停车线 50～80m，用来检测辅路下游处车辆的交通流量和占有率。

二、地磁车辆检测器

地磁车辆检测器和环形线圈车辆检测器都是通过检测车辆通过引起磁场变化来实现车辆检测的，但两种检测器所检测的磁场不同。地磁车辆检测器是利用车辆存在或通过时所引起的地磁场强度的变化来达到检测的目的的；而环形线圈车辆检测器是在线圈中通入交变电流形成交变磁场，当车辆经过时引起磁场的变化来达到检测的目的。

优点：检测准确度高、性能稳定、使用寿命较长、安装简单、施工方便、不受气候影响、故障率低。

缺点：检测参数少。

1. 基于地磁车辆检测器的车辆信息检测

地磁车辆检测器在检测车辆时是利用各向异性磁阻（Anisotropic Magnetoresistance，AMR）地磁探测原理对车辆的存在与运动及运动方向进行探测的。车辆本身含有铁磁性物质，当车辆接近地磁车辆检测器的检测区域时，检测区域的磁力线挤压聚合；当车辆将要通过检测区域时，磁力线沿中心进一步聚合收缩；当车辆正在通过检测区域时，磁力线受到牵拉而沿中心发散。这样，利用地磁车辆检测器捕捉车辆接近、将要通过及正在通过检测区域时磁力线的变化，并进行信号分析和处理，可以实现对车辆实时检测，也可以根据不同车辆对地磁产生的扰动不同来识别车辆的类型。

（1）车辆的存在性检测。

车辆的发动机和车轮对地磁场的扰动尤为明显，而车辆内部、车顶和后备箱等其他铁磁性物质产生的地磁场扰动可以忽略不计。一般在地下埋设单轴地磁车辆检测器检测车辆，通过观察磁场的变化，来确定通过车辆的存在和方向。

（2）车辆行驶的方向判定。

沿着车辆的行驶方向安装一个单轴地磁车辆检测器就可以测量车辆的行驶方向，当没有车辆存在时，检测器输出背景的磁场作为它的初始值。当有车辆接近时，地磁场的磁力线将会偏向铁磁性车辆。如果地磁传感器的敏感轴指向右侧，而车辆是由左向右行驶的，那么磁场的变化规律是首先减弱，因为更多的磁力线会弯向迎面驶来的车辆。

（3）基本车型的识别方法。

任何铁磁性物体都会改变地磁场的分布，形成地磁场扰动，其综合影响是对地磁场磁力线的扭曲和畸变，且这个扰动因铁磁性物体的结构及质量不同而不同。也就是说，不同类型的车辆对地磁场的干扰是不一样的。正是利用这个特征，就可以对车辆的进行分类。一般利用双轴地磁传感器，将其水平安装后，能够将任何水平磁场分为 X 轴和 Y 轴分量，通过两个方向的磁场变化的叠加来区分车型。

目前，市场上的地磁车辆检测器多以无线传输为主，其具有检测准确度高，自适应、自学习能力强，适应各种复杂的天气状况，稳定可靠，安装维护方便，使用寿命长等优点，因而迅速占领市场，被一些专家认为是环形线圈车辆检测器的理想替代品，在我国的各大城市道路上已经开始逐步使用。其缺点为，对于纵向过于靠近车辆的干扰排除能力较差，即当车流速度较低、前后车辆之间的距离较小时，测量准确度受到的影响较大。

2. 地磁检测器在停车场管理系统中的应用

停车场车位引导系统通过地磁控制器采集安装在停车场内各个停车位地磁车辆检测器的状态来判断该区域车辆的进出情况。数据通过 RS−485 通信传送到区域中央。区域中央则通过 RS−485 通信收集各个地磁控制器的信息，并对车辆的进出数据进行处理，从而得到各停车区域的空车位数量信息，并且将该信息通过设置在停车场总入口及各个停车区域入口处的 LED 显示出来，引导车主快速停车。

1）地磁车辆检测器的布设方式

检测停车位上是否有车辆存在，可使用一个单轴（HMC1021）和一个双轴（HMC1222）组成的三轴检测器，将传感器（地磁车辆检测器）放置在停车位中间，检测器将磁场分成 $\boldsymbol{B}_x$、$\boldsymbol{B}_y$、$\boldsymbol{B}_z$ 矢量分量。一个各向异性的地磁车辆检测器能够检测到一个轴向上的变化，三轴检测器就能够在检测范围边缘上检测车辆，为检测提供更加可靠的保障。通过对地磁车辆检测器简单的设置，可以有效且可靠地检测车辆是否存在。地磁车辆检测器的布设方式，如图 3-18 所示，8 个地磁车辆检测器接一个地磁控制器。另外，30 个车位连接一个节点控制器。

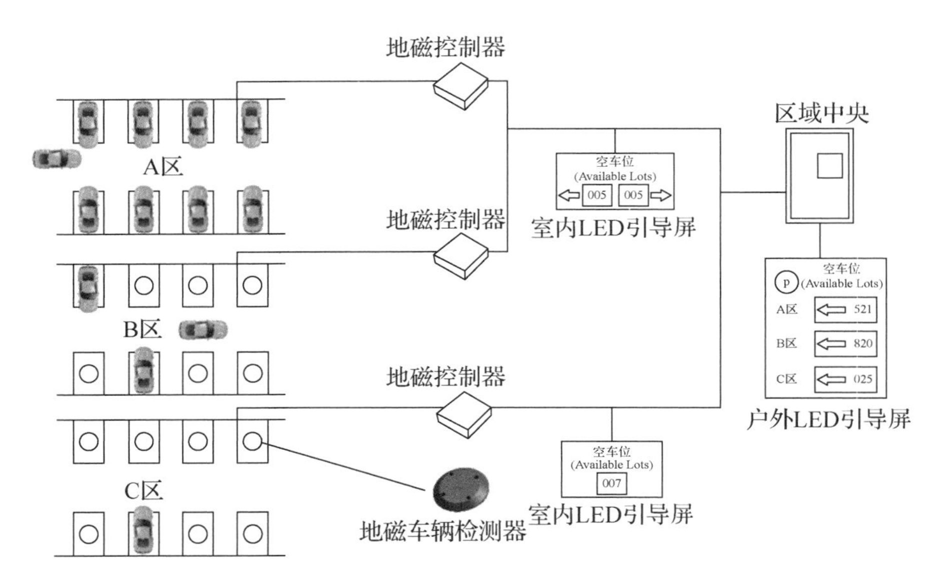

图 3-18　地磁车辆检测器的布设方式

2）系统的硬件构成

（1）地磁车辆检测器。

当车辆在检测器附近出现时，周围的磁力线会发生弯曲和密度的变化，地磁车辆检测器会感知到这种微小的变化，并通过一定的判断准则来确定是否有车辆存在。

当车头离地磁车辆检测器有一定距离时，地磁车辆检测器的各输出轴几乎不会发生变化。车辆渐渐靠近地磁车辆检测器时，车辆附近的地磁场会朝车子方向发生偏移，此时 X 轴为地磁车辆检测器灵敏轴，X 轴的输出有了较明显的变化；当车辆的前轮轴通过地磁车辆检测器上方时，车辆的车轮（含有铁镍合金）对地磁场有较大的影响，此时 Y 轴为灵敏轴，Y 轴的输出变化最大；车辆继续前行，当地磁车辆检测器的位置位于车辆的发动机下方时，由于发动机对附近地磁场有较大影响，此时 X 轴、Z 轴为地磁车辆检测器灵敏轴，X 轴、Z 轴输出变化最大；当车辆的后轮到达地磁车辆检测器位置时，Y 轴输出又会有较大变化，当车辆远离地磁车辆检测器上方时，各轴输出恢复到初始状态。车辆和地磁检测器的相对位置和方向，如图 3-19 所示。

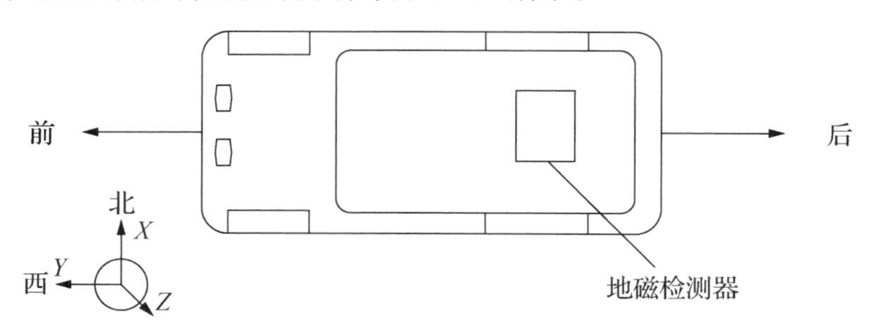

图 3-19　车辆和地磁检测器的相对位置和方向

（2）节点控制器。

节点控制器用于连接中央控制器和地磁车辆检测器、显示屏、引导箭头显示屏等设备，是停车场引导系统三层网络总线的中间层。节点控制器主要解决长距离引起的通信不可靠问题、网络节点数扩展问题、分组管理问题等，对保证系统的安全、可靠与高效起着重要作用。

（3）中央控制器。

中央控制器是整个系统的核心，主要负责整个停车场引导系统的采集与控制，实现各种引导功能。引导系统的核心功能是进行车位引导，该功能主要由中央控制器完成。

（4）入口车位信息显示屏。

入口车位信息显示屏用于显示停车场内的车位信息。显示屏由高亮度LED模块、驱动电路、控制电路、支架等部分组成。它接收中心控制器的输出信息，用数字、箭头和文字等形式显示车位方位，引导驾驶人快速找到系统分配的空车位。

（5）车位引导显示屏。

车位引导显示屏设置于停车场岔路口位置，用于标识各区是否有空车位，如有空车位，则显示剩余的车位数量，并且指示箭头亮；若无空车位，则指示箭头灭。显示屏由高亮度LED模块、驱动电路、控制电路、支架等部分组成。它接收中央控制器的输出信息，用数字、箭头和文字等形式显示车位方位，引导驾驶人快速找到系统分配的空车位。

3）系统软件功能

系统中应嵌入车位电子地图，从而可以直观地实时反映停车场车位的使用情况，操作员也可以直接根据电子地图来监控停车场的状况，对于停错车位的车辆，支持手动改写其停车位，以调整车位实际占用情况。系统软件功能包括以下几项。

（1）车位自动引导功能。

车辆入场后，车位引导系统自动检测车位占用或空闲的状态，并将检测到的车位状况变化由车位引导控制器实时传输至车位引导显示屏显示，车位引导显示屏显示车辆最佳停车位置，引导驾驶人快速地找到系统分配的空车位。

（2）电子地图功能。

系统软件可以直观地显示整个停车场的使用情况，还可以加载整个停车场的平面图，实时、动态地显示出停车场内每个车位的占用、空闲信息。

（3）车位自动统计功能。

通过车辆感应功能，系统对进出停车场的车辆进行自动统计和计算，根据统计计算结果，系统实时地将车位信息传输给车位显示屏，在车位显示屏和软件界面上自动显示停车场内剩余的空车位信息。

（4）车位管理功能。

系统可对车位进行实时控制管理，管理人员可以查看相关情况，对停车入位后的车辆进行停车时间监测，在控制室内可随时了解各车位的停车时间。

（5）数据共享功能。

车位引导管理系统软件与停车场管理系统软件之间可共用同一个数据库，通过数据信息相互共享实现系统间的相互联动。当车辆验证入场后，停车场管理系统软件就会把相应的信息传输至服务器数据库，车位引导管理系统软件与停车场管理系统软件共用同一台服务器和数据库，因此车位引导管理系统可以实时获取相关的信息，进行车辆的引导。

（6）报表功能。

系统可以根据要求，进行各种统计，自动生成相关报表，能够统计停车场每天和每月的使用率、分时段使用率等。

（7）系统自检功能。

系统可定时进行自检，发生故障后自动报警，便于及时进行维护。

三、磁成像车辆检测器

磁成像车辆检测器是利用车辆磁成像技术，通过测量车辆出现引起的磁场变化来检测车辆。由于不同构造的车辆有不同的磁纹，通过检测这些磁纹不仅可以检测到是否有车辆，还可以得知车辆的车速和车型，甚至可以测出车辆的型号及构造。

优点：安装方便、功能强大、专用软件支持现场处理数据。

缺点：要实现车型目标识别，需要有庞大的车型图像数据库，还需要大量、高运算能力的计算机来支持。

3.3.2 基于射频的检测

RFID 技术是 20 世纪 90 年代开始兴起的一种自动识别技术，是一项利用射频信号通过空间耦合实现无接触信息传输并通过所传输的信息达到识别目的的技术。

RFID 技术是一项易于操控、简单实用且特别适合用于自动化控制的应用技术，它无须接触或瞄准，可自由工作在各种恶劣环境下，拥有一套完整的协议，抗干扰能力强，可保证多个设备同时工作时具有高度的稳定性和可靠性。RFID 技术所具备的优点如下。

（1）识别速度快，标签数据存储容量大。

（2）可以识别高速移动的标签，并可同时识别多个标签。

（3）操作快捷方便，标签使用寿命长。

（4）能对标签内的数据进行加密，通信过程中使用校验技术，提高数据的安全性。

（5）可以进行动态通信。

（6）标签数据可以动态修改。

一、RFID技术的发展概况

1941—1950 年，雷达的改进和应用催生了 RFID 技术，1948 年斯托克曼（H. Stockman）发表的文章《利用反射功率的通信》奠定了 RFID 技术的理论基础。

1951—1960年，是早期RFID技术的探索阶段，10年间，RFID技术的理论得到了发展，开始了一些应用性尝试。

1971—1980年，RFID技术与产品研发处于一个大发展时期，开始了初步应用，如自动汽车识别（Automatic Vehicle Identification，AVI）的电子收费系统、动物跟踪以及工厂自动化等。

1981—1990年，RFID技术及产品进入商业应用阶段，开始出现规模性应用。美国、法国、意大利、挪威和日本等国家都安装使用了RFID系统。1987年挪威诞生了第一个使用RFID技术的电子收费系统；1989年美国达拉斯南部高速公路也开始使用电子收费系统等。20世纪80年代可以说是RFID技术在电子收费系统中开始大规模应用的年代。

1991—2000年，是RFID技术繁荣发展的时期，RFID技术的标准化问题日趋得到重视。RFID技术已在许多国家的公路不停车收费和车辆跟踪与管理中得到广泛应用。美国大量配置了电子收费系统，1991年俄克拉何马州建成了世界上第一个开放的高速公路电子收费系统；1992年休斯敦安装了世界上第一个电子收费系统和交通管理系统，在该系统中首次使用了"Title21"标签，这套系统与安装在俄克拉何马州的RFID系统兼容。并且，各大汽车公司开发了小到能够密封到汽车钥匙中的电子标签，使RFID系统可以方便地应用于汽车防盗领域中，如日本丰田汽车、日本三菱汽车和美国福特汽车等。

这一时期，我国RFID技术的应用尚处于起步阶段。1993年我国颁布实施了"金卡工程"计划。1996年10月北京首都机场高速公路天竺收费站安装了电子收费系统，我国铁道部于1999年投资建设自动车号识别系统，并于2000年正式投入使用，作为电子清算的依据。

进入21世纪以来，RFID技术中一个重大的突破就是微波肖特基二极管可以集成在互补金属氧化物半导体（Complementary Metal Oxide Semiconductor, CMOS）电路中，这使得微波RFID电子标签能够集成一个芯片，极大地推动了RFID应用技术的发展。

目前，美国微芯（Microchip）、日本日立（Hitachi）和瑞典泰玛（Tagmaster）等公司已有单一芯片的不同频段的电子标签供应市场，并加入了防冲突协议，使得一个阅读器可以同时读出至少40个微波电子标签的内容信息，同时也增加了低功耗读写功能、数据加密功能等，为RFID技术提供了更为广泛的应用前景。

二、RFID系统的组成

电子车牌

RFID系统由应答器（又称电子标签）、读写器和计算机数据管理系统组成，如图3-20所示。其中，RFID应答器与读写器之间通过耦合元件来实现射频信号的空间（非接触）耦合，实现能量传递和数据交换。

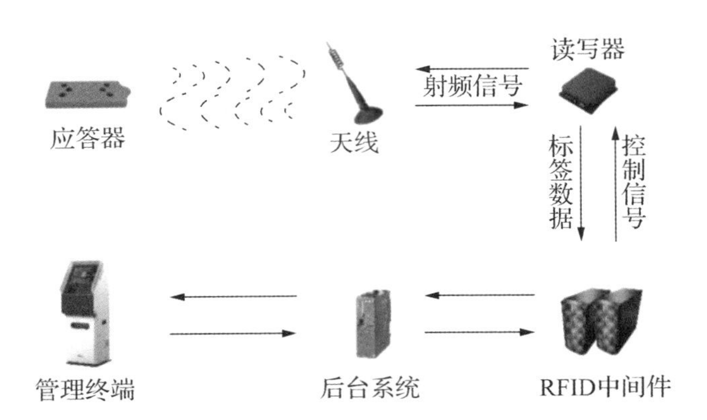

图 3-20　RFID 系统的组成

应答器是 RFID 系统的信息载体，按数据载体的不同可分为 1bit 应答器和电子数据载体应答器。

1bit 是可表示信息的最小单位，仅能识别两种状态：“1”或“0”。对具有 1bit 应答器的系统来说，意味着只有“相应范围内有应答”或者“相应范围内无应答”两种可表示的状态。1bit 应答器大多数通过应用简单的物理效应（振荡过程由二极管激发谐波或者在金属的非线性磁滞回线上激发谐波）来实现其功能。1bit 应答器的使用范围非常广泛，如商场的电子防盗器等。

电子数据载体应答器常被称作电子标签或智能标签（射频卡），数据载体上可存储数千字节的数据，每个标签都具有唯一的电子编码，附着在被识别的目标对象上。一般电子标签由耦合元件（线圈、天线等）和微型芯片组成，电子标签的工作原理如图 3-21 所示。

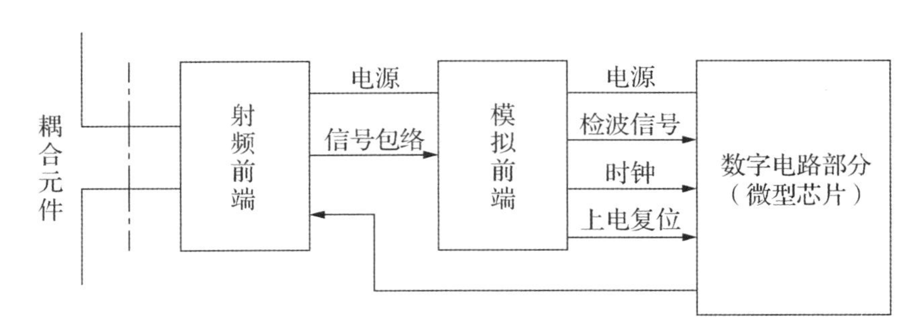

图 3-21　电子标签的工作原理

三、RFID技术在智能交通中的应用

1. RFID车辆检测器的主要功能

RFID 技术在智能交通领域中得到了广泛的应用，如 RFID 车辆检测器，其主要功能有以下几种。

（1）相对位置定位。通过相对位置定位可以确定车辆进入了哪个区间。其定位的准确度取决于 RFID 读写器安装的密度。

（2）路线导航。根据事先选定的路线，在抵达某关键路口的前一个路口，通过适当的信息发布机制，可以告诉车辆应准备在哪条行车道行驶或哪个出口驶出。

（3）信号控制。通过安装在路口的 RFID 读写器可以探测并计算出某两个红绿灯区间的车辆数目，从而智能地计算红灯或绿灯的分配时间。同时通过对公交车辆的识别，可以实现公交优先的交通信号控制。

（4）不停车收费。通过装在路口的 RFID 读写器，并辅以其他自动控制系统，可实现不停车收费的功能。

（5）实时速度指标。可以通过计算两个读写器区间的车辆通过时间，进而实时计算出车辆的平均行驶速度。从而可以推算出该路段的拥堵程度，给驾驶人提供选择路段的参考。

（6）超速警告。根据两个读写器区间的车辆通过时间计算出该车辆行驶是否超速。如果超速则通过适当的信息发布机制对该车辆进行通告或警告。

（7）自动违法记录与惩罚。在区间出口处识别到在某区间违法的车辆后，可以自动进行违法记录与惩罚，其费用还可以从自动缴费渠道扣除。

（8）实时流量统计。根据通过两个读写器区间的车辆数量，可以实时进行某路段的交通流量统计。如果交通流量超过某个范围，还可以进行相应警告信息的发布以及进入限制。

案例3-1

RFID在厦门智能交通控制与管理系统中的应用

目前，全国大部分城市已将 RFID 技术应用于智能交通管理中。厦门是国内较早大规模成功发行路桥年费卡（RFID 电子标签）的城市，截至 2010 年，有 40 多万辆机动车安装了厦门路桥的年费卡，全市汽车贴卡率超过 90%。

在 2010 年，厦门完成了基于 RFID 的“道路交通信息射频采集与处理系统”项目，该项目利用基站采集到的车辆过车信息数据，分析计算出路段平均速度和里程时间信息，并可提供给诱导发布系统进行对外发布；同时可提供车辆稽查功能，通过获取的车辆的电子标签 ID 号和通过时间的读写单元位置可确定重点查控车辆的行驶路线及时间，形成记录，从而获得车辆的行驶路线及大概位置，并可将其显示在电子地图上，有利于公安等相关部门完成对车辆的跟踪、调查、取证工作。

2. RFID在机动车身份自动检测识别系统中的应用

机动车身份自动检测识别系统采用机动车射频电子身份标签处理技术，对经过收费站、检查站的车辆，通过固定式或手持式读卡器，读取机动车上的标签，对机动车的唯一真实身份（发动机号码、车架号码与车辆号牌的一致性）进行确认，并进行后续处理。该系统的构成分为硬件部分和软件部分。

（1）硬件部分。

硬件部分主要由机动车射频电子身份标签、读卡器（固定式射频读卡器或手持式读卡器）、车辆牌照获取与对比查询报警模块、服务器等构成。

机动车射频电子身份标签（RFID 标签）内存有公安交通管理部门存储的机动车唯一真实身份，即该车辆的发动机号码、车架号码、牌照号码、车型、颜色、核定载重等信息。以上电子信息由发卡器写入标签中，并记录到数据库中以待查询比对。标签为不干胶质地，粘贴位置为机动车挡风玻璃的右上方。机动车射频电子身份标签检测过程，如图 3-22 所示。

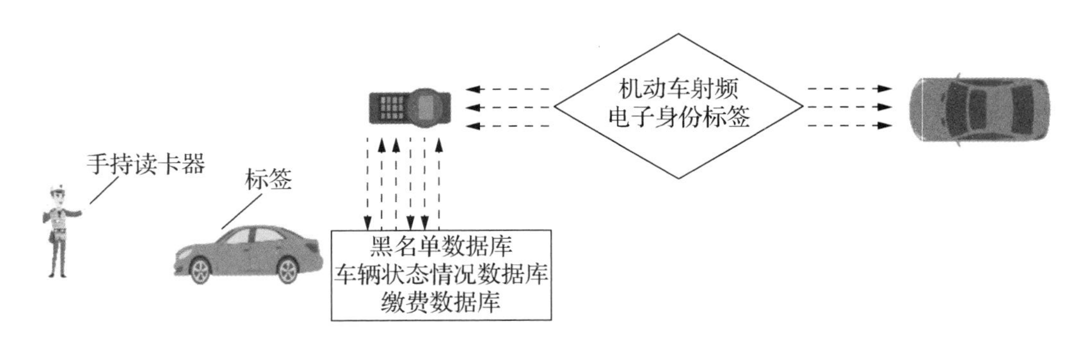

图 3-22　机动车射频电子身份标签检测过程

车辆牌照获取与对比查询报警模块包括前端抓拍计算机、高清摄像机、辅助光源、触发单元、通信单元、报警单元等；主要负责图像存储、号牌识别、数据通信和驱动报警单元；接收高清摄像机抓拍的所有图片，经过号牌识别后，在本地进行分类保存；接收中心发来的报警信号，并驱动声光报警单元；发现问题车辆后，自动将数据回传至中心数据库。

（2）软件部分。

软件部分包括电子标签发放管理子系统、前端识别报警子系统、电子标签查询分析子系统和年检子系统四大部分。系统软件结构示意如图 3-23 所示。

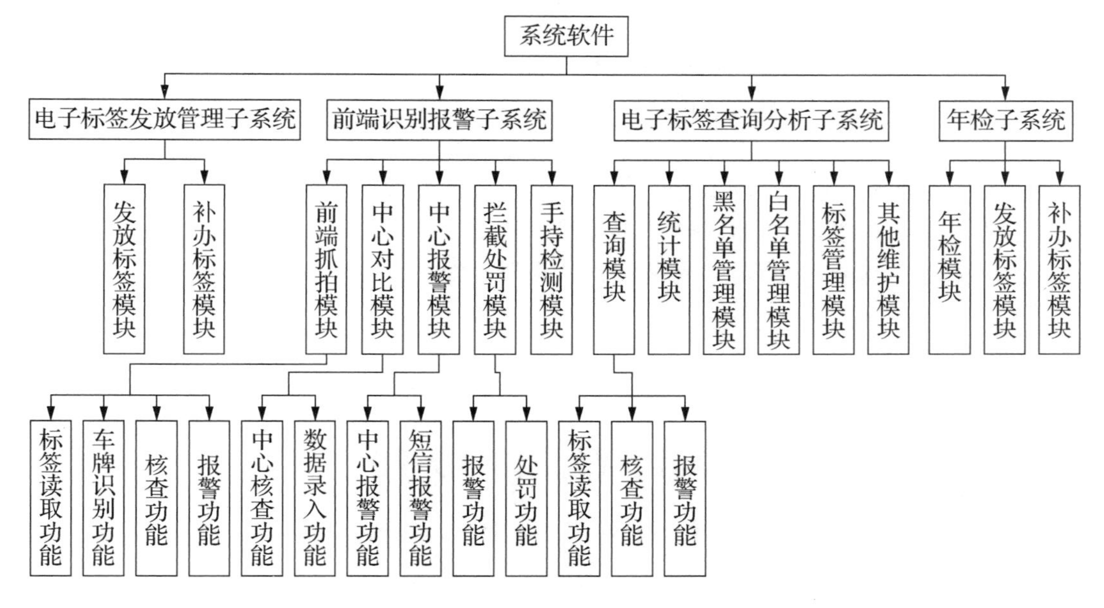

图 3-23 系统软件结构示意

① 电子标签发放管理子系统，负责将车辆信息写入电子标签，并将电子标签 ID 与车辆的对应关系存储到数据库中备查。该系统包括发放标签模块与补办标签模块。

② 前端识别报警子系统，负责检查所有经过检测站点车辆的号牌与其所拥有的电子标签，将检测结果传输回中心服务器，由中心服务器与黑名单数据及其他需要核查的数据进行对比，并将结果传回前端进行相应操作。如果车辆状态正常，则放行；如果车辆状态不正常，则进行拦截检查。

③ 电子标签查询分析子系统，负责查询车辆信息、车辆通行信息、违法数据信息等，可根据操作人员的要求按电子标签 ID、机动车牌照号码、车辆通行地点、车辆通行时间等信息进行查询。

④ 年检子系统，负责完成正常的车辆年检工作；同时检验电子标签的完整度，如电子标签是否正常工作、是否出现污损、是否被人为破坏、是否可以再正常持续工作一年等。如果出现电子标签无法正常工作的情况，则要求车主到车辆管理所（简称车管所）进行电子标签的更换补办。

3.3.3 基于波频的检测

利用波的特性来实现车辆检测的检测器称为波频车辆检测器，主要包括超声波车辆检测器、微波检测器、红外检测器等。

采用波频采集技术实现车辆检测主要有两种工作方式：一种是检测器向检测区域发射具有一定波长、能量的波束，当有机动车辆穿过检测区域时，该波束经车辆反射后被检测器接收，通过反射波和发射波的特性比对、解析可以间接获得某些交通参数，这种类型的设备主要有微波检测器、超声波车辆检测器和主动红外检测器等；另一种是检测器对通过检测区域的车辆本身所发射的具有一定波长、能量的波束进行接收，经过分析处理后获得所需的交通参数，这种类型的设备主要有被动红外检测器、被动声学检测器等。这两种工作方式的差别主要在于检测所依据的波束来源不同，前者是由检测器发射的，后者是由车辆发射的。

小知识

声波、微波和红外线

振动在弹性介质内的传播称为波动，简称声波。声波是频率为20Hz～20kHz、能被人耳听到的一种机械波；频率低于20Hz的，称为次声波；频率高于20kHz的，称为超声波。另外，频率为300MHz～300GHz的电磁波称为微波，频率为300GHz～400THz的电磁波称为红外线。

一、超声波车辆检测器

超声波检测（Ultrasonic Detection，UD）是一种非接触式的检测方式，它不受光线的影响，在较恶劣的环境中具有较强的适应能力，具有成本低、体积小、优化升级方便灵活、可靠性高、应用范围较广等优点。超声波车辆检测器（见图3-24）不仅可以实现对城市道路、高速公路的交通流量、车速的检测，还能提供车辆排队长度、行程时间等数据。

超声波车辆检测器主要有脉冲型、谐振型和连续波型三种类型。

1. 超声波车辆检测器的安装

超声波车辆检测器一般垂直安装在车道上方，每个探头检测一个车道。超声波车辆检测器安装位置示意图如图3-25所示。它可利用立交桥和过街天桥、导向牌龙门架及路灯的灯杆安装，从而大大降低安装费用。

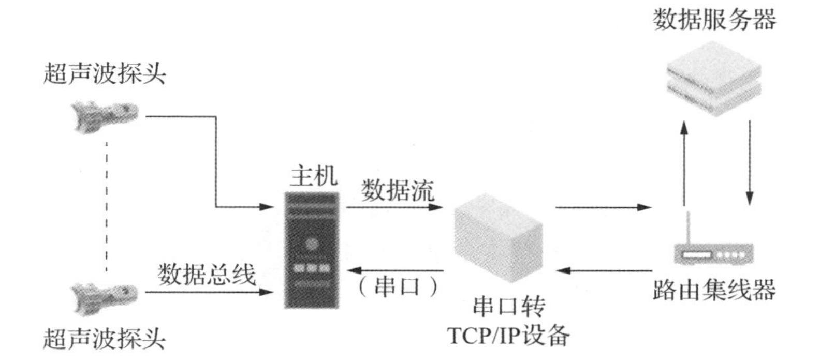

图 3-24 超声波车辆检测器

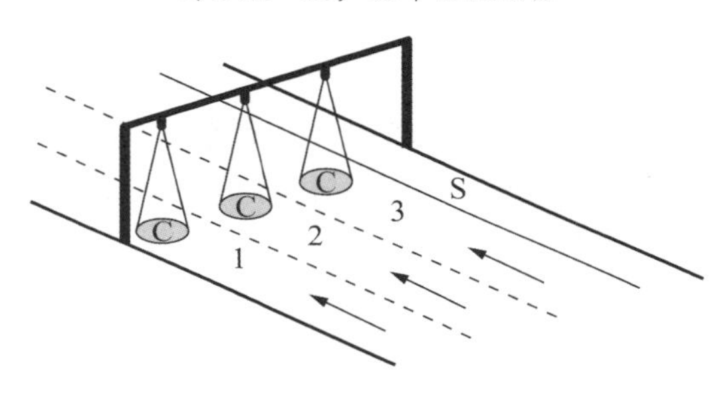

图 3-25 超声波车辆检测器安装位置示意图

2. 超声波车辆检测器的应用

超声波车辆检测器广泛应用于交通流量检测、信号控制和交通诱导等智能交通领域。例如，停车场车位监测系统，需要实时了解车位的占用情况，可利用超声波测距的工作原理来检测车位的占用情况。该装置安放于停车场每个车位的上方，检测此车位是否有车辆停放。配合智能型停车场管理软件系统，能达到精准到车位的停车诱导功能。

案例3-2

CJK-04型超声波车辆检测器

深圳第一代交通信号系统采用了超声波车辆检测器来替代环形线圈车辆检测器。1989年，深圳引进了日本京三信号控制系统，信号机安装在罗湖与福田两区的主要路口，初期在52个信号控制路口进行了安装，使用了174个超声波车辆检测器。检测器安装在主要控制路口，所起到的作用与环形线圈车辆检测器相同，主要采集交通流量与占有率，所采集的交通流数据供信号控制系统决策。但是这种检测方式容易受到行人与非机动车的干扰，考虑到对城市景观的影响，在后期的升级改造中逐渐被其他检测器所代替。

目前，在城市快速路出入口控制中也大量采用了超声波车辆检测器。在北京四环路上，超过 50 个检测断面处安装了 CJK-04 型超声波车辆检测器，用于快速路的出入口控制。该类型超声波车辆检测器对交通流量和平均车速的检测准确度较高，能识别客货车等 7 种车型，并可根据用户的需求再细分车型。并且，其检测不受光线、气候、车流状况的影响，在各种气候条件下及车流拥堵时，均能保持较高的检测准确度；一般情况下，长期使用无须再做调整，均能保持原有的检测准确度。

CJK-04 型超声波车辆检测器的标准配置是同时检测 8 条车道，如有需要，能扩充连接 16 个探头，可同时检测 16 条车道。该产品先后在北京、上海、武汉、广州等城市应用，主要提供的检测参数有如下几项。

1. 交通流量

探头垂直安装在车道上方，如图 3-25 所示，每个探头检测一个车道。它通过测量发射和接收超声波的时间差计算出超声波发射和接收所走过的距离，来确定有无车辆并实现交通流量统计。

2. 车型

通过比对超声波发射波和接收波，可以获得车辆的纵向高度变化曲线及横向宽度变化曲线，以此推出车辆的外形轮廓线，将此外形轮廓线与超声波车辆检测器数据库中不同车型外形轮廓线进行比较，从而获得基本的车辆车型。

3. 车速

根据车辆先后通过悬挂于同一车道上方的两个超声波检测探头的时间差及两探头的距离（一般为 2m），可以计算出车辆的瞬时车速。在保证探头安装角度、安装距离准确的情况下可以获得较为准确的地点平均车速。

4. 占有率

探头下方有车辆通过的时间与周期时长之比即为该断面的时间占有率。

5. 拥堵时间

当一辆车通过检测断面的时间超过一定时长（如 3s，此参数可根据应用需求设置），则认为该断面堵车，如连续几辆车经过该断面均出现堵车现象，则实时发出堵车信号；同时超声波车辆检测器记录堵车起始时间，累计堵车时长。

二、雷达测速仪

根据雷达波探头发出的雷达波的反射波的强弱，可以检测出车辆是否存在；还可以利用多普勒效应检测车辆的车速，而且根据车辆的经过时间和速度可以计算出车辆的长度，从而判别车辆的车型。雷达波检测器（雷达测速仪）如图 3-26 所示。

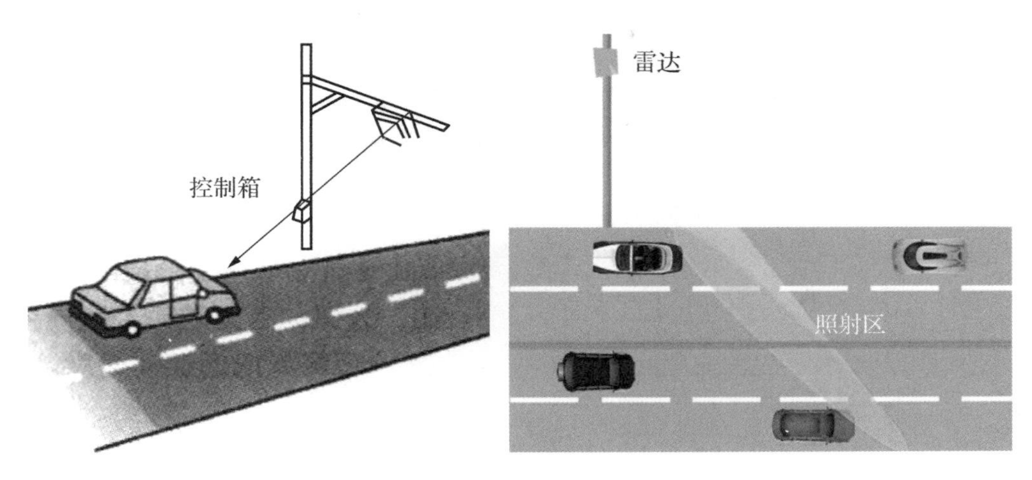

图 3-26 雷达波检测器

小知识

雷　　达

雷达是指一种无线电探测和测距（Radio Detection and Ranging，RADAR）的电子设备，其基本原理是雷达设备的发射机通过天线把电磁波能量射向空间的某一方向，处在此方向上的物体反射其遇到的电磁波，雷达天线接收此反射波，根据发射和接收的反射波提取有关该物体的某些信息（如目标物体至雷达的距离、距离变化率或径向速度、方位、高度等）。

雷达系统自始至终都是首先服务于军事领域的，20 世纪初雷达的概念开始兴起，几十年间经历了模拟雷达、数字雷达、数字–相控阵雷达等多个主要的技术发展阶段，其产品种类繁多，分类方法复杂。1989 年加拿大人马诺尔（D. Manor）第一次将雷达技术应用于智能交通领域。

在智能交通领域，应用最为广泛的是交通雷达测速仪，主要应用于道路交通巡逻、车速检测等方面，特别是在交通执法方面起着重要的作用。雷达测速仪是利用多普勒原理测量移动物体速度的。当今国际上使用的雷达测速仪的发射频率都遵守国际航空通信法令的规范，以下仅列出几个波段：

S 波段，2GHz ~ 4GHz；

X 波段，8GHz ~ 12GHz；

K 波段，18GHz ~ 27GHz；

Ka 波段，27GHz～40GHz。

我国目前生产的雷达测速仪主要采用 X 波段和 K 波段。

1. 雷达测速仪的组成

雷达测速仪由发射系统、接收系统和数字处理系统等几部分组成，其结构如图 3-27 所示。

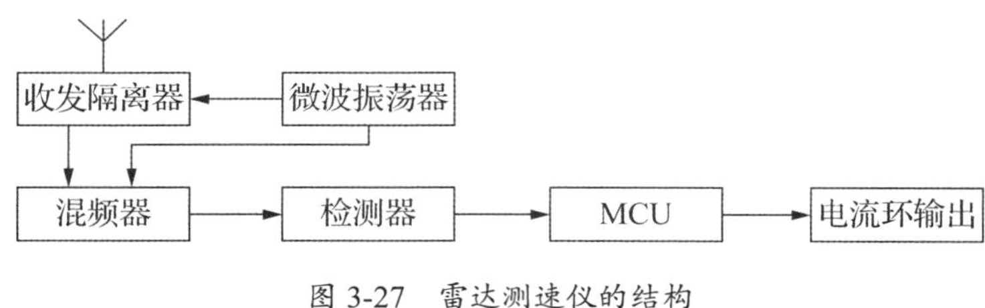

图 3-27 雷达测速仪的结构

微波振荡器是整个系统的核心，采用体效应二极管。体效应二极管作为激励源，通电后在谐振腔中激励起电磁波。收发隔离器是一个 3 端口的微波网络，其中一个端口接微波振荡器，接入发射信号；另一个端口接混频器；还有一个端口接天线。微波振荡器的发射信号能量大部分通过天线辐射出去，小部分能量通过环形器耦合到混频器，作为本振信号与天线接收到的回波信号进行混频，由检波器检出频移，从而获得目标的运动速度。

2. 雷达测速仪的应用

雷达测速仪的测量方式在车型单一、车流稳定、车速分布均匀的道路上准确度较高，可以直接检测速度。但是在车流拥堵及大型车较多、车型分布不均匀的路段，由于存在遮挡，测量准确度会受到比较大的影响。

雷达测速仪常用于车辆超速违法监测。手持式雷达测速仪是交警现场执法检查采用的设备之一，它依据雷达发射波和接收回波信号的频移值是否超过《中华人民共和国道路交通安全法实施条例》中车辆最高速度所对应的最大频移进行判定。

三、红外车辆检测器

红外车辆检测器可用于采集交通流中不同车辆的各种参数，如交通流量、车道占有率、车速、车长和排队长度及车型。短距红外车辆检测器可安装在停车线处，是替代感应线圈检测器的理想选择，还可应用到公路收费系统、电子收费系统、自动车辆分类系统、公路计重收费系统、固定式超限检测站等，非常适合不宜破坏地面的场所。

高速公路监控系统是在城市街道交通管制系统的基础上发展起来的。近年来，随着计算机技术、自动化技术和光纤通信技术的发展，我国高速公路监控系统的技术结构也随之变化，车辆检测器尤为突出。被动式红外车辆检测器因价格低廉、技术性能稳定，在高速公路监控系统中得到了广泛的应用。

在监控过程中，对通行车辆图像的抓拍极为重要。如何使车辆图像抓拍准确，怎样如实地反映车辆信息，成为监控系统的技术关键。当车辆驶入收费区域，进入车道并遮挡住检测器发出的红外线时，红外车辆检测器发信号给收费亭内的工控机，车道监视器实时抓拍，图像记录在工控机中。与以往单独使用感应线圈车辆检测器配合车道摄像机实时抓拍的方式相比，红外车辆检测器使图像抓拍的位置更准确，误差小于 1cm，而且响应时间更短。

交通信息采集由单一检测器向检测器组合应用方向发展，已成为交通流检测的一种趋势。目前，被动式红外检测技术和超声波检测技术联合使用，可以实现更高水平的交通监测，车辆存在和排队检测准确度更高，车辆计数及对高度、距离的识别更准确。

四、其他车辆检测器

1. 便携式激光检测设备

激光车辆检测器主要用于流量、车速、车辆高度和宽度的检测，常用的主要是手持式激光测速仪。测量单车车速时，它的测量瞄准性比较好。

工作原理：激光测速仪采用的是激光测距的原理。激光（一种电磁波，传播速度约为 300 000km/s）测距是通过对被测物体发射激光光束，并接收该激光光束的反射波，记录该时间差，来确定被测物体与测试点的距离。激光测速是对被测物体进行两次有特定时间间隔的激光测距，取得在该时段内被测物体的移动距离，从而得到被测物体的移动速度。

激光测速仪的特点如下。

（1）由于激光光束基本为射线，故其测速距离相对于雷达测速的有效距离更远，可测到 1km 以外的运动物体。

（2）测速准确度高，误差<1km/h。

（3）应用时激光光束必须瞄准与激光光束垂直的平面的反射点，但由于被测车辆距离太远且处于移动状态，或者车体平面不大，因此导致执勤警员的工作强度很大、容易疲劳。目前，美国激光技术公司已经生产出带有连续自动测速功能的激光测速仪，专门解决这一问题。我国部分城市使用这种改进后的测速仪抓拍超速车辆已经取得了明显的成效。

（4）激光测速仪不具备在运动中使用的优势，只能在静止的状态下使用，所以一般交警都把仪器放在巡逻车上，停车（静止）时使用。

根据不同的工作原理和应用场合，发射机或接收机可以安装在公路旁的立柱上，或者公路正上方的信号灯柱、高架横梁、过街天桥上。

目前，大部分国家采用的激光测速仪都是一类安全激光，对人眼无害，激光测速仪的取证能力远远大于雷达测速仪，得到世界各国和地区的广泛认可。

小知识

SAS-1简介

加拿大 SmarTek Systems 公司生产的 SAS-1 被动式声波车辆检测器，是一种新型的可同时检测五条车道交通流数据的检测器。它通过检测机动车辆行驶时产生并传播的声音信号，来检测车辆的存在，从而获得各种交通流数据。SAS-1 是一种非接触的被动式声波（只听）车辆检测器，可以很方便地固定在原有的路侧灯杆、过街天桥或龙门架上，完全不会干扰交通和正在行驶的车辆。

2. 被动式声波车辆检测器

被动式声波车辆检测器是目前市场上一种最新的检测设备，它利用车辆在路上行驶时产生的噪声来检测车辆的存在，并计算车速、车长、占有率等数据，采用侧向安装方式，能同时检测多条车道。

3.3.4 基于视频的检测

基于视频的检测技术能够通过非物理手段检测到是否有车辆通过，是一种利用视频图像进行车辆检测的交通检测技术。视频车辆检测采用摄像机作为检测装置，通过检测车辆进入检测区时视频图像某些特征的变化，从而得知车辆的存在，并以此来检测交通流参数和获取车辆的特征信息。它涉及计算机图像处理、模式识别、信号处理和信号融合等多个学科。视频检测技术对于图像识别的实时性要求较高，因此在复杂背景下，车辆检测和识别的准确率还不如地磁等物理检测技术。不过，相对于其他车辆检测技术而言，该检测技术具有无可比拟的优势，主要有以下四点。

（1）安装简便，无须破坏路面，易于移动、调整检测器位置，维护费用低、容易升级，原有的监控设备多数情况下还可以最大化地利用。

（2）直观可靠，便于管理人员干预，检测范围广，获取信息丰富。

（3）可提供现场录像，重现交通场景，为研究交通行为、处理交通事故和改进交通管理方法提供了大量的信息。

（4）对周围环境没有影响，不会造成污染，相同的检测器之间也不会发生干扰。

当前，随着计算机软硬件技术和计算机视觉、数据图像处理技术、人工智能技术的发展，以前困扰人们的一些视频检测应用难题逐步被攻克，视频检测的计算速度、准确度及模型泛化能力也逐步提高。基于视频的检测技术在智能交通领域中已得到了广泛的应用，正逐渐成为车辆检测领域的主流技术。

一、视频车辆检测技术的发展概况

纵观视频车辆检测技术的发展历史，其硬件平台先后经历了两个阶段。初始阶段采用的是基于个人计算机/工控机平台的检测系统，主要是基于 X86 系列 CPU 外加存储、扩展板卡、通信控制电路模块构成的，检测算法在通用处理器上运行。其主要优点是软/硬件扩展性好、器件支持厂商多；缺点是功耗高，一般在 100W 左右，体积大不利于安装，在高温、强灰尘环境下稳定性差。现阶段主要采用的是基于数字信号处理器（Digital Signal Processor，DSP）嵌入式平台的检测系统。其主要优点是功耗低，一般小于 10W，集成度高、体积小，可在极度恶劣的条件下工作，而且成本低、易维护；缺点是硬件扩展性差，器件支持厂商少，且开发复杂。目前，采用 DSP 嵌入式平台的视频检测系统已进入实用阶段，国内有不少公司推出了嵌入式交通信息检测系统，并已经大范围推广使用。

根据检测算法的原理，视频车辆检测技术大致可分为两大类：基于虚拟传感器（虚拟点、虚拟线、虚拟线圈）的非模型车辆检测技术和基于模型跟踪的车辆检测技术。

1982 年，日本学者在研究视频交通图像的过程中，提出以虚拟点为处理单元的交通参数提取方法。这是早期的非模型车辆检测思想，为车辆的视频检测奠定了基础。非模型车辆检测技术仅能检测指定区域内移动的像素群，不能够理解像素群的具体含义，无法识别出检测目标的属性。通常的方法是在视频图像中的车道上设置一些虚拟传感器（虚拟点、虚拟线或虚拟线圈），当车辆经过时，会引起图像中虚拟传感器区域灰度值的变化，通过处理该变化信号可以提取所需的信息。

二、视频车辆检测技术的应用

基于视频的车辆检测技术除了能提供传统检测技术的交通参数，如车道占有率、车流量、车辆行驶速度等，还能提供分车道、分车型、分行驶方向等更为全面的统计数据。更为重要的是，它能够提供经过车辆的图片及车牌信息。因此，基于视频的车辆检测技术不仅能够广泛地应用于高速公路、普通路、桥梁、隧道等交通参数的实时统计，还能和车牌识别技术结合，有效抑止乃至杜绝高速公路收费中的倒卡作弊行为。视频检测技术和雷达测速配合使用，对超速车辆进行抓拍，可以加大高速执法力度，减少违法行为，减少事故的发生。总之，基于视频的车辆检测技术在智能交通中的应用越来越广泛，在智能交通的发展过程中，将起到越来越重要的作用。

视频车辆检测技术已应用于车辆逆行检测。首先建立交通流模型，然后根据采集到的车辆位置坐标，对车辆是否逆行进行判断。进行车辆方向判断前，先判断交通流的方向，交通流方向一般分为上、左上、左、左下、下、右下、右、右上八种，如图 3-28 所示。

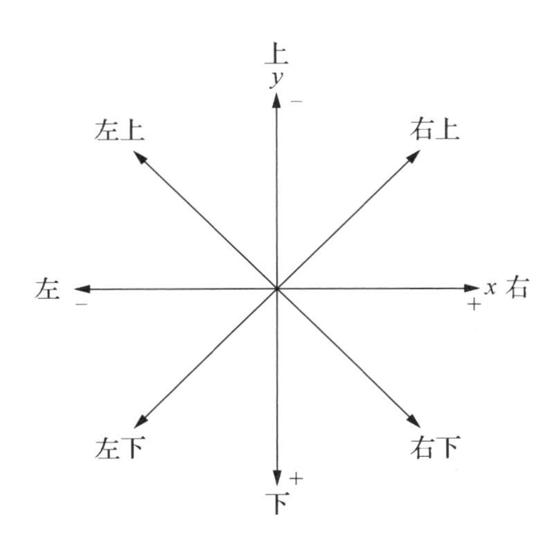

图 3-28 交通流方向

摄像头拍摄的角度不同，视频中交通流的方向也就不同，因此根据摄像头的拍摄角度建立初始交通流模型是很有必要的。通过车辆跟踪可以获得车辆的坐标信息，然后将前 n 帧坐标依次与当前帧的坐标相减，得到 Δx、Δy 的值。Δx，Δy 的取值有正也有负，通过正负关系建立标志位，经过统计大量的标志位，得到交通流方向。将车辆标志位与交通流方向进行比较来确定车辆是否逆行。

视频检测系统与传统检测系统相比有其明显的优势，已经成为计算机视觉中一个重要的研究领域。视频检测系统的应用技术涵盖了人工智能、模糊数学、神经网络、粒子滤波等领域的最新研究成果，已达到实用化的要求，在智能交通系统中得到了越来越广泛的应用。

虽然视频检测器有着诸多优点，但仍然存在许多需要解决的问题：首先是视频检测器的检测准确度随着光照情况的变化而变化的问题，当光照良好时（如正午时刻）检测准确度最高，而当傍晚、雨雪天气时检测则准确度较低；其次是阴影问题，阴影是造成视频检测算法误检测的主要原因；再次是车辆在道路场景中的相互遮挡问题，这也是必须考虑的。此外，目前难点还集中在车辆的分割方法上。可以在算法设计方面设置多种辅助检测区域，进行多种分析计算；还在硬件上须采用更高速的处理芯片来满足高级算法的需求。未来这一领域的发展应用主要围绕上述问题的解决而展开。将来的视频检测与跟踪会朝着高度智能化和大区域检测的方向发展，同时，大范围、多车辆检测与跟踪也将是现代交通领域未来研究的热点。

3.3.5 移动型交通数据采集

前面主要介绍了几类典型的固定型交通检测器。大部分固定型交通检测器都安装在高速公路、快速路以及城市主干路和次干路的重要交叉口处，对实现道路交通管理与控制起着重要的作用，但是城市路网中大量的路口并未安装固定型交通检测器，因此只能获得部分道路断面的交通参数，不能获得路段上的交通参数，特别是全路网的交通参数。所以对于道路交通状态自动判别和交通诱导来说，仅通过固定型交通检测器获得道路断面的检测信息是远远不够的。

所谓移动型交通数据采集技术是运用安装有特定设备的浮动车（Floating Car，FC）采集道路上交通数据的方法的总称，主要包括基于卫星定位的动态交通数据采集技术、基于无线定位的动态交通数据采集技术、基于电子标签的动态交通数据采集技术和基于汽车牌照自动判别的动态交通数据采集技术。

基于卫星定位的动态交通数据采集技术，已经在许多领域中得到了成功的应用。在动态交通数据采集方面，基于卫星定位的动态交通数据采集技术可以采集车辆的瞬时车速、行程时间、行程速度等数据。最常用的方法是，在车辆上配备 GPS 接收装置，以一定的采样间隔记录车辆的三维位置坐标和时间数据，这些数据传入计算机后与地理信息系统的电子地图相结合，经过重叠分析计算出车辆的瞬时车速及其通过特定路段的行程时间和行程速度指标。若在给定的时段有多辆车经过特定路段，还可以得到该路段的平均行程时间和平均行程速度。

基于无线定位的动态交通数据采集技术，是一种利用已有的移动通信设备和网络资源，来实现能够覆盖整个路网且全天候工作的道路实时交通信息采集技术。这种技术通过无线定位技术获取驾驶人或是乘客随身携带手机的相关信息，来推算出道路上行驶车辆所在的位置，以及此时车辆的平均速度、行驶时间等信息。例如，手机在接收到辅助全球定位系统（Assisted GPS，A-GPS）的定位服务器发来的数据后，会利用这些数据计算出一组特定的距离，并把这些信息发回给定位服务器，定位服务器根据这些信息就能计算出手机的位置，同时将位置信息与电子地图进行匹配，便可在图中显示出手机的具体位置，交通部门根据这些信息就能得到需要的交通数据。利用手机进行定位的常用方法有：到达时间差（Time Difference of Arrival，TDOA）法和 A-GPS 法。

基于电子标签的动态交通数据采集技术，是通过与检测基站的路边信标交换信息来完成信息采集的。如果在每个路段的特定位置设置信标，通过比较同一个电子标签通过相邻两个信标的时间，便可确定该车辆在该路段上的行程时间与行程速度。若在给定的时间段有多辆车经过该路段，还可以获得该路段的平均行程时间和平均行程速度。

基于汽车牌照自动判别的动态交通数据采集技术，是计算机模式识别技术在 ITS 中的应用，它使计算机能像人一样认识车牌，包括车牌的数字、英文字母、中文汉字及其颜色。基于汽车牌照自动判别的动态交通数据采集技术，通过在两个相邻的检测点对同

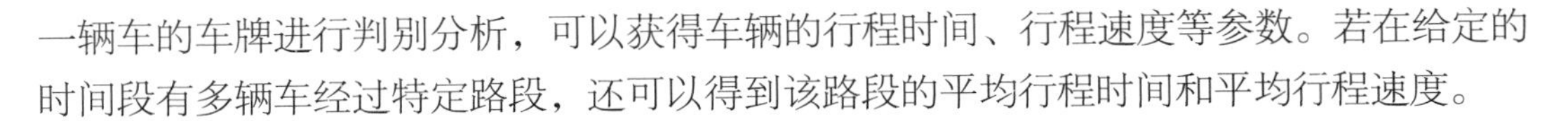

一辆车的车牌进行判别分析，可以获得车辆的行程时间、行程速度等参数。若在给定的时间段有多辆车经过特定路段，还可以得到该路段的平均行程时间和平均行程速度。

一、基于GPS的浮动车交通信息采集技术概述

浮动车数据（Floating Car Data，FCD）采集系统是伴随着智能交通系统新技术应用而迅速发展起来的一种交通信息采集技术，是近年来ITS中获取道路交通信息的先进技术手段之一。FCD技术最早是英国道路研究试验所的沃德罗普（J. G. Wardrop）和查尔斯沃思（G. A. Charlesworth）于1954年提出的。通过FCD技术进行数据采集和反映实时路况信息已经成为智能交通领域的研究热点。各发达国家纷纷投入巨大的人力、物力支持FCD采集系统的研究和试验，比较典型的浮动车项目包括英国ITIS Holdings公司开发的浮动车数据（Floating Vehicle Data，FVD）采集系统，以及美国的ADVANCE和TranStar、德国的DDG和XFCD、日本的P-DRGS和IPCar等。在我国交通拥堵比较严重的城市，如北京、上海、广州、深圳等，也已开始了对浮动车交通信息采集技术的研究和推广应用。

基于GPS的浮动车交通信息采集技术利用卫星定位技术、无线通信技术和信息处理技术，实现对道路上行驶车辆的瞬时车速、位置、路段行驶时间等交通数据的采集，经过汇总、处理后形成反映道路实时状况的交通信息，能够为交通管理部门和公众提供动态、准确的交通控制、诱导信息。其突出优点是能够通过少量装有基于卫星定位的车载设备的浮动车获得准确、实时的动态交通信息，利用现有的GPS和移动通信网络资源，成本低且效率高，具有实时性强、覆盖范围广的特点。该技术能全天候进行数据采集，利用无线实时传输、中心式处理，大大提高信息采集效率。通过测量的车辆瞬时状态数据，能够准确反映交通流变化，还可以实现多参数（包括天气、道路状况、车辆安全等）的测量。

基于GPS的浮动车交通信息采集技术的基本原理：根据GPS浮动车在行驶过程中定期记录的车辆位置、方向和速度信息，采用地图匹配、路径推测等相关计算模型和算法进行处理，使浮动车位置数据和城市道路在时间和空间上关联起来，最终得到浮动车所经过道路的车辆行驶速度及道路的行车时间等交通信息。如果在城市中部署足够数量的浮动车，并将这些浮动车的位置数据通过无线通信系统定期、实时地传输到信息处理中心，由信息处理中心进行综合处理，就可以获得整个城市动态、实时的交通信息。

二、GPS浮动车交通信息采集系统的基本组成部分

GPS浮动车交通信息采集系统由浮动车数据采集系统、浮动车信息处理系统和动态交通信息发布系统三部分组成，其结构框架及分析处理过程分别如图3-29、图3-30所示。

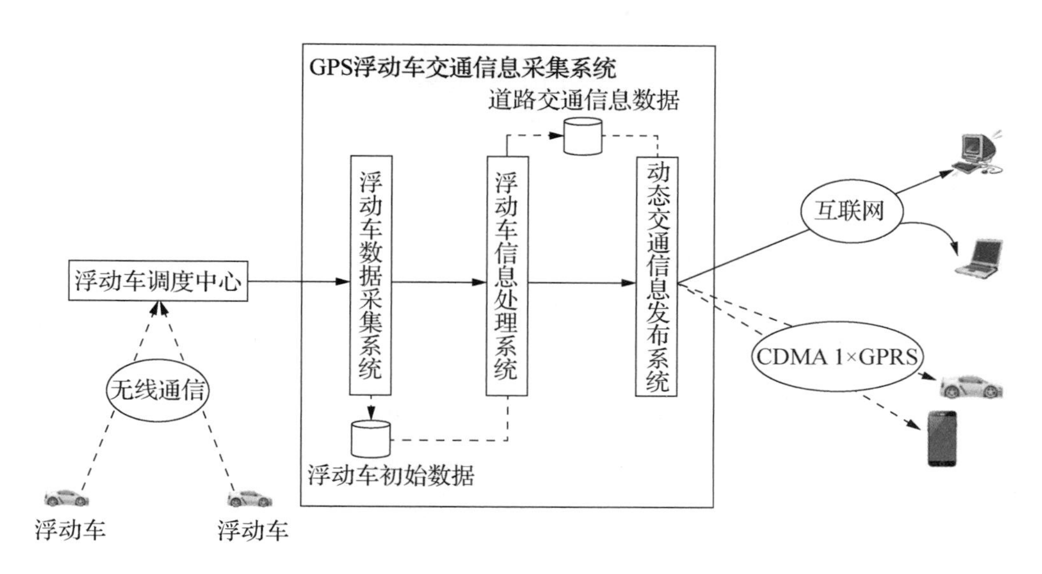

图 3-29　GPS 浮动车交通信息采集系统结构框架

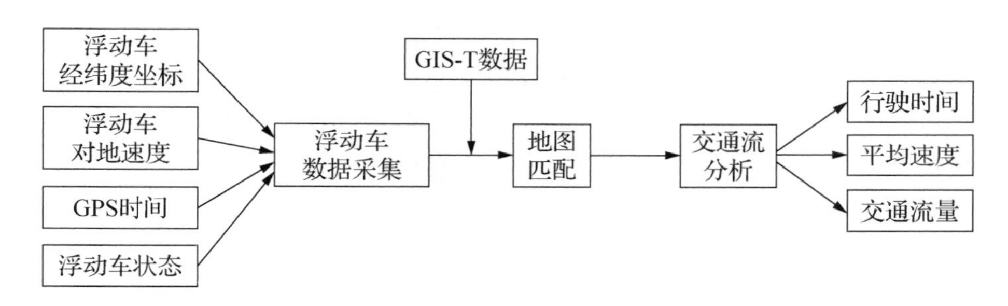

图 3-30　GPS 浮动车交通信息采集系统分析处理过程

（1）浮动车数据采集是通过 GPS 获取浮动车的实时定位数据，并进行相应的数据格式转换，所采集的数据一般包括时间、位置坐标、瞬时速度、行驶方向、回传时间、运行状态及其他内容。为建立移动交通流检测系统提供有效的、系统性的交通流运行数据。浮动车数据采集系统设计时需综合考虑以下参数：浮动车覆盖率、采集频率和传输频率等。

（2）每个浮动车均可收集和存储自身的位置（经纬度）、时间、瞬时速度等数据，并按固定的时间间隔以“报告包”的形式上传到交通数据采集中心。

（3）上传到交通数据采集中心的原始数据经过滤处理后，车辆的实时位置能够被连接到相应的 GIS 地图的路段上。

（4）交通信息中心每隔固定时间对所有浮动车上传的数据进行处理，并能够进行多种处理，如计算路段平均速度和行驶时间、融合其他相关交通应用系统的数据、交通事故侦测、动态路径规划等。路网中浮动车样本大小的计算模型分为两个层面：路网和路段。路网层面从宏观上给出路网中浮动车样本比例的初步估算；路段层面则从微观上明确特定路段、特定参数估计目标所需要的浮动车样本大小，在此基础上综合确定出浮动车在路网中的合理样本数量。

3.4 交通信息通信技术

3.4.1 无线通信技术

进入21世纪以来，无线通信技术在我国得到了全面的发展，同时它的不断发展也带动了我国经济的发展。无线通信技术简单来说就是首先将要发送的信息内容通过发送端调制到相应的无线电频率上，然后经由天线将频率信号发送至无线信道，信号最终以电磁波的形式在空间内传播，而相应的接收信号端通过天线接收空间中的发送信号，再利用解调设备进行信号解调工作，最终转换为原始的发送信号，实现发送信息的无线传输过程。无线通信技术在实际应用中具有一定的优势，如它的数据终端是可以自由移动的。无线通信技术可以在一定程度上实现当下交通的智能化，但是在实际的应用过程中也具有一定的局限性。智能化的交通管理系统中有大量的车辆运行信息，而且两者之间必须能够实现实时信息、图文详情信息等的实时交换，只有这样才能建立起比较完善的智能化交通管理系统，这就需要加强先进的无线通信技术的应用和研究，因此智能化交通系统的建立离不开无线通信技术的应用。

3.4.2 无线通信技术在智能交通管理中的应用

一、并行工程技术

并行工程技术的概念最初在1992年于东京国际会议上提出，而后推广到了工程应用中，代指一种产品快速设计技术。该技术采用无线通信和信息管理技术，可以对采集数据进行分析，实现对交通单位、道路情况、交通流量的实时显示和管理。但是并行工程技术有比较高的应用环境要求。如建筑障碍密集的市中心、车辆流量密度大的区域，会对窄带频率有较大的影响；在广场、球场、郊区等地势开阔平坦的区域，该技术则表现出较高的稳定性。针对这种情况，可以利用编码技术和计算机技术提高计算机间数据交换的效率，保证信息系统的可靠运行。

二、车辆间通信技术

车辆间通信（Inter-vehicle Communication，IVC）技术的重点在于怎样更有效地实现车辆之间的实时信息交换。IVC 技术从以下三个要点入手。第一，技术通信协议。IVC

技术对数据传递的单向或双向要求高，将传输信息通过激光传输技术压缩在传输单位中，确保数据信息能够准确无误地到达接收端。第二，车辆及驾驶人的信息管理，包括驾驶证、车牌号、发动机号等注册车辆信息，以及其他有关车辆通行的安全信息。第三，道路状况，如交通通畅度、路面施工、路面破损情况等对行车有较大影响的信息。

三、全球移动通信系统应用

全球移动通信系统（Global System for Mobile Communications，GSM）最大的一个特点就是它的覆盖范围具有全球性。因此，车辆信号无须中继站的转发，可以与基站直接沟通。该技术具有多类型的信息传输功能，满足了智能交通管理系统对信息有效性的要求。GSM 的另一个特点，就是它的安全性，这类网络通过拨号的方式联网，较快的传输速度使得数据的传输具备了一定的可靠性。

四、ZigBee技术

ZigBee 和我们生活中常用的 Wi-Fi 有一定的相似之处，二者都使用直接序列扩频（Direct Sequence Spread Spectrum，DSSS）技术和 2.4GHz 频率。Wi-Fi 属于无线局域网，覆盖面比 ZigBee 要大，数据传输速率是 ZigBee 的数倍，但是它的功耗更大，一般需要外接电源供电。而 ZigBee 技术功耗很低，适合低速率、低功耗、短距离的应用场合。短距离通信的 ZigBee 技术在交通管理中具有诸多适合的应用场合。能够以 ZigBee 为主要传输技术，建立一个交通信号灯的统一联动管理体系。每个信号灯都作为 ZigBee 的一个节点，与设置好的 ZigBee 基站相连，ZigBee 基站则通过路由器与控制中心相连。此外，ZigBee 还可以用于构建智能公交系统。将 ZigBee 节点设置在每个公交车内，同时公交车沿线上，每隔一段距离设置一个 ZigBee 节点，再结合 GSM/GPRS 技术，即可实现公交车的实时定位。通过数据分析，便可较为准确地推断出公交车的到站时间和站间行驶时间，极大地方便了民众的公共出行。

3.5 大数据技术在智能交通管理中的应用

通过实践可知，数据是智能交通管理中的重要组成部分，只有经过有效的采集与处理，数据才能够帮助智能交通管理系统完成相应的工作。大数据技术正是负责这一环节的重要工具。大数据技术具有数据量庞大且类型繁杂、处理速度快、数据应用价值较高等特点，同时还可以通过技术处理将海量的交通数据可视化，大大提升了智能交通管理的水平。

小知识

大数据技术

目前，我国的智能交通主要依靠两大核心技术：一个是物联网，另一个是大数据。物联网主要是 RFID 技术在智能交通领域中的应用，而大数据技术则是通过庞大的数据量和对数据的快速处理来提高工作效率。大数据技术是指利用现代高速的计算机信息处理技术，通过对海量的数据进行挖掘与处理，在较短的时间内得到需要的信息。

智能交通管理的最终目的是服务广大人民群众，为其提供更为便捷、通畅的交通体验。利用大数据技术加强智能交通管理，其实质是通过智能交通的建设来实现智慧创建。随着大数据技术不断发展，企业、高等院校或科研院所会以时代的发展要求和人民群众的实际需求为导向，注重大数据技术与智能交通管理系统的深度融合，并通过价值链将交通运输各利益相关方连接起来，加快交通信息服务的产业化进程，进一步提升智能交通管理服务水平。

未来在 5G 网络技术的支撑下，大数据技术与智能交通的交集将会越来越多、越来越深，交通信息数据的处理将会越来越快，信息的采集成本将会越来越低。“互联网+交通”的发展进程将会提速，大数据技术的应用领域和范围将会进一步扩大，其对智能交通管理的促进作用也会进一步凸显出来。

小知识

智能交通管理系统

智能交通管理系统是一个保障安全、提高效率、改善环境、节约能源的综合运输系统，主要由公共交通系统、车辆控制系统、交通信息服务系统、交通管理系统、电子收费系统、紧急救援系统等组成。它主要是将先进的科学技术有效运用于交通运输控制和管理中，从而使人、车、路能够处于协调状态中，从而缓解交通压力，促进社会和谐。

3.5.1 大数据技术在智能交通管理中的应用意义

大数据技术在智能交通管理中的应用为交通管理的发展提供了技术支撑，同时大数据技术本身所具有的特点也能够帮助交通管理实现新的突破。随着我国经济发展速度的不断加快，居民的可支配收入逐年提升，汽车的保有量也随之升高，这给交通服务带来了巨大的压力。大数据技术在智能交通领域的应用则充分发挥了其实时性、分布性、高效性、预判性的作用。从海量的车辆数据中，应用大数据技术能够以最快速度筛选出需要的信息；在车速的检测和车辆信息拍摄等工作中，大数据技术全面高效地实现了单表数据的综合分析；而对于特殊情况下的强制性管制措施，大数据技术则是一举解决了统一调配的问题，提高了解决问题的效率。

一、优化交通资源配置

资源配置的不足是传统交通管理系统的短板。在智能交通管理中，应用大数据技术能够有效解决优势资源分配不均的问题，使有限的公共交通资源能够得到最大限度的利用，充分发挥大数据技术的应用价值，打破区域和行政区划的限制，建立综合性的交通信息体系，促进资源共享，加快运输的速率，提升交通运行的整体质量。

二、优化公共交通服务

大数据技术所带来的全新智能交通管理系统在优化公共交通服务、提升交通安全方面具有重要意义。根据车辆上 GPS 导航系统所提供的数据，智能交通能够对车辆的轨迹做出判断，预判风险，在遇到雨、雪、雾、风等极端天气时又能及时对车主进行行车安全提示。对于公共交通来说，智能交通通过大数据技术来掌握客流的分布状况，为交通疏导与分流提供了最有力的帮助。

3.5.2 大数据技术在智能交通管理中的运用探索

智能交通建设的目标应该是“指挥扁平化、管控可视化、通行智能化、决策科学化、管理精细化、资源集约化”。想要实现这个目标，就要靠大数据技术在智能交通管理中的有效运用。

一、做好路况监测，协助交通诱导

交通诱导是依据所采集到的数据对当前阶段的交通状态进行合理测评并预测交通流量，同时借助广播、信息情报设备等对诱导消息进行传递和散布。城市化进程的加快势必导致交通拥堵情况的加剧，早晚高峰、极端天气等都会影响路况，很多一线城市都投入了大量的资金更新智能交通系统，并通过路面上大量的摄像头收集交通数据信息。在大数据技术的支持下，可以对车流量进行动态监控，根据车流的时空特点，结合交通算法和天气情况评估路况并采取相应措施。例如，动态调整交通信号灯频率和持续时间，结合历史路况数据归纳道路交通发展规律等，以此缓解道路的拥堵情况，提升道路通畅程度。

二、加强数据共享，提高服务质量

建立智能交通管理平台系统，将收集到的信息随时汇集到平台中，并加以汇总、分析、研判、利用。在打造智能化道路交通管理系统时，强调要在大数据中心的牵头下，将各领域、各部门的相关交通数据都汇入聚集，形成数据融合，并加强区级配套设施的建设。这能够为政府、交通部门及相关单位决策提供数据支持和依据，如收集车辆信息、事故发生情况、路况信息等，并在共享平台中应用大数据技术进行分析研判，进而实现部分交通事件的事前预警。

【本章小结】

随着交通信息化的发展，人们对交通信息服务提出了较高的要求。面向道路交通安全管理需要汇集的交通信息覆盖面尽可能广，提供的交通信息尽可能全面。交通信息的检测、通信、研判的目标是通过交通大数据分析来提高交通安全管理的水平。

数据是智能交通管理中的重要组成部分，只有经过有效的采集与处理，数据才能够帮助智能交通管理系统完成相应的工作。大数据技术正是负责这一环节的重要工具。大数据技术具有数据量庞大且类型繁杂、处理速度快、数据应用价值较高等特点，同时还可以通过技术处理将海量的交通数据可视化，大大提升了智能交通管理的水平。

【关键术语】

交通信息（Traffic Information，TI）
信息检测技术（Information Detection Technology，IDT）
通信技术（Communications Technology，CT）
大数据技术（Big Data Technology，BDT）

【习题】

一、简答题

1. 交通信息的特点是什么？
2. 交通检测技术是如何分类的？其适用情景及局限性有哪些？
3. 简述 RFID 系统的组成。
4. 简述 GPS 浮动车信息采集系统的基本组成和工作原理。
5. 简述大数据技术在智能交通中的应用。

分析案例

厦门智能交通控制中心

厦门集成控制平台——智能交通控制中心（Intelligent Transport Control Center，ITCC）具备了路网运行监测、实时流量检测、异常状况（突发事件）报警，交通态势预测、信号智能控制、信息自动发布等主要功能，同时还兼具公安交通指挥调度、特别勤务管理和交通执法等功能。初步形成了基于RFID采集的多元数据融合为基础的智能交通管理、控制与服务系统。

（1）应用RFID技术采集道路交通信息，不仅能够实时、准确地检测到交通流的“量”，而且能够精确识别其“身份”，为实现全路网运行状况监测、在途车辆统计、路段流速运算、异常事件报警等提供条件。ITCC凭借射频采集可精确识别的优势，通过对历史海量数据的深度挖掘和数学模型的运算，不仅能够实时监测当前路网运行状况，而且能够方便、准确地预测未来路网的运行态势；由于对通过采集断面的每一部车都实现了精确识别，不仅能够实时监测路网正常运行状况，而且能够及时检测到路网运行异常状况并报警；因此，这不仅可以预测出周期性拥堵，还能预测因突发（异常）事件引发的周期性拥堵。从ITCC基于城市路网的态势分析图表上，可随时查看某条道路的“24小时车辆速度趋势”“24小时流量趋势”“24小时路段拥堵次数的趋势”等当天与历史某一天（默认上周同一天）的对比分析结果，可实时查看进出岛车辆数的对比和交通状态等级的比对图表，可实时查看拥堵路段排名，等等。其形成了以RFID为基础的多维度统计分析与决策支撑系统。

基于多维度的统计分析和数据挖掘的多周期道路交通路况预测预报体系已经在厦门成形。系统依托以RFID技术为主的信息采集手段，进行多元数据融合和深度挖掘，支持对5分钟、30分钟、1小时、12小时、一天或一周等短期交通路况的预测预报；同时通过一定时期的数据积累，系统还将支持中、长期路况预测预报。在不久的将来，厦门市民就可以像查询天气预报一样查询到自己计划出行的时段路网的交通状况，合理选择出行时机，规划最佳出行路径。

（2）应用RFID技术作为交通流采集手段，凭借其精确识别的优势不仅能够统计路口交通流的通过量，而且能够分析出下游路口交通流的需求量；不仅能够检测交通流量，而且能够获取交通流速；不仅能够检测某一断面的流量，而且能够知道某一路段或区域内在途车辆的总量。因此以RFID技术作为交通信息采集手段将彻底改变传统的信号控制模式，实现传统采集手段所无法实现的效果。

① 以RFID技术作为路口流量信息的采集手段，可以采集到路口交通流的“需求量”，路口信号配时以满足上游来车的需求量为依据，使配时更趋合理。尤其是当路口流量趋于饱和时，依然能够合理地均衡各向需求，合理分配时间。

② 以RFID技术采集的交通流数据不仅有实时的“流量”数据，而且有实时的“流速”数据；为实现浮动车速的信号协调提供条件。厦门在核心区域应用RFID技术采集车流量与流速等信息，并对信号实施协调控制，根据不同的流速与流量，能够达到“绿波”效果。

③ 利用RFID技术精确识别的特点，系统能够随时掌握某一区域（或路段）内的在途车辆，进而确定该区域（或路段）的交通强度，并以该交通强度为依据，运用“基于交通强度的城市路网分层次、多目标信号控制方法”对路网交通信号实行区域集中协调控制，从而达到均衡路网负荷，提升路网整体通行效率的效果。

（3）充分发挥RFID技术精确识别的优势，构建人性化的交通信息服务体系。RFID技术使我们在采集交通流量的同时能够采集到通过采集点车辆的“身份”，进而实现对定制客户车主的个性化信息服务和对所有车主的人性化信息服务。目前，厦门正在规划建设基于RFID的路况动态信息和静态停车信息的点对点信息服务系统，根据RFID采集的车辆身份信息，通过手机短信、车载导航设备等，点对点地向车主发送路况信息和停车场库信息。

（4）RFID凭借精确识别的优势，实施对违法车辆的精确化查处，不仅大大提升了执法的精确性和取证质量，而且极大地提升了执法效率。在2012年厦门国际投资贸易洽谈会期间，厦门ITCC采用RFID技术查处违反限行规定的车辆，每天执法量达2万余起。系统自动采集、自动记录、自动发送告知短信，违反规定的车辆一旦进入管制区域，即刻收到告知短信，起到了很好的警示教育作用。系统启用的第二天，违反规定的车辆数量减少了三分之二，取得了极好的效果。而且系统执法全程无须任何人工操作，大大提升了执法质量与效率。

资料来源：http://www.iotworld.com.cn/html/ImportLib/201308/ceda1fb6e361d36a.shtml. [2022-8-27]. 作者有改动。

讨论：射频技术采集的道路交通信息具有什么样的特点？人们是如何将现实世界的信息映射到计算机世界的？未来的交通信息技术发展趋势是怎样的呢？

第 4 章 交通安全信息系统规划

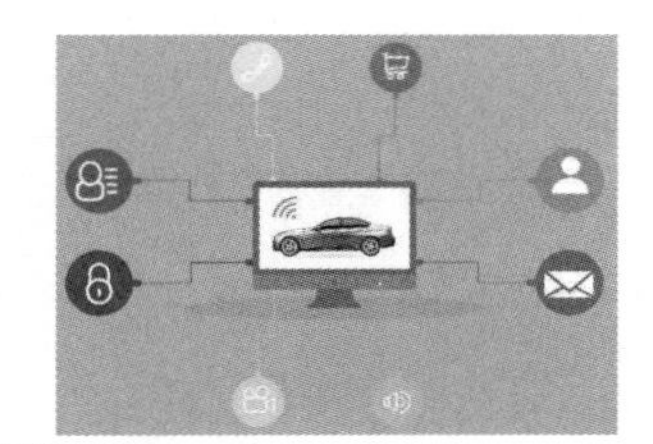

【教学目标与要求】

- 了解交通安全管理的发展阶段与交通行政、业务、控制管理的分类。
- 掌握信息系统总体规划的主要内容、要求以及相关工作。
- 了解交通安全信息系统需求分析的基本内容。
- 了解交通安全信息系统的开发方法、系统的开发方式等相关知识。

【思维导图】

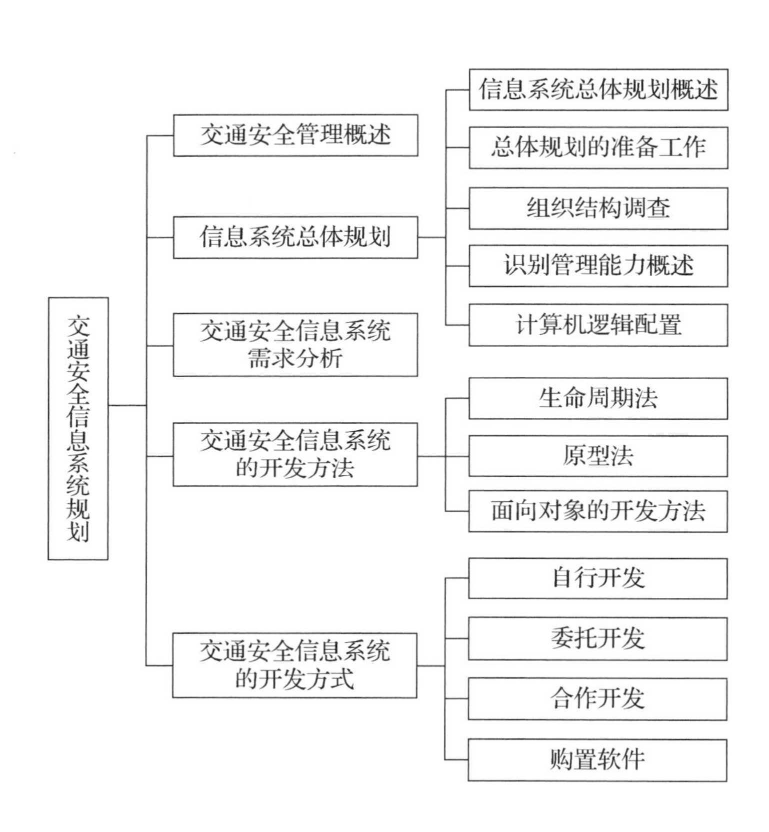
交通安全信息系统规划
交通安全管理概述
信息系统总体规划
交通安全信息系统需求分析
交通安全信息系统的开发方法
交通安全信息系统的开发方式
信息系统总体规划概述
总体规划的准备工作
组织结构调查
识别管理能力概述
计算机逻辑配置
生命周期法
原型法
面向对象的开发方法
自行开发
委托开发
合作开发
购置软件

【导入案例】

智能交通信息系统规划——清华大学科技成果

一、成果简介

如何利用 ITS 来提高中国城市的交通运输效率、保障交通安全和保护环境，对促进中国城市社会经济的可持续发展是十分重要的。

在智能交通信息系统的规划过程中，采用调查研究、理论分析与规划研究相结合的方式，在借鉴国内外经验及充分分析城市现状的基础上，根据城市的特点和实际情况，强调规划、设计与实际的结合，以及规划、设计中的创造性工作，提出有充分依据、严谨科学、实用先进的规划设计方案。在研究过程中，充分借鉴国内外的成功经验、透彻剖析影响城市交通信息化与智能交通系统发展的宏观背景，即在掌握经济发展、城市化、机动化以及现代信息技术发展特征与趋势的基础上制订规划。

智能交通信息系统规划一般包括城市交通信息化与智能交通系统的发展目标、交通信息化与智能交通系统的体系框架和功能设计、智能交通管理系统的近期建设方案、交通信息化与智能交通系统的组织实施机制等部分。

二、应用说明

清华大学承担过温州市、杭州市、佛山市南海区、盘锦市、鄂尔多斯市等地区的智能交通信息系统规划项目，以及国家高技术研究发展计划（简称 863 计划）项目“长三角地区高速公路网紧急情况下交通组织技术的研究”等国家层面的十余项研究课题。

此外，清华大学为北京市道路交通流仿真预测预报系统提供了规划、设计、系统开发应用及维护的一系列服务，取得了国内领先的大规模实用成果。北京市道路交通流仿真预测预报系统及开发技术流程如图 4-1 所示。

通过该系统的实施，实现了如下功能目标。

（1）北京市机动车起止点（Origin Destination，OD）的抽样调查与分析。

（2）北京市城区道路路网承载能力分析。

（3）北京市城区道路异常状态的动态分析和预警系统。

（4）北京市城区道路交通事件的影响分析和预测。

（5）基于道路交通流动态预测信息的交通信息发布。

该系统提供了高精度的交通流仿真预测预报信息，为北京市的科学交通管理提供了强有力的技术支撑。

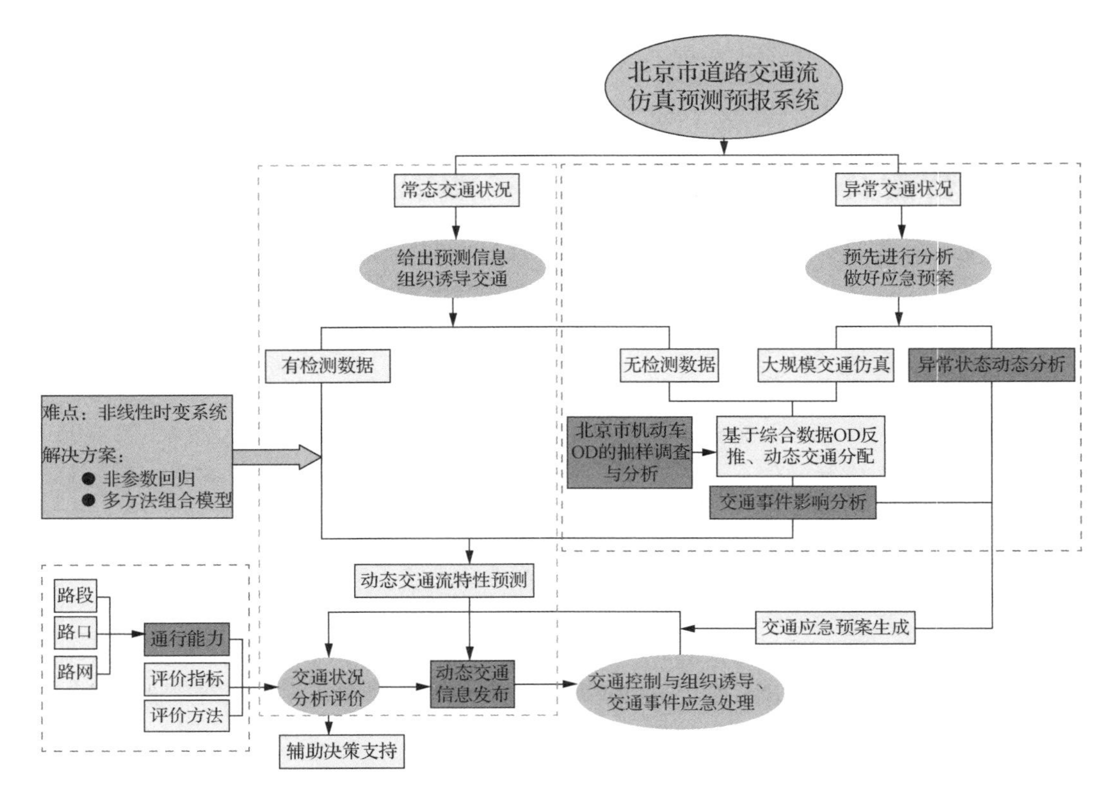

图 4-1　北京市道路交通流仿真预测预报系统及开发技术流程

资料来源：https://wenku.baidu.com/view/0da2c2ef864769eae009581b6bd97f192379bf04.html?fr=income2-wk_app_search_ctr-search.[2022-04-23].

讨论：智能交通信息系统规划的内容和作用是什么？

4.1　交通安全管理概述

交通安全管理也称交通管理，涉及整个社会，与人们的生活息息相关，是一项复杂的社会系统工程。随着时代的变迁、科学技术的进步、社会对交通需求的提高，人们对治理交通风险的认识也在不断更新。各个时代陆续产生了治理交通的理念与方法，整体上可分为五个阶段。

第一阶段：传统交通管理。

在汽车交通初期，随着汽车交通量的增长，交通风险也在增加，道路上开始出现交通拥堵的现象，早期交通管理的主要目标是增建道路以满足汽车交通需求的增长。在交通管理上，除交通安全外，最现实的目标就是缓解交通拥堵、疏通交通，这就需要提高道路交通的通行效率，因而采取了如单向交通、变向交通、用科技成果改善交叉口及交通信号控制等多种措施。

第二阶段：交通系统管理。

20 世纪 70 年代初期，由于社会对环境的重视，加上土地资源的限制、石油危机以及当时的财政收入状况等因素，在科学技术上，系统工程、计算机技术的发展，为交通管理技术提供了强大的技术支持。在此背景下，治理交通风险的理念从增建道路满足交通需求转向以提高现有道路交通效率为主，出现了“交通系统管理（Transportation System Management，TSM）”这种方法。

第三阶段：交通需求管理。

20 世纪 70 年代末，在大量增建道路以及采取了种种提高现有道路交通效率的治理措施之后，但在汽车交通需求不断增长的情况下，交通拥堵现象非但没有缓解，反而越来越严重，并且还增加了对环境产生严重污染的风险。人们在治理交通的实践中，逐步认识到增建道路、提高道路交通效率仍无法完全满足交通需求的增长要求，相反还会提高交通污染的严重程度。因此逐步形成并提出了“交通需求管理（Transportation Demand Management，TDM）”的观念与方法。这是在传统交通管理观念上的一次重要变革：从历来由增建道路来满足交通需求的增长转变为对交通需求加以管理、降低其需求量，以达到已有道路交通设施能够容纳的程度，即改“按需增供”为“按供管需”，达到交通建设可持续发展的目的。

第四阶段：智能化交通管理。

20 世纪 80 年代后期，随着信息技术、人工智能技术、计算机及通信技术的发展，在 20 世纪 70 年代研究的“自适应交通信号控制系统”与“路线导航系统”的基础上，逐步扩展到“智能交通运输系统”的研究。到 20 世纪 90 年代，“智能交通运输系统”已成为各交通发达国家交通科研、技术与产品市场竞争的热点。“智能交通运输系统”将成为 21 世纪现代化地面交通运输体系的模式和发展方向，是交通进入信息时代的重要标志。

第五阶段：实时大数据交通管理。

进入 21 世纪后，智慧城市迅速发展，交通管理不再只是面向行业内的需求及问题，随着通信技术的迅速发展，出行导航、追踪定位、综合大数据研判、主动预警等技术已经实现，在大幅度提升交通效率的同时，实时的精准管控以及风险成因的深度挖掘，确保交通安全成为交通管理的终极目标。

交通管理是按照交通法规的要求、规定和道路交通的实际状况，运用教育、技术等手段合理地限制和科学地组织、指挥交通，正确处理道路交通中人、车、路之间的关系，使交通尽可能安全、通畅、公害小和能耗少的一种管理方式。交通管理的主要内容包括交通行政管理、交通业务管理和交通控制管理。

4.1.1 交通行政管理

交通行政管理是最高层次的交通管理，涉及交通管理的职能、体制、手段等多个方面。

一、驾驶人管理

驾驶人管理主要包括驾驶证管理、驾驶人教育管理等。

1. 驾驶证管理

针对机动车驾驶人，世界各国大多采用驾驶证制度，而世界各国的实践也证明，驾驶证制度是对机动车驾驶安全管理最有成效的办法。我国按照《中华人民共和国道路交通安全法》规定，要申请驾驶证必须先学习道路交通安全法律、法规和相关理论知识，考试合格后再学习机动车驾驶技能，全部考试通过后方能领取驾驶证，驾驶准驾车辆。另外，中华人民共和国公安部（以下简称公安部）于2021年公布了《机动车驾驶证申领和使用规定》并于2022年开始施行，该规定对驾驶证管理提出了非常明确和具体的要求。

小知识

行驶证/驾驶证

行驶证和驾驶证作为车辆行驶中的两个必备证件，两证使用的对象不同、用途不同、内容不同，涵盖的信息也不同。

行驶证一般是车辆可以正常行驶的身份信息，是准予机动车在我国境内道路上行驶的法定证件。行驶证是道路行驶凭证、动产权属证明、保险索赔凭证。

驾驶证则记录驾驶人的相关信息，是依照法律机动车驾驶人所需申领的证照，是许可驾驶某类机动车的法律凭证。驾驶证可作为有效身份证件办理医院挂号、火车票购买等业务。

驾驶证记录着驾驶人的个人信息、初次领证日期、准驾车型、证号、有效期限等信息。行驶证记录着号牌号码、车辆类型、所有人、住址、品牌型号、使用性质等信息。中华人民共和国机动车驾驶证、行驶证示例如图4-2所示。

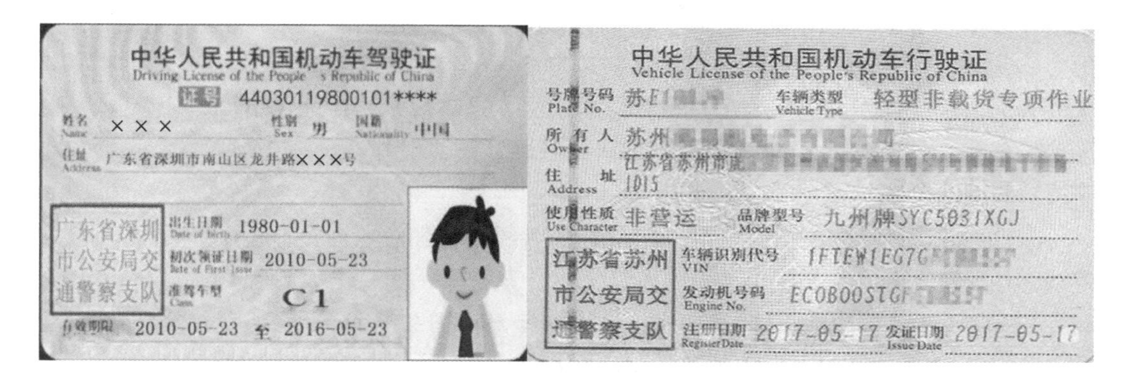

图 4-2　中华人民共和国机动车驾驶证、行驶证示例

2. 驾驶人教育管理

随着我国机动车驾驶人的数量日益增多，驾驶人队伍出现了技术水平参差不齐的状况。就我国目前的情况来看，大致可以将驾驶人分成营运车辆驾驶人、企事业单位专职驾驶人和其他驾驶人三类。第一类驾驶人的安全教育管理采用的是“条”“块”相结合的方式，即驾驶人所在的单位对驾驶人所进行的教育管理与公安机关交通管理部门对驾驶人所进行的教育管理相结合的方式；第二、三类驾驶人的安全教育管理工作主要由公安机关交通管理部门来完成。

2016 年 9 月，交通运输部印发《交通运输企业安全生产标准化建设评价管理办法》要求运输企业主要负责人、其他安全生产管理人员和从业人员必须接受安全培训且达到规定的培训学时并考核合格；同时按规定进行日常安全教育和新员工上岗前安全教育且备有规范记录。驾驶人由于工作原因，无法经常参加集中培训，近年来全国多地市提供网上在线培训平台，实现了道路运输从业人员继续教育信息化服务。

二、车辆管理及检验

在车辆技术性能的管理方面，《机动车运行安全技术条件》（GB 7258—2017）给出了具体要求。车辆管理的基本目的是使车辆经常保持良好的行驶性能，保证交通安全。

1. 车辆牌证管理

车辆牌证管理是全世界都采用的车辆管理的基本方法。我国对机动车实行登记制度，只有经公安机关交通管理部门登记过的机动车方可在道路上行驶。经公安机关交通管理部门登记过的机动车可以获得车辆牌证，车辆牌证必须包括安设在车辆上规定位置的车辆号牌（俗称硬照）与车辆行驶证（俗称软照）两部分。车辆牌证管理最主要的作用是通过车辆检验，对车辆安全设施及行驶性能合格的确认。此外，车辆牌证在车辆管理中还有不少用途。

车辆牌证是一种对车辆进行编号定名的措施，并可以作为车辆与车主或驾驶人及该车辆管辖地区等的对照依据，起到了车辆“车籍”登记的作用。车牌号的第一位是汉字，代表该车户口所在的省级行政区，为各省（自治区、直辖市）的简称，例如，北京为京，上海为沪，湖南为湘，山东为鲁。车牌号的第二位是字母，为各地级市（地区、自治州、盟）的代码，通常按省级车管所以各地级行政区状况划分排名，字母“A”为省会、首府或直辖市中心城区的代码。

车辆牌证是验明违法车辆的依据。现在有各种车辆违法摄影设施，凭借摄取车牌号，查找违法驾驶人。

车辆牌证是侦缉事故后潜逃车辆、作案车辆及被盗车辆的一种线索；车辆牌证是查获来路不明车辆的关卡，也是查获逃漏报废车辆的关卡。

在我国，车辆牌证还用作落实车辆停放地点的措施。如有些城市规定：凡新购和复驶机动车辆申领牌证，必须具有该车相应固定的停车场地，经核实后，在车辆检验登记表内填明停车地点，方可领取车辆牌证。

2. 车辆报废更新管理

老旧车辆报废更新是车辆技术改造的重要措施，也是促进我国汽车工业和交通运输业发展的重要途径。据调查，当前全国约有 1/5 的汽车应该被淘汰。这些老旧车辆继续维修运行，油耗高、效率低、影响安全，必须加速其报废更新。因此，国家规定把老旧车辆报废更新作为一项经常性的车辆管理任务。

3. 车辆检验

对登记后上道路行驶的机动车定期进行安全技术检验，是保证交通安全的必要手段。逾期未检验、逾期未报废车辆会给道路交通带来重大的安全隐患，一旦车辆发生道路交通事故，造成人员伤亡、财产损失的后果更为严重。国家要求各级交警部门认真分析逾期未检验、逾期未报废车辆的行驶轨迹，掌握其活动规律，充分认识其严重性及危害性，有针对性地部署管理措施，依法处罚的同时督促问题车辆尽快办理检验业务。

4.1.2 交通业务管理

在交通行政管理中，交通管理部门的业务管理是其非常重要的组成部分。交通业务管理主要包括以下三个方面。

一、道路交通路政管理

路政管理的目的在于依法维护公路、公路用地、附属设施，并对公路两侧的建筑控制区进行管理，进而保证公路的使用性能。目前，我国社会经济得到了较快发展，相应的公路建设水平也逐渐提升。在这种环境下，就要让路政管理不断向着信息化、智能化的方向发展。只有这样，才能满足现代路政管理的要求。

1. 路政管理现状分析

在路政管理中，各级管理部门大多将重心置于路产路权的维护上，数据库的建立严重不足，且在对路产、路权进行管理时，多采用手工资料管理形式，导致诸多资料未得到有效保存，给路政管理工作的顺利开展增加了难度。而在国、省干线的路产路权管理中，由于没有建立完善的电子档案及普通公路电子查询系统，导致管理的难度大大增加，降低了管理效率。

从超载超限运输的管理上看，我国大部分地区已经利用计算机对数据进行采集和计算，然而未形成网络化超载运输治理体系。由于在存储方式上依然采用单机存储的形式，导致相关数据不能实现有效共享，也很难开展省级数据的统计与分析，降低了数据利用效率。此外，超载超限监测的科技水平、智能化水平较低，不能有效解决交通拥堵、超载超限等问题。

我国部分地区在路政巡查中，由于缺乏先进的巡查设备，导致取证不足，加大了后期的管理难度。从当前路政巡查的情况看，大部分地区依旧沿用手工作业形式，对现场进行书面记录，导致无法对实际状况进行有效分析，不能满足路政管理的发展需求。

在路政管理中，为了确保公路的畅通运行，通常需要建立突发事件的应急预案。但因某些路政管理部门还缺乏有效的应急保障机制，没有形成灵敏、快速的反应机制，无法利用信息技术对突发事件进行处理，导致道路的运行受到影响。

2. 路政管理的信息化与智能化发展

在数据库的建立中，通过构建完整、规范的路产信息资源，并借助 GIS、全程视频图像采集等技术，对整个公路设施、附属设施进行全面管理，将公路的路产信息、技术参数、使用年限、建设单位信息等，利用文字、图片等形式存储于数据库中；对路产采集视频进行定期更新，确保公路实况与路产数据同步，实现高效的电子化档案管理，确保公路的畅通、完好。此外，还需要结合国、省干线公路的管理状况，建立一个完善的路产路权电子档案，以便对其进行电子查询管理，有效提升普通公路的路政管理水平。

在路政管理中，还需要依靠科技的力量构建一个高效、完善的超载超限治理体系，并按国家规定的 Ⅰ 类、Ⅱ 类超限检测联网开展相关工作，让普通公路与高速公路、农村公路等实现全面治理。同时，还需要构建一个信息共享平台，结合全路况、全天候的治超监控网络对治超行为进行全过程监管，并对相关的信息数据进行互联互通管理，以便更好地监测超限超载车辆，形成一个长效的监控检测系统，实现超限超载的高效控制。

在路政的巡查现场管理中，针对违法案件，要利用便携式计算机和无线网络等现代信息技术进行高效的现场执法，对路产路权予以实时巡查记录，并录入相关的执法数据，对现场照片、视频进行采集，并打印现场执法文书，将相关数据发送至数据中心予以处理，进而提升执法效率。在取证处理时，可利用照相机、摄像机等，以保证监控执法的公正性、公平性，让执法更加规范。

路政管理要向着信息化、智能化的方向不断发展，还需要建立公共安全管理机制，并注意预警反应系统的应用，提高路政管理部门的突发事件应对能力。在构建预警反应系统时，要建立一个以短信平台、热线服务、路政网站为主，并以车载显示屏、交通广播、重点区域固定显示屏为辅的预报及预警系统，对路况信息、气象信息、交通管制信息、疏导分流信息等进行实时发布，以降低突发事件造成的危害，实现全路段、全天候监管。

二、道路交通事故管理

道路交通事故管理包括记录道路交通事故档案以及研判事故成因、组织和协调开展交通事故的防范工作，实现事故成因的挖掘及治理、重特大道路交通事故责任的认定、道路交通事故技术鉴定工作的指导及监督。

道路交通事故档案是分析交通事故的原始素材，通过对大量交通事故的分析，找出导致交通事故发生的各方面原因，诸如主观和客观方面的原因，管理、技术、教育方面的原因，人、车、道路环境方面的原因等。道路交通事故统计报表是各级交通管理机关定期取得交通事故统计资料的一种重要方式。它是按照国家统一规定，自下而上地提供交通事故统计资料的一种报告制度。由于我国交通事故的统计量非常庞大，因此采用手工填写后软件系统自动上报的模式。我国《道路交通管理信息采集规范　第 3 部分：道路交通事故处理信息采集》（GA/T 946.3—2020）中对上报的交通信息有具体要求。《道路交通事故信息调查》（GA/T 1082—2021）规定了道路交通事故信息调查的一般要求，其中适用一般程序处理道路交通事故信息调查表如表 4-1 ~ 表 4-4 所示。

表 4-1　适用一般程序处理道路交通事故信息调查表（基本信息）

<table>
<tr><th colspan="10">基本信息</th></tr>
<tr><td>1 事故时间</td><td colspan="9">□□□□年□□月□□日□□时□□分</td></tr>
<tr><td rowspan="4">2 事故地点</td><td>路号</td><td>□□□□□</td><td>经纬度</td><td>,</td><td rowspan="3">3 人员死伤情况</td><td>事故涉及人员总数</td><td>□□</td><td>当场死亡人数</td><td>□□</td></tr>
<tr><td>路名/地点</td><td colspan="3"></td><td>抢救无效死亡人数</td><td>□□</td><td>下落不明人数</td><td>□□</td></tr>
<tr><td>公里数（路段/路口）</td><td>□□□□□</td><td>米数</td><td>□□□</td><td>重伤人数</td><td>□□</td><td>轻伤人数</td><td>□□</td></tr>
<tr><td>在道路上位置</td><td colspan="7">1—机动车道 2—非机动车道 3—机非混合道 4—人行道 5—人行横道 6—应急车道 7—人非混行道 8—避险车道 9—其他</td><td>□□</td></tr>
</table>

续表

<table>
<tr><th colspan="8">基本信息</th></tr>
<tr><td colspan="2">4 事故涉及车辆和行人数量</td><td>机动车</td><td>□□□辆</td><td>非机动车</td><td>□□□辆</td><td>行人</td><td>□□□人</td></tr>
<tr><td colspan="2">5 直接财产损失</td><td colspan="6"></td></tr>
<tr><td colspan="2">6 天气</td><td colspan="5">1—晴 2—阴 3—雨 4—雪 5—雾 6—大风 7—沙尘 8—冰雹 9—霾 19—其他</td><td>□</td></tr>
<tr><td colspan="2">7 能见度</td><td colspan="5">1—50m 以内 2—50～100m 3—100～200m 4—200m 以上</td><td>□</td></tr>
<tr><td colspan="2">8 现场形态</td><td colspan="5">1—原始 2—变动 3—驾车逃逸 4—弃车逃逸 5—无现场 6—伪造现场 7—潜逃藏匿</td><td>□□</td></tr>
<tr><td colspan="2">9 是否为次生事故</td><td colspan="5">1—是 2—否</td><td></td></tr>
<tr><td colspan="2">10 逃逸事故是否侦破</td><td colspan="5">1—是 2—否</td><td>□</td></tr>
<tr><td rowspan="2">11 事故形态</td><td>车辆间事故</td><td colspan="2">11—碰撞运动车辆 12—碰撞静止车辆 19—其他车辆间事故</td><td>车辆与行人</td><td colspan="3">21—刮撞行人 22—碾压行人 23—碰撞后碾压行人 29—其他车辆与行人事故</td></tr>
<tr><td>单车事故</td><td colspan="5">31—侧翻 32—翻滚 33—坠车 34—失火 35—撞固定物 36—撞非固定物 37—自身折叠 38—乘员跌落或抛出 39—落水 40—其他单车事故</td><td>□□</td></tr>
<tr><td colspan="2">12 车辆间事故碰撞形态</td><td colspan="5">10—追尾碰撞 20—正面碰撞 31—侧面碰撞（同向） 32—侧面碰撞（对向） 33—侧面碰撞（直角） 39—侧面碰撞（角度不确定） 41—同向刮擦 42—对向刮擦 90—其他角度碰撞</td><td>□□</td></tr>
<tr><td rowspan="3">13 单车事故碰撞对象</td><td>固定物</td><td colspan="5">11—中央隔离设施 12—同向护栏 13—对向护栏 14—交通标识支撑物 15—缓冲物 16—直立的杆或路灯柱 17—树木 18—桥墩 19—隧道口挡墙 20—建筑物 21—山体</td><td rowspan="3">□□</td></tr>
<tr><td>非固定物</td><td colspan="5">31—动物 32—作业/维修车辆（设备）</td></tr>
<tr><td>其他</td><td colspan="5">99—其他</td></tr>
<tr><td colspan="2">14 是否运载危险品</td><td colspan="5">1—是 2—否</td><td>□</td></tr>
<tr><td colspan="2">15 运载危险品事故后果</td><td colspan="5">1—爆炸 2—气体泄漏 3—液体泄漏 4—辐射泄漏 5—燃烧 6—翻倾 7—无后果 99—其他</td><td>□□</td></tr>
<tr><td colspan="2">16 路面状况</td><td colspan="5">1—路面完好 2—施工 3—凹凸 4—塌陷 5—路障 9—其他</td><td>□</td></tr>
<tr><td colspan="2">17 路表情况</td><td colspan="5">1—干燥 2—潮湿 3—积水 4—漫水 5—冰雪 6—泥泞 7—油污 9—其他</td><td>□</td></tr>
<tr><td colspan="2">18 交通控制方式</td><td colspan="5">1—无控制 2—民警指挥 3—信号灯 4—标志 5—标线 6—其他（可多选）</td><td>□□</td></tr>
</table>

续表

基本信息			
19 照明条件		1—白天 2—夜间有路灯照明 3—夜间无路灯照明 4—黎明 5—黄昏 6—白天隧道有照明 7—白天隧道无照明	□
20 事故初查原因	违法	违法行为代码 8001—未设置道路安全设施 8002—安全设施损坏、灭失 8003—道路缺陷 8099—其他道路原因	□□□□□
	非违法过错	9001—制动不当 9002—转向不当 9003—油门控制不当 9099—其他操作不当	
	意外	9101—自然灾害 9102—机件故障 9103—爆胎 9104—突发疾病 9199—其他意外	
	其他	9999—其他	
21 事故认定原因	违法	违法行为代码 8001—未设置道路安全设施 8002—安全设施损坏、灭失 8003—道路缺陷 8099—其他道路原因	□□□□□
	非违法过错	9001—制动不当 9002—转向不当 9003—油门控制不当 9099—其他操作不当	
	意外	9101—自然灾害 9102—机件故障 9103—爆胎 9104—突发疾病 9199—其他意外	
	其他	9999—其他	

表 4-2 适用一般程序处理道路交通事故信息调查表（当事人信息）

当事人信息				
22 身份证明号码/驾驶证号码	甲__________ 乙__________ 丙__________			
23 户籍所在地行政区划	甲□□□□□□	乙□□□□□□	丙□□□□□□	
		甲	乙	丙
24 当事人属性	1—个人 2—单位	□	□	□
25 人员类型	11—公务员 12—公安民警 13—职员 14—工人 15—农（牧）民 16—自主经营者 21—军人 22—武警 31—教师 32—大（专）学生 33—中（专）学生 34—小学生 35—学前儿童 41—港澳台胞 42—华侨 43—外国人 51—外来务工者 52—不在业人员 53—快递外卖从业人员 99—其他	□□	□□	□□

续表

<table>
<tr><th colspan="6">当事人信息</th></tr>
<tr><td colspan="2">26 出行目的</td><td>01—上、下班 02—道路作业 03—职务出行 04—经营运输 05—生产运输 09—其他工作出行 10—上、下学 11—日常生活出行 12—观光旅游出行 19—其他生活出行</td><td>□□</td><td>□□</td><td>□□</td></tr>
<tr><td rowspan="4">27 交通方式</td><td>驾驶机动车</td><td>K1—大型客车 K2—中型客车 K3—小型客车 K4—微型客车 H1—重型货车 H2—中型货车 H3—轻型货车 H4—微型货车 N1—三轮汽车 N2—低速汽车 N3—三轮电动车 N4—四轮低速电动车 Q1—其他汽车 G—汽车列车 M1—普通摩托车 M2—轻便摩托车 T1—拖拉机 J1—其他合法机动车 J2—其他非法机动车</td><td rowspan="4">□□</td><td rowspan="4">□□</td><td rowspan="4">□□</td></tr>
<tr><td>驾驶非机动车</td><td>F1—自行车 F2—三轮车 F3—手推车 F4—残疾人机动轮椅车 F5—畜力车 F6—电动自行车 F7—租赁自行车 F8—共享单车 F9—其他非机动车</td></tr>
<tr><td>乘车</td><td>C1—乘大中型客车 C2—乘小微型客车 C3—乘普通货车 C4—乘汽车列车 C5—乘三轮汽车和低速货车 C6—乘摩托车 C7—乘拖拉机 C8—乘三轮电动车 C9—乘四轮低速电动车 C19—乘其他机动车 C21—乘自行车 C22—乘三轮车 C23—乘电动自行车 C29—乘其他非机动车</td></tr>
<tr><td>步行</td><td>A1—步行　其他　X9—其他</td></tr>
<tr><td colspan="2">28 驾驶证种类</td><td>1—机动车 2—拖拉机 3—军队 4—武警 5—无驾驶证 6—临时入境驾驶许可</td><td>□</td><td>□</td><td>□</td></tr>
<tr><td colspan="2">29 血液酒精含量</td><td>1—0～20（mg/100mL）2—20～80（mg/100mL）3—大于或等于 80（mg/100mL） 4—未查</td><td>□</td><td>□</td><td>□</td></tr>
<tr><td colspan="2">30 毒品/管制药物检测</td><td>1—检出毒品 2—检出管制药物 3—未检出 4—未检查</td><td>□</td><td>□</td><td>□</td></tr>
<tr><td colspan="2">31 安全保护装置使用情况</td><td>1—使用安全带 2—未使用安全带 3—使用儿童安全座椅 4—未使用儿童安全座椅 5—使用头盔 6—未使用头盔 9—不明</td><td>□</td><td>□</td><td>□</td></tr>
<tr><td rowspan="2">32 行人状态和速度</td><td>行人状态</td><td>01—正常通行 02—过人行横道 03—横穿道路 04—翻越隔离设施 05—在机动车道内行走 06—在路上游戏 07—在路上作业 08—在路上停留 99—其他</td><td>□□</td><td>□□</td><td>□□</td></tr>
<tr><td>行人速度</td><td>1—静止 2—慢行 3—正常 4—快行 5—跑 9—其他</td><td>□</td><td>□</td><td>□</td></tr>
</table>

续表

当事人信息					
33 违法行为	1—违法行为一	违法行为代码	□□□□	□□□□	□□□□
	2—违法行为二		□□□□	□□□□	□□□□
	3—违法行为三		□□□□	□□□□	□□□□
34 事故责任	1—全部 2—主要 3—同等 4—次要 5—无责 6—无法认定		□	□	□
35 伤害程度	1—死亡 2—重伤 3—轻伤 4—不明 5—无伤害		□	□	□
36 受伤部位	1—头部 2—颈部 3—上肢 4—下肢 5—胸、背部 6—腰、腹部 7—多部位 9—其他		□	□	□
37 致死原因	1—颅脑损伤 2—胸腹损伤 3—创伤失血性休克 4—窒息 5—直接烧死 9—其他		□	□	□
38 死亡时间					

表 4-3 适用一般程序处理道路交通事故信息调查表（车辆信息）

车辆信息				
		甲	乙	丙
39 号牌种类	01—大型汽车号牌 02—小型汽车号牌 03—使馆汽车号牌 04—领馆汽车号牌 05—境外汽车号牌 06—外籍汽车号牌 07—普通摩托车号牌 08—轻便摩托车号牌 09—使馆摩托车号牌 10—领馆摩托车号牌 11—境外摩托车号牌 12—外籍摩托车号牌 13—低速车号牌 14—拖拉机号牌 15—挂车号牌 16—教练汽车号牌 17—教练摩托车号牌 18—试验汽车号牌 19—试验摩托车号牌 20—临时入境汽车号牌 21—临时入境摩托车号牌 22—临时行驶车号牌 23—警用汽车号牌 24—警用摩托号牌 25—原农机号牌 26—香港入出境车号牌 27—澳门入出境车号牌 31—武警号牌 32—军队号牌 41—无号牌 42—假号牌 43—挪用号牌 51—大型新能源车号牌 52—小型新能源车号牌 99—其他号牌	□□	□□	□□
40 号牌号码	如为汽车列车，应分别填写牵引车和挂车号码			
	（挂车）→			

续表

车辆信息			甲	乙	丙
41 实载数		载客（人）			
		货车（kg）如为全挂车，应分别填写牵引车和挂车实载数			
		（挂车）→			
42 车辆登记/检验情况		1—正常 2—未按期检验 3—非法改拼装 4—非法生产 5—报废未注册登记 9—其他	□	□	□
43 车辆安全状况		1—正常 2—制动失效 3—制动不良 4—转向失效 5—照明与信号装置失效 6—轮胎爆裂 7—轮胎过度磨损/割伤 8—渗漏油/液/气 9—其他	□	□	□
44 车辆行驶状态		01—直行 02—倒车 03—掉头 04—起步 05—停车 06—左转弯 07—右转弯 08—变更车道 09—躲避障碍 10—静止 11—超车 12—溜车 99—其他	□□	□□	□□
45 碰撞后车辆形态		10—停止 11—水平滑移 12—方向偏移 13—翻车 14—坠车 15—起火 16—爆炸 17—撞其他机动车辆 18—撞非机动车或行人 19—撞固定物 20—撞非固定物 21—自身折叠 22—落水 29—其他	□□	□□	□□
46 车辆使用性质	营运	11—公路客运 12—公交客运 13—出租客运 14—旅游客运 15—货运 16—危险品运输 17—租赁 18—教练 19—预约出租客运 99—其他营运	□□	□□	□□
	非营运	20—警用 21—消防 22—救护 23—工程救险车 24—党政机关用车 25—企事业单位通勤车 26—企事业单位其他用车 27—施工作业车 29—私用 30—营转非 31—出租转非 32—预约出租转非 39—其他非营运			
	校车	28—校车	□	□	□
47 是否为共享车辆		1—是 2—否	□	□	□
48 车辆变速器挡位	手动挡	10—空挡 11—1挡 12—2挡 13—3挡 14—4挡 15—5挡 16—6挡 17—7挡 18—8挡 19—9挡 20—R档 29—不明	□□	□□	□□
	自动挡	31—D挡 32—N挡 33—1挡 34—2挡 35—P挡 36—R挡 37—S档 39—不明	□□	□□	□□

续表

车辆信息					
			甲	乙	丙
49 车辆转向灯状态		1—未打开 2—左转灯开 3—右转灯开 4—双闪灯开 9—不明	□	□	□
50 车辆照明灯状态		1—未打开 2—位置灯开 3—近光灯开 4—远光灯开 5—雾灯开 6—车内照明灯开 9—不明	□	□	□
51 车辆安全气囊	车辆安全气囊状态	1—无气囊 2—未碰撞自展开 3—碰撞后展开 4—碰撞后未展开 9—不明	□	□	□
	事故中展开的安全气囊位置	01—方向盘位置气囊 02—前排仪表板位置气囊 03—司机座椅侧面气囊 04—前排右侧座椅侧面气囊 05—左侧面幕帘式气囊 06—右侧面幕帘式气囊 07—其他位置气囊	□□	□□	□□
52 货车侧后防护装置/反光标识	侧后防护装置	01—装备且符合标准 02—未装备 03—仅侧防护装备 04—仅后防护装备 05—均装备但不符合标准	□	□	□
	反光标识	11—装备且符合标准 12—无 13—仅侧方有 14—仅后方有 15—未按规定配置车辆尾部标志板 16—老化 17—破损 18—尘土遮挡 19—篷布等遮挡	□	□	□
53 公路客运区间里程数		1—100km 以下 2—100～200km 3—200～300km 4—300～500km 5—500～800km 6—800km 以上	□	□	□
54 公路客运经营方式		1—企业经营 2—承包 3—挂靠 4—非法营运	□	□	□
55 道路运输车辆动态监控	有无动态监控	01—有 02—无	□	□	□
	动态监控是否正常运行	21—正常运行 22—不正常运行 23—人为关闭	□	□	□
56 运载危险品种类		1—爆炸性 2—易燃性 3—毒害性 4—放射性 5—腐蚀性 6—传染病病原体 9—其他	□	□	□
57 电动自行车	是否超标	01—超标 02—未超标 03—未知	□	□	□
	是否有号牌/登记号码	21—有 22—无	□	□	□
	结构特征	31—具有脚踏骑行功能 32—不具有脚踏骑行功能	□	□	□
	有无保险	41—有 42—无	□	□	□

表 4-4　适用一般程序处理道路交通事故信息调查表（补充信息）

<table>
<tr><th colspan="7">道路设施及其他信息</th></tr>
<tr><th colspan="7">道路关联信息</th></tr>
<tr><td rowspan="2">58 道路类型</td><td>公路</td><td>10—高速 11—一级
12—二级 13—三级
14—四级 19—等外</td><td rowspan="2">□□</td><td>59 公路行政等级</td><td>1—国道 2—省道 3—县道 4—乡道 5—村道
9—等外</td><td>□</td></tr>
<tr><td>城市道路</td><td>21—城市快速路 22—一般城市道路 25—单位小区自建路 26—公共停车场 27—公共广场 29—其他城市道路</td><td rowspan="2">61 道路线形</td><td rowspan="2">01—平直 02—一般弯
03—一般坡 04—急弯
05—陡坡 06—连续下坡
07—一般弯坡 08—急弯陡坡 09—一般坡急弯
10—一般急弯陡坡</td><td rowspan="2">□□</td></tr>
<tr><td>60 地形</td><td colspan="2">1—平原 2—丘陵 3—山区</td><td>□</td></tr>
<tr><td rowspan="2">62 路口路段类型</td><td>路口</td><td colspan="4">11—三枝分叉口 12—四枝分叉口 13—多枝分叉口 14—环形交叉口
15—匝道口</td><td rowspan="2">□□</td></tr>
<tr><td>路段</td><td colspan="4">21—普通路段 22—高架路段 23—变窄路段 24—窄路 25—桥梁
26—隧道 27—路段进出处 28—路侧险要路段 29—其他特殊路段</td></tr>
<tr><td colspan="2">63 隧道事故点所处位置</td><td colspan="4">1—入口处 2—隧道中段 3—出口处</td><td>□</td></tr>
<tr><td colspan="2">64 道路物理隔离</td><td>1—无隔离 2—中心隔离
3—机非隔离 4—中心隔离加机非隔离</td><td>□</td><td>65 路面材料</td><td>1—沥青 2—水泥 3—沙石 4—土路 9—其他</td><td>□</td></tr>
<tr><td colspan="2">66 中央隔离设施</td><td colspan="4">01—绿化带 02—混凝土护栏 03—波形梁护栏 04—金属梁柱护栏
05—缆索护栏 06—活动护栏 07—隔离墩柱 99—其他</td><td>□□</td></tr>
<tr><td colspan="2">67 路侧防护设施</td><td colspan="4">01—无防护 02—行道树 03—绿化带 04—混凝土护栏 05—波形梁护栏
06—金属梁柱护栏 07—缆索护栏 08—防护墩柱 09—缓冲物 10—避险车道 99—其他</td><td>□□</td></tr>
<tr><td colspan="2">68 护栏/隔离栏碰撞后状态</td><td colspan="4">01—完好 02—碰撞后倾倒 03—碰撞后变形 04—碰撞后主要部件散落
05—车辆穿破护栏 06—护栏穿破车辆 07—车辆压倒护栏 08—端头破损 09—过渡段破损 10—护栏立柱拔出 11—碰撞后移位 12—交通隔离栏杆件侵入车辆 99—其他</td><td>□□</td></tr>
<tr><td colspan="2">69 道路安全属性</td><td colspan="4">1—正常路段 2—已经治理但仍存在隐患路段 3—正在隐患路段 4—已排查尚未治理隐患路段 5—尚未排查隐患路段</td><td>□</td></tr>
<tr><td colspan="2">70 道路安全隐患类型</td><td colspan="4">01—无 02—道路线形不良 03—路面状况不良 04—安全设施缺陷 05—交通标志线缺陷 06—交叉口缺陷 07—交通组织缺陷 08—道路环境缺陷 09—施工路段安全防护缺陷 19—其他</td><td>□□</td></tr>
<tr><td colspan="2">71 道路安全隐患督办等级</td><td colspan="4">1—部级 2—省级 3—市级 4—县级 5—无</td><td>□</td></tr>
</table>

续表

道路设施及其他信息				
道路关联信息				
当事人关联信息				
		甲	乙	丙
72 姓名/单位名称				
73 性别	1—男 2—女	□	□	□
74 年龄		□□	□□	□□
75 驾驶证档案编号				
76 驾龄	（年）	□□	□□	□□
77 危险货物运输从业资格	1—正常 2—无资格证 3—资格证失效 4—不明	□	□	□
机动车关联信息				
		甲	乙	丙
78 车辆识别代号				
79 车辆类型		□□□	□□□	□□□
80 车辆品牌				
81 燃料种类	01—汽油 02—柴油 03—电 04—混合油 05—天然气 06—液化石油气 07—甲醇 08—乙醇 09—太阳能 10—混合动力 11—氢 12—生物燃料 99—其他	□□	□□	□□
82 新能源种类	1—纯电动 2—燃料电池 3—插电式混合动力	□	□	□
83 核载数	载客（人）			
	货车（kg）如为挂车，分别为牵引车和挂车核载数			
	（挂车）→			

续表

道路设施及其他信息				
机动车关联信息				
		甲	乙	丙
84 第三者责任强制保险	1—是 1—否	□	□	□
85 有无道路危险货物运输许可证	1—有 2—无	□	□	□

三、道路交通指挥管理

道路交通指挥管理包括指导、检查和监督交通管理部门的勤务工作，接待处理特殊交通事件、处置突发事件、抢险救灾、排堵疏导的指挥调度，制订和实施大型文娱活动、大型会议和集会等各类道路交通警卫方案，开展道路交通秩序管理的调查研究等。

全量汇聚城市道路各类动、静态交通信息资源，实现辖区内信号控制、交通诱导、信息采集、事件检测、信息发布等设施的联网联控，并与公安交通集成指挥平台互联互通，构建市级道路交通安全管理双网双平台运行体系。

利用物联网（车联网）等各种手段归集共享交警、交通、城建等部门视频、卡口、电子警察、地磁、事件检测等外场设施资源，积极推进交通标志标线标准化、交通信号配时智能化，建立信息发布、拥堵疏导、态势预测等算法模型，实时监控交通运行态势，优化信号控制，完成指挥调度任务，逐步提升城市通行效率。这也符合党的二十大报告中提到的加快发展物联网，建设高效顺畅的流通体系的要求。

4.1.3 交通控制管理

一、交通秩序管理

交通秩序是人们维护交通安全和畅行必须遵守的行为规范。交通秩序管理是道路交通管理工作的重要组成部分，也是一项重要的国家行政管理活动。交通秩序管理对确保交通安全、通畅、有序，维护广大交通参与者的合法权益，保障社会治安稳定等都具有重要作用。

近年来，在城市道路交通秩序管理领域中，公安部交通管理局和各地建设应用了大量城市和公路的信息化系统，主要包括公安交通管理研究应用平台、交通视频监控系统、交通信号控制系统、机动车缉查布控系统（卡口管理系统）、交通流量采集汇聚系统、气象监测系统、交通组织系统、违法车辆监测系统、交通信息发布服务系统、交通事件处置系统、交通应急指挥调度系统、勤务管理系统、警车和单警定位管理系统。这些信息化系统在经过各自多年相对独立的发展之后，积累了大量的动、静态数据，也面临着越来越多的交互需求，从城市道路交通秩序管理的角度来看，上述信息化系统主要存在以下问题。

（1）上述信息化系统的业务性质可分为实时监控系统和管理信息系统。实时监控系统从数据采集到数据预处理再到数据分析都基于实时技术，而管理信息系统则对实时特性的要求相对较弱，两类系统所采用的技术体系不尽相同，因此两类系统之间是相互割裂的。目前没有一种数据模型从城市道路交通秩序管理角度出发对这两类系统的数据进行统一，数据有冗余和二意性。

（2）上述信息化系统的信息资源整合不够。由于缺乏统一的规划设计、各类系统项目建设周期长、承担公司众多等原因，目前各地实际使用的监控系统在设备规格型号、技术实现方式、系统运行环境、数据分布传输等方面存在差异，导致信息资源整合困难。各类信息化系统独立运行，无法实现信息关联。

二、城市交通控制系统

1. 交通主动智能控制集成系统

按照控制思想来划分，城市交通控制系统可分为被动式控制和主动式控制两种。目前既有的城市交通控制系统基本上属于被动式控制，即无论是从集合特性划分的点、线、面的控制，还是按照控制原理划分的定时、感应和自适应控制，其控制思想都是以在道路上的交通（车辆或人）为主体，通过事先人工调查或实时自动检测的方法，了解其变化规律和实时状态，在此基础上选取适当的控制方案（或控制参数）或联机实时生成控制方案（或控制参数）控制信号变化，使之适应交通的需求。从表面上看，交通是受信号指挥的，而实质上交通信号是根据交通需求的变化而变化的，也就是说交通信号是被动式地控制交通流的变化的。

从系统设计的根本出发点来看，适应式城市交通控制系统更多地是从如何去适应交通流的方向来考虑的，体现得更多的是被动式控制的思想；而交通主动智能控制集成系统体现的却是系统的主动性思维，希望采取积极的主动控制策略来控制或减少不希望发生的事件或现象。

交通主动智能控制集成系统是以城市交通控制为核心，将与其紧密相关的诱导系统与预警系统进行集成，从而更好地实现城市交通智能化管理的目标。该系统主要实现的功能包括：及早发现交通事件或者即将发生交通拥堵的路段，并同时与诱导系统、控制系统相结合，从而可以提高交通疏导的效率，降低由于交通不畅带来的各种损失。

2. 开放式交通信号控制系统

在传统的城市交通控制领域，交通信号控制机通信协议的封闭性阻碍了开放式交通信号控制系统的实施，也使得城市交通管理部门通过竞争机制购置交通信号控制机变得束手无策。由于城市交通信号控制系统对通信带宽的要求相对较低，从理论上来说，通信系统的费用在整个系统中所占的比例也较低，但在实际落实中这一比例仍然很高，大量投资用在电缆敷设和通信线路的租用上。

小知识

开放式交通信号控制系统（CTCS）

在传统的城市交通控制领域，交通信号控制机通信协议的封闭性阻碍了开放式交通控制系统的实施，也使得城市交通管理部门通过竞争机制购置交通信号控制机变得束手无策。由于城市交通控制系统对通信带宽的要求相对较低，因此，从理论上来说，通信系统的费用在整个系统中所占的比例也较低，但在实际落实中这一比例仍然很高，大量投资用在电缆敷设和通信线路租用费上。针对传统交通控制系统中存在的问题，加拿大 DELCAN 公司推出了全新的城市交通工程设计理念——开放式交通信号控制系统（Canadian Toy Collectors Society，CTCS），该系统为在交通信号控制机的通信接口实行标准化前，通过低成本的通信设备来连接系统中不同制造商生产的各种设备，包括中国制造的交通信号控制。

在系统的开发过程中，为使 CTCS 支持多种通信协议和接口，开发的重点是如何充分利用现场控制机。按照传统的集成方法，中央控制系统或现场主控制机通过同步脉冲、强制停机、让道、停止配时及信号优先等指令直接控制当地的路口控制器。而 CTCS 的设计则允许当地控制器控制路口的排序和配时。各路口通过按时间协调（信号灯以时间同步的串联）的方法进行协调，每个控制机的内部时钟都按照 CTCS 的要求与主机时钟同步。每个控制机都有几个配时计划，其格式和数量因控制机型号而异。当 CTCS 按交通感应模式进行管理时，系统是以每日的时间段和实际的交通状况为基础选择配时计划。如果某组路口 CTCS 没有按交通感应模式进行管理，那么控制机则按时间协调方式，以内部的每日时间段为基础运行。在设计过程中，CTCS 只考虑了如何更新时间计划和安排，它不能调整最小量或其它与安全相关的参数。路口的安全运行是由含标准设置和软件的标准控制机的可靠运行决定的。为了使 CTCS 按交通感应模式运行，各控制器需要指定地点的综合交通数据，这些实时的交通数据将由连接到控制机上的车辆检测器提供，控制机将数据汇总并转发给 CTCS。CTCS 运用这些数据选择交通计划并产生新的最佳交通计划。

3. 城市高架与平面交通控制系统的一体化

城市高架道路已经成为解决城市内部交通问题的一个重要手段与途径，其对改善城市交通状况的作用已得到普遍认可。目前，我国高架道路信号控制的主要工作是车流状况检测和诱导，作为高速干道，周期性转换交通信号没有必要；平面交通将交通信号作为主要手段，使某一区域的交通控制做到自适应，协调控制。从表面上看，平面与高架分别自成系统、相互独立，在信号控制上没有任何直接联系，但实际上，高架道路往往位于交通繁忙路段，交通流相互间的制约性很强，特别是对匝道的影响，直接关系到该路段交通的畅通。特别是下匝道对最临近路口的影响，需要辅助信号控制系统，根据各个方向的具体交通流量，进行分流与控制。

4. 基于轨道交通优先的城市交通控制系统

轨道交通以其无污染、低噪声、低功耗、运营准时等优点，成为城市公共交通的重要发展方向。目前的轨道交通多是以高架或者地下为主，较少考虑平面交叉。随着轨道交通的普及，平面交叉的轨道交通因其在环保等方面，特别是在对既有城市景观的影响上表现出来的优势而备受青睐。基于轨道交通优先的交通信号控制系统的设计原则是：改善道路通行秩序、提高轨道交通的行驶速度、减少区间停车次数、提高旅客舒适度。为了保证平面交叉的轨道交通的运行效率不低于采用高架或地下的完全处于封闭式的轨道交通的运行效率，需要采用基于轨道交通优先的城市交通控制策略，实现优先控制方案，还需要合理设计影响轻轨运行的各种参数，包括信号灯绿灯开放时间、路口渠化、车辆折返点和车站设置、站点停车时间、行车间隔时间设定等。同时对于高峰期，需要实施特殊“绿波”，并结合路口渠化和车站设计，可以进一步缩短轨道交通的运行时间，提高轨道交通的运行速度。

案例4-1

上海淞虹路停车换乘系统示范工程

上海于2009年7月21日至9月30日，在淞虹路和虹梅路P+R停车场开展停车换乘试点运行，采用换乘优惠政策，吸引私家车换乘公共交通出行，取得了很好的社会效果。自驾车的市民在5∶30—23∶30，使用公共交通卡进入试点停车场，并用该卡换乘轨道交通，即可享受停车收费优惠。

停车换乘信息系统（图4-3）由五个子系统组成：基于交通卡的换乘优惠收费系统、停车预约系统、场内诱导系统、场外诱导系统、基于RFID的车辆定位查询系统，五个子系统接入停车管理信息系统中心计算机，各个子系统共同使用进出口线圈、车位检测器等停车信息采集设备，共享停车信息，停车收费系统向场外诱导系统和场内诱导系统发送空车位信息。停车管理信息系统的计算机与公共停车信息系统和公共交通卡结算中心相连，实时向公共停车信息系统传输数据，以实现全市停车信息服务，定时向公共交通卡公司传输交易记录，清算公共交通卡交易信息，计算政府补贴金额。

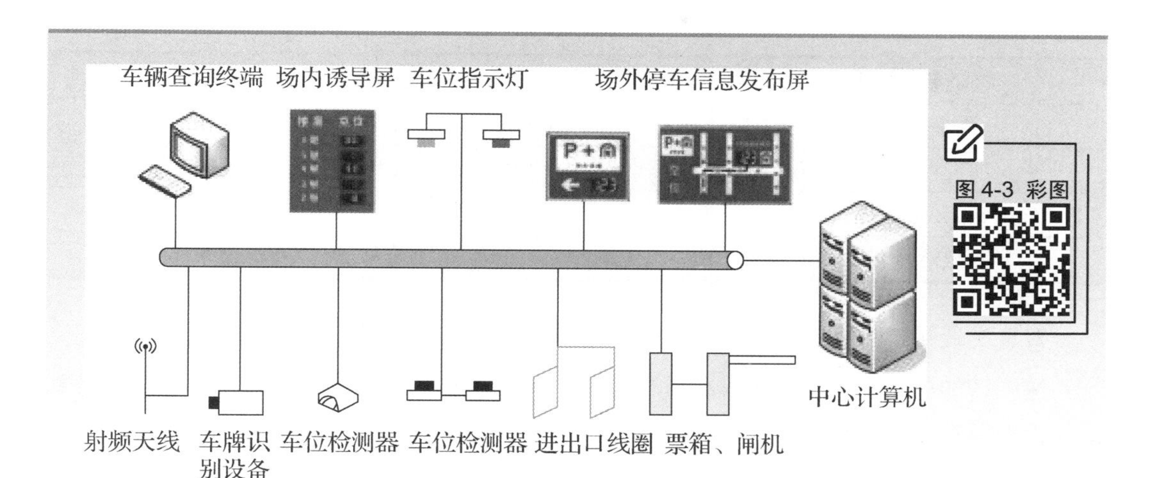

图 4-3 停车换乘信息系统

三、交通应急事件管理

1. 交通应急管理原则

特殊事件进行交通管理，一是要充分利用现有的道路交通资源来进行，因为现实中不可能由于某一事件而增设大量的临时性交通设施；二是要尽量降低特殊事件带来的对交通和环境的负面影响，保障交通安全和提高交通效率，同时兼顾环境。

突发性事件的交通管理，通常要求能迅速响应，根据现场情况机动灵活地进行交通组织和交通管理，并及时发布相关信息，对交通流进行有效引导。对于计划性事件，从事件策划时就应制订相应的交通管理方案，事件进行中按照交通管理方案执行，并按照实际情况对原方案进行修正。事件结束后，及时对本次交通管理方案进行总结和归档。也就是说，交通管理要贯彻事件的始终。

2. 交通管理措施

特殊事件的交通管理涉及交通的很多方面，包括快速道路控制、城市道路控制、交叉口控制、紧急事件处理、交通信息采集和发布、交通监控以及静态交通管理等。表 4-5 中列举了部分交通管理措施和方法。

表 4-5 部分交通管理措施和方法

交通管理的内容	交通管理措施和方法
快速道路控制	匝道控制
城市道路控制	车道控制、道路管制、停车管理
交叉口控制	驶入和转向控制、交叉口协调

续表

交通管理的内容	交通管理措施和方法
紧急事件处理	拥挤信息发布、使用便携式的警示灯
交通信息采集和发布	事件检测、实时交通信息发布
交通监控	闭路电视、线圈检测器
静态交通管理	停车收费

四、交通运营服务及安全管理

按照智能化、综合化和人性化的要求，推进信息技术在交通运营管理、服务监管和行业管理等方面的应用。国家重点建设公众出行信息服务系统、车辆运营调度管理系统、安全监控系统和应急处置系统。同时加强城市公共交通与其他交通方式、城市道路交通管理系统的信息共享和资源整合，提高服务效率。

1. 面向出行人的公交出行信息服务系统

公交出行信息服务的用户既包括公交出行人，也包括虽然本次未采用公交出行但获取公交出行信息进行决策的其他出行人员。公交出行信息服务的时间和场所不限。涉及公交出行基本信息、公交出行动态信息、综合交通信息和面向特定人群的个性化公交信息。公交出行信息服务系统如图 4-4 所示。

2. 面向规划人员的客流信息采集与统计系统

客流信息采集与统计系统是监控客流时间状态，掌握客流分布和 OD 需求，预测客流变化趋势，进而做好线网优化的基础系统。

3. 面向设计人员的线网管理与规划系统

公交线网管理与规划系统，面向线路设计人员提供线路规划支持和线网优化调整辅助支持服务，需要运用系统工程、计算机模拟、GIS 等方法与工具，采用对比分析和多种规划模型等理论研究方法与手段，在区域功能布局和现有路网和公交线网等基本信息的基础上，结合 OD 需求，产生并优化公交线网调整方案。

4. 面向调度人员的智能调度管理系统

智能调度管理系统的出现解决了传统的单纯依靠人工的低效率调度模式，实现了通过系统自动收发的调度信息。

5. 公交信号灯优先控制系统

公交优先是解决城市拥堵的一项实施策略，公交优先策略包括公交优先发展和公交优先通行两个层面，公交优先通行包含道路优先和信号灯优先两个方面。

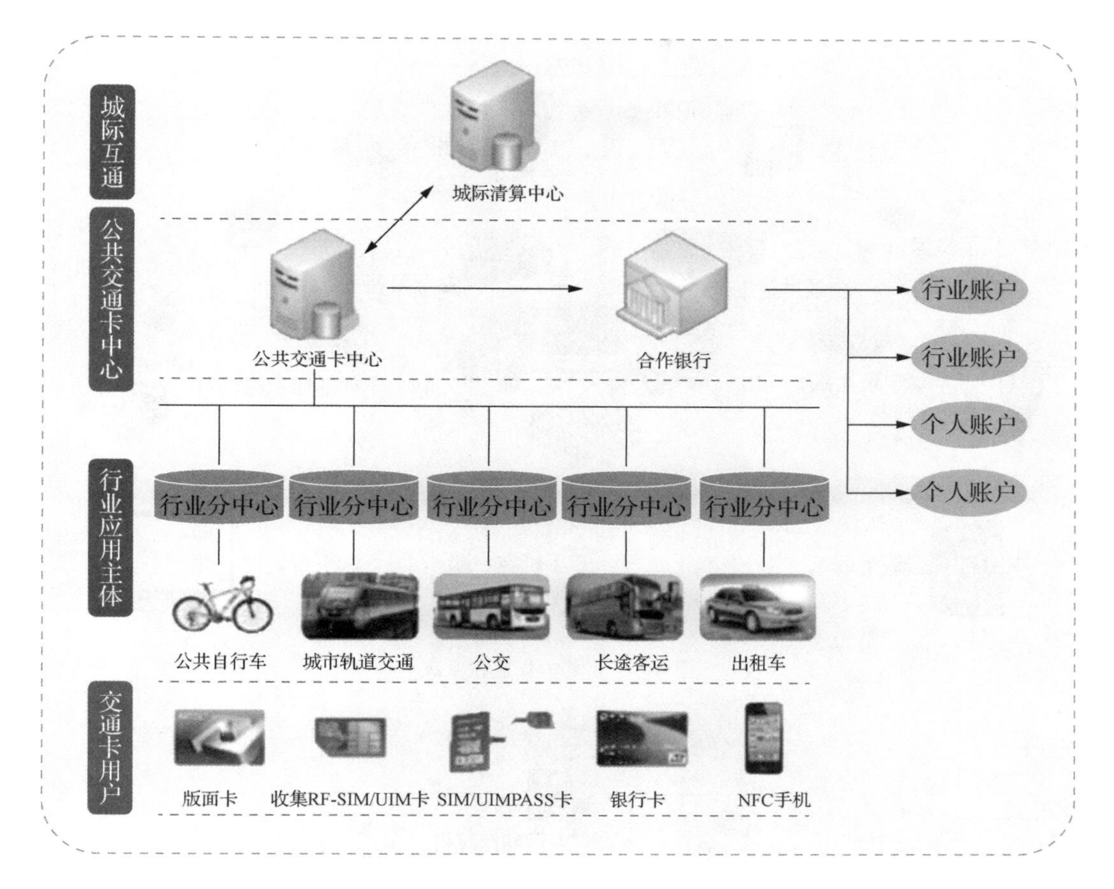

图 4-4 公交出行信息服务系统

6. 面向监控的公交运营监控系统

公交运营监控系统包括多个方面，如车辆监控系统（货车车载监控系统如图 4-5 所示）、场站监控系统（图 4-6）、收费监控系统、运营监控系统等。

7. 面向高级管理层的运营分析和决策支持系统

公交运营分析和决策支持系统主要涉及两个方面：微观指标的数据监测与宏观指标的数据监控。微观指标的数据监测包括线路客流量统计、日常运营收入和成本统计、运营质量统计。宏观指标的数据监控包括基础设施总体指标和运营服务总体指标。

8. 面向场站支持人员的机务后勤管理系统

机务后勤管理系统、燃料管理系统、仓储管理系统等。

9. 面向全员的安全管理系统

面向全员的安全管理系统，在完善的安全管理组织下，对重要场站、车辆、人员及消防设施的安全进行管理。

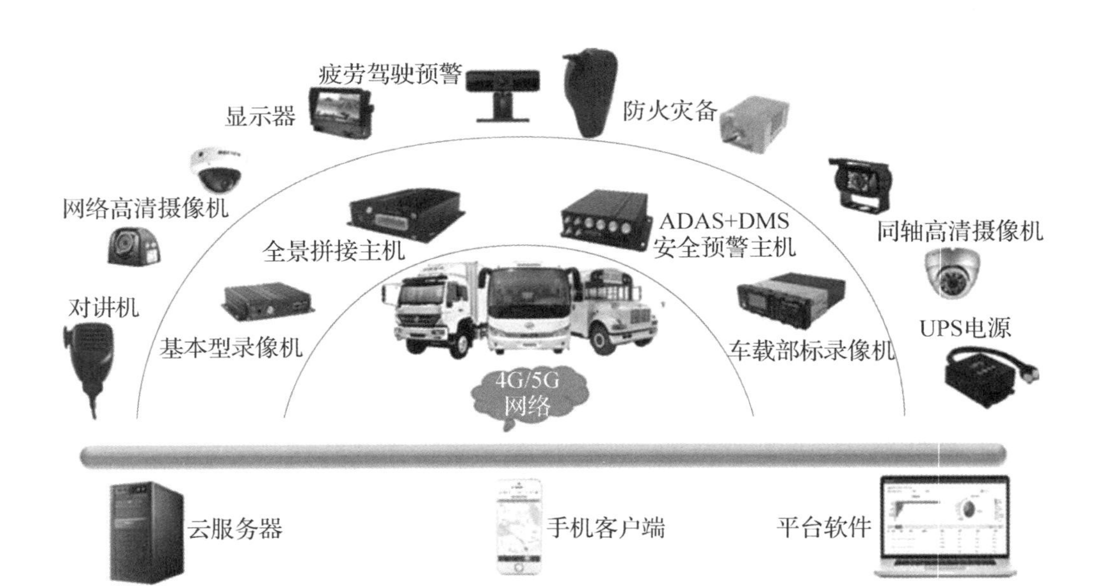

图 4-5 货车车载监控系统

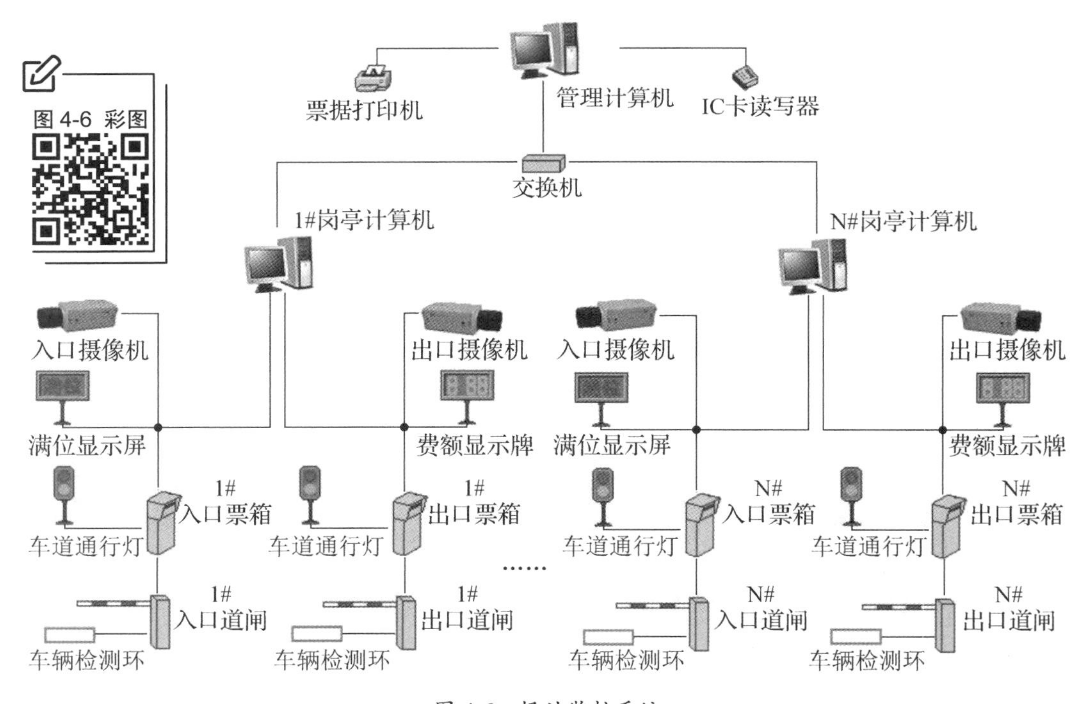

图 4-6 场站监控系统

4.2 信息系统总体规划

4.2.1 信息系统总体规划概述

信息系统总体规划是将组织目标、支持组织目标所必需的信息、提供这些必需信息的信息系统，以及这些信息系统的实施等诸要素集成的信息系统方案，是面向组织中信息系统发展远景的系统开发计划。信息系统总体规划是系统生命周期的第一个阶段，也是系统开发过程的第一步。信息系统总体规划的质量直接影响着系统开发的成果，同时也是系统验收评价的标准。

好的信息系统总体规划+好的开发=优秀的安全信息系统。

好的信息系统总体规划+差的开发=好的安全信息系统。

差的信息系统总体规划+好的开发=差的安全信息系统。

差的信息系统总体规划+差的开发=失败的安全信息系统。

信息系统总体规划的要求如下。

（1）信息系统总体规划要从系统的全局出发，确定安全信息系统的整体体系结构，然后根据具体情况提出系统开发的优先顺序，根据计算机和网络技术的发展现状，提出计算机的逻辑配置方案。

（2）信息系统总体规划要支持组织的总目标，同时要满足组织各管理层次的要求。在方法上，要摆脱信息系统对组织机构的依从性；在结构上，信息系统要有良好的整体性以便于实施。

（3）信息系统总体规划侧重于高层的需求分析，对需求分析有比较具体的准则；其结构的设计要着眼于子系统的划分，对子系统的划分给出明确的规则；系统实施计划被看作设计任务中的决策内容，对子系统的开发优先顺序给出明确的规则，支持系统优先级的评估；从整体上要着眼于高层管理，兼顾中层与操作层规划方面的内容；同时信息系统总体规划从宏观上描述系统，对数据的描述要限在“数据类”级，对处理过程的描述要限于“过程组”级。更进一步的分析在系统分析阶段进行。信息系统总体规划的步骤如图 4-7 所示。

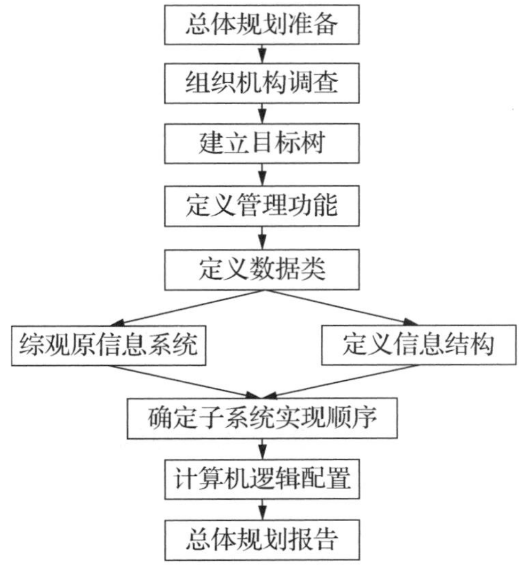

图 4-7 信息系统总体规划的步骤

4.2.2 信息系统总体规划的准备工作

信息系统总体规划的准备工作包括：接受任务和组织队伍、收集数据、制订计划、准备各种调查表和调查提纲、开动员会。

现行信息系统情况包括：信息系统的概况、基本目标，工作人员的技术力量，硬/软件环境，系统标准，通信条件、经费，近两年来运行情况、效益存在的主要问题，各类统计数字等。

4.2.3 组织结构调查

组织是指一个单位或部门。组织结构图大部分是反映行政隶属关系的，在系统开发中仅了解隶属关系是不够的，还要了解组织机构内的各种联系，如资金流动关系和物资流动关系等。物流运输公司组织结构总体框架如图 4-8 所示。

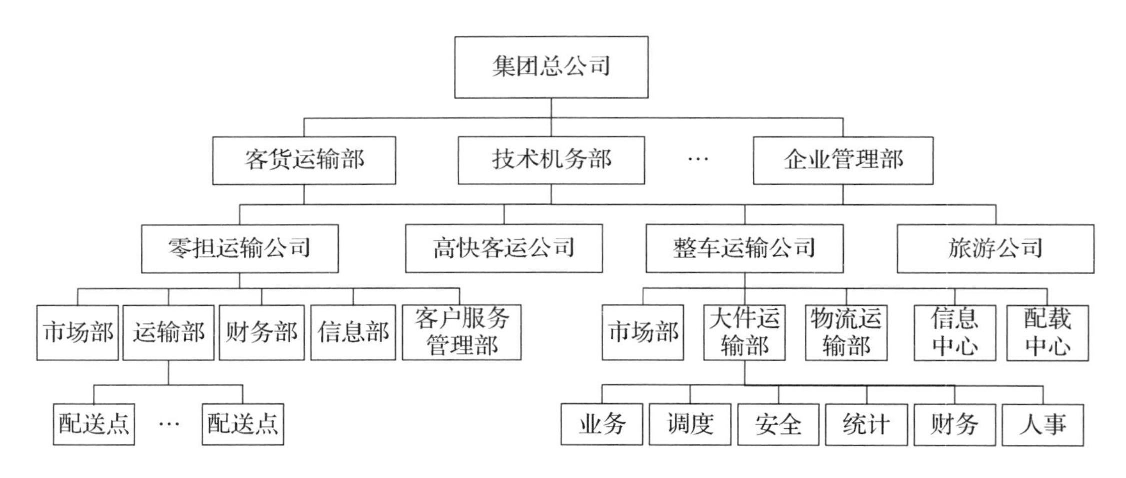

图 4-8 物流运输公司组织结构总体框架

组织的一般管理情况包括：组织的环境、地位、特点，管理的基本目标，组织中关键管理人员，存在的主要问题，各种数据统计（车辆数、驾驶人数、业务数量、服务内容、服务对象、合同等）。

4.2.4 识别管理能力概述

一、定义管理目标

为了确定拟建信息系统的目标，需要调查了解组织的目标——管理目标（以高校为例）如图 4-9 所示。

二、资源的生命周期

资源的生命周期主要包括以下四个阶段。

（1）产生阶段：该阶段包括对资源的请求、计划工作等活动，如人事需求计划、设备需求计划和招生计划等。

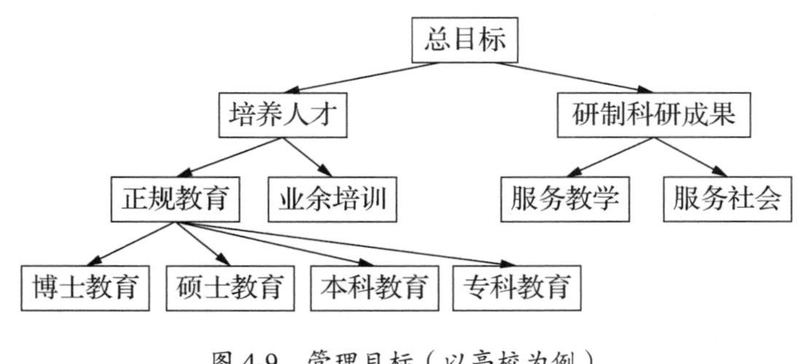

图4-9 管理目标（以高校为例）

（2）获得阶段：该阶段包括资源的开发活动，即获得资源的活动，如产品的生产、学生的入学、人员的聘用等。

（3）服务阶段：该阶段需要进行资源的存储和服务的延续，如库存的控制，学生的在校学习等。

（4）归宿（退出）阶段：该阶段包括终止资源或服务的活动或决策，如产品的销售，学生的毕业等。

三、识别管理功能

管理功能是指管理各类资源的各种相关活动和决策。管理人员通过管理这些资源来支持管理目标。识别管理功能是指识别企业逻辑上相关的一组决策和活动的集合。管理功能不但能反映资源生命周期内各个阶段活动的全貌，而且可以反映企业组织的管理控制过程，即组织机构的各种功能。识别管理功能的步骤如图4-10所示。

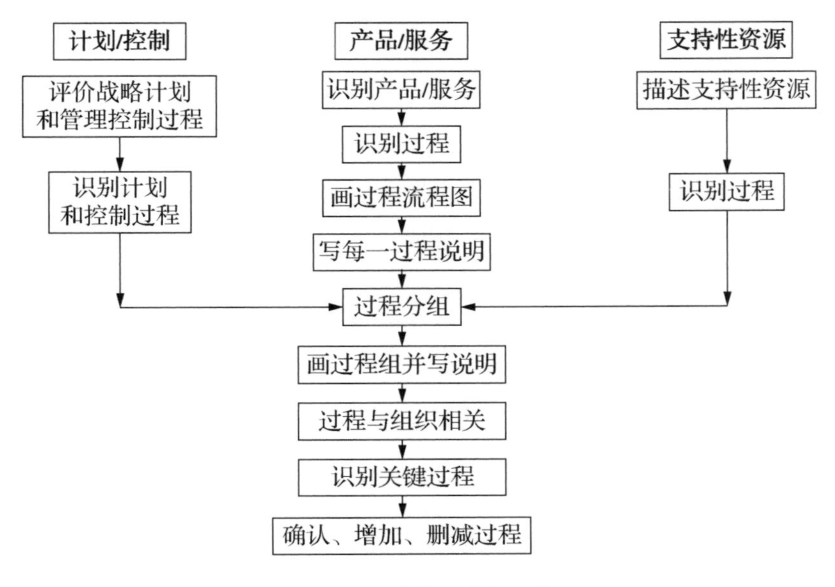

图4-10 识别管理功能的步骤

战略计划与管理控制的识别如表 4-6 所示，生产和服务的识别如表 4-7 所示，支持性资源的识别如表 4-8 所示。

表 4-6 战略计划与管理控制的识别

战略计划	管理控制	战略计划	管理控制
经济预测	市场/产品预测	放弃/追求分析	运营计划
组织计划	工作资源计划	预测管理	预算
政策开发	职工素质计划	目标开发	测量与评价

表 4-7 生产和服务的识别

生 产	获 得	服 务	归 宿
市场计划	工程设计、产品开发	库存控制	销售
质量预测	质量检查记录	质量控制	质量报告
作业计划	生产调度	包装、存储	发运

表 4-8 支持性资源的识别

支持性资源	生 命 周 期			
	产 生	获 得	服 务	归 宿
人事	人事计划	招聘、调动	培训	辞退、退休
材料	需求计划	采购、入库	库存控制	发放
财务	财务计划	拨款、应收款	银行业务	应付款业务
设备	更新计划	采购、基建	维修、改装	折旧、报废

4.2.5 计算机逻辑配置

一、计算机逻辑配置

信息系统的计算机逻辑配置受客观条件约束，处理方式、联机存储量、设备、软件、网络设计，按网络总体方案制订出总预算，确定计算机的购买与安装时间。

二、网络设计

1. C/S模式

客户机/服务器（Client/Server，C/S）模式是 20 世纪 80 年代产生的崭新的应用模式，它以计算机网络为基础，把企业的计算机应用分布在多台计算机中：在“后台”侧重于数据存储与文件管理服务（称为服务器），在“前台”侧重于完成最终用户的处理逻辑及人机界面（称为客户机）。在客户机上按最终用户的管理需求提出对数据及文件服务的要求，服务器计算机按要求把信息传送给客户机。C/S 模式的出现，极大程度上解决了文件服务器/工作站模式下的“传输瓶颈”问题。

C/S 模式有以下几方面的优点：通过 C/S 功能合理分布，能够均衡负荷，从而在不断增加系统资源的情况下提高系统的整体性能；系统开放性好，在应用需求扩展或改变时，系统功能容易进行相应的扩充或改变，从而实现系统的规模优化；系统可重用性好，系统维护工作量较少，资源可利用率大大提高，使系统整体应用成本降低。

C/S 模式的缺点为开发成本较高，对客户端的软/硬件要求较高；移植困难，采用不同工具开发的应用程序，此模式一般不兼容；不同客户机可采用的界面是不同的，因而不利于维护系统；软件升级困难，不同的客户机都安装了相应的应用程序，升级维护的难度大大提升。

2. B/S模式

许多基于大型数据库的信息系统均采用浏览器/服务器（Browser/Server，B/S）模式，如图 4-11 所示。企业内部网（Intranet）采用 B/S 系统结构，这种结构实质上是客户机/服务器结构在新的技术条件下的延伸。在 B/S 模式中，Server 仅作为数据库服务器，进行数据的管理。大量的应用程序都在客户端进行，这就导致客户端变得复杂。但在 Intranet 结构下，B/S 结构自然延伸为三层或多层的结构，形成了 B/S 应用模式。

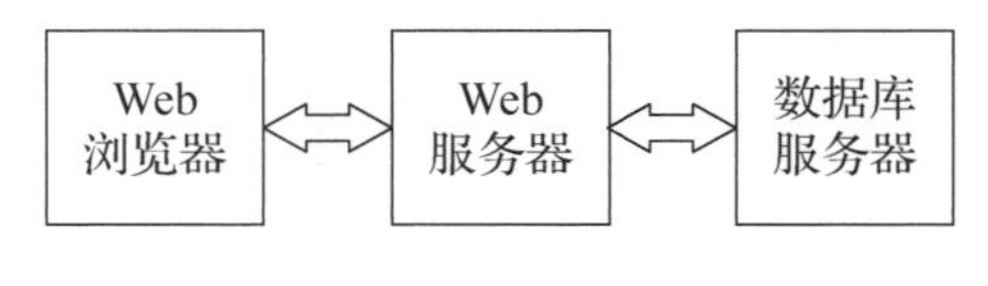

图 4-11 B/S 模式

B/S 模式具有以下优点：扩展性好、使用简单且维护容易，便于与企业资源连接，此模式采用 TCP/IP、HTTP 协议，可以与企业现存的资源连接；对客户端硬件要求低，客户端只需安装一种 Web 浏览器软件即可；信息共享程度高，可直接连入互联网。

3. 综合模式

综合模式如图 4-12 所示。

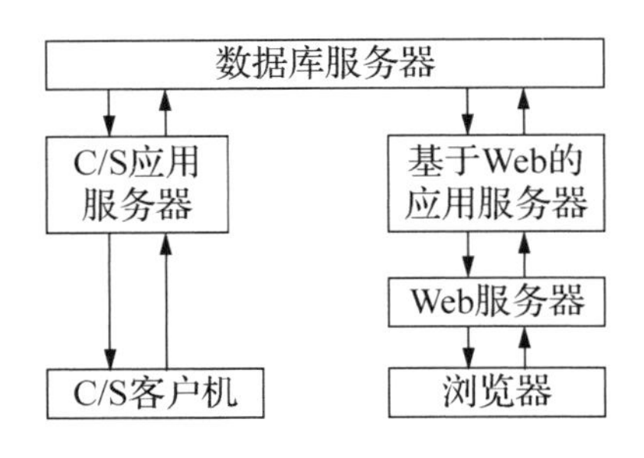

图 4-12　综合模式

4.3　交通安全信息系统需求分析

4.3.1　信息系统需求分析

一、需求分析

需求分析也称软件需求分析、系统需求分析（System Requirements Analysis，SRA）或需求分析工程等，是开发人员经过深入细致的调研和分析，准确地理解用户和项目的功能、性能、可靠性等，从而将用户非形式的需求表述转化为完整的需求定义，最终确定系统主要环节的过程。

二、需求分析的目标

需求分析是软件计划阶段的重要活动，也是软件生命周期中的一个重要环节，该阶段是分析系统需要“实现什么功能”，而不是考虑如何去“实现”。需求分析的目标是把用户对待开发软件提出的“要求”或“需要”进行分析与整理，确认后形成描述完整且清晰与规范的文档，确定软件需要实现哪些功能，完成哪些工作。此外，软件的一些非功能性需求（如软件性能、可靠性、响应时间、可扩展性等），软件设计的约束条件，运行时与其他软件的关系等也是软件需求分析的目标。

三、需求分析的原则

为了促进软件研发工作的规范化、科学化，软件工程领域提出了许多软件开发与说明的方法，如结构化方法、原型化法、面向对象方法等。在实际需求分析工作中，虽然每种需求分析方法都有其独特的思路和表示方法，但都适用于下面几种需求分析的基本原则。

（1）侧重表达理解问题的数据域和功能域。对新系统程序处理的数据，其数据域包括数据流、数据内容和数据结构；而功能域则反映它们关系的控制处理信息。

（2）需求问题应分解细化，建立问题层次结构。其可将复杂问题按具体功能、性能等分解并逐层细化、逐一分析。

（3）建立分析模型。该模型包括各种图表，这是对研究对象特征的一种重要表达形式。通过逻辑视图可给出目标功能和信息处理间的关系，而非实现细节。物理视图由系统运行及处理环境确定，通过它确定处理功能和数据结构的实际表现形式。

四、需求分析的内容

需求分析的内容是针对待开发软件提出完整、清晰、具体的要求，确定软件必须实现哪些任务。软件需求具体分为功能性需求、非功能性需求与设计约束三个方面。

1. 功能性需求

功能性需求即软件必须完成什么事，以及实现什么功能，以及为了向其用户提供有用的功能所需执行的动作。功能性需求是软件需求的主体。开发人员需要与用户进行交流，确定用户需求，从利用软件帮助用户完成事务的角度充分描述外部行为，形成软件需求规格说明书。

2. 非功能性需求

作为对功能性需求的补充，软件需求分析还应该包括一些非功能性需求，主要包括软件使用时对性能、运行环境方面的要求。软件设计必须遵循相关标准、规范、用户界面设计的具体要求、未来可能的扩充方案等。

3. 设计约束

设计约束一般也称设计限制条件，通常是对一些设计或实现方案的约束说明。例如，要求待开发软件必须使用 Oracle 数据库系统完成数据管理功能，运行时必须基于 Linux 环境等。

五、需求分析的过程

需求分析的过程，可以分为四个方面：问题识别、分析与综合、制订要求规格说明书、评审。

问题识别：从系统角度来理解软件，确定对所开发系统的综合需求，并提出这些需求的实现条件，以及需求应该达到的标准。这些需求包括功能需求（做什么）、性能需求（要达到什么指标）、环境需求（机型、操作系统等）、可靠性需求（不发生故障的概率）、安全保密需求、用户界面需求、资源使用需求（软件运行时所需的内存、CPU 等）、软件成本消耗与开发进度需求、预先估计系统可能实现的目标。

分析与综合：逐步细化所有的软件功能，找出系统各元素间的联系，如接口特性和设计的限制，分析它们是否满足需求，删除不合理的部分，增加需要的部分。最后综合成系统的解决方案，给出要开发系统的详细逻辑模型（做什么模型）。

制订需求规格说明书：即编制文档，描述需求的文档称为软件需求规格说明书。请注意，需求分析阶段的成果是需求规格说明书，并向下一阶段提交。

评审：对系统功能的正确性、完整性和清晰性，以及其他需求给予评价。评审通过才可进行下一阶段的工作，否则需要重新进行需求分析。

4.3.2 构建交通安全管控平台的需求分析

一、数据源需求分析

系统数据需求分析的主要目的是明确支持交通控制集成系统应用软件各类功能所满足的数据源需求和数据质量要求。交通安全管控平台数据源如表 4-9 所示。

表 4-9 交通安全管控平台数据源

序号	来源系统	可提供的数据	备注
1	地理信息系统	城市基础空间拓扑数据和通用图层数据	1：2000～1：10000
2	交通状态采集	路段图层、交通流状态实时信息	
3	室外诱导屏系统	××市诱导屏位置分布数据，实时查看诱导屏信息	可通过集成系统实现数据标注，用于展示与发布，进行接口预留
4	信号系统	全市信号灯位置分布数据、配时数据、灯色变化数据	可通过集成系统实现数据标注，用于展示与控制
5	交通电视监控	××市视频监控点分布数据实时视频监控图像资源	可通过集成系统形成基于 GIS 的视频监控点分布图层；用于实时视频调用及控制接口
6	电子警察	××市电子警察点位分布数据，违法数据	预留实时视频接口
7	非现场	××市用于非现场监测的“全球眼”点位分布数据，违法数据	预留实时视频接口

二、功能需求分析

1. 地理信息需求

交通管理行业，一张地图相当于一个电子沙盘，各种警情通过地理信息，在同一张地图上进行展示，"敌我"态势了然于心，一张好地图胜过千言万语，因此，地理信息建设是控制中心集成平台系统建设的基础。在必要的时候，可以在地图上叠加展示影像图，更加直观地了解事件周边的情况，方便交通系统的控制。

2. 交通状况监测需求

交通安全管控平台计划将××市二环路的交通状况进行全面的监测，通过对道路上交通流信息的实时采集，获得路网内的车流量、车道占有率、车流平均速度、排队长度等交通状况信息，并结合地理信息进行直观的展示。以红黄绿路段的形式实时展示二环路的交通状态，为交通控制和交通诱导发布提供数据依据。

交通安全管控平台建设交通状况监测应满足以下需求。

① 已建流量监测点位流量数据的接入。

② 交通状况（车流平均速度，拥堵、缓慢、畅通）的 GIS 直观展示。

③ 交通状况的分区展示交通状况。

④ 路段交通状况详情监测并展示，包含路段名称、车流量、车道占有率、车流平均速度等信息。

⑤ 利用曲线图、柱状图、饼状图对交通流量进行多视角的统计分析等。

3. 交通信号控制需求

交通信号是交通管理控制的一种非常重要的方法和手段，其在交通控制工作中占有举足轻重的地位，通过集成信号系统，展示全市信号机的分布、单点信号的实时灯色、绿波带上的灯色信息，可实时监测绿波带上相关车道的灯色信号，及时发现和纠正红色信号灯，实现对信号灯色的远程控制。

交通安全管控平台建设交通信号应满足以下需求。

① 信号机设备的点位分布 GIS 展示。

② 实时展示信号灯色信息并单点实时显示灯色变化，倒计时时间等。

③ 根据信号实时数据显示各路口排队长度并能实时监测变化。

④ 有关联关系的信号机可以通过绿波带方式进行直观展示。

⑤ 根据交通状况需要，可在控制中心由人工修改指定信号的配时信息。

⑥ 根据勤务需要，可由控制中心进行信号交通管制控制。

⑦ 交通信号控制与视频监控联动。

4. 交通信息发布需求

交通信息发布是将系统生成的交流流量信息通过与诱导屏的接口自动按各点设置的方案实时发布到 LED 显示屏上。其主要功能是通过设置在道路沿线的交通信息发布显示屏，向公众提供实时路况信息和其他交通宣传信息。

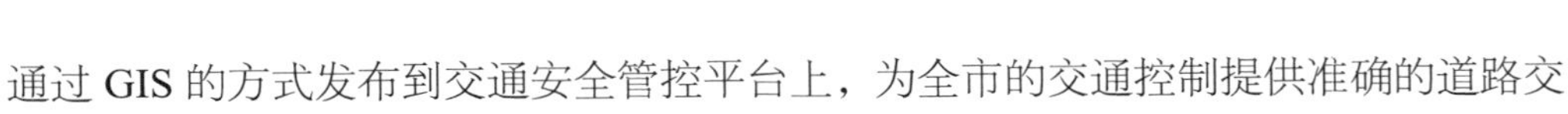

通过 GIS 的方式发布到交通安全管控平台上，为全市的交通控制提供准确的道路交通状况信息，将来还可发布到交巡支队对外网站上，为市民出行选择交通路线提供参考依据。

交通安全管控平台建设交通信息发布监测应满足以下需求。

① 道路交通信息 GIS 发布：在 GIS 上直观展示道路交通状态。

② 交通诱导信息发布：将道路交通信息通过诱导信息接口发布到 LED 诱导屏上。

③ 对外网站发布接口：此部分为预留接口，将来对外网站发布交通信息预留数据接口。

④ 对外手机交通信息发布接口：此部分为预留接口，将来对外手机发布交通信息预留数据接口。

5. 基于交通设施的综合控制应用

在同一个地图可视化平台上，凝结了各系统中常用的功能，多数控制人员可以避免在多系统中切换与复杂功能的查找，直观便捷地调用专项系统功能或有对比地叠加应用专项系统功能；同时结合数据及资源集成的优势，结合综合需求拓展各系统之间的有机联动功能、综合分析功能、对比分析功能，突出多种资源服务于同一目的的综合应用。

通过系统在控制过程中各系统之间的有机联动，多种科技资源在同一场景下进行综合应用，如按需对当前所关心道路/区域进行实时动态监测，可以根据需要选择关注的系统监测资源与数据，以利于及时掌握关注区域实时动态、快速发现问题、处置问题、发布诱导信息。

综合态势应用最重要的要求是，必须确保系统在地理信息可视化展示、实时信息动态展示等方面的稳定性和操作流畅性，支持上万条动态资源的流畅实时展示。高效稳定的可视化实时信息展示，可确保各级交通控制人员快速发现警情、实时有效地对警情进行监测。

交通安全管控平台建设综合控制应用应满足以下需求。

① 交通信号、交通状态、交通诱导、交通视频监测等资源综合叠加展示在同一张地图上。

② 交通信号、交通状态、交通诱导、交通视频监测等资源随地图操作（放大、缩小、漫游等）同步更新。

③ 交通信号、交通状态、交通诱导、交通视频监测等资源显隐控制。

④ 交通信号、交通状态、交通诱导、交通视频监测等资源功能调用，如视频调用、诱导信息发布、交通信号控制等。

6. 违法信息监测需求

目前，××市已建立多处电子警察，监测全市的机动车交通违法行为，充分利用电子警察的路端设备，对经过车辆进行甄别报警，提高对嫌疑车辆的监控程度，提高对违法犯罪车辆的震慑力，维护社会的安定团结。集成电子警察数据，可实现电子警察违法数据上图、违法数据查询浏览；在条件具备的情况下，接入电子警察实时视频数据，可实现违法现场实时查看。

接入非现场系统数据。（注：× × 市非现场系统是指利用全球眼视频数据，人工系统识别违法数据并进行入库），实现非现场违法数据上图，违法数据查询浏览；在条件具备的情况下，接入非现场实时视频数据，实现违法现场实时查看。

交通安全管控平台建设违法信息监测应满足以下需求。

① 违法数据接入。

② 违法监测视频数据接入。

③ 监测点位分布展示。

④ 监测分区分布展示。

⑤ 违法数据统计。

⑥ 违法数据详情展示。

⑦ 实时视频联动。

7. 设备运行情况分析需求

系统设备管理和监控维护管理实现对所有的设备进行控制、管理、编辑，以及运行状态自动监控分析的功能，结合报表和图形的方式进行直观的展示，其为系统的正常运转、设备的维护分析工作提供数据依据。

运行维护主要对实现联网的前端监控设备、中心服务器和通信设备进行管理，真正实现完全的自动化，对设备进行远程的检测和维护，以便及时地发现和解决问题，保证旅行时间系统的正常运行。实现对前端监控设备、通信设备的运行状态的监测，对监测结果记录并可以生成报表，前端监控设备和线路可以结合 GIS 地图平台对监测结果进行直观的图形化展示。

提供与前端设备的时间自动校对功能，整个系统时间始终保持一致。具备前端设备、通信故障自动报警功能。日志查询功能，可以实现对运行状态监控日志的查询，以及对前端监控设备详细运行日志的主动调用查询。

交通安全管控平台建设设备运行分析应满足以下需求。

（1）设备信息管理。

设备信息管理实现多种方式的设备信息录入，如批量导入工具。对于无坐标信息的设备，还应提供坐标标注工具。

录入设备的基本信息，如设备编号、设备 IP、设备厂商、使用时间、设备状态、检验时间、安装地点等。

（2）基于 GIS 的设施展示。

在地图上展示各种设备的分布点位，并可进行专项设备展示和综合设备展示。

可以选定要显示设备的使用状态（如正常、故障、停用、在建、虚拟），在地图上显示设备各种状态的分布情况，也可以结合大队、厂商等信息展示各厂商的设备的使用状态情况以及在各支队的分布情况。

系统支持对当前设备的运行状态及分布情况的展示。首先系统通过设备运行状态监测功能对设备的运行状态进行检测并生成检测结果，然后系统根据检测结果在地图上展示设备分布情况，使用不同颜色区分设备状态，如红色摄像头图标表示设备的网络连接不正常，黄色表示网络正常但是通信不正常，绿色表示设备全部指标都正常。

（3）设备综合查询。

设备综合查询采取以下三种方式精确查询和模糊查询相结合：精确查询指通过查询条件筛选出完全匹配的设备，与模糊查询相结合可以逐步缩小查询范围，最终定位到要查询的设备记录。

单条件和组合查询相结合：系统应支持多种单条件的查询方式，按照设备编号查询精确定位一套设备，按照所属支队查询该支队的所有设备，按照设备监测事件类型查询某一类型的所有设备，也可以以下次检定时间为条件查询最近需要检定的设备和线路等。通过各类查询条件相结合的方式（组合查询的方式）进行综合查询，逐步缩小查询范围，最终定位到要查询的设备。

列表显示和详细信息结合：对查询到的设备和线路信息采用列表和详细信息相结合的方式进行显示。以列表的方式显示批量的记录信息，每行显示一条记录，每条记录中只显示主要的信息。

三、软件技术架构需求分析

1. 应用软件技术架构要求采用合理的层次结构

合理的层次结构是应用软件高性能、高可靠性、高可维护性的基础，因此应用软件要明确、合理划分层次，包括客户端软件、用户表现层软件、业务逻辑层软件、数据库层软件、后台软件、接口软件、统计分析软件等，要有合理的划分依据。

2. 开发方式、开发语言和环境要求

鉴于 B/S 开发方式的高适用性与高可维护性，应当以 B/S 开发方式为主要手段开发集成应用系统，出于部分特殊需要（如涉及底层设备控制、特殊安全性需求），可以结合 C/S 方式的优势对开发方式予以补充。

鉴于 Java 语言良好的跨平台特性（支持 IBM AIX 和 HP UNIX、Linux、Windows Server，支持多种中间件平台 Weblogic、Websphere、Oracle IAS 等），以及 Java 语言在应用开发市场的主流地位，应当以 Java 语言为主开发集成应用系统。

数据库采用 Oracle10G 企业版，中间件环境统一采用最新版 Weblogic Server。

四、支撑系统技术架构需求分析

1. 数据库服务器的保障

数据库服务器在整个运行平台中是较为关键的软件平台，数据库的安全可靠运行，直接影响着整个集成平台的正常对外服务，所以要求通过系统技术手段，保证数据库服务的正常稳定运行，也就是要实现数据库服务器的互备冗余结构，以保证数据库在物理平台单点故障时，能够继续提供服务。同时要确保系统性能与资源配置的有效性，在总体配置资源满足应用需求的前提下，合理配置服务器架构，满足不同数据库服务的资源分配的使用。

2. 地理信息服务器的保障

控制中心集成平台的重要特点是，将集成、整合、数据分析处理后的信息，通过地理信息软件技术，形成直观、可视的应用。地理信息服务系统由多种产品组件构成，如空间数据引擎（如 ArcGIS 的 SDE）主要提供对空间数据的维护和服务管理，瓦片数据引擎将结合空间数据引擎实现空间数据发布，空间数据存储接口则由一组与底层平台无关的跨平台中间件组件完成。这些 GIS 支撑环节对系统的可靠性无疑是非常关键的，因此需要在本次建设中充分考虑支持各层面地理信息服务设备的性能与可靠性保障问题。

3. 应用服务器的安全保障

以多层体系结构和 B/S 模式为主的开发和实时数据通信处理，决定了应用服务器（业务应用服务器、通信服务器）在整个运行系统中的任务关键性，无论是集成各种系统和数据库，还是提交服务、跨网络协作，均需要应用服务器的参与。应用服务器的安全可靠运行，同样会影响整个平台的正常对外服务，因此需要在本次建设中充分考虑应用服务器的性能、负载均衡机制、可靠性保障。

4.4 交通安全信息系统的开发方法

信息系统项目的开发是客观事物及其活动在计算机系统中的抽象映射。从问题空间到解空间的映射即为项目开发过程，项目开发过程的映射关系如图 4-13 所示。

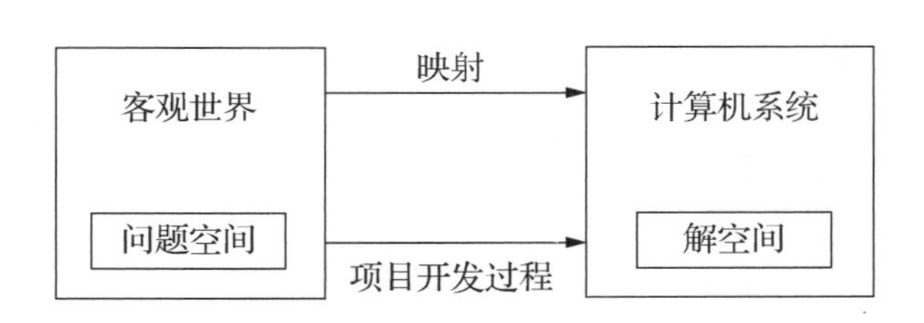

图 4-13 项目开发过程的映射关系

常见的交通安全信息系统开发方法中，支持系统分析与设计的方法有：结构分析设计技术方法（Structured Analysis Design Technique，SADT）或生命周

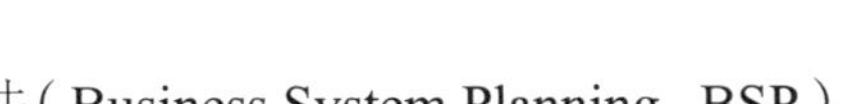

期法、原型法、面向对象的开发方法、企业系统规划法（Business System Planning，BSP）、关键成功因子法（Critical Success Factors，CSF）。由于篇幅有限，以下只介绍部分方法。

4.4.1 生命周期法

生命周期法又称结构化生命周期法，或结构化系统分析与设计（Structured System Analysis and Design，SSAD）或结构化分析和设计技术（Structured Analysis Design Technique，SADT）。生命周期法要求信息系统的开发工作划分阶段与步骤，规定每个阶段的工作任务与成果，按阶段提交文档，在各阶段中按步骤完成开发任务。

一、生命周期法简述

1. 面向用户的观点

信息系统的最终目的是为用户服务，系统是要交付给用户的。因而用户的要求即为研制工作的出发点和归宿，系统的成功与否取决于系统是否符合用户的需要。

系统开发过程中要始终与用户保持联系、加强沟通，让用户了解系统研制的进展情况，核准研制工作方向。

2. 加强调查和系统分析

以用户的需求为系统设计的出发点。根据用户需求进行系统分析，这样能够在极大程度上减少盲目性。需求的预先严格定义成为结构化方法的主要特征。

3. 按照系统的观点，自上而下地完成研制工作

自上而下将系统划分为相互联系又相对独立的子系统直至模块。要以系统的观点看待组织和研制工作，同时要把全局放在首位，即首先保证全局的正确性和合理性。

4. 逻辑设计与物理设计应分别进行

逻辑设计（系统分析阶段）是构造新系统的逻辑模型，解决系统“干什么”的问题；物理设计（系统设计阶段）是建立系统的物理模型，解决系统“如何干”的问题。逻辑设计与物理设计不允许交叉进行。

5. 使用结构化、模块化方法

系统的各部分独立性强，便于设计、实施、修改、维护，同时模块的划分也是按照自上而下的原则进行的。

6. 严格按阶段进行

系统开发设计时要严格区分阶段，明确各阶段的工作任务与步骤，每个阶段应得到相应的阶段性成果，后续阶段的工作以前面阶段工作的成果为依据。前一阶段的错误会在后期慢慢扩大，因此混淆工作阶段常常会导致系统开发失败。

系统开发相应的阶段性成果如下。

系统规划阶段——可行性研究报告。

系统分析阶段——系统分析说明书（或称逻辑设计说明书）。

系统设计阶段——系统设计说明书、系统开发报告、计算机硬件与软件配置方案。

系统实施阶段——系统使用说明书、规章制度、源程序清单。

系统运行阶段——系统开发文档资料整理，系统评价报告。

7. 充分考虑到变化的情况

无论是设计系统还是安排实际工作，都要提前考虑到可能的变化。

用户的要求基本不是一成不变的，因而设计系统时就要考虑将来修改系统时如何才方便。尽管结构化方法在用户需求发生变化时较难更改，但如果结构合理，模块独立性强，会有利于系统的变更。

8. 工作文件标准化、文献化

工作文件标准化使系统开发人员与用户有共同语言，便于工作的交流与将来的修改，保持工作的连续性，也能够避免由于理解的不同可能会造成的混乱，同时也便于查阅资料（文献资料要编号存档）。

严格地说，文档是系统的生命线，一个没有文档或文档混乱的系统是不会持续下去的。

二、生命周期法阶段划分

生命周期法阶段划分的基本思想是将信息系统的开发工作划分为若干阶段与步骤，各阶段按步骤完成开发任务。开发工作划分为五个阶段，五个阶段是首尾相接的，即系统运行后又会面临新的系统请求。各阶段的任务如下。

系统规划阶段：系统请求、系统调查、可行性研究。

系统分析阶段：批准、数据收集、数据分析。

系统设计阶段：确定方案、详细设计、编程。

系统实施阶段：调试、切换运行。

系统运行阶段：系统评价、系统维护。

系统开发首先要进行规划，确定系统目标，提出实现目标的初步方案并进行可行性研究；系统分析是整个系统开发的逻辑基础，在对系统的信息流有充分的了解并构建系统的逻辑模型的基础上，才能对系统进行设计开发；不要急于购买计算机（可选择在系统设计阶段购买），不要急于编写程序。

三、生命周期法各阶段工作简述

1. 系统规划阶段

用户提出开发新系统的要求，根据要求工作人员要组成专门的新系统开发领导小组并制订新系统开发的进度和计划，有关人员要进行初步调查研究，调查研究后提出初步的新系统目标开发的可行性研究计划。系统规划阶段的最终成果是提交研究报告。

2. 系统分析阶段

首先要进行目标分析，要划分子系统以及功能模块，然后构造出新系统的逻辑模型并确定其逻辑功能需求，最终交付新系统的逻辑设计说明书。

系统分析阶段是新系统的逻辑设计阶段，也是新系统设计方案的优化过程。数据流程图是新系统逻辑模型的主要组成部分，它在逻辑上描述新系统的功能、输入、输出和数据存储等。

3. 系统设计阶段

系统设计阶段又称新系统的物理设计阶段，设计的关键是模块化。系统分析员根据新系统的逻辑模型进行物理模型的设计，系统设计阶段的工作内容如表 4-10 所示。

表 4-10 系统设计阶段的工作内容

总体设计	详细设计
物理计算机系统选型	人-机过程的设计
总体结构设计	输入/输出设计
通信网络的设计	代码设计
数据库设计	模块（处理过程）设计

4. 系统实施阶段

系统实施阶段是新系统付诸实现的实践阶段，主要是实现系统设计阶段所完成的新系统物理模型。其主要工作有：计算机系统设备的安装和调试，程序的设计和调试，用户及操作人员培训，编制操作手册、使用手册和有关说明，等等。

5. 维护和评价阶段

信息系统是复杂的大系统。系统内、外部环境，各种人为的和机器因素的影响，要求系统能够适应这种变化、不断修改完善，这就需要进行系统维护。这期间修改的内容是多方面的，如系统处理过程、程序、文件、数据库甚至某些设备和组织的变动。

广义地说，系统评价贯穿于系统开发过程的始终。这里主要指系统开发后期的评价，旨在将建成的新系统与预期的目标做比较，其差异主要体现在用户的满意程度——可接受性。

通过以上各阶段工作，新系统替代旧系统进入正常运行。但是系统的环境是不断变化的，为了使系统能适应环境且具有生命力，必须进行少量的维护评价活动，当系统运行到一定时候，即再次不适用于系统的总目标时，有关部门将再次提出新系统的开发要求，于是另一个新系统的生命周期开始了。

在新系统开发的各阶段中，最关键的是系统分析阶段。该阶段的成果——新系统逻辑设计说明书，相当于产品的总体设计，也是新系统开发的重要依据。但是在整个生命周期中，工作量最大，投入的人力、物力、财力最多。但花费时间最长的却是实施阶段。

四、生命周期法开发策略

由于 MIS 的开发工作是一个典型的系统工程问题，所以应使用系统方法中的整体性原则（由各子系统构成，但不等于相加）、层次性原则（可以分解为低层次的子系统）、相互联系原则（子系统之间的接口问题）、最优化原则（要求各子系统的功能都要以取得整体最优为目标），这些最基本的原则作为系统开发策略的指导原则和评价标准。

1. 自上而下方式

自上而下方式（又称展开式）首先把企业看成一个整体，然后通过自上而下层层展开、逐步求精的方式对整个企业进行系统分析，最后得到逻辑模型，其示意如图 4-14 所示。自上而下方式完全按照系统工程方法的原则进行，具有结构整体性好、逻辑性强、优化功能强、不受原有的职能机构的限制等优点，但缺点是新系统运行后须重新确定职能部门。

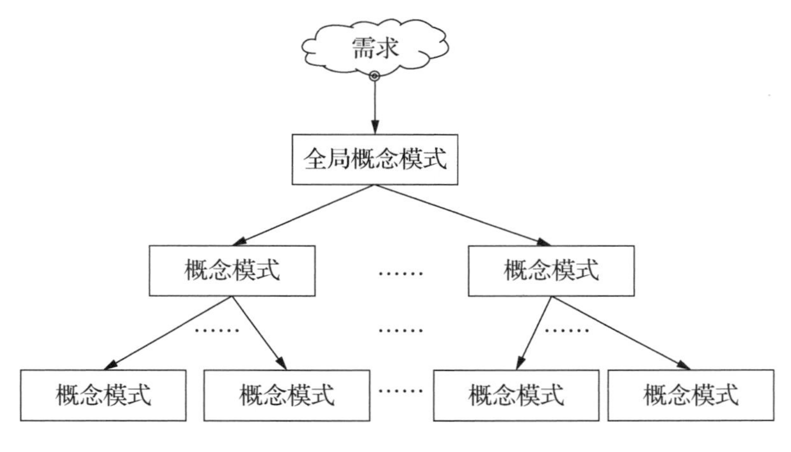

图 4-14　自上而下方式示意

自上而下方式的步骤如下。

（1）分析系统整体目标、环境、资源和约束条件。

（2）确定业务处理功能和决策功能，得到各个子系统的分工、协调和接口。

（3）确定各功能（子系统）的输入、输出和数据存储。

（4）对功能模块和数据进一步分析与分解。

（5）确定优先开发的子系统及数据存储。

自上而下方式还存在一些问题，如开发周期较长、技术力量要求高，缺乏系统分析专家；风险较大，整体性强，无法局部试运行，切换时冲击大；人们在心理上、技术上、习惯上较难适应；费用高，评价标准很难确定；等等。

2. 自下而上方式

自下而上方式是从一个组织的各个基层业务子系统（如薪酬计算、服务订单处理、生产管理、物资供应等）的日常业务处理开始进行分析和设计的，当下一层子系统分析完成后，再进行上一层系统的分析与设计，最终将不同的功能和数据综合起来考虑。这种方式虽然是从具体的业务信息子系统逐层综合和汇总到总的管理信息系统的分析和设计，但实际上仍是一种模块组合的方法。自下而上方式示意如图 4-15 所示。

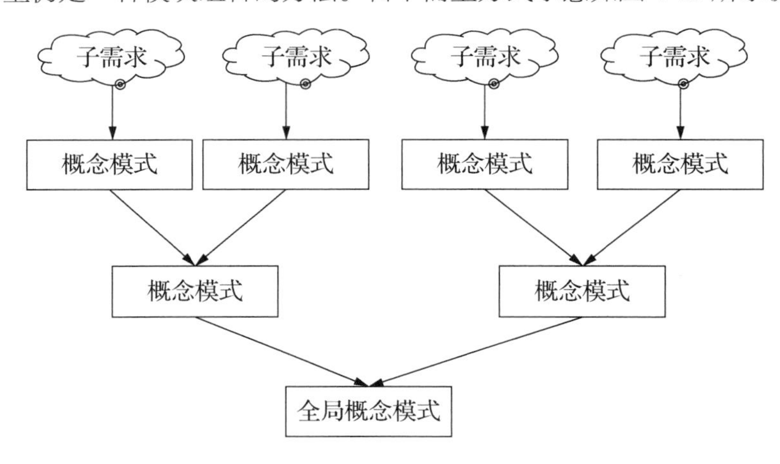

图 4-15 自下而上方式示意

自下而上方式具有投资少、周期短、技术力量要求不高、切换时冲击小、某一局部见效快等优点。但其缺乏整体性、全局规划，无组织状态，容易造成系统目标与企业目标有较大差距；缺乏有机联系，各系统自行设计时，没有留出必要的接口，也无法考虑数据共享和通信的要求；数据的一致性差，各系统仍沿用传统方法，造成数据不一致（如库结构、编码）；数据冗余量大，重复劳动多。使用该方式的结果是广泛地采用了新系统，但旧系统的弊端仍没有克服。

3. 两种方式的结合

两种方式的结合即先自上而下地进行需求分析，再自下而上地设计概念结构，这在实际应用中体现了“全局着眼、局部着手”的思想，另外，还应考虑“逻辑上集中、物理上分散”的指导原则。两种方式的结合示意如图 4-16 所示。

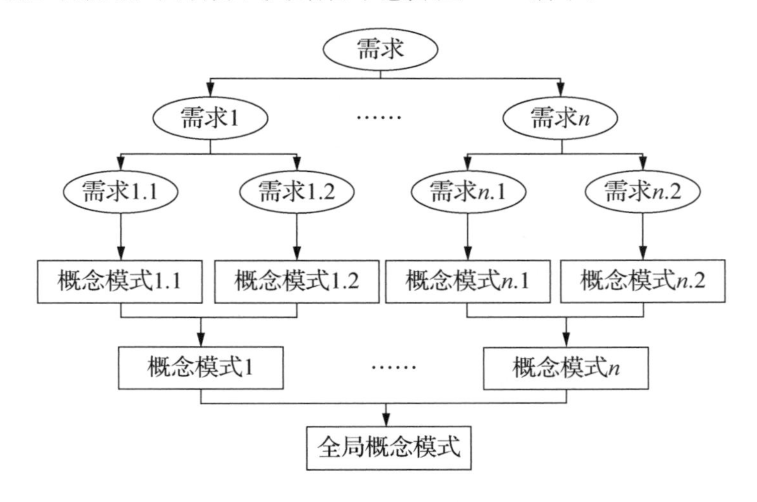

图 4-16 两种方式的结合示意

4.4.2 原型法

20 世纪 80 年代中期，学者提出了原型法的基本思想。原型法指可以逐步改进可运行系统的模型，这种方法可以快速向用户提交一个管理信息系统的原型设计，从而使用户更早地看到一个真实的应用系统。在此基础上，利用原型不断提炼用户需求，不断改进原型设计，直至使原型变成最终系统。

并非所有的需求都能被预先定义，由于用户对计算机的知识不甚了解，而专业人员又不熟悉用户的业务，因此开发人员和用户之间存在着沟通上的障碍。

原型法的特点是为人们提供一个生动的动态模型，而且模型在演示中仍可以修改和完善。此方法要求有快速的建造工具，在实施时必须强调原型构造过程的快速性。目前的各种 MIS 生成器、第四代生成语言、面向对象的程序设计语言都是原型法的有力支持工具。

系统的构建反复修改是必要的，应加以鼓励。原型法认为需求的反复和多变是一种正常现象，是不可避免的，应该鼓励用户对需求提出更多、更高的要求。

一、原型法的开发流程

原型法的开发流程示意如图 4-17 所示。

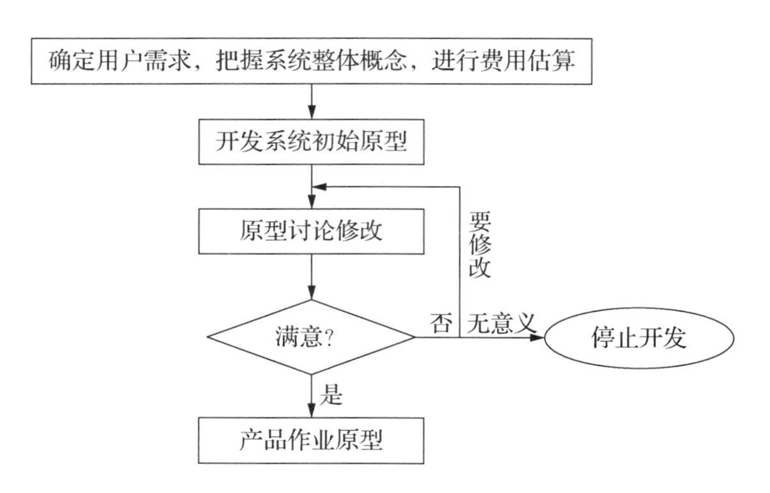

图 4-17　原型法的开发流程示意

二、原型法各阶段的主要任务

1. 确定用户的基本要求

设计出若干基本的，同时又是关键性的问题向用户询问，从而得到用户对于信息系统的基本要求。例如，约束条件调查、系统的输出、系统的输入、数据、功能（如何对数据进行转换，何时转换）、保密性要求、性能/可靠性。

2. 开发初步的原型系统

一般原型系统只有数十个屏幕画面和少量试验数据，通常只是单机上的系统。

3. 使用原型系统

请用户使用原型系统，让用户发现原型系统存在的问题，同时不断修改原型系统，直到出现下列两种情况之一则停止修改：用户可能认定按原型开发的系统不是他们所希望的系统，或开发者认为用户提出的要求无法按目前条件实现，从而终止开发工作；除规模和效率等可以改善的问题外，用户对原型系统已经满意。

4. 正式开发

将用户满意的原型系统作为进一步开发的依据，正式进行开发。一般开发中，以上循环过程不多于五次。

正式开发系统时，系统开发工具要具备合适的硬件设备和网络设施以及功能强大的系统构筑工具，还要有可以控制的数据。另外，还要求开发者具有丰富的计算机知识和用户管理经验，要对系统开发感兴趣，可以投身到反复的讨论中来。

原型法的最大优点是它可以有效地避免因开发者和用户的认识隔阂所造成的失败，同时原型法的成本也比较低。

三、建立初始原型法的原则

建立初始原型法的原则有以下几个方面。

（1）应用第四代自动生成语言原则。此原则可以节省编程时间，缩短系统开发的周期。

（2）集成原则。使用现成软件和模型来构造原型，利用通用的应用软件和模型积木式地产生原型，借鉴通用生成工具，如通用输入生成器、通用条件查询生成器、通用报表生成器。

（3）最小系统原则。应用最小系统原则，构造一个规模较小，且能反映用户系统特性的原型，然后与用户讨论，征得他们同意之后，再完善系统的其他部分。

四、原型修改控制与使用

1. 限制修改次数

限制原型修改次数是一种最简单的原型修改控制方法。根据项目的费用、复杂度及项目的重要性，在项目开始时给出最大修改次数。

2. 限制用户接受的百分数

限制用户接受的百分数是另一种原型修改控制方法。当用户的接受程度达到既定百分数（一般为 80%）时就停止修改。但在一个不稳定的用户环境下，可能总是达不到用户规定的接受程度。

在一个不稳定的用户环境下，用户的想法经常在变。修改一次原型，对于不同的用户可能增加了用户的接受程度，也可能降低了用户的接受程度。但是试图通过多次修改原型来获得更高的用户接受百分数通常是行不通的，用户接受程度与修改次数的关系如图 4-18 所示。

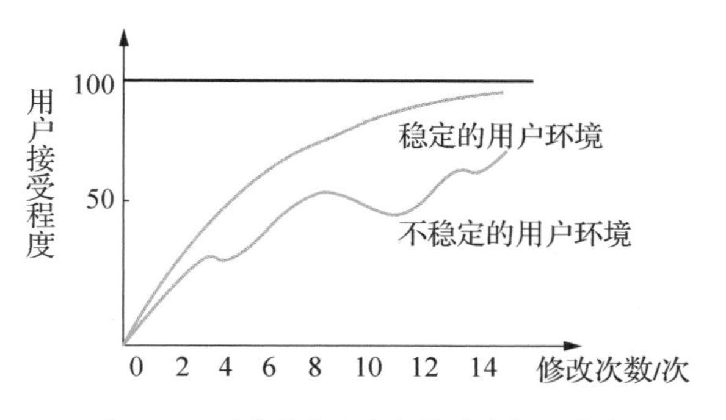

图 4-18 用户接受程度与修改次数的关系

3. 达到最佳的用户接受值

在不稳定的用户环境中，每一个比较高的用户接受值（用户的接受程度）都伴随着一个比较低的用户接受值，所以多修改一次不一定是好事。怎样才能达到最佳的用户接受值呢？下面给出一种方法。

确定初始修改次数；按照所确定的修改次数进行修改，记录修改后用户接受的百分数；继续修改，直到达到或超过前面所记录的最高的用户接受值。

采用以上介绍的方法，就可以把原型固定在一个最佳的用户接受状态上。

4. 费用效益控制

开发人员还可以采用费用效益分析法来控制原型的修改，如果原型的修改费用超过了修改带来的效益，就停止修改。当用户认为不再需要修改时，开发人员就要决定如何来进一步使用原型。这存在下面几种可能性。

（1）原型用作实际系统。在某些情况下，原型可以当作实际系统使用，这时原型法完全取代了传统的生命周期法。

（2）废弃原型。如果原型法的过程无法使用户满意，那么就应该把它废弃。

五、原型法对环境的要求

原型法对环境的要求包括以下几个方面。

（1）要有方便灵活的数据库管理系统，如 Visual Fox Pro、Informix、Oracle、Sybase 等。选定的系统要对需要的文件和数据模型化，适应数据的存储和查找要求，方便数据的存取。

（2）一个与数据库（DB）对应且方便灵活的数据字典（DD），要具有存储所有实体的功能。

（3）快速的查询语言。一套与数据库对应的快速查询语言，支持任意非过程化的组合条件查询。

（4）高级的软件工具。一套高级的软件工具［如第四代自动生成语言（4GL）或开发生成环境等］用以支持结构化程序，并且允许程序采用交互的方式迅速地进行书写和维护，并产生任意程序语言模块。

（5）非过程化的报告/屏幕生成器。一个非过程化的报告/屏幕生成器，允许设计人员详细定义报告/屏幕样本以及生成内部联系。

4.4.3 面向对象的开发方法

用计算机系统求解的问题都是现实世界的具体问题，根据求解问题的目的将现实世界问题做相应限定，就获得了求解问题的空间，经抽象规范化处理就获得了计算机求解问题空间，再经计算机求解便可获得问题的解。计算机系统求解问题的过程如图 4-19 所示。

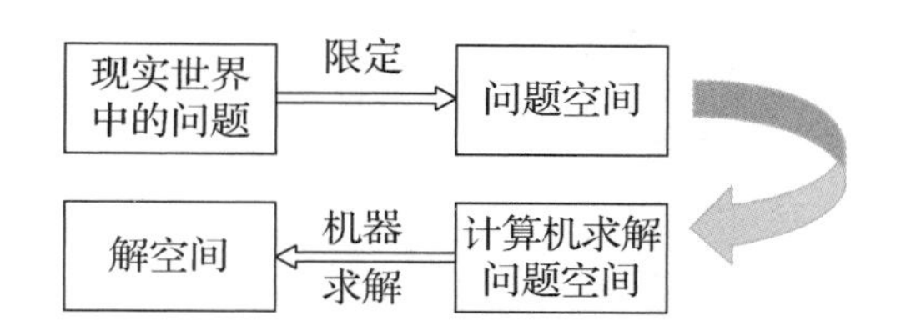

图 4-19 计算机系统求解问题的过程

所谓“面向对象”是从结构组织角度模拟客观世界的一种方法，人们在认识和理解现实世界的过程中，普遍运用以下三种构造法则。

（1）区分对象及其属性，如区分车和车的大小。

（2）区分整体对象及其组成部分，如区分车和车轮。

（3）不同对象类的形成及区分，如所有车的类和所有船的类。

因而，客观世界可以看成由许多不同种类的对象构成，每个对象都有自己的内部状态和运动规律，不同对象间的相互联系和相互作用构成了完整的客观世界。

一、面向对象方法的发展

面向对象的系统开发方法起源于面向对象的程序设计语言。1972 年 Smalltalk-72 正式发布，标志着面向对象程序设计方法的正式形成。Smalltalk-80 的问世被看作面向对象语言发展史上最重要的里程碑，它是第一个完善的、能够实际应用的面向对象语言。

自 20 世纪 80 年代中期到 90 年代，涌现出了大批比较实用的面向对象程序设计语言，如 C++、CLOS（Common Lisp Object System）、Eiffel、Actor 等。

21 世纪初期至今，面向对象方法几乎覆盖了计算机软件领域的所有分支。例如，已经出现了面向对象的编程语言、面向对象的分析、面向对象的设计、面向对象的测试、面向对象的维护、面向对象的图形用户界面、面向对象的数据库、面向对象的数据结构、面向对象的智能程序设计、面向对象的软件开发环境和面向对象的体系结构等。

二、面向对象开发方法涉及的概念及术语

1. 对象

对象（Object） 就是我们在问题空间中要考虑的人、事或物，它具有一组属性和一组操作，是一个封闭体，其表示如下。

标识：即对象的名称，用来在问题域中区分其他对象。

数据：用来描述对象属性的存储或数据结构，它表明了对象的一个状态。

操作：即对象的行为，分为两类：一类是对象自身承受的操作，即操作结果修改了原有属性状态；另一类是施加于其他对象的操作，即将产生的输出结果作为消息发送的操作。

接口：主要指对外接口，是对象受理外部消息所指定的操作的名称集合。

对象具有以下几个特点。

（1）以数据为中心。操作围绕对其数据所做的处理来设置，操作的结果往往与当时的数据值有关。

（2）对象是主动的。为了完成某个操作，必须通过它的公有接口向对象发送消息，请求它执行某个操作，并处理它的私有数据。

（3）实现了数据封装。对私有数据的访问或处理只能通过公有的操作进行，对外是不可见的，具有典型的“黑盒子”特征。

（4）本质上具有并行性。不同对象独立地处理自身的数据，彼此通过传递消息完成通信，本质上具有并行工作的属性。

（5）模块独立性好。对象是面向对象的软件的基本模块。

2. 类

类（Class）是有相似数据和相似操作的一组多个对象的合称，如“客车”“货车”“轿车”等属于一个共同的类——车辆。

类的特点：类有层次，类可继续向上归类，也可继续向下分类。

自下而上对现有类的共同性质进行抽象体现了归纳思维能力，称为“泛化”；自上而下把现有类划分为更具体的子类体现了演绎思维能力，称为“细化”。

每个类都是个体对象的可能的无限集合，每个对象都是其相应类的一个实例。

3. 封装

封装（Encapsulation）具有两层含义：一是把对象的全部数据和操作结合在一起，形成一个不可分割的独立单位（对象）；二是尽可能隐藏对象的内部细节，对外形成一个边界，只保留有限的接口与外界联系。

对象是很好的封装体，它向外提供的界面包括一组数据（属性）和一组操作（服务），而把内部的实现细节隐藏起来。

封装的信息隐藏作用反映事物的相对独立性，当我们站在对象以外的角度观察一个对象时，只需注意“做什么”，不必关心“怎么做”。

小知识

“售报亭”的封装

属性：各种报刊（名称、定价）、钱箱（总金额）。

服务：报刊零售、款货清点。

封装——“售报亭”，接口——“窗口”。

顾客只能从这个“窗口”要求提供服务，而不能自己伸手到亭内拿报刊或找零钱。款货清点是一个内部服务，不向顾客开放。

封装的原则在软件上体现为：一方面要求对象以外的部分不能随意存取对象的内部数据（属性），有效避免外部错误对它造成的“交叉感染”，错误被限制在局部；另一方面当对象的内部需要修改时，由于它只通过少量的服务接口对外提供服务，因此大大减少了内部的修改对外部的影响，减少了“波动效应”。

4. 继承

继承（Inheritance）是指能够直接获取已有的性质和特征，而不必重复定义它们。在面向对象的软件技术中，继承是子类自动地共享父类中定义的数据和操作的机制。特殊类的对象拥有其一般类的全部属性与服务，称作特殊类对一般类的继承，具有“自动拥有”或“隐含复制”的涵义。

继承是对具有层次关系的类的属性和操作进行共享的一种机制。当用一个类创建一个对象时，对象就继承了该类的全部语义性质，甚至还可以加上自己特有的语义性质。

继承者称为子类，被继承者称为父类。继承具有传递性，若类 C 继承类 B，类 B 继承类 A，则类 C 继承类 A。继承可以极大程度地减少设计和程序实现中的重复性。

小知识

“售报亭”消息的传递

顾客对售报亭说：“我买一份《晚报》。”售报亭接收到这个消息后执行一次对外提供的服务（报刊零售），这条消息包含下述信息。

接受者（售报亭）——对象标识。

要求的服务（报刊零售）——服务标识。

（《晚报》，一份，1.00 元）——输入信息。

（买到的《晚报》和找零 0.50 元）——回答信息。

5. 消息

消息（Message）就是向对象发出的服务请求，含有下述信息：提供服务的对象标识、服务标识、输入信息和回答信息。消息的接收者是提供服务的对象。消息的发送者是要求提供服务的对象，在它的每个发送点上需要写出一个完整的消息，包括对象标识、服务标识、符合消息协议要求的参数。

消息在各对象间提供唯一合法的动态联系途径（封装使对象成为独立的系统单位）。

三、面向对象的系统开发方法原理

面向对象的系统开发一般需要经历三个阶段。

1. 面向对象分析（Object-Oriented Analysis，OOA）

这一阶段主要采用面向对象技术进行系统分析。面向对象分析主要运用以下原则：构造和分解相结合的原则，抽象和具体相结合的原则，封装的原则，继承性的原则，构造问题空间（区分对象及其属性、区分整体对象及其组成部分、不同对象类的形成及区分）原则。

2. 面向对象设计（Object-Oriented Design，OOD）

这一阶段主要利用面向对象技术进行概念设计。面向对象设计与面向对象分析使用相同的方法，因而从分析到设计转变非常自然。从分析到设计是一个积累性的模型扩充过程。

一般而言，在设计阶段就是将分析阶段得到的各层模型化的“问题空间”逐层扩展，得到一个模型化的特定的“实现空间”。有时还要在设计阶段考虑到硬件体系结构、软件体系结构，并采用各种手段（如规范化）控制因扩充而引起的数据冗余。

3. 面向对象程序设计（Object-Oriented Programming，OOP）

这一阶段主要将面向对象设计中得到的模型利用程序设计实现。具体操作包括选择程序设计语言编程、调试、试运行。前面两个阶段得到的对象和关系最终都必须由程序语言、数据库技术实现，系统实施不受具体语言的制约，本阶段占整个开发周期的比重较小。

在系统开发实施阶段最好采用面向对象程序设计语言。一方面，面向对象技术日趋成熟，这种语言已经成为程序设计语言的主流；另一方面，可以安全和有效地利用面向对象机制，更好地实现面向对象系统设计阶段所选的模型。

4.5 交通安全信息系统的开发方式

交通安全信息系统的开发方式主要包括自行开发、委托开发、合作开发、购置软件。

不同的开发方式对合同的细则（知识产权、开发费用、系统维护）有直接的影响。要根据企业的技术力量、资金情况、外部环境等因素进行综合考虑和选择。任何一种开发方式都需要企业的领导和业务人员参加，在开发过程中培养和锻炼企业的信息技术队伍。

1. 自行开发

自行开发，即用户自行开发，又称最终用户开发，适合于拥有较强的信息技术队伍的企业。

自行开发的优点是开发费用低，同时开发的系统能够适应本单位的需求且满意度较高，便于维护。但此方式毕竟不是由专业的开发队伍来开发，所以容易受业务工作的限制，系统优化不够、开发水平较低。并且这些人员在其原部门还有其他工作，精力有限，容易造成系统开发时间长，系统整体优化较弱，甚至开发人员调动后系统维护工作没有保障的情况。

随着第四代语言及软件工具和信息系统生成器的发展，企业进行自行开发是有可能的。

2. 委托开发

委托开发方式适合于企业的开发队伍力量较弱，但资金较为充足的单位。

委托开发具有省时、省事且开发的系统技术水平较高的优点，但其费用高、系统维护需要开发单位的长期支持。

委托开发需要企业的业务骨干参与系统的论证工作，开发中需要开发单位和企业双方及时沟通，进行协调和调查。委托开发多是就一次性项目来签订委托合同，而系统外包则有可能是签订一个长期的服务合同，对企业有关信息技术的业务进行日常支持。

3. 合作开发

合作开发又称联合开发，是自行开发与委托开发的结合，适合于企业有一定的信息技术人员，通过信息系统的开发完善和提高自己的技术队伍，便于后期系统维护工作的企业。

合作开发能够充分发挥科研单位技术力量、本企业人员对管理业务熟悉的优势，开发出具有较高水平适应性强的系统。而且此方法可以节约资金、增强企业的技术力量，便于系统维护工作。但合作开发过程中易出现扯皮现象，需要双方及时达成共识，进行协调和检查。

4. 购置软件

购置软件的优点是节省时间和费用，技术水平较高，但通用软件的专用性较差，根据用户的要求需要有一定的技术力量做软件改善和接口等二次开发工作。

交通安全信息系统四种开发方式的比较如表4-11所示。

表 4-11　交通安全信息系统四种开发方式的比较

开发方式	对本企业开发能力的要求	系统维护的难易	用于企业内部的费用	用于企业外部的费用
自行开发	非常需要	容易	高	低
委托开发	不太需要	相当困难	低	高
联合开发	需要	比较容易	中等	中等
购置软件	不太需要	困难	低	低

【本章小结】

交通安全管理是按照交通法规的要求、规定和道路交通的实际状况，运用教育、技术等手段合理地限制和科学地组织、指挥交通，正确处理道路交通中人、车、路之间的关系，使交通尽可能安全、通畅、公害小和能耗少的一种管理方式。其主要内容包括交通行政管理、交通业务管理、交通控制管理。

信息系统规划是信息系统生命周期的第一阶段。其主要目标是明确系统整个生命周期内的发展方向、系统规模和开发计划。信息系统规划要支持系统的总体目标，整体是着眼于高层管理，兼顾各管理层的要求，面向过程，摆脱信息系统对组织结构的依从性，采用自上而下的规划方法，使系统结构有良好的整体性，从实际出发，使系统规划方便指导，便于实施。

需求分析阶段是信息系统开发过程中的重要一步，也是决定性的一步。需求分析是对客观系统不断认识和逐步细化成熟的过程。需求分析的任务是明确系统开发目标、明确用户的信息需求、提出系统的逻辑方案。

【关键术语】

交通系统管理（Transportation System Management，TSM）
系统需求分析（System Requirements Analysis，SRA）

【习题】

简答题

1. 交通安全管理服务分为几类？试概述各类的主要内容。
2. 归纳交通安全信息系统需求分析的主要内容。
3. 总结信息系统总体规划的要求与准备工作。

4. 网络设计的方式有几种？归纳各方式的特点以及它们适用的范围。

5. 交通安全信息系统开发方法主要有几种？总结各自的特点以及适用范围。

6. 系统开发的方式主要有几种？列出各种系统开发方式的优缺点及其适用条件。

分析案例

“公安交通事故管理信息系统”现行系统组织机构调查及需求分析

北京博瑞巨龙电脑技术有限公司研制开发的“公安交通事故管理信息系统”主要实现了对交通事故信息的流程化信息处理、过程审批、办案辅助示警/督导、文书生成管理、网上信息共享（电子调卷）、信息综合查询、综合分析多样化表现等功能。

利用本系统可以实现对有关道路交通事故的全面处理功能。处理范围涵盖交通事故一般程序处理的全过程，包括接报案立案、勘察取证、检验鉴定、责任认定、处罚、调解赔偿。同时系统支持事故处理过程中与法制有关的处理程序，包括重新认定、行政复议、处罚复核以及与刑事办案权有关的处理过程。此外还针对大量采用快速处理、简易程序的交通事故，系统支持信息采集，以及特定条件下转入一般程序处理。

该系统的主要功能如下。

1. 用户权限管理

可以利用警员卡进行用户注册，对用户基本信息、用户 IP 地址进行维护，对系统功能权限明细及用户角色（功能组）进行定义维护，同时具有授权管理功能（用户/角色/权限关系维护）、临时授权功能、取消临时授权功能、用户口令维护功能和系统连接加密功能。用户管理界面如图 4-20 所示。

2. 事故信息登记与维护

事故信息登记与维护具体可分为当前要处理的事故快速定位功能、接报案信息登记功能、接报案信息处理（受理）功能、事故快速处理信息登记功能、事故简易程序处理功能、事故普通程序处理信息登记功能、逃逸事故管理功能、非道路交通事故管理功能、刑事案件管理功能、行政案件管理功能、外事案件管理功能、办公辅助功能和信访管理功能。事故处理界面如图 4-21 所示。

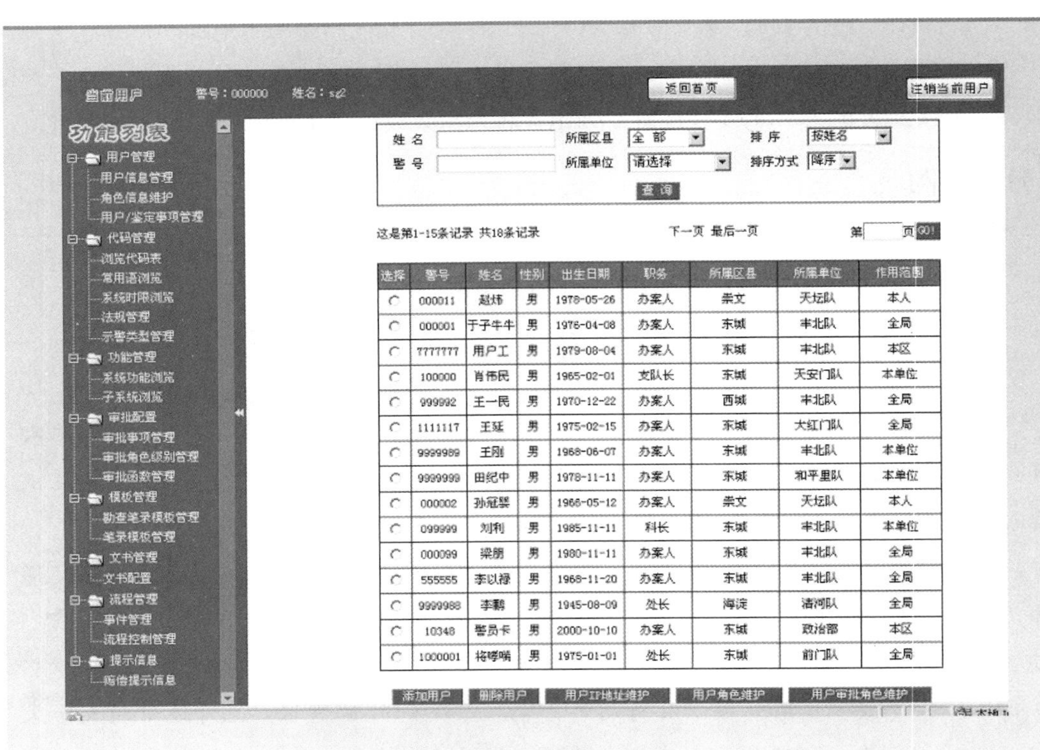

图 4-20 用户管理界面

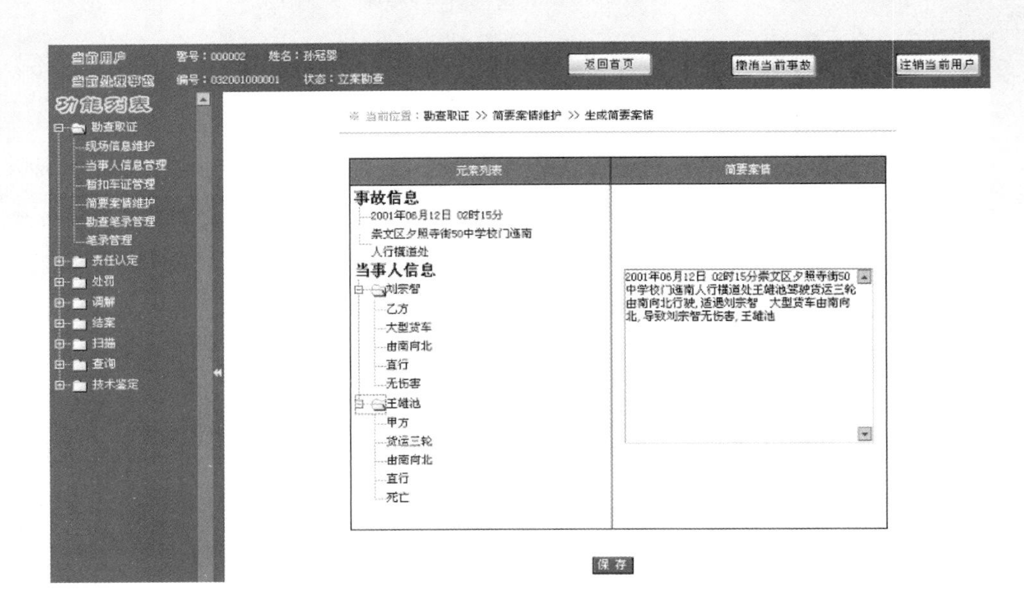

图 4-21 事故处理界面

3. 事故审批管理

事故审批管理具体可分为提请审批功能、领导审批功能、审批示警功能、强制超期审批功能、临时授权审批功能、审批模式维护功能和审批浏览功能。

办案人员可以对需要审批的内容进行提交，系统同时生成审批自身登记；有审批权限的领导或临时授权人员可调出需要审批的内容进行审批，并可输入相关意见；系统可在有关领导登录系统时提醒其对即将到审批时限的事件及时审批，并对超审批时限的事件，在审批后留下考核记录；在有关领导外出时授权其他用户代为审批，超过授权期限系统可自动撤销或由有关领导主动撤销授权；可以对审批模式进行修改或对审批流程管理重新定向，也可以按条件浏览各未审批及已审批事件。交通事故处理审批界面如图 4-22 所示。

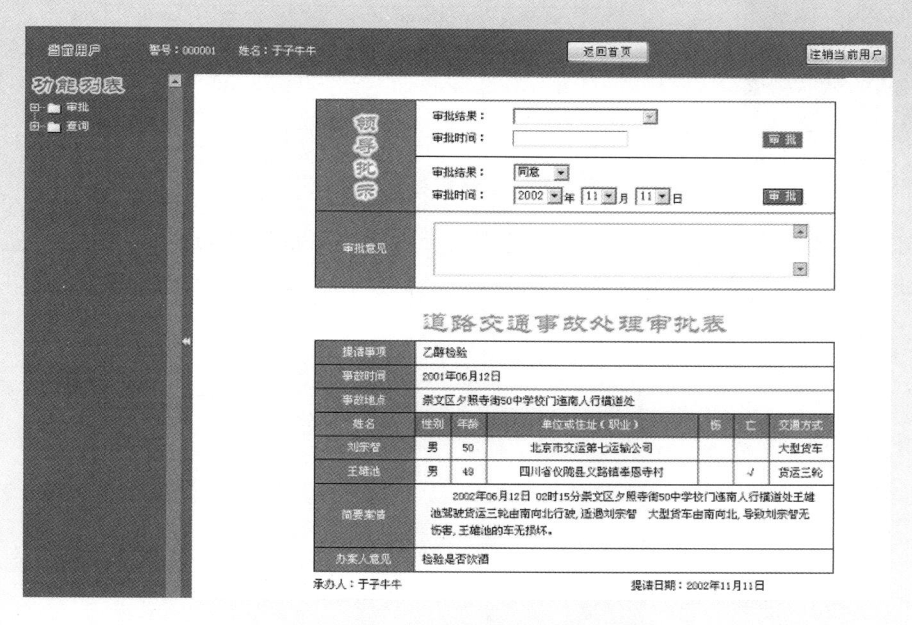

图 4-22 交通事故处理审批界面

4. 事故案卷管理

本系统提供案卷清单维护、文书模板维护、文书动态内容维护、图档文件管理、档案编排浏览、审卷记录等功能。系统维护人员及管理人员可以增删案卷文书，调整案卷维护顺序、关联生成环节；可以定义、维护文书格式，固化文字，定义、维护需要动态生成信息的来源、提取方式、转换方式；支持图档文件扫描，对用户透明的图档文件压缩上载入库、解压缩浏览，对某一特定案卷调整次序、浏览审阅，对某一文书填写评判意见或对整个案卷填写总体意见。事故案卷管理界面如图 4-23 所示。

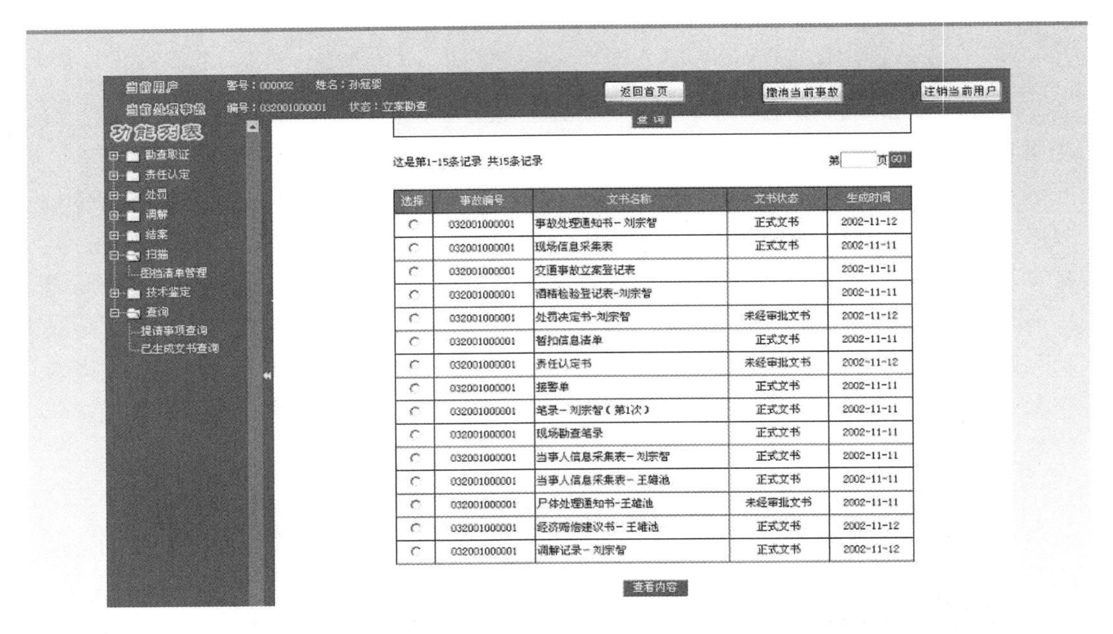

图 4-23　事故案卷管理界面

讨论：根据已经开发的“公安交通事故管理信息系统”的功能执行情况，查阅相关文献和浏览相关网站，尝试进行事故管理的组织机构及系统的功能需求分析。

第 5 章 交通安全管理信息系统开发

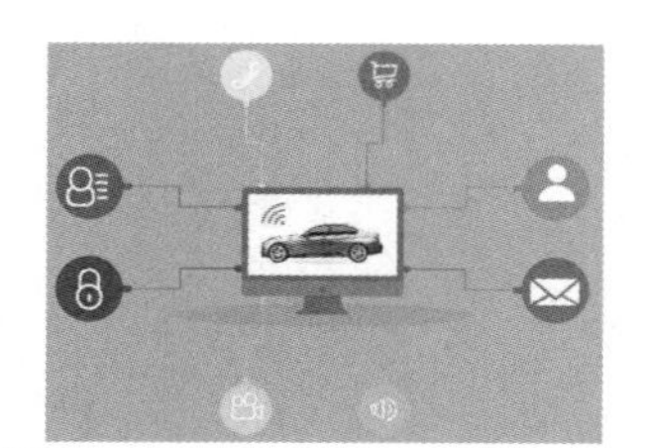

【教学目标与要求】

- 掌握信息系统分析的目标和任务、详细调查的内容、业务流程图、数据流程图和数据字典、系统分析报告内容。
- 掌握信息系统总体功能结构设计；掌握代码设计、数据库设计、软件模块处理流程设计；掌握输入、输出设计。
- 熟悉信息系统实施的任务和关键问题；掌握结构化程序设计的方法；掌握信息系统的测试、转换等概念；掌握信息系统日常维护的内容；掌握信息系统评价的目的和内容。

【思维导图】

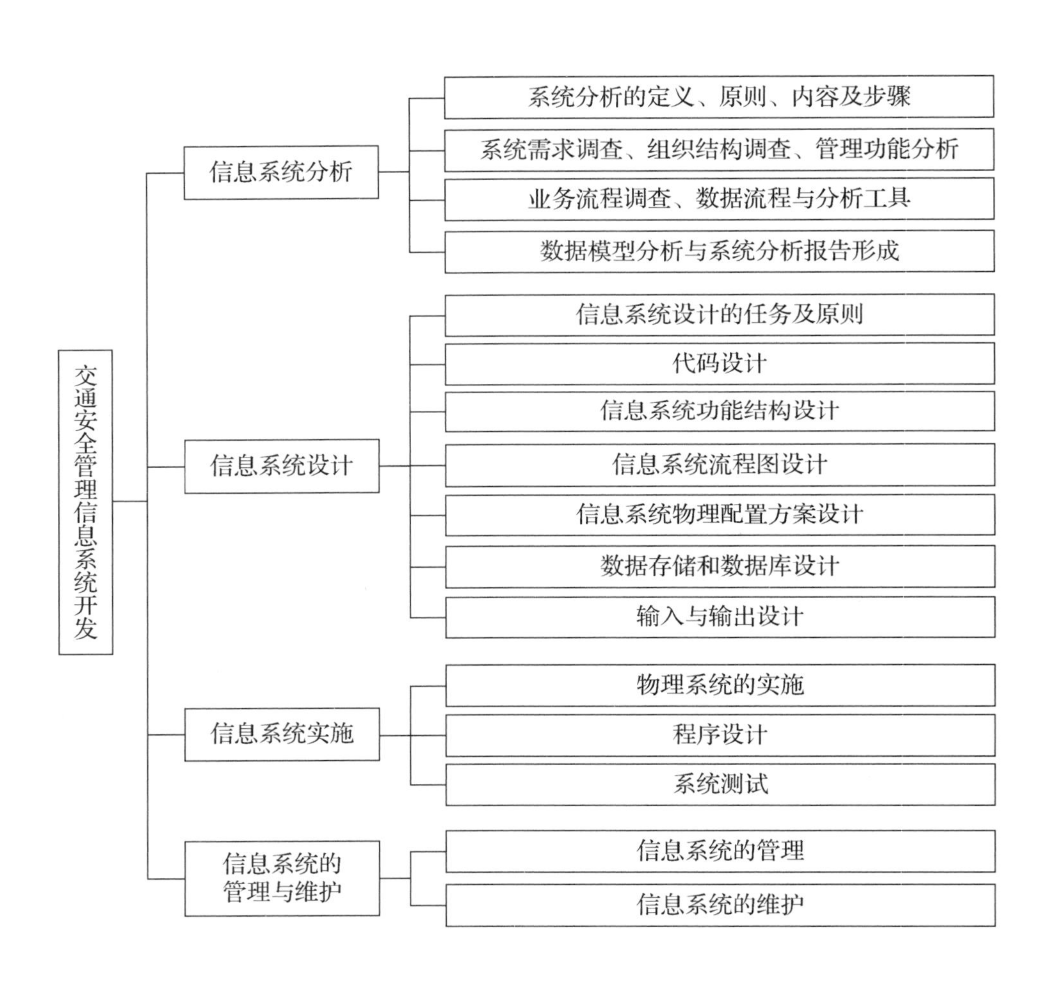
交通安全管理信息系统开发
信息系统分析
系统分析的定义、原则、内容及步骤
系统需求调查、组织结构调查、管理功能分析
业务流程调查、数据流程与分析工具
数据模型分析与系统分析报告形成
信息系统设计
信息系统设计的任务及原则
代码设计
信息系统功能结构设计
信息系统流程图设计
信息系统物理配置方案设计
数据存储和数据库设计
输入与输出设计
信息系统实施
物理系统的实施
程序设计
系统测试
信息系统的管理与维护
信息系统的管理
信息系统的维护

【导入案例】

交通安全管理信息系统开发示例
——公安部互联网交通安全综合服务管理平台

近年来，我国在互联网技术、产业、应用以及跨界融合等方面取得了积极进展，已具备加快推进“互联网+”发展的坚实基础。2015 年 7 月，国务院发布的《国务院关于积极推进“互联网+”行动的指导意见》，既是推动互联网由消费领域向生产领域拓展的动力，又是构筑经济社会发展新优势和新动能的重要举措，也是增强各传统行业创新能力的时代机遇。同一时期，公安部发布了《公安部：构建互联网交通安全综合服务管理平台》，决定在全国开展互联网交通安全综合服务管理平台建设和推广应用工作。目前，公安部互联网交通安全综合服务管理平台已在全国范围内使用。

公安部互联网交通安全综合服务管理平台采用网页、语音、短信、移动终端 App 四种方式，为广大交通参与者提供交管动态、安全宣传、警示教育，以及交通管理信息查询、告知、业务预约/受理/办理、道路通行等便民服务。

目前，公安部实现了以网页方式展示交管动态、安全宣传、警示教育等信息，并提供交通管理信息查询、告知及通报、抄告，交通管理业务的预约/受理/办理服务，另外，还可以通过短信方式发送交通管理信息。其中，交通管理业务包括补换领机动车号牌、补换领机动车行驶证、补换领机动车检验合格标志、预选机动车号牌、机动车安全技术检验预约、申领机动车临时号牌，补换领机动车驾驶证、考试预约、驾驶人身体条件证明提交、驾驶人延期换证/延期审验/延期提交身体条件证明，以及违法处理和罚款缴纳等。

“交管 12123” App 已成为被广泛应用的互联网交通安全综合服务管理平台官方客户端，由公安部交通管理科学研究所提供技术支持。它为广大车主和驾驶人提供：互联网服务平台个人用户注册，机动车/驾驶证/违法处理等业务预约、受理和办理，交通安全信息查询、业务告知提醒、业务导办，道路通行服务等全方位交通安全服务。

资料来源：https://app.mps.gov.cn/gdnps/pc/content.jsp?id=7477424.(2015-07-23)[2023-04-04]. 作者有改动。

讨论：互联网背景下的交通安全管理信息有哪些？公安部互联网交通安全综合服务管理平台的功能有哪些？通过检索文献等相关资料，讨论这些管理信息系统的功能是如何实现的。

本章通过介绍信息系统分析、设计、实施及管理与维护的内容，来讲解新系统是如何进行设计和开发的。

5.1 信息系统分析

在管理信息系统的开发过程中，工作量大、涉及部门人员多的阶段是系统分析阶段，它是一个由具体到抽象的过程。在这一阶段中，系统分析员需要充分了解用户的需求，收集大量反映系统现状的材料，并与用户的需求一起分析、归纳和提炼，最终抽象出反映系统功能的逻辑模型。

5.1.1 信息系统分析概述

一、系统分析的定义

系统分析是系统研究的方法，通过运用现代科学技术和方法，对构成系统的要素及其相互关系进行比较、分析、评价并优化可行方案，为决策者提供可靠的依据。它是按照系统的观点，在对现有系统深入调查和分析的基础上，综合运用系统科学、管理科学、计算机科学、通信网络技术和软件工程等多学科知识，深入描述及研究现行系统的活动、工作以及用户的需求，使用分析工具与技术绘制一组描述系统总体逻辑方案的图表，建立新系统逻辑模型的过程。

信息系统分析属于系统分析，因此信息系统分析的任务、原则、内容及步骤与系统分析的一致。

小知识

系 统 分 析

系统分析（Systems Analysis，SA）一词起源于美国兰德公司。该公司既无实验场所，也无生产设备，实际上是一个咨询机构，它运用系统科学的理论方法对某些符合特定功能的方案进行系统的经济评价，创造了一套解决问题的方法——系统分析。兰德公司工作的中心是为决策者提供各种最优决策方案，协助他们做出决策。

二、系统分析的任务

系统分析并不涉及具体的物理实现，其目的是明确系统的需求。系统分析是具体实现的前提，直接影响着新系统的设计质量和经济性，是系统设计成败的关键。

因此，系统分析的主要任务有两项：一是了解用户需求，二是确定系统逻辑模型，形成系统分析报告。具体表现为：在调查和分析中得出系统的功能需求，并给出明确的描述；根据需要与实现可能性，确定系统的功能，用一系列图表和文字描述系统功能，进而形成系统的逻辑模型；完成系统分析报告，为系统设计提供依据。

三、系统分析的原则

进行系统分析必须遵循结构化分析原则、逻辑模型与物理模型分离原则、面向用户原则。

1. 结构化分析原则

结构化分析是一般系统工程常用的方法之一，按照用户至上的原则，结构化、模块化、自顶向下地对信息系统进行分析与设计，是一种有组织、有计划、有规律的安排。

结构化分析的基本思想是以分解和抽象为手段，对系统进行逐层分析。分解是指把整体分解成部分，把系统分解成子系统，逐层进行分析，然后分别解决；抽象是指抓住主要问题，忽略次要问题。这种方法对系统进行自顶向下、逐步细分、逐步求精的剖析，从而达到容易理解的目的。在这个过程中，复杂的处理内容被隐藏起来。例如，在常见的教务管理信息系统中，最顶层的系统只反映系统总的目标及系统与外界的信息关系；分解到第二层时，把各子系统如何处理的细节隐藏，只反映新生管理、成绩管理、学籍管理等子系统及其相互关系；当分解到第三层时，又可以把成绩管理分为期末成绩管理和平时成绩管理子系统；以此类推。

2. 逻辑模型与物理模型分离原则

逻辑模型是根据用户的需求确定新系统具备何种功能，它是与物理模型相对而言的，更多的是从抽象的信息处理角度来看待系统而不注重功能是如何实现的。如果过早地考虑具体的物理细节，就会导致后期发现功能不合适时需要重新设计，从而造成人力、物力及财力等的巨大浪费。

因此，在实际开发中，需要考虑将逻辑模型和物理模型分开，先进行逻辑模型设计保证系统整体的合理性，然后依据逻辑模型的方案进行物理模型设计，这将使物理模型具有更好的全局性，也有更多的选择性。这种分离原则既能保证系统开发的质量，又能避免浪费、减少开发成本。

案例5-1

兰德公司

兰德公司成立于1948年11月，总部设在美国加利福尼亚州的圣莫尼卡，在华盛顿设有办事处，负责与政府联系。第二次世界大战期间，美国组织了一批科学家和工程师参与军事工作，把运筹学运用于作战方面，获得了不错的成绩，颇受政府重视。战后，为了继续这项工作，1944年11月，当时陆军航空队司令阿诺德（H. H. Arnold）上将提出了一项关于《战后和下次大战时美国研究与发展计划》的备忘录，要求利用这批人员，成立一个“独立的、介于官民之间进行客观分析的研究机构”“以避免未来的国家灾祸，并赢得下次大战的胜利”。1945 年年底，根据这项建议，美国陆军航空队与道格拉斯飞机公司签订了一项 1 000 万美元的“研究与发展计划”的合同，这就是著名的“兰德计划”。“兰德”(Rand)的名称是研究与发展(Research and Development)英语单词的简写。不久，美国陆军航空队独立成为空军。1948年5月，阿诺德在福特基金会捐赠100万美元的赞助下，“兰德计划”脱离道格拉斯飞机公司，正式成立独立的兰德公司。

美国兰德公司曾经对系统分析的方法论进行了总结，认为系统分析是一种研究方案，它能在不确定的情况下，确定问题的本质和起因，明确期望目标，找出各种可行方案，并通过一定标准对这些方案进行比较，帮助决策者在复杂的问题和环境中做出科学的抉择。

美国兰德公司对系统分析的方法可归纳为以下5个方面。

（1）确定期望实现的目标。这是一个系统的总目标，也是决策者做出决策的主要依据。对于系统分析人员来说，先要对系统的目的和要求进行全面的了解，为什么做此选择，要达到什么程度。因为系统的目的和要求是建立系统的依据和出发点。

（2）分析实现期望目标所需的技术与设备，以及多种方案的优化和比较。做系统分析需要分析多种方案，如进行提高铁路干线运输能力分析时，可以采取修建复线、更换牵引动力或改进信号设备等多种方案，需要进行优化比较。

（3）分析实现期望目标的各种方案所需要的费用和效益。这里的费用是广义的，包括失去的机会和所做出的牺牲。

（4）根据分析，找出目标、技术设备、环境资源等因素间的相互关系，建立各方案的模型或模拟方案。它可以得出系统各种替代方案的新功能、费用和效益，从而用于各种方案的分析和比较。

（5）根据方案的费用多少和效果优劣，依次排队，寻找最优方案。通过建立指标来衡量和比较，从而进行选择。

资料来源：郭宝柱，王国新，郑新华，等，2020. 系统工程：基于国际标准过程的研究与实践[M]. 北京：机械工业出版社.

3. 面向用户原则

信息系统是为用户开发的，最终也要交给用户使用，并由用户做出客观评价。系统分析应该根据用户的需求来进行。

四、系统分析的内容及步骤

系统分析工作开始于用户提出开发新系统的要求，其主要内容包括系统的初步调查和可行性研究、建立新系统的逻辑模型和编写系统分析报告等。系统分析的主要步骤如图 5-1 所示。

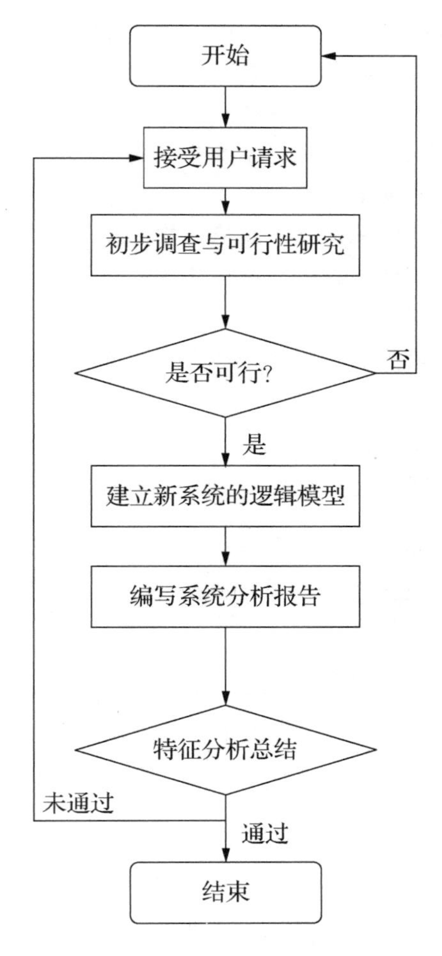

图 5-1　系统分析的主要步骤

案例5-2

交通运输企业管理信息系统

交通运输企业信息化是针对高速公路、城乡交通道路上行驶的营运车辆，以及客运公司、货运公司、公交公司、出租公司、旅游公司等企业，充分利用科学手段和管理方式来组织生产经营活动，最大限度地实现交通运输企业的物流、人流、资金流、信息流等资源的优化组合与合理配置，全面提高运输生产效率和企业经济效益。

交通运输企业信息化的根本宗旨是提高物流效率、降低物流成本、提高客户满意度。物流流程主要是信息沟通的过程。信息流贯穿于整个物流流程，物流的效率依赖于信息沟通的效率。所以，管理信息系统是企业信息化的核心和中枢，只有实现了信息化，才能有效地实现物流的网络化、系统化和柔性化，运输企业才能有效地提高物流效率，为客户提供优良的物流服务。

交通运输企业管理信息系统是以某交通运输企业为背景，利用现代信息技术发展成果和相关技术，建立起来的集成化、网络化的管理信息系统，主要功能包括客户关系管理、客户合同信息管理、车辆管理、车辆维修管理、运输需求信息管理、车辆配送及调度、车辆的运输反馈及信息统计、网上物流管理等。通过信息化建设促进运输企业向现代化物流管理方向发展。

下面以深圳市灵蝶信息产业股份有限公司（简称灵蝶）的汽车运输管理信息系统为例，介绍交通运输企业管理信息系统的功能，如图5-2所示。

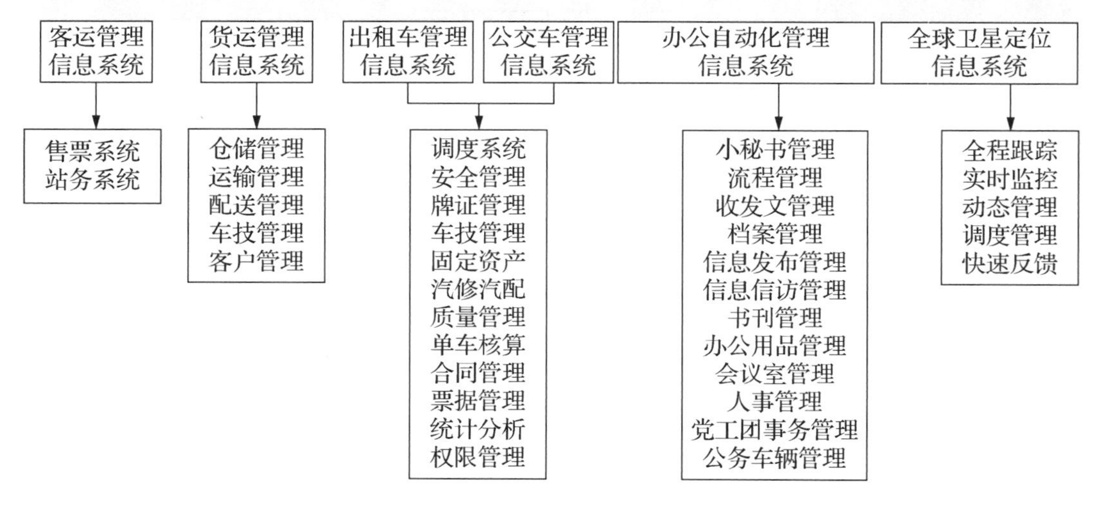

图5-2 交通运输企业管理信息系统的功能

灵蝶汽车运输管理信息系统的安全管理子系统主要用于对四级招聘录用管理，车辆出车前监督、车辆安全例行检查、交通肇事以及按照货运其他形式对运输安全相关信息的管理。具体业务主要包括保险单管理、交通事故记录、结案记录、保险金额支付、安全会议记录、安全组织、驾驶人招考情况、驾驶人安全档案等。

资料来源：崔书堂，2008. 交通运输信息管理[M]. 南京：东南大学出版社.

从运输企业管理信息系统可以看到一个新系统开发过程中需要考虑的诸多因素。建立这个新系统需要分析现有信息系统存在的问题，调查用户在信息系统方面的需要，选择合适的技术路线，并且对业务过程进行流程再造。新系统的建设体现了一个有计划的组织变动过程。

5.1.2 系统需求调查

交通安全管理信息系统的建立不是从需要到逻辑模型的简单映射，而是由多个部分组成的整体，是为了解决现行系统的不足、满足用户新的需求而建立的理想系统。因此，在建立新系统之前，必须充分了解现行系统，分析现行系统存在的问题，依据用户的需求和领导者提出的目标确定新系统的功能及应用范围。

小知识

交 通 需 求

交通需求是指出于各种目的的人和物在社会公共空间中以各种方式进行移动的要求。它具有需求时间和空间的不均匀性、需求目的的差异性、实现需求方式的可变性等特征。

系统的开发源于用户的需求，在开发前需要认真考虑其必要性和可行性。为了有效展开系统的开发工作，开发者通常将系统调查分为初步调查和详细调查。初步调查，即先投入少量人力对系统进行大致的了解，然后通过可行性研究判断是否具有开发的可行性，这种调查更多的是提出解决问题的初步设想，调查用户新系统开发目的、企业基本状况和开发条件等。而初步调查的可行性研究的任务是对初步调查所提出的系统规模、目标及相关约束条件进行论证，并从管理、技术、经济和社会角度进行分析并判断是否立项开发，为进一步的详细调查奠定基础。在初步调查可行性研究通过后，再投入大量的人力开展大规模的、详细的调查。

详细调查的对象是现行系统（包括手工系统和已经采用计算机的信息系统）。调查的目的是在初步调查可行性研究的基础上进行深入的、全面的调查和分析，明确现有系统运行的详细情况，发现其薄弱环节，找出需要解决的问题的实质，并用一定的工具对现行系统进行详尽的描述，确保新开发系统的先进性和有效性。

小知识

交 通 调 查

交通调查包括对所有影响交通的因素进行的调查。例如，对现有路网、车辆、站场，现有旅行方式，其他交通设备，土地使用和经济文化活动等进行的调查。

一、调查原则

调查是系统分析的基础，对整个开发工作的成败起决定性作用。整个调查必须要求用户积极参与，过程往往由使用该系统的部门相关领导、业务人员和设计部门的系统分析人员、设计人员共同参与。在调查过程中需要遵循以下原则。

1. 自顶向下全面展开

系统调查工作应严格按照自顶向下的系统化观点全面展开。先从组织管理工作的最顶层开始调查，然后调查第二层、第三层，直至摸清组织的全部管理工作。

2. 弄清各项管理工作存在的必要性

企业内部的每一个部门和每一项管理工作都是根据企业的具体情况和管理需要设置的。因此，首先应通过各种调查方法确定这些管理工作的内容、环境条件和详细过程，然后通过系统分析讨论有无改进和优化的可能性。

3. 工程化的工作方式

工程化的工作方式是将每一步工作都事先计划好，对多个人的工作方法和调查所用的表格等进行规范化处理，使群体之间能够相互沟通、协调工作。

4. 全面调查与重点调查相结合

全面调查有助于理解整个系统的运作。有些系统开发只需要某个局部的信息系统，因此需要在调查全面业务的同时侧重该局部相关的业务调查。

5. 良好的沟通协调

系统调查往往需要深入调查用户方，因此创造和保持一种积极、友善的人际关系是顺利开展调查的基础。

二、调查方法

1. 座谈法

座谈法被广泛应用于调查之中，是由主持人组织一定的人员，在一定的时间和地点，对特定的问题进行讨论以获取调查结果的方法。常见的座谈法是头脑风暴法。

2. 文献法

文献法是对资料文献进行查阅的调查方法。这种方法适用于对历史资料或简单信息的调查。

3. 问卷调查法

问卷调查法是以编制问卷的形式来进行调查的方法。首先回收被调查人填写的问卷，再经过统计、归纳后得到调查结果。问卷调查的设计是系统调查成功的关键。常见的调查问卷表有系统功能需求调查表等。

小知识

交通出行调查问卷

出行调查是对人们出行模式的调查，也称OD调查，是从起点（O，Origin）到终点（D，Destination）的调查。影响交通出行选择的因素包括个人属性、家庭属性、出行特征属性、交通方式的服务水平属性等。

常见的调查问卷主要有：RP调查（Revealed Preference Survey）和SP调查（Stated Preference Survey）。其中，RP调查主要是对出行者实际发生的出行情况进行调查，SP调查是模拟出行的情景，让出行者根据自身的情况做出相应的出行决策。RP调查是对已经发生的或者可观察到的出行行为进行调查，而SP调查是对尚未发生的出行情景下的出行行为进行调查。

4. 实地调查法

实地调查法是系统分析调查者深入、准确、完整地了解系统中的一些复杂环节的方式，是一种深入参与用户实际业务的方法，需要调查者具有很高的跨业务水平。

5. 访谈法

访谈法是系统分析调查人员根据需要，有目的地直接访问用户业务流程中的各类人员，其目的是深入了解业务流程、数据流程和数据处理方法等。这种方法往往针对性强，能够获取真实的、权威的、第一手的信息。

三、调查的内容及描述工具

交通安全管理信息系统是一个复杂程度高、投资大、开发周期长的大系统，因而在开发初期，必须以整个系统为分析对象，对系统进行总体需求的调查与分析，确定系统的总目标及主要功能。从总体上把握系统的目标和功能的框架，进而研究论证方案的可行性，从而达到为今后的系统分析、设计和实施奠定基础的目的。

系统需求调查是系统开发的重要环节，是明确系统“是什么”的问题，也是对目标系统提出完整、准确、清晰、具体要求的阶段。

具体来说，对系统需求的调查主要针对管理业务和数据流程两部分进行，其调查内容和描述工具包括：组织结构的调查与分析，用组织结构图来描述；系统功能的调查与分析，用管理功能图来描述；管理业务流程的调查与分析，用业务流程图和表格分配图来描述；数据与数据流程的调查与分析，用数据流程图、数据字典来描述。

5.1.3 组织结构调查与管理功能分析

一、组织结构调查

组织结构调查是对组织结构与功能进行分析，弄清楚组织内部部门的划分、各部门间领导与被领导的关系、了解各部门的工作内容与职责。组织结构调查的结果通常借助于组织结构图（组织结构总体框架）来分析。分析内容包括企业的规模、人力、物力和技术力量配备情况等。

案例5-3

某运输企业管理信息系统——组织结构调查

通过对某运输企业进行组织结构调查可以对该企业的管理信息系统进行初步分析。某运输企业主要设有客货运输部、技术服务部、企业管理部等职能管理部门，下属运输公司包括零担运输公司、高快客运公司、整车运输公司、旅游公司等，其组织结构总体框架如图 5-3 所示。

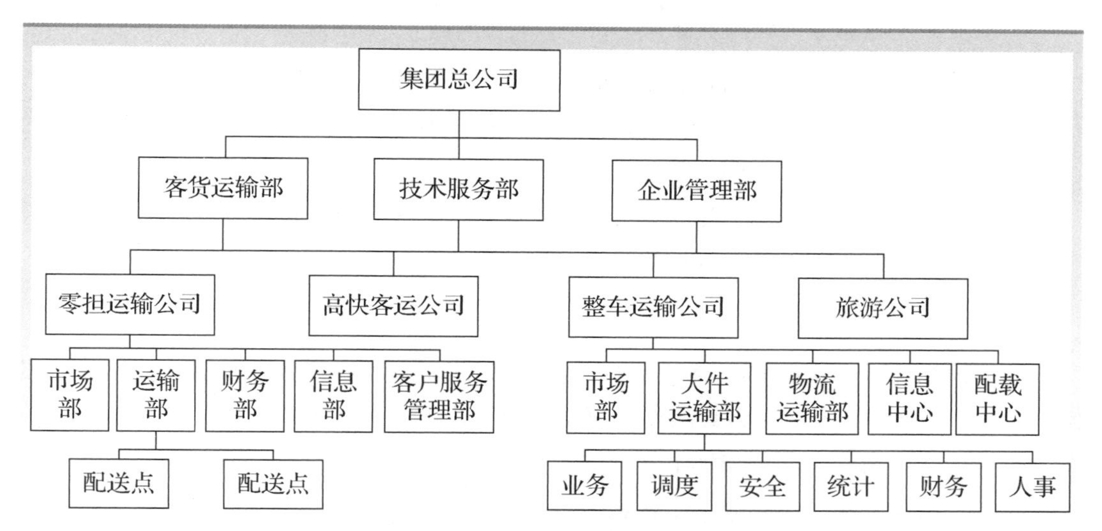

图 5-3 某运输企业组织结构总体框架

二、管理功能分析

组织结构图只能从大的框架反映出各部门间的隶属关系。随着生产组织规模的扩大，组织内部的业务范围不断扩大且分工不断细化，许多业务的工作性质也发生了相应的变化。因此，需要在组织结构图的基础上分析清楚各个部门的功能，然后分层次将其归纳和整理，形成以系统目标为核心的整个系统的管理功能分析。

在对图 5-3 中某运输企业进行组织结构调查之后，接着进一步进行管理功能分析，得出客货运输部以职能管理为主，主要负责对客货运输过程的各项问题，尤其是对安全管理进行宏观管理和调控。技术服务部主要负责对集团公司所属车辆（包括公司所属和融资挂靠）的购置、调拨、报废、维修等实施管理。在车辆的购置、报废、调拨业务中按照车辆的产权归属执行不同的审批手续。技术服务部对车辆的日常维修管理限于报表管理方式，即依赖下属企业的报表对车辆进行维修方面的监控。依据车辆的各项管理信息，技术服务部进行一些信息统计。企业管理部在车辆的运营管理方面主要进行的是运输方面的统计处理，即根据下属企业在车辆运营方面的统计报表进行综合统计，生成运输企业总体的运输统计信息。

5.1.4 业务流程调查与分析

从组织结构分析和管理功能分析可以看出，信息处理工作集中在某些部门，以及部门的主要职能。下一步的任务是，通过业务流程的调查和分析来厘清这些职能是如何在有关部门完成的，以及掌握这些职能对信息处理工作的影响情况。

一、业务流程调查的任务及方法

业务流程调查的主要任务是调查系统中各环节的业务活动，掌握业务的内容、作用、信息的输入或输出、数据存储和信息的处理方法及过程等。业务流程调查是掌握系统状况、确立逻辑模型不可缺少的环节。

整个业务流程顺应系统信息流动的过程逐步进行，流程调查的工作量较大，通常用业务流程图等来表示业务流程的调查结果。

二、业务流程图

业务流程图是一种表明系统内各单位或人员之间业务关系、作业顺序和信息流向的图表。用一些规定的符号、连线和尽可能简单的方法来表示具体的业务处理过程，可以帮助系统分析人员找出业务流程中不合理的流向。

绘制业务流程图的步骤分三步：第一步，分析系统的边界，确定系统中的人员、部门和外部单位，并分析这些人员、部门和外部单位之间的业务往来；第二步，厘清各过程中传递的数据文件及数据流动方向，正确辨别数据处理过程需要使用的数据存储文件以及需要修改的数据存储文件，其中，系统中的人员读取数据存储文件时应将数据流向箭头指向该人员，反之为修改，只有同时读取和修改数据存储文件时，该数据流向才是双向的；第三步，根据业务发生的顺序及各人员、部门之间的业务往来绘制业务流程图。绘制业务流程图常用的符号如图 5-4 所示。

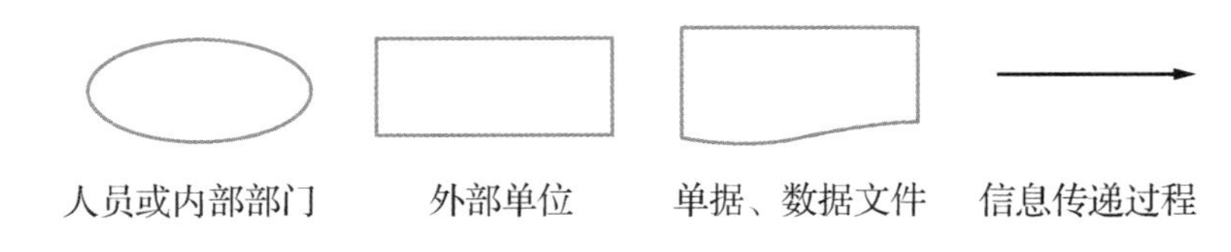

图 5-4　绘制业务流程图常用的符号

三、系统化的业务流程分析

通过细致的业务流程调查，在对现行系统的业务流程有深入、详尽的理解的同时，也能发现现行系统业务流程中存在的问题。这些问题可能是管理思想和方法落后、业务流程不合理等。这时就需要在现有业务流程的基础上进行业务流程重组，形成更为合理的业务流程。

业务流程分析过程包括以下内容。

（1）现行业务流程的分析。分析原有业务流程的各处理过程是否具有存在的价值，其中哪些过程可以删除或合并，哪些不够合理，可以进行改进或优化。

（2）业务流程的优化。现行业务流程中哪些过程存在冗余信息处理，可以进行优化。

（3）确定新的业务流程。画出新系统的业务流程图。

（4）确定新系统的人机界面。新的业务流程中要确定人与机器的分工。

案例5-4

某运输集团管理信息系统——业务流程调查与分析

对某运输集团管理信息系统开展业务流程调查与分析，可以通过实地调查和访谈两种方法进行，调研围绕客货运输及相关管理展开，采取以货物运输为主、客运为辅的策略。对该运输集团的职能部门重点调查客货运输部、技术服务部和企业管理部。在下属运输公司中，首先重点调查物流公司、快运物流公司，其次是高快客运公司和旅游公司。

（1）车辆购置业务流程图如图 5-5 所示。

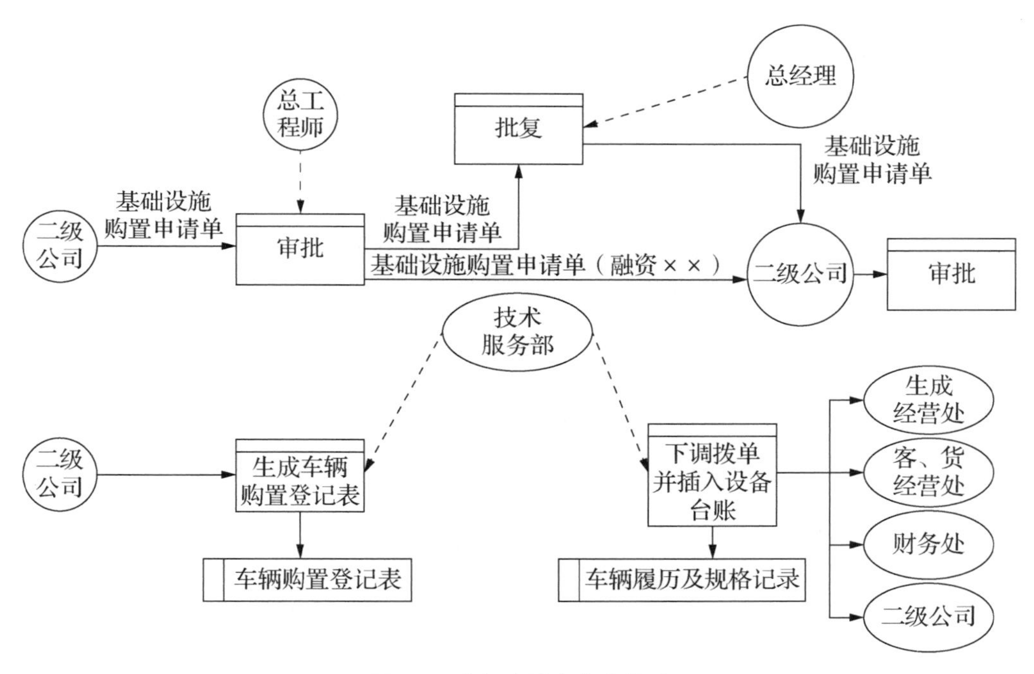

图 5-5 车辆购置业务流程图

（2）车辆报废业务流程图如图 5-6 所示。

（3）车辆调拨业务流程图如图 5-7 所示。

（4）车辆维修业务流程图如图 5-8 所示。

（5）车辆信息统计业务流程图如图 5-9 所示。

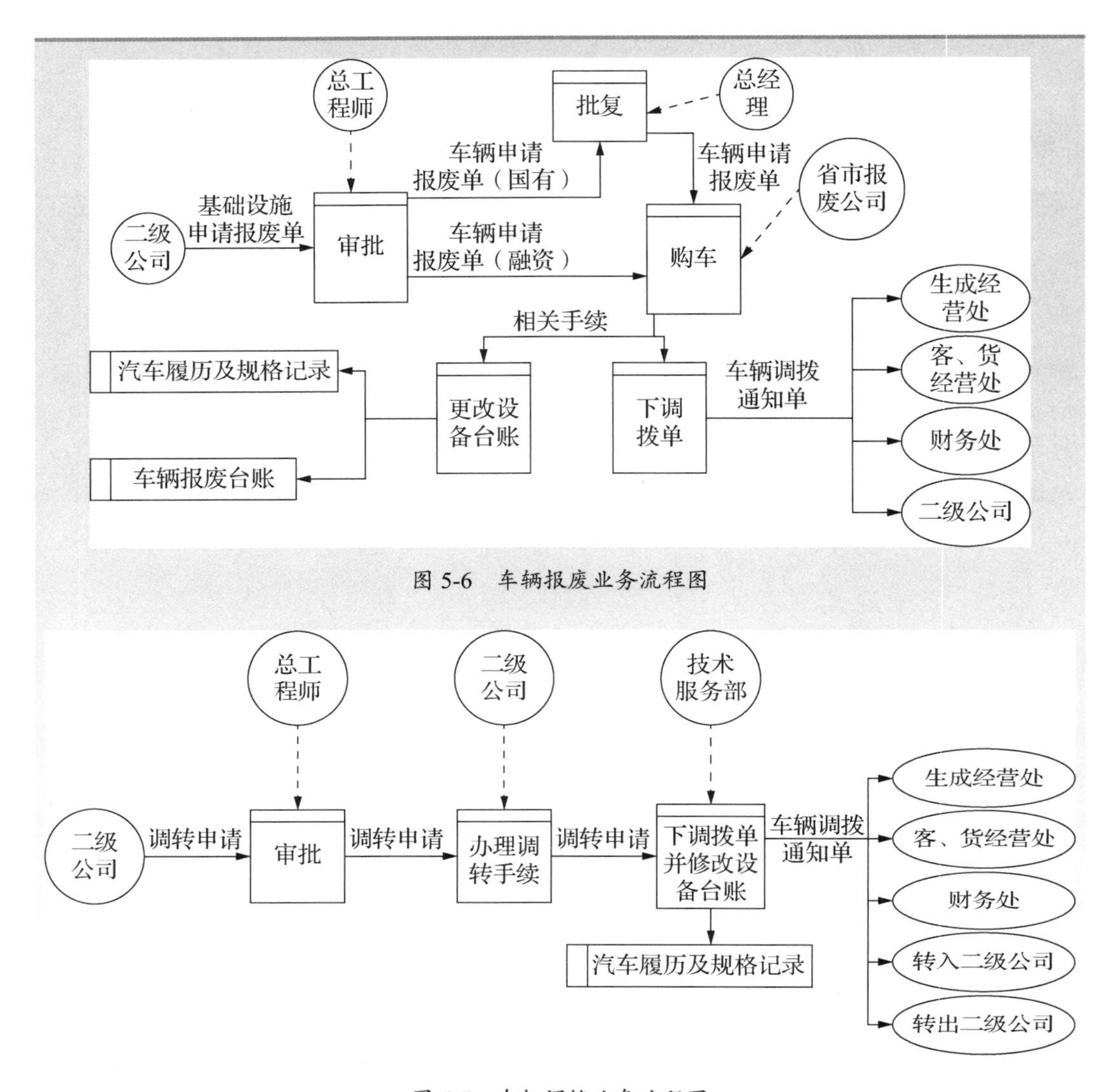

图 5-6　车辆报废业务流程图

图 5-7　车辆调拨业务流程图

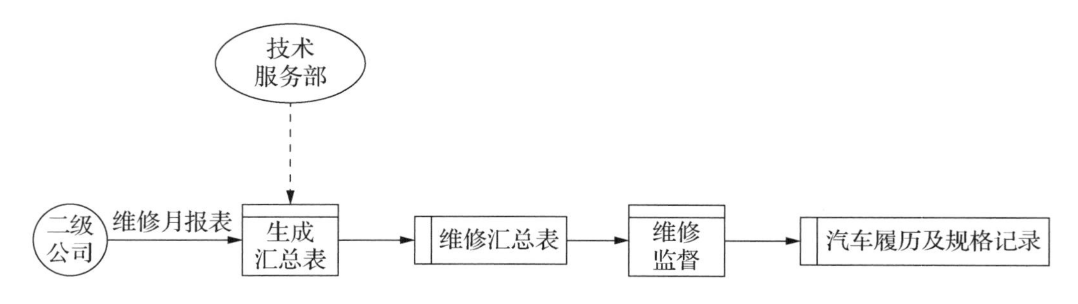

图 5-8　车辆维修业务流程图

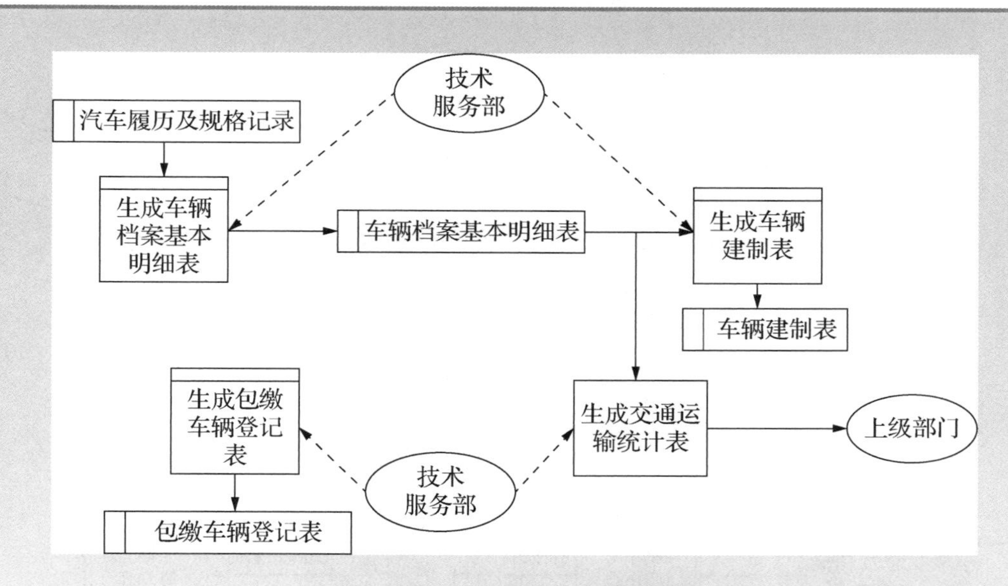

图 5-9 车辆信息统计业务流程图

（6）营运汽车使用情况统计业务流程图如图 5-10 所示。

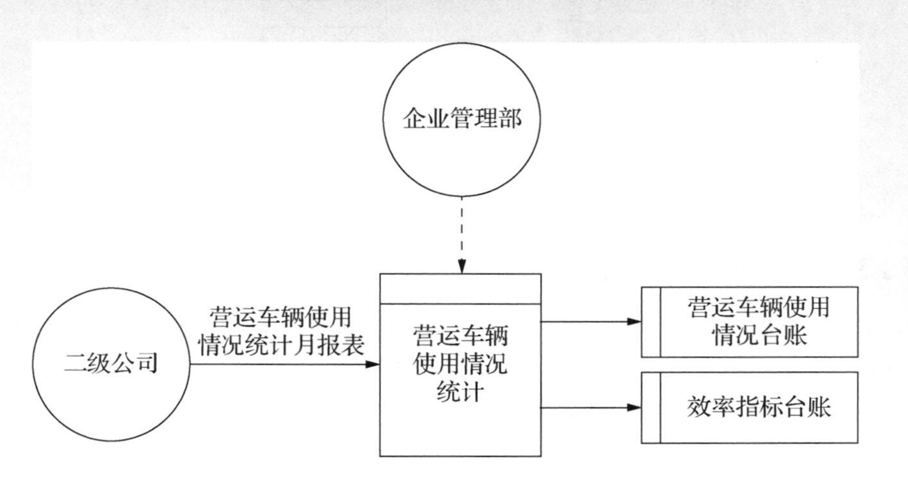

图 5-10 营运汽车使用情况统计业务流程图

（7）优化后的车辆管理业务流程图如图 5-11 所示。

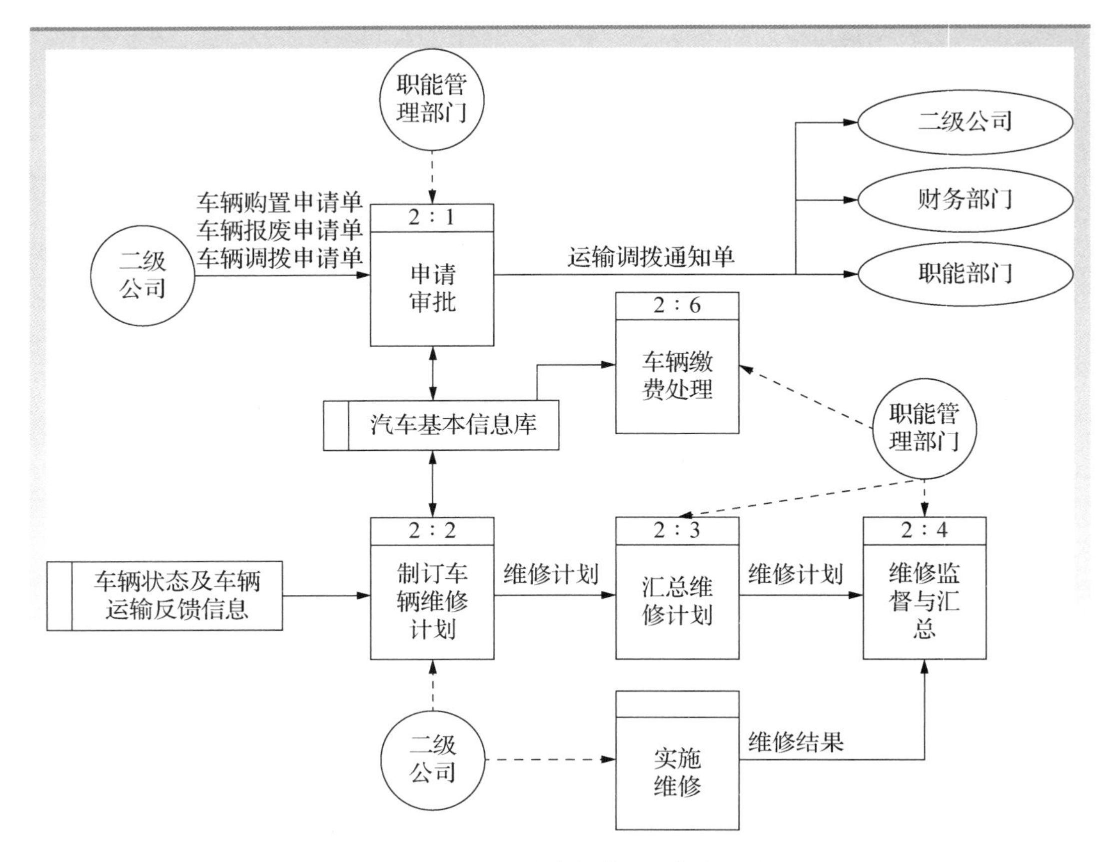

图 5-11 优化后的车辆管理业务流程图

5.1.5 数据流程调查与分析

在业务流程调查中，已经绘制了表达其结果的业务流程图，形象地表达了管理中信息流动和存储的过程，但仍然没有脱离物理要素。为了更好地进行计算机开发，需要仅从数据流动过程（真实系统中数据的产生、传输、加工处理、使用和存储的过程）来分析实际业务的数据处理模式。

一、数据流程的调查

数据流程的调查是把数据在现行系统内部的流动情况抽象地独立出来，舍去具体的组织机构、信息载体、处理工具、物质、材料等，仅从数据流动过程来考察实际业务的数据处理模式，它的基础是数据和资料的收集。收集的内容主要包括全部输入的单据，存储介质（如台账、合同单等），主要的内外部数据载体（如报告、报表、会议决议、任务指标等），上述各种单据报送单位和各项数据的类型（如数字、字符、长度、取值范围）等。

在这些资料的基础上，通过数据流程图及其附带的数据字典、处理逻辑说明等工具来描述数据流程。

二、数据流程图

1. 数据流程图的定义

数据流程图是能全面地描述信息系统逻辑模型的主要工具，它可以用几种符号综合地反映出信息在系统中的流动、处理和存储情况。

2. 数据流程图的特点

数据流程图具有抽象性，它完全舍去了具体的物质（如业务流程图中的车间、人员等），只剩下数据的流动、加工处理和存储；数据流程图具有概括性，它可以把信息中的各种不同业务处理过程联系起来，形成一个整体。

3. 数据流程图的常用符号

数据流程图的常用符号包括外部实体、数据流、处理过程、数据存储，如图5-12所示。

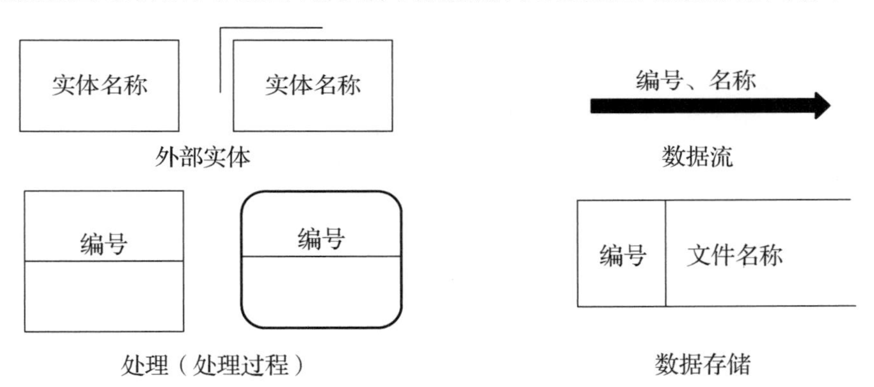

图5-12 数据流程图的常用符号

4. 数据流程图常用符号的画法

（1）外部实体。为了使图形清晰，避免流线交叉，同一实体可在不同位置出现，外部实体要有标记。同一实体在不同位置出现，要在右下角打上斜线（见图5-13）。

图5-13 外部实体

（2）数据流。数据流可以是双向的，且数据流上要有文字说明，也可以添加符号。

（3）处理。处理的画法可以有标识、功能描述、实行的部门或程序名，如图 5-14 所示。

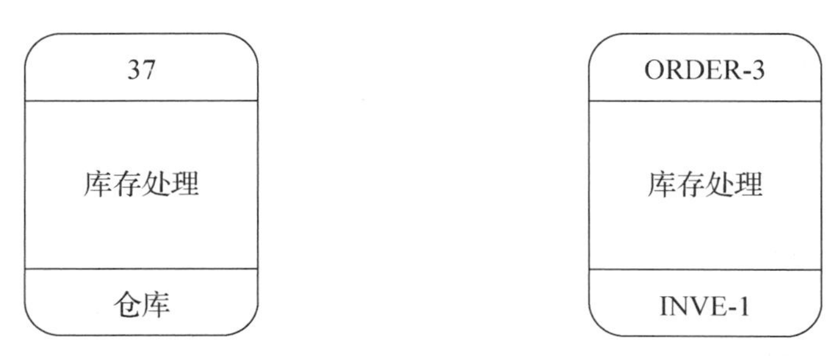

图 5-14 处理

（4）数据存储。在数据流程图中，用一个右端开口而左端封闭的矩形代表数据存储，数据存储也有标识和名称。指向数据存储的数据流箭头需说明是读出还是写入，有时可用小三角形▲来表示搜索关键字，如图 5-15 所示。

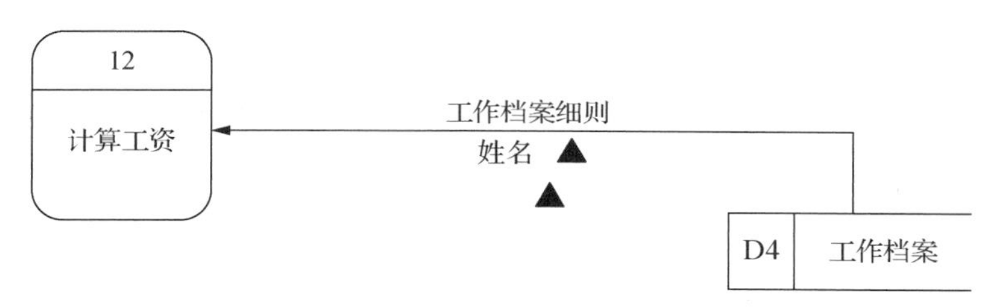

图 5-15 数据存储

5. 数据流程图的画法

（1）数据流程图是分层次的，绘制时采取自顶向下逐层分解的办法。

首先画出顶层（第一层）数据流程图。顶层数据流程图只有一张，说明了系统总的处理功能、输入和输出。然后对顶层数据流程图中的“处理”进行分解。

（2）数据流程图分多少层次应视实际情况而定，对于一个复杂的大系统，有时可分至七八层。为了提高规范化程度，需对图中各个元素加以编号。

（3）通常在编号之首冠以字母，用以表示不同的元素，可以用 P 表示处理、D 表示数据流、F 表示数据存储、S 表示外部实体。例如，P3.1.2 表示第三子系统第一层图的第二个处理。

按业务流程图理出的业务流程顺序，将相应调查过程中所掌握的数据处理过程绘制成一套完整的数据流程图，一边整理绘图，一边核对相应的数据和报表、模型等。如果有问题，则定会在绘图和整理过程中暴露出来。由于实际数据处理过程常常比较繁杂，故应该按照系统的观点，自顶向下分层展开绘制。

案例5-5

交通运输企业管理信息系统
——汽车配件公司分层数据流程图

第一层数据流程图（环境图）如图 5-16 所示。

第二层数据流程图如图 5-17 所示。

第三层数据流程图如图 5-18 所示。

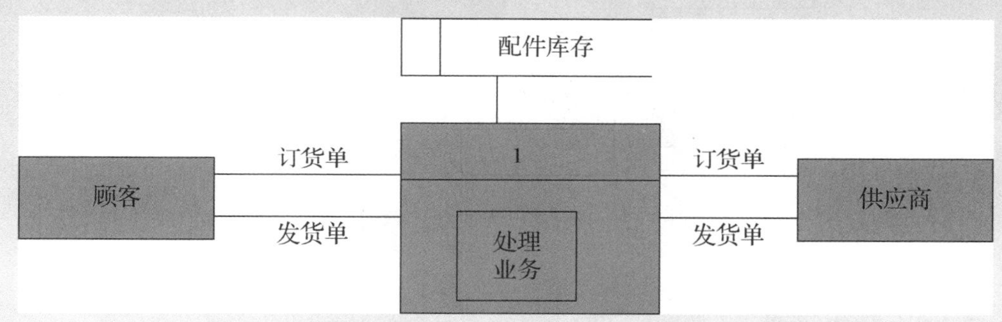

图 5-16　第一层数据流程图（环境图）

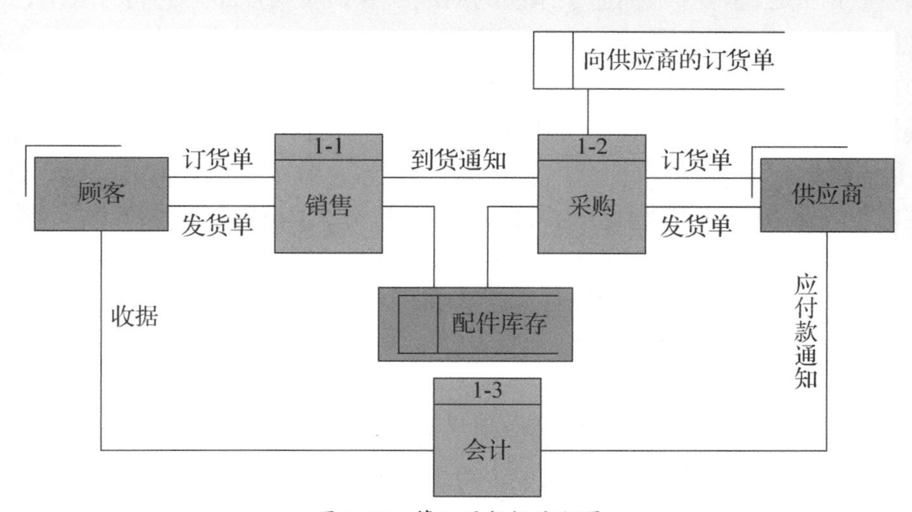

图 5-17　第二层数据流程图

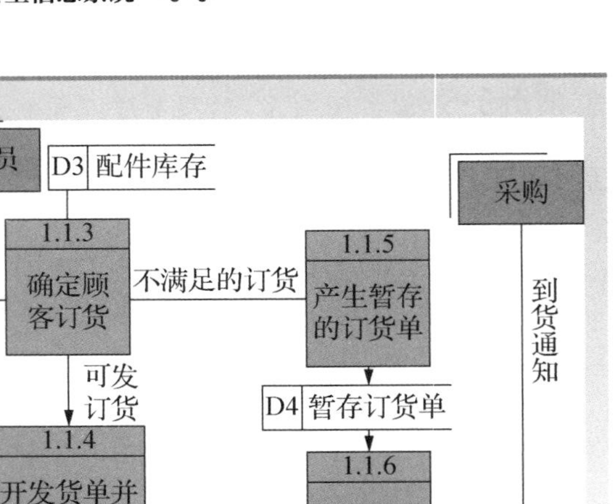

图 5-18 第三层数据流程图

5.1.6 数据字典

虽然数据流程图很好地描述了系统的组成部分，以及各部分之间的联系，但它却不能说明系统中各部分的含义。例如，数据存储“车辆状态及车辆运输反馈信息”包括哪些内容，在数据流程图中表达则不够具体、准确。又如，逻辑处理“制订车辆维修计划”在图上也不能看出具体的处理依据和办法。为此还需要其他工具来加以补充说明。

数据字典就是这样的工具之一。数据字典最初用于数据库管理系统，它为数据库用户、数据库管理员、系统分析员和程序员提供了某些数据项的综合信息。这种思想启发了信息系统的开发人员，他们想到将数据字典引入系统分析中。

系统分析中所使用的数据字典，是结构化分析方法的一种重要工具，功能是对数据流程图中的基本要素的具体内容做出完整的定义和说明。它主要用来定义和描述数据流程图中的数据流、数据存储、处理逻辑等，其目的是对数据流程图中的各个元素做出详细的说明。数据流程图只是描述了系统各功能之间的数据流动和处理关系，还需要借助数据字典对数据流程图中的每个数据和加工给出解释。数据流程图配以数据字典，就可以从图形和文字两个方面对系统的逻辑模型进行完整的描述。

建立数据字典的工作量巨大，且十分烦琐，却是一项必不可少的工作。数据字典在系统开发中具有十分重要的意义，不仅在系统分析阶段要使用，在整个研发过程及后期系统的运行中都要使用。

数据字典以人工方式建立。事先打印表格，填好后按一定顺序进行排列就是一本字典，它实际上是关于数据的数据库，也可以建立在计算机内，使用、维护都比较方便。

数据字典的各类数据条目有六类：数据元素、数据结构、数据流、数据存储、处理过程和外部实体。

（1）数据元素，又称数据项，是数据的最小单位。分析数据特性应从静态和动态两个方面进行。在数据字典中，仅定义数据的静态特性，包括数据项的名称、编号、别名和简述，数据项的长度，数据项的取值范围。

（2）数据结构。数据结构描述某些数据项之间的关系。一个数据结构可以由若干个数据项组成，也可以由若干个数据结构组成，还可以同时由若干个数据项和数据结构组成。

（3）数据流。数据流由一个或一组固定的数据项组成。定义数据流时，不仅要说明数据流的名称、组成等，还应指明它的来源、去向和数据流量等。

（4）数据存储。数据存储在数据字典中只描述数据的逻辑存储结构，而不涉及物理组织。

（5）处理过程。定义处理过程时仅对数据流程图中最底层的处理过程加以说明。

（6）外部实体。定义外部实体要包括外部实体编号、名称、简述及有关数据流的输入和输出。

小知识

数据仓库

数据仓库是面向主题的、集成的、不可更新（稳定性）的、随时间不断变化（不同时间）的数据集合，用以支持运营管理中的决策制订过程。与传统数据库面向应用相对应，数据仓库中的数据面向主题，正因为它采用面向主题的数据组织结构，提高了管理决策者的决策分析速度与效率。

案例5-6

数据仓库技术——虹桥枢纽综合管理信息系统

虹桥枢纽综合管理信息系统的建设目标是提高虹桥枢纽的管理水平和满足各类用户的各种需求，信息系统覆盖面广，信息种类繁多，并且需要24小时实时更新。系统需要对海量信息进行抽取、组织、存储、集成、分析、交换等处理。传统数据库系统是以单一数据资源（数据库）为中心，难于实现对数据的分析、处理，无法满足虹桥枢纽数据处理多样化的需求。因此采用了支持大容量数据存储和检索的数据仓库技术，将所需的大量数据从传统的操作环境中分离处理，将分散的、不一致的操作数据转换成集成的、统一的信息。

确定主题域通常需要分析各类客户应用对象关心的问题，确定枢纽的相关运营和管理部门最为关心的几大主题，即“交通管理信息”“客流管理信息”，与前两者配套服务的“建筑管理信息”“交通和客流相关性信息”。以“交通管理信息”为例，下面进行详细介绍。

1. 交通管理信息主题分析

交通管理信息主题分析主要是对进出枢纽的车辆管理信息进行分析，包括车流数量、类型等，从而掌握车流数量、类型和规律。这些数字数据也被称为事实，是交通管理中真实的事务所产生的。它是各个维度的交点，是对某个特定事件的度量。若干个事实的描述属性能够被组合到一个或多个公共结构中形成事实数据表（事实表）。而每个数据仓库都包含一个或多个事实数据表。

交通管理信息事实表中需要分析的内容包括以下几点。

（1）按各种时间单位分析进出枢纽的车流数量，统计分析进出枢纽的车流数量变化趋势，为枢纽的交通组织提供参考。

（2）按进出枢纽的各个出入口分析进出枢纽的车流数量，掌握进出枢纽的车辆的分布情况。

（3）按进出枢纽的车辆类型分析枢纽内乘客对进出枢纽的交通方式需求情况，为枢纽交通方式的合理优化配置提供参考。

（4）按车流数量可以分析各个相应的细节。

2. 逻辑模型设计

逻辑模型设计是数据仓库实施中的一个重要环节。交通管理信息主题这里采用了星形模型。在交通管理信息事实表（图5-19）中采用交通流检测器标识符、检测时间标识符和检测地点标识符三个字段作为主键（主键用来定义表格里的行），同时这三个字段分别参照响应的维表成为外键（外键用来建立两个表格之间关系的约束）。

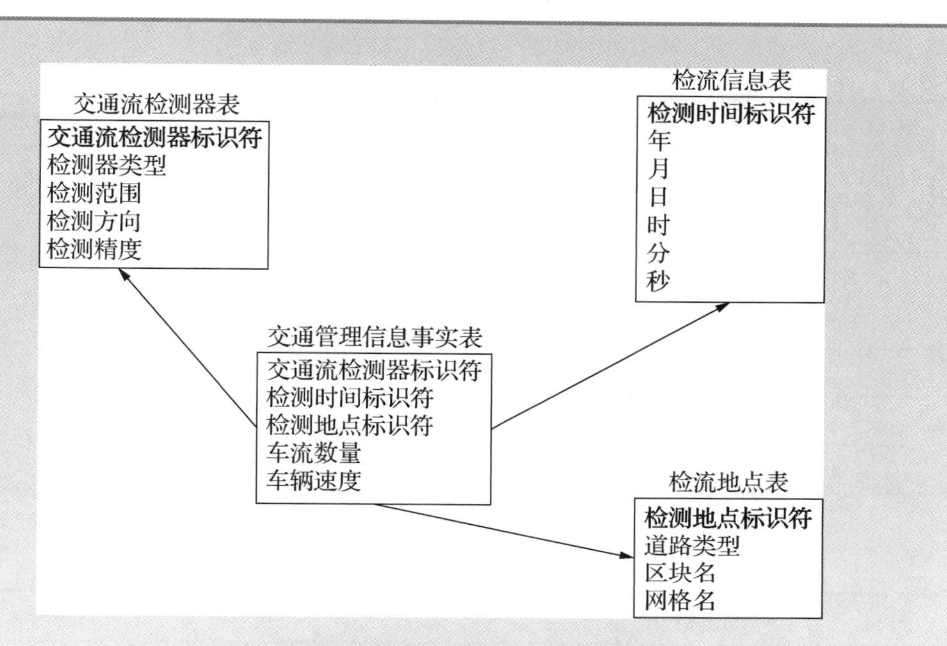

图 5-19 交通管理信息事实表（星形模型）

3. 物流模型设计

（1）构造事实表。

交通管理信息事实表见表 5-1。

表 5-1 交通管理信息事实表

序号	字段名称	含 义	类 型	其他说明
1	JTLJCQ_ID	交通流检测器标识符	NUMBER	PK（1）FK
2	TIME_ID	检测时间标识符	NUMBER	PK（2）FK
3	JCD_ID	检测地点标识符	NUMBER	PK（3）FK
4	CLSL	车流数量	NUMBER	
5	CLSD	车辆速度	NUMBER	

（2）构造维表。

检测时间维表 D_TIME、检测地点维表 D_JCD、交通流检测器维表 D_JTLJCQ 分别见表 5-2～表 5-4。

表 5-2　检测时间维表 D_TIME

序号	字段名称	含　义	类　型	其他说明
1	TIME_ID	检测时间标识符	NUMBER	PK
2	YEAR	年	NUMBER	
3	MONTH	月	NUMBER	
4	DAY	日	NUMBER	
5	HOUR	时	NUMBER	
6	MINUTE	分	NUMBER	
7	SECOND	秒	NUMBER	

表 5-3　检测地点维表 D_JCD

序号	字段名称	含　义	类　型	其他说明
1	JCD _ ID	检测地点标识符	NUMBER	PK
2	DLLX	道路类型	VARCHAR	
3	QK	区块名	VARCHAR	
4	WG	网格名	VARCHAR	

表 5-4　交通流检测器维表 D_JTLJCQ

序号	字段名称	含　义	类　型	其他说明
1	JTLJCQ _ ID	交通流检测器标识符	NUMBER	PK
2	JCQLX	检测器类型	VARCHAR	
3	JCFW	检测范围	VARCHAR	
4	JCFX	检测方向	VARCHAR	
5	JCJD	检测精度	NUMBER	

5.1.7　数据库

系统分析是总体分析的深入，其核心是数据库的设计，以及建立在数据库模型基础上的逻辑结构设计。若根据已有的调查结果及用户的数据处理需求产生新系统的逻辑结构，数据分析是关键的一步。

进行数据分析形成数据模型的过程是按照总体方案的要求，将主题数据库中所包含的内容进行规范化处理的过程。信息系统的初步分析阶段已经通过分析规划出数据类，而前面的业务流程调查和数据流程分析，能够更加清晰地确定出主题数据库所包含的各项数据元素及其依赖关系，从而为建立主题数据库模型奠定基础。主题数据库模型的建立一般可以采用以下几个步骤。

数据库产业的发展趋势

（1）每个主题数据库所包含的各类数据库载体（各种单证、报表、账册等）收集在一起，消除冗余的数据元素，最终确定这些数据载体中应该包含的数据元素，并分析它们之间的数据依赖关系，必要时可以将这组依赖关系列在一张表上。

（2）按数据库规范化理论，将这些主题数据库规范成三范式，形成一组关系表。

（3）从理论上说，三范式是一种良好的规范化结构，但在实际应用中还要考虑这组关系是否真正满足应用的需求，从实际应用出发，可将有的关系调整到二范式甚至一范式。

（4）与用户进行充分的讨论，确定主题数据库的逻辑模型。

采用这种方法建立的数据库模型是由总体规划得到的，保证了数据整体最优，在详细的分析阶段又充分考虑到实际的应用需求，因此这样的数据模型是非常稳定的。

按照上述主题的数据库模型的建立方法，并将其与功能分析进行有机结合，可得到子系统的分析方案。在各子系统的本阶段分析过程中，首要实施的任务是针对前一阶段的概念模型设计所反映的数据关系转换（逻辑结构设计），从而为应用系统的开发提供良好的数据库基础。

案例5-7

交通运输企业管理信息系统——数据库逻辑模型设计

根据案例 5-5 中的数据流程图和车辆管理业务流程进行主题数据库的规划。车辆的购置、报废、调拨申请是一个主题，须建立一个车辆申请主题数据库，建立车辆的维修数据库和维修统计数据库，存放有关车辆的维修信息。

车辆的变更申请、审批、车辆基本信息管理，以及车辆维修业务处理功能所涉及的数据库是车辆数据库、车辆申请数据库、车辆维修数据库，通过对用户视图的收集，得到与三个主题数据库相关的数据，并对数据进行规范化处理后，得到车辆管理子系统数据库表结构，如表 5-5 所示。

表 5-5 车辆管理子系统数据库表结构

数据库名称	数据库表名称	数据库表标识
车辆数据库	车辆基本信息表	Db_ vehicle
	车辆折旧记录	Db_ vehicle_ depreciation
	发动机维修记录	Db_ vehicle_ engine
	车辆大修记录	Db_vehicle_ maintain
	车辆改装记录	Db_ vehicle_ refit
	车辆休息信息表	Db_ holiday_ vehicle
	车辆事故信息表	Db_ accident_ vehicle
	车辆当前状态信息表	Db_ state_ vehicle
	车辆缴费信息表	Db_ vehicle_ pay
	报废车辆信息表	Db_ vehicle_ reject
	报废车辆折旧记录	Db_ vehicle_ depreciation_ reject
	报废车辆发动机维修记录	Db_ vehicle_ engine_ reject
	报废车辆大修记录	Db_ vehicle_ maintain_ reject
	报废车辆改装记录	Db_ vehicle_ refit_ reject
车辆申请数据库	车辆购置申请单	Db_ apply_ purchase
	车辆报废申请单	Db_ apply_ reject
	车辆调拨申请单	Db_ apply_ transfer
车辆维修数据库	例保车辆信息表	Db_ maintain_ vehicle
	例保车辆检查项目信息表	Db_ maintain_ vehicle_ item
	车辆维修信息表	Db_ repair_ vehicle
	车辆维修项目信息表	Db_ repair_ vehicle_ item

车辆变更申请处理包括车辆的购置、调拨、报废申请及审批，获得购置审批后可以进入车辆基本信息管理流程。车辆购置管理数据流程如图 5-20 所示。

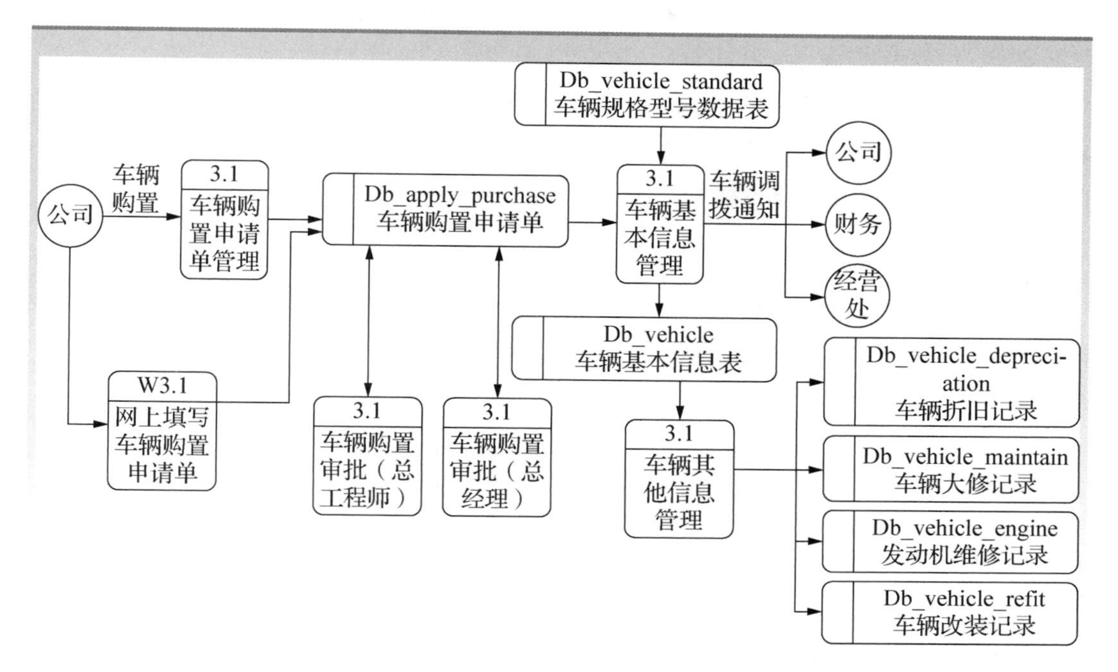

图 5-20 车辆购置管理数据流程

5.1.8 系统分析的形成成果

一、建立新系统的逻辑方案

新系统逻辑方案的建立是系统分析阶段的成果，是下一步系统设计和实现的纲领性指导文件。在原系统详细调查的基础上进行系统分析是提出新系统逻辑模型的重要步骤。这一步骤通过对原有系统的调查和分析，找出原系统业务流程和数据流程的不足，提出优化和改进的方法，给出新系统所要采用的信息处理方案。

1. 分析系统目标

根据详细调查，对可行性分析报告中提出的系统目标再次考察，对项目的可行性和必要性进行重新考虑，并根据对系统建设的环境和条件的调查，修正系统目标，使系统目标适应组织的管理需求和战略目标。

2. 分析业务流程

分析原有系统中存在的问题以对现有业务流程进行重组，产生新的、更为合理的业务流程。业务流程分析过程包括以下内容：原有业务流程的分析、业务流程的优化、确定新的业务流程、新系统的人机界面。

3. 分析数据流程

与业务流程的改进和优化相对应，数据流程的分析和优化一直是系统分析的重要内容。数据流程分析过程包括以下内容：原有数据流程的分析、数据流程的优化、确定新的数据流程、新系统的人机界面。

4. 功能分析和划分子系统

为了实现系统目标，系统必须具备一定的功能，即做某项工作的能力。目标和功能的关系如图 5-21 所示。目标可看作系统，第二层的功能可看作子系统，第三层就是各项更具体的功能。

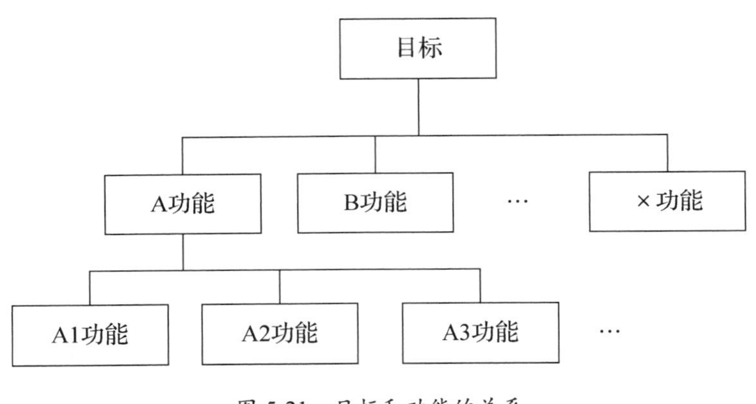

图 5-21 目标和功能的关系

5. 数据属性分析

数据用属性的名称和属性的值来描述事物某方面的特征。一个事物的特征可能表现在各个方面，需要用多个属性的名称和值来描述，一般分为静态特性和动态特性。静态特性指分析数据的类型、数据的长度、取值范围和发生的业务量。动态特性包括固定值属性、固定个体变动属性、随机变动属性。

6. 数据存储分析

数据存储分析是数据库设计在系统分析阶段要做的工作。数据存储分析往往分析用户的要求，即调查用户希望从管理信息系统中得到的有用信息，通过综合抽象，用适当的工具进行描述。

7. 数据查询要求分析

通过调查和分析，将用户需要查询的问题列出清单或给出查询方式示意图（见图 5-22）。

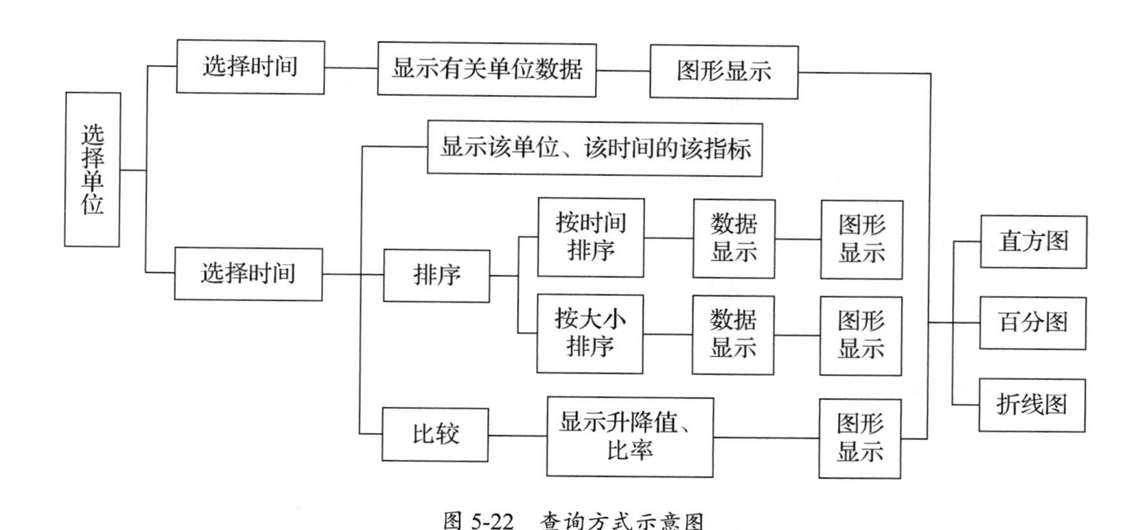

图 5-22　查询方式示意图

8. 数据的输入、输出分析

分析各种数据输入的目的和适用范围、数据量的大小以及存在的问题。除明确数据查询要求外，还应对各种输出报表的目的和使用范围进行分析，弄清哪些报表是多余的，或者是不符合实际要求的，系统的处理速度和打印速度是否能满足输出的要求，等等。

9. 绘制新系统的数据流程图

新系统的数据流程图是在以上分析过程中逐步完善的。这是一项需要经过多次反复、去伪存真的细致工作。为了明确新系统的人机接口，还应在绘制的数据流程图上标明哪些部分由计算机完成，哪些部分由人工完成。

10. 确定新系统的数据处理方式

确定新系统的数据处理的方式可分为以下两类。

（1）成批处理方式。

成批处理方式是按一定时间间隔（小时、日、月）把数据积累成批后一次性输入计算机进行处理。特点是费用较低而且可有效地使用计算机。此方式适用于固定周期的数据处理、需要大量的来自不同方面的数据综合处理、需要累计一段时间后才能进行的数据处理和没有通信设备而无法采取联机实时处理的情况。

（2）联机实时处理方式。

联机实时处理方式是面向处理，数据直接从数据源输入中央处理机进行处理，由计算机即时做出回答，再将处理结果直接传输给用户。此方式的特点是及时，但费用较高。

二、系统分析报告

系统分析报告是系统分析阶段工作的总结，也是进行下一步系统设计的依据。系统分析报告不仅能够展示系统调查的结果，还能反映系统分析的结果——新系统逻辑方案。系统分析报告一般包括以下几个方面。

1. 系统概述

系统概述主要对组织的基本情况进行简单介绍，包括组织的结构、工作过程和性质、外部环境，以及与其他单位之间的物质和信息交换关系、研制系统的背景等。

2. 新系统的目标和可行性研究

在系统初步调查和分析的基础上，提出拟建系统的候选方案，包括系统应实现的目标、主要功能、资源配置、研制计划等，为进行资金预算、人员准备提出依据，并从管理、技术、经济和社会意义可行性等方面论证新方案的必要性和可行性。

3. 现行系统状况

现行系统状况主要是详细介绍调查的结果，包括以下两个方面。

（1）现行系统现状调查说明：通过现行系统的业务流程图、组织结构图、数据流程图等图表及说明，说明现行系统的目标、规模、主要功能、业务流程、组织机构及存在的薄弱环节。

（2）系统需求说明：主要包括用户要求以及现行系统主要存在的问题等。

4. 新系统的逻辑设计

新系统的逻辑设计包括以下几个方面。

（1）新系统功能及分析。提出明确的功能目标，并与现行系统进行比较、分析，重点突出计算机处理的优越性。

（2）新系统拟定的业务流程及业务处理工作方式。提出明确的功能目标、各个层次的数据流程图、数据字典和加工说明，以及计算机系统将完成的动作部分。

（3）出错处理要求。出现错误时计算机系统将如何进行处理。

（4）其他特殊要求。例如，系统的输入输出格式、启动和退出等。

（5）遗留问题处理。根据目前条件找出暂时不能满足的用户要求或设想，并提出今后的解决措施和途径。

5. 系统设计与实施的初步计划

系统设计与实施的初步计划包括以下两个方面。

（1）工作任务的分解。根据资源及其他条件确定各子系统开发的先后次序，在此基础上分解工作任务，落实到具体的组织或个人。

（2）根据系统开发资源与时间进度进行估计，制订进度安排计划、预算，对开发费用的进一步估算。

5.2 信息系统设计

5.2.1 信息系统设计的任务及原则

一、系统设计概述

系统设计也称物理设计，是在系统分析的基础上，根据系统分析阶段提出反映用户需求的逻辑模型，转换为可以具体实施的系统物理模型。逻辑模型解决“做什么”的问题，物理模型主要解决“怎么做”的问题。在系统设计阶段，要从系统的总体目标出发，根据经济、技术和环境等多方面条件，科学合理地进行总体设计和详细设计，为系统实施提供必要的技术依据。

二、系统设计的任务

系统设计的任务是依据系统分析的文档资料，采用正确的方法确定系统各功能模块在计算机内应该由哪些程序组成，它们之间用何种方法联结在一起，以构成一个最好的系统结构，同时还要使用一定的工具将所设计的成果表达出来，另外，考虑到实现系统功能的需要，还要进行数据库的详细设计、代码设计、系统物理配置方案设计、数据存储设计、输入输出界面（人机界面）设计等。

三、系统设计的原则

从逻辑模型到物理模型的设计是一个从抽象到具体的过程，系统设计可能没有明确的界限，也有可能反复多次修改。因此，为了给程序员提供完整、清楚、准确、规范的系统设计文档，系统设计时必须遵循以下五个原则。

1. 系统性原则

整个系统是从整体的角度考虑，代码要统一，设计规范要标准，传递语言要尽可能一致，数据要做到全局共享，以提高系统的设计质量。

2. 经济性原则

经济性是在满足功能的前提下尽可能降低系统的费用。从硬件角度来说，以满足应用需要为前提；从软件角度来说，系统设计应尽量避免不必要的复杂化，模块尽量简洁以便缩短处理流程，从而减少处理费用。

3. 灵活性原则

系统设计尽量采用模块化结构，提高各模块的独立性，尽可能减少模块间的数据耦合，使各子系统间的数据依赖程度降至最低，便于模块的修改。

4. 可靠性原则

系统的可靠性是指系统的抗干扰能力，以及受外界干扰时的恢复能力。一个成功的系统必须具有较高的可靠性、检错及纠错能力等。人们往往用平均故障间隔时间和平均维护时间来衡量系统的可靠性，前者反映系统安全运行的时间，后者反映系统可维护性的程度。

5. 简单性原则

在系统实现预期目标、完成规定功能的前提下，系统应避免一切不必要的复杂设计，尽量简单，以符合用户的操作习惯。

四、系统设计的内容

系统设计一般分为总体设计与详细设计，总体设计包括子系统的划分、系统功能结构设计、系统流畅设计、系统模块结构设计及系统物理配置方案设计；详细设计包括代码设计、数据库设计、人机对话设计和处理流程设计等，以最终完成系统设计报告。

整个设计阶段由系统分析员、系统设计员和用户共同参与。其中系统分析员负责向系统设计员解释系统分析报告，并据此完成系统设计报告；系统设计员负责根据系统分析报告和设计报告进行编码和实现；用户主要负责了解系统结构和主要模块的划分、检查输入和输出的设计等工作，并及时提出修改意见。

5.2.2 代码设计

代码是代表事物名称、属性、状态等的符号。

一、代码的功能

代码是人和计算机的共同语言，如零件号、图号等早已使用代码。它为事物提供了一个清晰的认定，便于数据的存储和检索。使用代码可以提高处理数据的效率和精度，提高数据的全局一致性，减少不一致造成的错误。

二、代码的设计

合理的编码结构是信息系统具有生命力的重要因素。设计的代码在逻辑上必须满足用户的需要，在结构上应当与处理方法相一致。一个代码表示它所代表的唯一事物或属性。代码设计时，要预留足够的位置，以适应不断变化的需要。代码要系统化，代码的编制应尽量标准化，尽量使代码结构对事物的表示具有实际意义，以便理解交流。代码设计要注意避免引起误解，不要使用易混淆的字符；要注意尽量采用不易出错的代码结构，当代码的符号长于4个字母或5个数字字符时，应分成小段。

三、常见的代码种类

常见的代码种类有顺序码、区间码和助忆码。

1. 顺序码

顺序码称为系列码，是一种用连续数字代表编码对象的码。例如，用1代表厂长，2代表科长，3代表科员，4代表生产人员，等等。

顺序码的优点是简短，记录的定位方法使用方便、易于管理。但顺序码没有逻辑基础，不易记忆。此外，新加的代码只能列在最后，删除某些代码容易造成空码。通常，顺序码可以作为其他码分类中细分类的一种补充手段。

2. 区间码

区间码把数据项分成若干组，每一区间代表一个组，码中数字的值和位置都代表一定意义，典型的例子是邮政编码。

区间码的优点是信息处理比较可靠，排序、分类、检索等操作易于进行。缺点是这种码的长度与其分类属性的数量有关，一般当代码的位数较多时，维护起来比较困难。

3. 助忆码

助忆码用文字、数字来描述。其特点是可以通过联想帮助记忆。例如，用TV—B—12代表12英寸黑白电视机，用TV—C—20代表20英寸彩色电视机。助忆码适用于数据项数目较少的情况（一般少于50个），否则可能引起错误的联想。

四、代码结构中的校验位

代码作为计算机的重要输入内容之一，其正确性直接影响到整个处理工作的质量。特别是人们重复抄写代码并人工输入计算机时，发生错误的可能性更大。为了保证正确地输入，有意识地在编码设计结构中原有代码的基础上，另外加上一个校验位，使它在事实上变成代码的组成部分。校验位通过事先规定的数学方法计算出来，代码一旦输入，计算机会用同样的数学运算方法按输入的代码数字计算出校验位，并将它与输入的校验位进行比较，以核实输入是否有误。常见的错误有抄写错误、易位错误、双易错误和随机错误。确定校验位值的方法有很多，常见的方法有算术级数法、几何级数法和质数法。

5.2.3 信息系统子系统的划分及系统功能结构设计

系统的设计工作和分析工作都应该遵循自顶向下的原则进行，逐层深入直至对每一

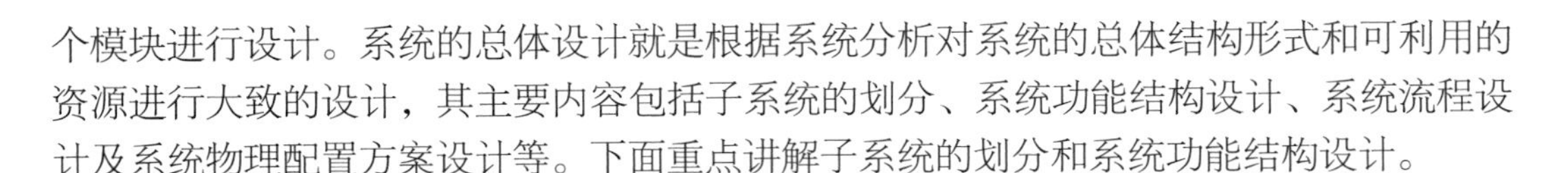

个模块进行设计。系统的总体设计就是根据系统分析对系统的总体结构形式和可利用的资源进行大致的设计，其主要内容包括子系统的划分、系统功能结构设计、系统流程设计及系统物理配置方案设计等。下面重点讲解子系统的划分和系统功能结构设计。

一、子系统的划分

系统总体设计的一项主要任务就是合理地对系统进行分解，将一个复杂的系统设计转化为若干个子系统和一系列基本模块的设计，并通过模块结构图把分解的子系统和每个模块按层级结构联系起来。

1. 子系统的划分原则

（1）子系统要具有独立性。子系统的划分必须使得子系统的内部功能、信息等方面的凝聚性较好。要求每个子系统或模块相对独立，尽量减少各种不必要的数据、调用和控制联系，并将联系比较密切、功能近似的模块进行集中，这样以后搜索、查询、调试、调用都比较方便。

（2）子系统之间数据的依赖性尽量小。子系统之间的联系要尽量小，接口简单明确。一个内部联系强的子系统对外部的联系必然是相对较少的，所以划分时应将联系较多的数据都划入子系统内部，这样划分的子系统，将来在调试、维护和运行时较为方便。

（3）子系统划分的结果应该使数据冗余最小。数据冗余发生在数据库系统中，指的是一个字段在多个表里重复出现。数据冗余会导致数据异常和损坏，一般来说，设计上应该被避免。如果设计的各子系统之间联系过多，则可能引起相关的功能数据分布在各个子系统中，导致大量的原始数据需要调用，大量的中间结果需要保存和传递，大量的计算工作将重复进行，从而使程序结构紊乱、数据冗余。因此要提高系统的工作效率，需要在子系统划分时考虑数据冗余的情况。

（4）子系统划分应该考虑未来的管理需要。随着用户的发展，应该考虑一些高层次管理决策的要求。

2. 子系统的划分方法

常见的子系统的划分方法有以下几种。

（1）将子系统与当前业务部门对应的方法。这种简单地将业务部门与子系统对应的划分方法虽然容易，但是适应性较差，缺乏灵活性；尤其随着组织机构的调整，子系统的划分也必须随之调整。

（2）按照功能划分子系统，将功能上相对独立、规模适中、数据使用完整的部分作为一个子系统。这种方法需要系统设计人员对业务流程非常熟悉，并且具有很强的分析和设计能力。

（3）企业系统规划（Business System Planning，BSP）法，该方法利用 ***U/C*** 矩阵划分子系统。***U/C*** 矩阵借助一个二维表格来描述分析的内容，分析的内容就是 x，y 两个方向的坐标变量。如果将 x_i 和 y_i 之间的联系用二维表内的 ***U*** 和 ***C*** 来表示，就构成了一个 ***U/C*** 矩阵。在 ***U/C*** 矩阵中，字母 ***C*** 表示有关的业务过程产生对应主题数据库中的数据并使用该数据，字母 ***U*** 表示有关的业务过程使用对应的数据库中的数据。例如，案例 5-8 采用 BSP 法对交通运输企业管理信息系统进行子系统的划分。

案例5-8

交通运输企业管理信息系统——子系统的划分（BSP法）

交通运输企业管理信息系统的子系统的划分，我们通常采用 BSP 法，是将再造的业务流程与规划的主题数据库结合在一起画出 ***U/C*** 矩阵。矩阵中的 ***U*** 表示某项业务使用某一数据库，***C*** 表示某项业务负责产生某一主题数据库，同时也使用该主题数据库。

U/C 矩阵建立步骤：（1）要自上而下进行系统划分；（2）逐个确定具体的功能和数据；（3）填上功能数据之间的关系。

主题数据库与业务流程中的各项业务处理环节所组成的 ***U/C*** 矩阵见表 5-6。

表 5-6　***U/C*** 矩阵

项目	数据库													
	基础数据库	车辆数据库	车辆申请数据库	车辆维修数据库	客户数据库	合同数据库	运输需求数据库	配送数据库	付费信息库	仓库基本信息库	出入库数据库	库存结算数据库	分公司统计数据库	总公司统计数据库
基础数据库管理	*C*													
接收车辆变动申请	*U*		*C*											
申请审批	*U*	*C*	*C*											
车辆缴费	*U*	*C*												

续表

项目	数据库													
	基础数据库	车辆数据库	车辆申请数据库	车辆维修数据库	客户数据库	合同数据库	运输需求数据库	配送数据库	付费信息库	仓库基本信息库	出入库数据库	库存结算数据库	分公司统计数据库	总公司统计数据库
制订车辆维修计划	***U***	***U***		***C***										
实施维修	***U***			***C***										
汇总维修计划	***U***			***C***										
维修监督与汇总	***U***			***U***										
客户管理	***U***				***C***									
签订合同	***U***				***U***	***C***								
合同评审	***U***					***C***								
接收货运委托	***U***					***U***	***C***							
配送调度	***U***	***U***				***U***		***C***						
运输监控	***U***							***U***						
接收运输完成反馈	***U***							***U***						
客户运输结算	***U***						***U***	***U***	***C***					
仓库库位管理	***U***									***C***				
接收并审核入库需求	***U***									***U***	***C***			
接收并审核出库需求	***U***									***U***	***C***			
库存结算	***U***										***U***	***C***		
分车统计	***U***	***U***						***U***					***C***	
车辆统计（分公司）	***U***												***C***	
车辆统计（总公司）	***U***												***U***	***C***
决策分析	***U***												***U***	***C***

U/C 矩阵的求解过程就是对系统的结构划分的优化过程。求解是在子系统划分相互独立和内部凝聚性高的原则下进行的。

求解的方法为：使表中的 *C* 元素尽量靠近 *U*/*C* 矩阵的对角线，然后以 *C* 元素为标准，划分子系统。

因此，在 *U*/*C* 矩阵基础上进行的应用系统体系结构设计见表 5-7。将 *U*/*C* 矩阵进行调整，使 *C* 集中在对角线上，然后划分出信息系统的子系统。其中，落在黑框外的 *U* 表示子系统之间的信息交换关系，从而可以看出数据库的共享性。因此，运输企业管理信息系统可以分解为 6 个模块，即 6 个子系统。划分的各子系统的功能如下。

子系统 1：基础数据库管理，提供了对各类编码数据的维护功能。

子系统 2：车辆管理，提供了车辆的变动申请、审批、车辆基本信息管理以及车辆维修业务处理等功能。

子系统 3：客户合同管理，提供了对客户基础信息和合同基本信息的管理。

子系统 4：配送调度管理，提供了运输需求的信息的处理，以及配送处理、动态监控、调度、车辆运输完成反馈信息处理等。

子系统 5：库存管理，提供了仓库基本信息的管理、出入库管理和库存结算。

子系统 6：统计分析，提供了车辆使用情况的统计处理及在高层决策的数据分析。

表 5-7　应用系统体系结构设计

项目	数据库													
	基础数据库	车辆数据库	车辆申请数据库	车辆维修数据库	客户数据库	合同数据库	运输需求数据库	配送数据库	付费信息库	仓库基本信息库	出入库数据库	库存结算数据库	分公司统计数据库	总公司统计数据库
基础数据库管理	子系统 1													
接收车辆变动申请	*U*	子系统 2												
申请审批	*U*													
车辆缴费	*U*													
制订车辆维修计划	*U*													
实施维修	*U*													
汇总维修计划	*U*													
维修监督与汇总	*U*													

续表

项目	数据库													
	基础数据库	车辆数据库	车辆申请数据库	车辆维修数据库	客户数据库	合同数据库	运输需求数据库	配送数据库	付费信息库	仓库基本信息库	出入库数据库	库存结算数据库	分公司统计数据库	总公司统计数据库
客户管理	*U*													
签订合同	*U*				子系统 3									
合同评审	*U*													
接收货运委托	*U*					*U*								
配送调度	*U*	*U*				*U*								
运输监控	*U*							子系统 4						
接收运输完成反馈	*U*													
客户运输结算	*U*													
仓库库位管理	*U*													
接收并审核入库需求	*U*										子系统 5			
接收并审核出库需求	*U*													
库存结算	*U*													
分车统计	*U*	*U*						*U*						
车辆统计（分公司）	*U*												子系统 6	
车辆统计（总公司）	*U*													
决策分析	*U*													

二、系统功能结构设计

系统功能结构设计是从系统整体功能出发，逐步进行功能分解，其主要目的是描述系统内各个组成部分的结构及相互关系，描述的方法就是功能结构图。

1. 系统功能结构设计的方法

系统功能结构设计的具体操作方法是遵循逐层设计：对管理功能分析中的每项功能继续分解为第二层、第三层……，越往下分解功能越具体，这是一个从抽象到具体的过程。信息系统的各子系统可以看作系统目标下层的功能，上层功能包括（或控制）下层功能，越上层功能越抽象，越下层功能越具体。

功能分解的过程就是一个由抽象到具体、由复杂到简单的过程，往往利用功能结构图来实现。功能结构图中每一个框被称为一个功能模块，可以根据具体情况划分大小，分解的最小功能模块可以是一个程序中的每个处理过程，而分解的较大功能模块则可能是完成某一任务的一组程序。把一个复杂的系统分解为多个功能较单一的功能模块的方法称作模块化，模块化是一种重要的设计思想，把一个复杂的系统分解为一些规模较小、功能较简单、更易于建立和修改的部分。各模块具有相对独立性，可以分别加以设计实现；模块之间的相互关系（如信息交换、调用关系）通过一定的方式予以说明，各模块在这些关系的约束下共同构成一个统一的整体，完成系统的功能。

案例5-9

交通运输企业管理信息系统——功能结构设计示例

交通运输企业管理信息系统的功能结构设计包括总体功能结构设计和业务管理功能结构设计，总体功能结构设计如图 5-23 所示，业务管理功能结构设计如图 5-24 所示。

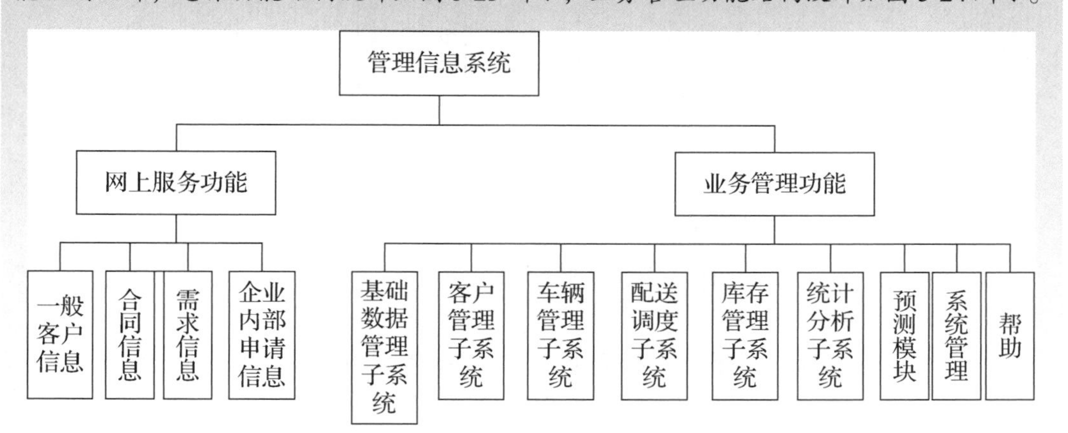

图 5-23 总体功能结构设计

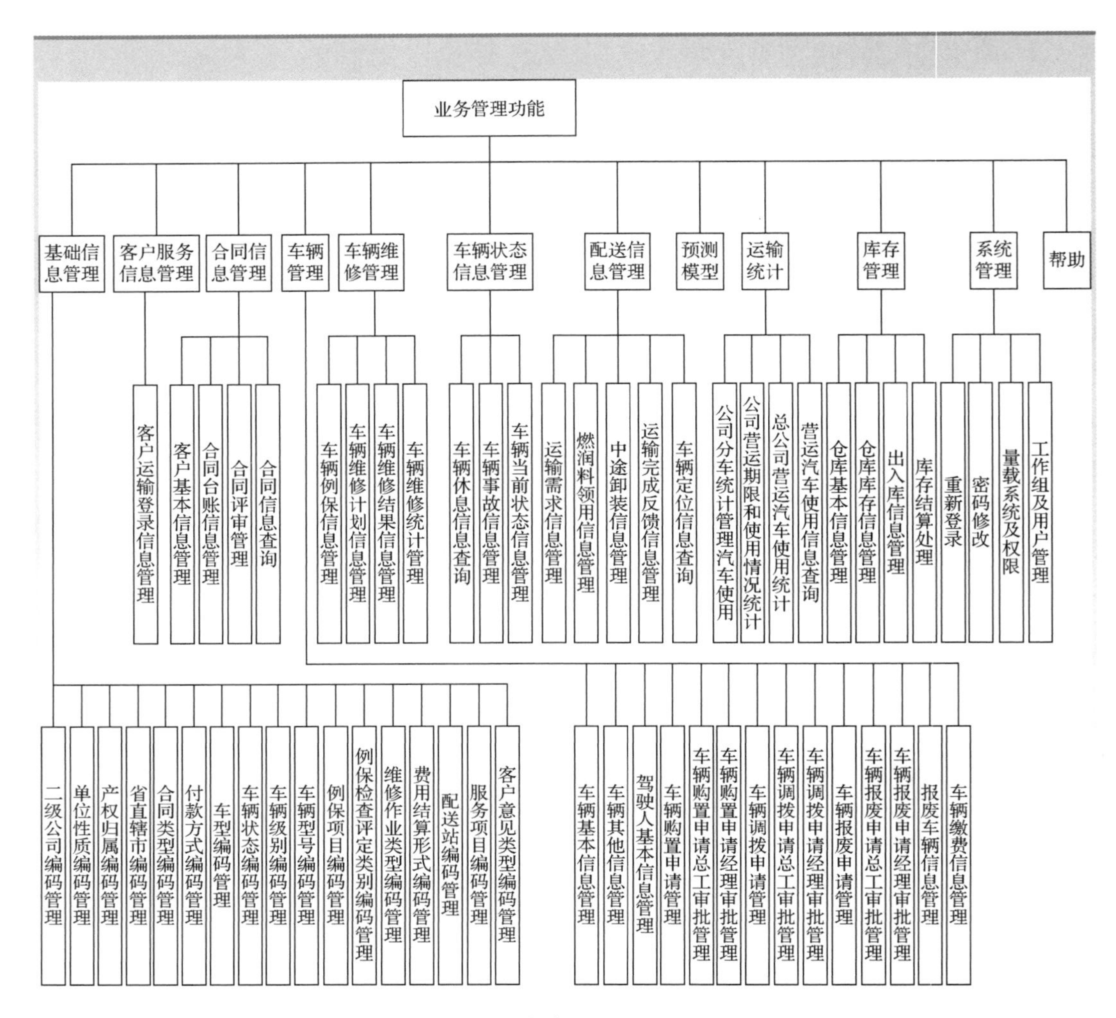

图 5-24 业务管理功能结构设计

2. 功能模块设计原则

功能模块设计中遵循的指导原则如下。

（1）功能界面简单规范。

信息系统体现了整个运输配送业务的流程，相关的功能模块比较多，因此在界面设计上使用统一的设计风格，同时将数据库形成有效的实体操作类、编码操作类、联系操作类。

（2）操作上的简便性。

数据库中的大量数据都是通过人机交互的键盘操作而获得的，因此数据库数据的正确性、完整性是信息系统正常运转的重要保证。数据库中的基础数据是数据完整性的重要保证措施，在人机交互的键盘操作中，编码数据要采用下拉列表的方式进行选择输入，这样不仅减少了击键次数，同时也提高了数据输入的准确性。

（3）降低模块之间的耦合性，提高模块的独立性。

信息系统开发的一个重要问题是提高系统的可修改性，主要靠降低模块间的耦合性来实现。模块间的耦合性越大，其独立性就越小，系统的修改性就越差。在信息系统设计中，模块间只通过数据库实现信息交换，避免使用参数进行交换，让数据库真正成为信息系统各功能模块之间的“黏合剂”。

（4）编码设计的规范性。

编码是数据库的基础，也是数据完整性的重要保证。编码实际上提供的是一套规范的数据标准。在编码设计中，尽量使用已存在的编码，在没有现成编码的条件下再自行设计编码。另外，由于编码主要是从新的信息系统规范使用信息的角度来设计的，业务人员对一些代码并不关心，关心的是与该代码相关的名称，因此在模块实现中要将代码和名称同时提交业务人员，以便正确、规范地进行操作。

（5）功能操作的安全性。

信息系统中的数据库是被各类人员共享的数据库，因此数据库的安全性十分重要。为了保证操作的正确性和安全性，要进行权限设计，不同业务人员使用不同的功能权限，使其在有限的功能范围内正确处理数据库数据。

（6）认真做好贯穿整个过程的测试、修改与评审工作。

在功能模块设计中，整个过程需要十分严谨、仔细地操作，因此认真做好整个过程的测试、修改和评审是非常重要的工作。为了保证信息系统设计的完整性，每一个业务人员在进行操作时都应该确保自己能有一丝不苟的工作态度。

3. 模块结构图与数据流程图的区别

模块结构图与数据流程图之间的区别如下。

（1）数据流程图是从数据在系统中的流动情况，即数据流的角度来考虑系统的；而模块结构分析图是从功能层次关系的角度来考虑系统的。

（2）数据流程图主要分析系统“做什么”，即描述系统的逻辑模型；而模块结构图则主要说明“如何做”，即描述系统的物理模型。

（3）数据流程图可以看出数据流动的情况，每个数据流程图对应模块结构图中的某一层次。

（4）数据流程图是抽象信息流动的过程，一般抽象地描述系统的逻辑功能；而模块结构图则相反，是从一个总的抽象的系统功能出发，逐一具体化，逐步考虑具体的实现方法，最后设计出物理模型。

5.2.4 信息系统流程图设计

信息系统流程图表达了各功能之间的数据传输关系，是以新系统的数据流程图为基础绘制的。其绘制步骤如下：首先为数据流程图中的处理功能画出数据关系图，再把各个处理功能的数据关系图综合起来，形成整个系统的数据关系图，即信息系统流程图。

数据关系的一般形式如图 5-25 所示。

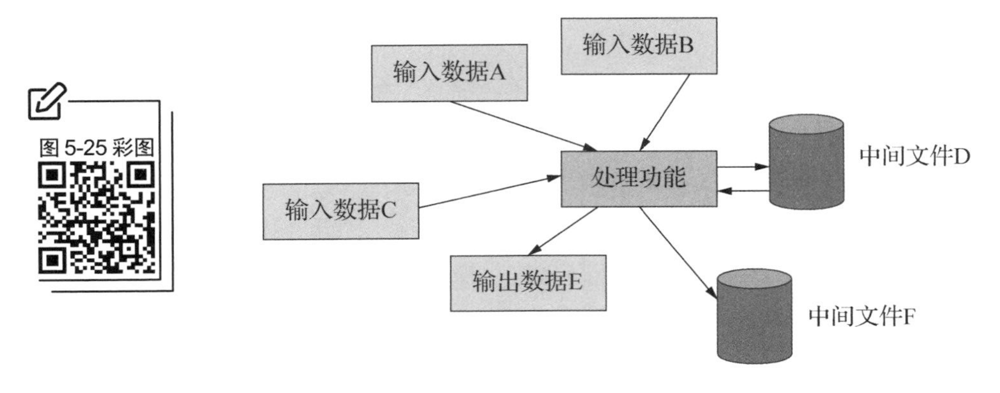

图 5-25 数据关系的一般形式

绘制信息系统流程图应当使用统一的符号，常用的系统流程图符号如图 5-26 所示。

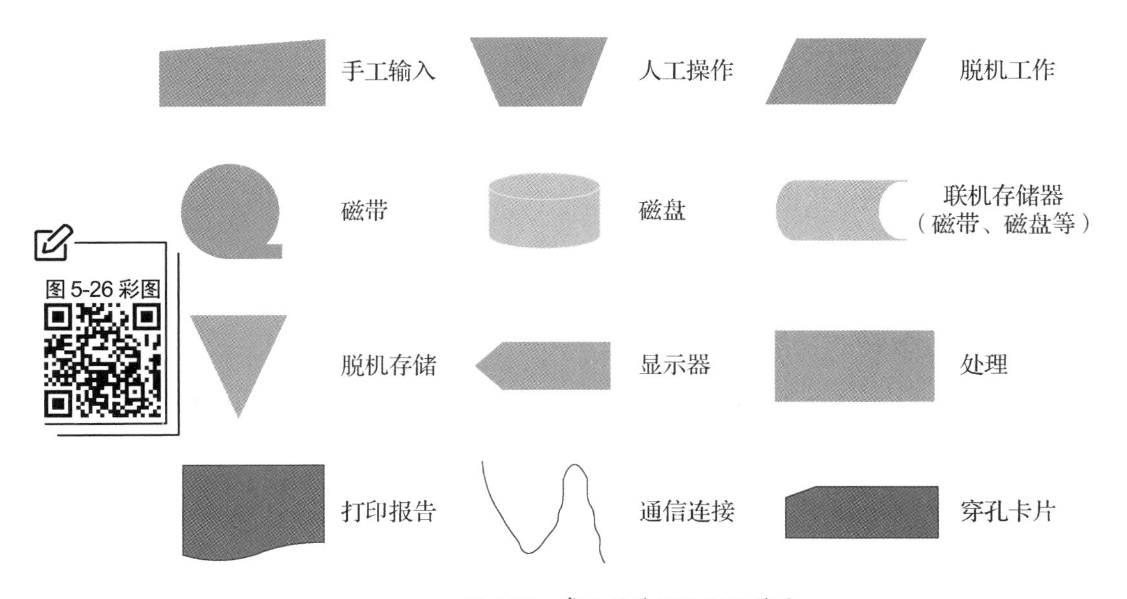

图 5-26 常用的系统流程图符号

信息系统流程图与数据流程图是不一样的，它们的区别如下。

（1）从数据流程图到信息系统流程图并非单纯的符号变换，它们之间的描述对象、功能作用、绘制过程也有所不同。例如，数据流程图的绘制方法较为复杂，它是按照“自顶向下，逐层求精”的方法进行的，逐层向下分析，直到把系统分解为详细的低层次数据流程图；而信息系统流程图的绘制则无严格的规则，只需简明扼要地如实反映实际业务的过程。

（2）信息系统流程图表示的是计算机的处理流程，而数据流程图反映了人工操作的那一部分。绘制信息系统流程图的前提是已经确定了系统的边界、人机接口和数据处理方式。与此同时，还要考虑哪些处理功能可以合并，或者可以进一步分解，然后把有关的处理看成系统流程图中的一个处理功能。

新系统逻辑模型转化为系统流程图，如图 5-27 所示。

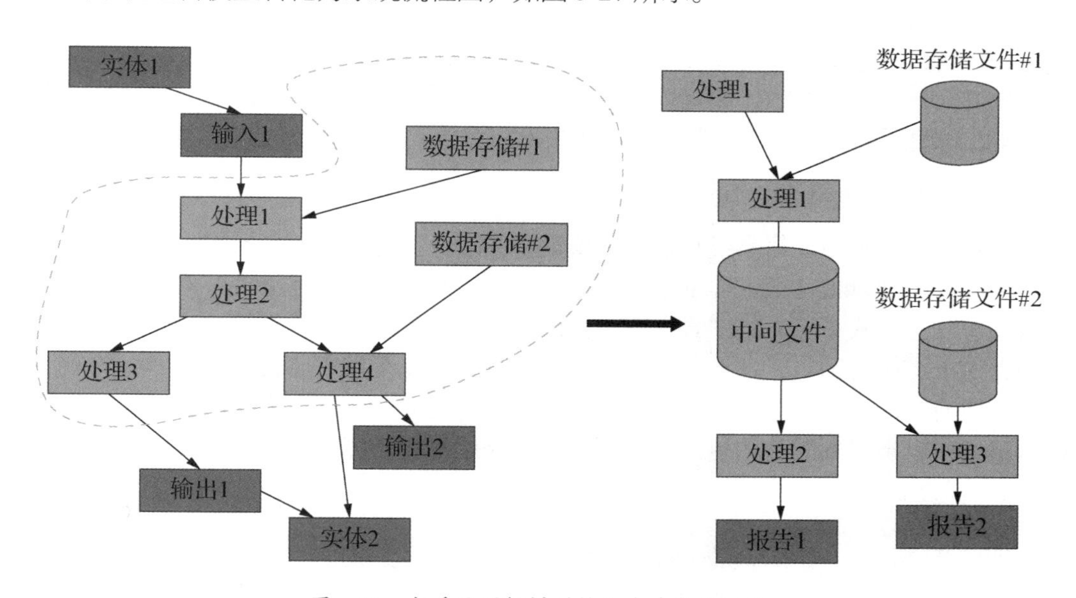

图 5-27　新系统逻辑模型转化为系统流程图

5.2.5　信息系统物理配置方案设计

信息系统物理配置方案是指信息系统运行所依赖的硬件平台、网络平台和软件平台。因此其设计就是针对新系统的目标，构建能够支持新系统运行的软硬件环境，以满足新系统逻辑模型的功能和技术需求。随着信息技术的发展，出现了各式各样的计算机软、硬件。多种多样的计算机技术产品为信息系统的建设提供了极大的灵活性，但是也给系统设计带来了新的困难。使得设计者需要根据应用的需求来选用不同生产者的性能各异的软硬件，设计出更符合信息系统的物理配置。

信息系统物理配置方案设计的依据如下。

1. 系统的吞吐量

每秒执行的作业数称为系统的吞吐量。系统的吞吐量指的是系统在单位时间内可处理的事务数量，是用于衡量系统性能的重要指标。一般来说，系统的吞吐量越大，系统的处理能力就越强。

2. 系统的响应时间

从用户向系统发出一个作业请求开始，经系统处理后，给出应答结果的时间称为系统的响应时间。它与CPU的运算速度和通信线路的传递速率等有关，并且包括时间的长短和易变性两个方面。

3. 系统的可靠性

系统的可靠性是指系统在规定的条件下和时间内完成规定功能的能力和概率。系统的可靠性可以用连续工作时间表示，系统的连续工作时间越长，则说明系统越可靠。因此，研究如何快速、有效、准确地对系统的可靠性进行评估与分析，正确估计系统的实际性能，降低系统风险具有极其重要的现实意义。

4. 集中式还是分布式

系统物理配置中网络系统开发的一个重要问题，就是如何配置不同的设备来共享资源。实际的实现方式在很大程度上，要依赖于网络的功能，总体上可以分为两大类：集中式系统和分布式系统。集中式系统是指由一台或多台主计算机组成的中心节点，数据集中存储于该中心节点，并且整个系统的所有业务单元都集中部署在这个中心节点上，系统的所有功能均由其集中处理。而分布式系统是由很多机器组成的集群，靠彼此之间的网络通信，担当不同的角色，共同完成同一个任务的系统。

5. 地域范围

地域范围是指一定的地域空间，也叫作区域。而系统物理配置的地域范围一般包括局域网或广域网、数据管理方式、数据库管理系统。信息系统的设计依据也需要地域范围的支持。

5.2.6 数据存储和数据库设计

一、数据存储设计

在系统分析阶段进行新系统逻辑模型设计时，已从逻辑角度对数据存储进行了初步设计。到系统设计阶段，就要根据已选用的计算机软硬件及使用要求，进一步完成数据存储的详细设计。

文件设计就是根据文件的使用要求、处理方式、存储量、数据的活动性以及硬件设备的条件等合理地确定文件类别，选择文件介质，决定文件的组织方式和存取方法。它是系统中存放数据的基本方式。

文件的分类方式有很多种。按文件的存储介质不同分类，文件可分为卡片文件、纸带文件、磁盘文件、磁带文件和打印文件等；按文件的信息流向分类，文件可分为输入文件、输出文件和输入输出文件；按文件的组织方式分类，文件可分为顺序文件、索引文件和直接存取文件；按文件的用途分类，文件可分为主文件、处理文件、工作文件、周转文件和其他文件。

在设计文件之前，首先要确定数据处理的方式、文件的存储介质、计算机操作系统提供的文件组织方式、存取方式和对存取时间、处理时间的要求等。文件设计通常从设计共享文件开始，文件由记录组成，所以设计文件主要是设计文件记录的格式。

二、数据库设计

前面介绍的系统结构设计是从数据转化成结构模块，画出结构图是一种基本设计。在基本设计的基础上，系统设计要进行更具体的阶段详细设计，包括数据库设计。

1. 数据库设计的概念

数据库设计是在选定的数据库管理系统的基础上建立数据库的过程，是管理信息系统的重要组成部分。数据库设计是要根据给定的环境进行符合应用语言的逻辑设计，以及提供一个确定存储结构的物理设计，建立实现系统目标并有效存储数据的模型。数据库设计一般包括概念结构设计、逻辑结构设计和物理结构设计。

（1）概念结构设计。

概念结构设计应在系统分析阶段进行，任务是根据用户的需求设计数据库的概念数据模型（概念模型）。概念模型是从用户角度看到的数据库，一般用实体-联系模型（Entity-Relationship Model，E-R 模型）表示。

（2）逻辑结构设计。

逻辑结构设计是将概念结构设计阶段完成的概念模型转换成能被选定的数据库管理系统支持的数据模型。数据模型可以由 E-R 模型转换而来，规则如下。

① 每一个实体集对应一个关系模式。将实体名作为关系名，将实体的属性作为对应关系的属性。

② 实体间的联系一般对应一个关系，将联系名作为对应的关系名，不带属性的联系可以去掉。

③ 实体和联系中关键字对应的属性在关系模式中仍作为关键字。

（3）物理结构设计。

物理结构设计是为数据模型在设备上选定合适的存储结构和存取方法，以获得数据库的最佳存取效率。物理结构设计的主要内容如下。

① 库文件的组织形式。

库文件的组织形式是指一个文件中记录的排列方式，它决定了文件的存取方式（读写方式）。组织形式包括顺序文件组织形式、索引文件组织形式。顺序组织方式的文件是按创建时间先后顺序进行文件排列和处理，当数据量大时，顺序文件处理存取速度较慢；索引组织方式的文件是对按先后顺序排列的文件按索引关键字自动建立索引的文件，能高速准确地对信息数据进行处理。

② 存储介质的分配。

存储介质是指存储数据的载体。在物理结构设计中存储介质的分配是必要的，有以下方式：将易变的、存取频繁的数据存放在高速存储器上；将稳定的、存取频率小的数据存放在低速存储器上。

③ 存取路径的选择。

数据存取是指数据库数据存储组织和存储路径的实现和维护。在计算机中，数据一般以文件的形式保存或存放在数据库中。在数据库中数据的存取路径分为主存取路径与辅存取路径，前者主要用于主键检索，后者用于辅助键检索。在系统中，路径一般分为相对路径和绝对路径。

此外，数据的安全性和完整性也非常重要。

5.2.7 输入与输出设计

一、输入设计

输入设计是根据系统输出设计的要求确定输入数据的内容、方式、记录格式、正确性校验等。输入界面是管理信息系统与用户之间交互的纽带，设计的任务是根据具体的业务要求，确定适当的输入形式，使管理信息系统获取管理工作中产生的正确信息。其目的是提高输入效率、减少输入错误。输入设计对系统质量有着决定性影响，同时它也是信息系统与用户交互之间的纽带，决定了人机交互的效率。

1. 输入设计的原则

输入设计包括数据规范和数据准备的过程。在输入设计中，提高效率和减少错误是两个最根本的原则。

以下是指导输入设计的几个原则。

（1）控制输入总量。在输入时，只需输入基本信息，而其他可通过计算、统计、检索得到的信息，则由系统自动产生。

（2）减少输入延迟。输入数据的速度往往称为提高信息系统运行效率的瓶颈，为了减少延迟，可通过批量输入、周转文件输入来减少输入延迟。

（3）减少输入错误。可采用多种校验方法和验证技术减少输入错误。

（4）避免额外步骤。应尽量避免不必要的输入步骤，当步骤不能省略时，应仔细验证现有步骤是否完备和高效。

（5）输入过程应尽量简化。输入设计在为用户提供纠错和输入校验的同时，必须保证输入过程简单易用，不能因为差错和纠错而使输入复杂化、增加用户负担。

2. 数据输入设备的选择

数据输入设备是指向计算机输入数据和信息的设备，它也是计算机与用户或其他设备通信的桥梁。数据输入设备的选择是输入设计进行的基础。常见的数据输入设备有读卡机、键盘-磁盘输入装置、光电阅读器、终端输入等。

3. 输入检验

输入设计的目标是要尽可能地减少数据输入中的错误，在输入设计中，要设想所有输入数据可能发生的错误，然后对其进行校验。管理信息系统数据常见的输入校验方式有二次输入校验法、静态校验法、平衡校验法、文件查询校验法、界限校验法、数据格式校验法、校验码方法等。其常见的输入错误种类包括数据本身有错误、数据多余或不足、数据的延误。为保证输入数据的正确无误，数据的输入过程需要通过程序对输入的数据进行严格校验。发现有误时，程序应当自动打印有误信息一览表（出错表）。

4. 原始单据的格式设计

输入设计的重要内容之一是设计好原始单据的格式。原始单据一般是指经办单位或人员在经济业务发生时取得或填制的，用以记录经济业务发生或完成的情况、明确经济责任的会计凭证。研制新系统时，即使原始单据很齐全，一般也要重新设计和审查原始单据。

设计原始单据的原则：具有统一的用途和标准的格式、便于填写、便于归档、保证单据格式的输入精度。

5. 输入屏幕设计

从屏幕上通过人机对话输入是目前广泛使用的输入方式，既有用户输入，又有计算机输出。屏幕输入格式设计是窗体设计，其原则是：输入格式要尽量与原始数据格式类似，屏幕界面要友好，通常采用菜单式、填表式和应答式三种方式。

（1）菜单式。

菜单式采用对话方式，用于进行选择操作，系统在屏幕上显示出各种可供选择的操作项目，用户使用热键、移动光标和Enter键、鼠标单击做出选择。

Windows风格的菜单方式有传统列表式、顶层下拉式和右键弹出式。

菜单设计时，一般应将选项安排在同一层菜单中，功能尽可能多，而进入最终操作的层次尽可能少。一般的功能选择性操作最好让用户一次就进入系统，只有在少数的重要执行性操作时，才设计让用户选择后再确定一次的形式。

（2）填表式。

填表式类似于填表，用户根据屏幕上的项目逐个输入相应的数据。入库单输入就是采用的这种方式。

（3）问答式。

计算机要求用户简单回答后进入下一阶段运行。回答的方式有两种：一种是简单地确认或取消，另一种是根据提示输入其他内容。问答式也常用于出错情况处理。

二、输出设计

输出设计是指依据系统分析和系统综合阶段所确定的有关输出报表和文件的格式及其内容，设计出符合使用者要求的系统输出信息的详细内容和格式，它也是系统开发的目的和评价系统开发成功与否的标准。它的任务是使管理信息系统输出满足用户需求的信息，目的是正确、及时地反映和组成用于管理各部门所需要的信息。信息是否能够满足用户的需要，直接关系到系统使用效果的好坏和系统设计是否成功。因此系统设计与实施过程是从输出设计到输入设计。

1. 输出设计的内容

输出设计的内容主要包括：①输出信息的使用，一般是说明信息的使用者、使用目的、信息量、输出周期、有效期、保管方法和输出份数等情况；②输出信息的内容，一般包括输出项目、精度、信息形式（文字、数字）等方面；③输出格式，一般是通过表格、报告、图形等来体现的；④输出设备和介质，设备包括打印机、显示器等，介质包括磁盘、磁带、纸张（普通、专用）等。

2. 输出设计的设备和介质

随着现代科技的发展，输出介质也呈现出多样化，从打印机向屏幕、网站等输出方式转变。不同的设备具有不同的特点，适合不同的用户需求与环境。建立信息系统时，要综合考虑输出的目的、速度、频率等多种因素进行合理选择。不同输出介质的特点如表 5-8 所示。

表 5-8 不同输出介质的特点

输出设备	行式打印机	卡片或纸带输出机	磁带机	磁盘机	终端	绘图仪	微缩胶卷输出机
介质	打印机	卡片或纸带	磁带	磁盘	屏幕	图纸	微缩胶卷
用途和特点	便于保存、费用低	可用于其他系统输入之用	容量大、适于顺序存取	容量大、存取更新方便	响应灵活的人机对话	精度高，功能全	体积小，易保存

3. 输出报告

输出报告定义了系统的输出，既标出了各常量、变量的详细信息，又给出了各种统计量及其计算公式和控制方法。设计输出报告时要注意以下几点：方便使用者，尽量利用原系统的输出格式；输出表格要考虑系统发展的需要，输出的格式和大小要根据硬件能力，认真设计，并设置输出用户同意后才能正式使用的功能。

5.2.8 处理流程图设计

处理流程图是系统流程图的展开和具体化。总体设计将系统分解成多个模块，并决定了每个模块的外部特征，而计算机处理流程的设计则是确定模块的内部特征，即内部数据和模块的执行过程。设计的结果将用于模块的程序编写，处理流程设计的主要内容是通过一种合适的表达方式来描述每个模块的功能实现过程。这种描述方式应该简明、精确，并能直接导出用编程语言表示的程序。

在系统流程图中，仅给出了每一个项处理功能的名称，而在处理流程图中，则需要使用各种符号具体地规定处理过程的每一步骤。由于每个处理功能都有自己的输入和输出，对处理功能的设计过程也应从输出开始，进而进行输入及数据文件的设计，并画出较详细的处理流程图。

5.2.9 程序设计说明书和系统设计报告

系统设计阶段的最终成果是写出程序设计说明书和系统设计报告。

一、程序设计说明书

程序设计说明书是对程序流程图进行注释的书面文件，以帮助程序设计人员进一步了解程序的功能和设计要求。它是程序流程图的配套文档，也是处理流程设计的配套文档。说明书由系统设计人员编写，交给程序设计人员使用。因此，程序设计说明书必须写得清楚明确，方便程序设计人员更好地理解所要设计程序的处理过程和设计要求。

二、系统设计报告

系统设计是对系统的规格进行说明，它一般会提供系统的总体结构、数据库设计、模块结构等技术文档。

系统设计结束后，一般需要一份详尽的系统设计报告，报告的内容包含以下几个方面。

（1）系统总体设计方案：包括子系统的划分、系统的模块结构图、物理系统配置方案。

（2）系统详细设计内容：包括代码设计方案、输入和输出设计方案、数据存储设计和处理流程设计。

（3）系统设计的成果：包括系统总体结构图、系统设备配置图、系统分布编码方案、数据库结构图、系统流程图、系统详细设计方案说明等。

一旦系统设计报告被批准，整个系统的开发工作便进入系统实施阶段。

5.3 信息系统实施

5.3.1 系统实施概述

系统实施是信息系统开发工作的最后一个阶段。系统实施就是要将系统设计的物理模型转换为计算机上用户可见、可使用的信息系统。其主要内容包括物理系统的实施、程序设计、系统调试、系统运行与切换等。系统实施阶段既是成功实现新系统的阶段，也是取得用户对系统信任的关键阶段。

5.3.2 物理系统的实施

物理系统的实施是计算机系统和通信网络系统设备的订购、机房的准备和设备的安装调试等一系列活动的总和。

一、计算机系统的实施

计算机系统是指用于数据库管理的计算机软硬件及网络系统。购置计算机系统的基本原则是能够满足管理信息系统的设计要求。计算机组成部分是在指令集系统结构确定分配给硬件系统的功能和概念结构之后，研究各组成部分的内部构造和相互联系，以实现机器指令集的各种功能和特性。这种联系包括各功能部件的内部相互作用，使用的系统是否具有合理的性能价格比，系统是否具有良好的可扩充性，能否得到来自供应商的售后服务和技术支持等，是计算机系统能否有效实施的重要问题。

二、通信网络系统的实施

管理信息系统通常是一个由通信线路把各种设备连接起来组成的网络系统。

局域网（LAN）通常是指一定范围内的网络，可以实现楼宇内部和邻近几座大楼之间的内部联系。广域网（WAN）设备之间的通信，通常利用公共电信网络进行实现。

网络系统实施的主要内容包括选择网络产品厂家、网络产品选型、网络类型及结构确定、常用的通信线路确定、通信设备的安装、电缆线的铺设、网络性能的调试等。

通信线路把各种计算机设备、网络设备连接起来组成网络系统。常用的通信线路有双绞线、同轴电缆、光纤电缆，以及微波和卫星通信等。

5.3.3 程序设计

程序设计是指设计、编制、调试程序的方法和过程，是信息系统实施过程中的重要组成部分。程序设计是依据系统设计，用某种程序语言进行编码，完成每个模块乃至整个系统的具体实现。程序设计阶段主要使用软件设计技术来设计源代码，具体内容是对详细设计阶段产生的模块进行内部编码。该阶段的工作内容可以分为两个层次：一个是确定全部模块的编程设计顺序，另一个是决定如何设计模块内部。

一、程序设计语言的选择

在编程语言的发展过程中，从机器语言到汇编语言，再到各种高级语言，人们不断追求编程平台的独立，因此现代信息系统的开发往往采用可视化的语言，而这种高级语言可选择的范围较广。选择程序设计语言时应考虑以下几方面的因素。

（1）信息系统的应用领域。

（2）结构化程度与数据管理能力。选用的编程语言应该具有较好的模块化机制，便于阅读、理解及调试，并具备较好的数据管理能力。

（3）开发人员的语言熟练程度。选用的编程语言应该是开发团队中大多数程序员所熟悉的，可以保证编码的质量、效率及可维护性。

（4）可开发人机交互界面。选用的编程语言应该可以开发出友好简易的人机交互界面，便于用户操作和进行个性化设置。

二、结构化程序设计方法

结构化程序设计

结构化开发方法产生于 20 世纪 70 年代中期。“结构化”一词出自结构化程序设计。结构化程序设计（Structured Programming，SP）是指每一个程序都应按照一定的基本结构来组织，这些基本结构包括顺序结构、选择结构（分支结构）和循环结构。

在结构化程序设计出现之前，程序员按照各自的习惯和思路编写程序，没有统一的标准，也没有统一的方法。针对同一件事情，不同程序员编写的程序所占用的内存空间、运行时间可能存在很大的差异，更严重的是这些程序的可读性和可修改性都很差。

人们从结构化程序设计中受到启发，把模块化的思想引入系统设计中来，将一个系统设计成层次化的程序模块结构，这些模块相对独立、功能单一。每一个模块实现一个功能，即一个功能子系统，这就是结构化系统设计（Structured System Design，SSD）的基本思想。结构化系统设计是指对一个清楚陈述的问题，选择和组织模块和模块结构，从而求得所述问题的最优解。

也就是说，结构化系统设计是运用一组标准的准则和工具来帮助系统设计员确定软件系统是由哪些模块组成的，这些模块用什么方法连接在一起，才能构成一个最优的软件系统结构。结构化程序设计更强调软件的总体结构设计，是一种自顶向下的设计策略。系统开发的三个不同抽象级别如图 5-28 所示。结构化方法中的主要建模工具见表 5-9。

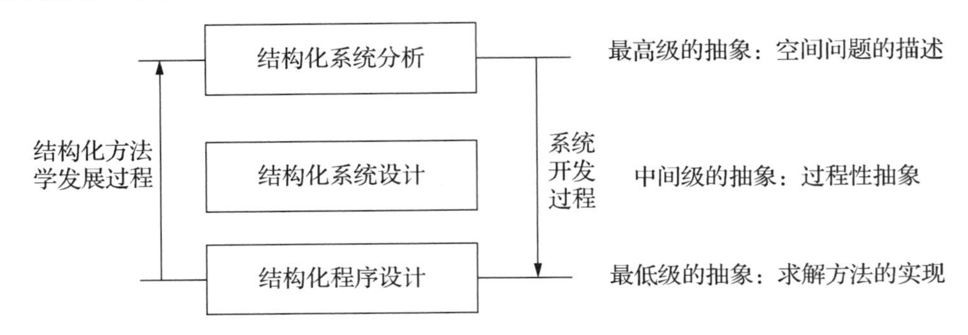

图 5-28　系统开发的三个不同抽象级别

表 5-9　结构化方法中的主要建模工具

结构化分析	结构化设计	结构化程序设计
数据流程图	结构图	程序流程图
数据字典	伪码	N-S 图（盒图）
过程描述：结构化英语、判定树/判定表 E-R 图	系统流程图	PAD 图

常见的结构化程序设计的三种基本控制结构是顺序结构、循环结构和选择结构，用 N-S 图表示如图 5-29 所示。

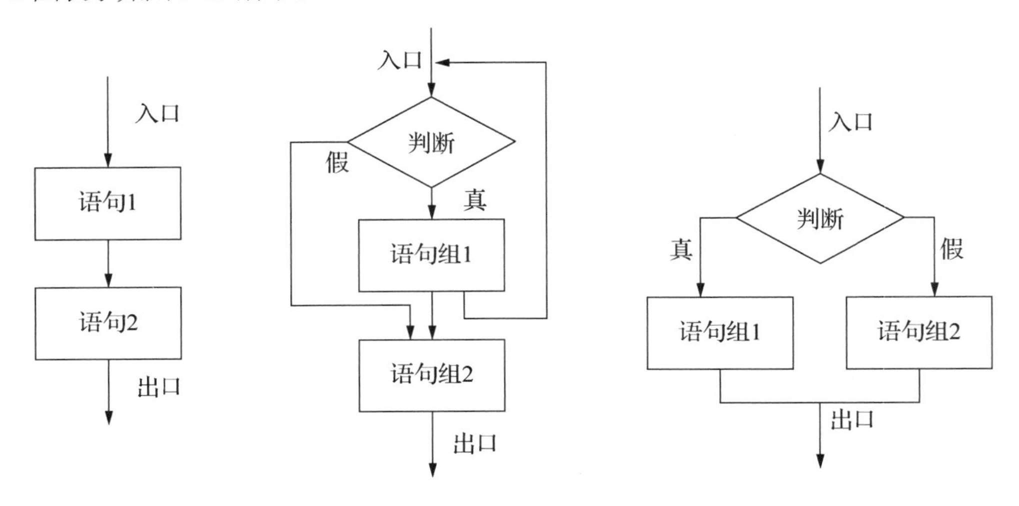

图 5-29　用 N-S 图表示顺序结构、循环结构和选择结构

三、面向对象方法

结构化方法是面向过程的方法，侧重点在于数据转换过程，而不是数据本身。人们逐步认识到，数据的处理过程是不稳定的、变化的，而数据本身却相对地比较稳定，也更有价值。一个部门产生的数据可以供给许多部门共享，只是各自对数据的处理方式不同而已。例如，基础信息数据被客货运输部门、技术机务部和企业管理部等分别用各自的方法加以利用。当业务过程发生变化时，改变的往往是对这些数据的处理方法，而不是数据本身。显然，如果只采用一种面向数据的开发方法，可以使系统更加精简和灵活。

面向对象方法（Object-Oriented Method，OO 法）是从 20 世纪 80 年代末开始，由各种面向对象的程序设计方法（如 C#、C++等）逐步发展而来的，随着应用系统日趋复杂、庞大，面向对象方法以其直观、方便的优点获得了广泛应用。

1. 面向对象方法的基本思想

面向对象方法认为，客观世界是由各种各样的对象组成的，每种对象都有各自的内部状态和运动规律，不同对象之间的相互作用和联系就构成了各种不同的系统。

当设计和实现一个客观系统时，如能在满足需求的条件下，把系统设计成由一些不可变的（相对固定）部分组成的最小集合，这个设计就是最好的。因为它把握了事物的本质，不会被周围环境（物理环境和管理模式）的变化及用户无休止的需求变化所左右。而这些不可变的部分就是所谓的对象，面向对象方法具有以下几个特点。

（1）客观世界是由各种对象组成的，任何事物都是对象，复杂的对象可以由比较简单的对象通过某种方式组合而成。

（2）对象是由属性和方法封装在一起构成的统一体，属性反映了对象的信息特征，如特点等，而方法是用来改变属性状态的各种操作。

（3）所有对象都可划分成各种类，按照子类与父类的关系，可把若干个对象类组成一个层次结构的系统，通常下层的子类完全具有上层父类的特性，这种现象称为继承。

（4）对象彼此之间仅能通过消息模式和方法所定义的操作过程来完成传递消息的互相联系。

2. 面向对象方法的开发过程

面向对象的系统开发可分为三个阶段：面向对象分析、面向对象设计及面向对象程序设计。

（1）面向对象分析。这一阶段主要采用面向对象技术进行需求分析，对问题领域进行分析，明确问题是什么，解决问题需要做些什么，即在复杂的问题域中抽象地识别出对象及其行为、结构、属性、方法等。

（2）面向对象设计。这一阶段要解决的问题是把分析阶段确定出来的对象和类进行配置，以实现系统功能，并建立系统的体系结构，即对分析的结果做进一步的抽象、归类、整理，并最终以规范的形式将它们确定下来。

（3）面向对象程序设计，即采用面向对象的程序设计语言将上一步整理的范式直接映射（直接用程序语言来取代）为应用程序软件。

3. 面向对象程序设计语言的发展历程

面向对象程序设计语言的发展经历了从提出到成熟的几个阶段。

（1）Simula。

面向对象技术最早是在编程语言 Simula 中提出的。1967 年，挪威奥斯陆计算机中心的达尔（O-J Dahl）和尼高（K. Nygaard）设计的计算机语言 Simula 67，开始使用类（Class）的概念，创造了一种新的程序结构，称为 Class.Simula 67，其中的类和继承性这两个概念的形成为 OO 法的产生奠定了基础。Simula 67 被认为是最早的面向对象程序设计语言，是面向对象的开山鼻祖，它引入了所有后来面向对象程序设计语言所遵循的基础概念：对象、类、继承，但它的实现并不是很完整。

Simula 虽然最早提出面向对象的概念，但因为其本身复杂，比较难学，所以并没有大规模流行。但 Simula 提出的面向对象的概念对程序语言后继的发展产生了巨大和深远的影响。Simula 67 是面向对象程序设计语言的先行者，是 OO 法的奠基者。

（2）Smalltalk。

Smalltalk 是公认的历史上第二个面向对象的程序设计语言，而且是第一个完整实现了面向对象技术的语言。

最早的 Smalltalk 原型由凯（A. kay）于 20 世纪 70 年代初提出。类（来自 Simula 67）、海龟绘图（来自 MIT 的 LOGO）以及图形界面等概念的有机组合，构成了 Smalltalk 的蓝图。在 1971 年到 1975 年之间，凯在 Xerox PARC 的小组设计并实现了第一个真正的 Smalltalk 语言系统。

Smalltalk 引领了面向对象的设计思潮，对其他众多的程序设计语言的产生起到了极大的推动作用。C++、C#、Objective-C、Actor、Java 和 Ruby 等，无一不受到 Smalltalk 的影响，这些程序语言中也随处可见 Smalltalk 的影子。

（3）C++。

C++由贝尔实验室的斯特劳斯特卢普（B. Stroustrup）于 1983 年推出，C++进一步扩充和完善了 C 语言，成为一种面向对象的程序设计语言。C++是第一个大规模使用的面向对象语言，面向对象程序设计语言在 20 世纪 80 年代成为一种主流的计算机编程语言，这在很大程度上得益于 C++的流行。

（4）Java。

Java 是由 Sun Microsystems 公司的“Java 之父”高斯林（J. Gosling）和一群技术人员创造，并在 1995 年正式推出的。最初的 Java 被称为 Oak——以高斯林办公室外的一棵橡树命名，后来由于商标版权问题，改名为 Java——据说取名的灵感来自印尼爪哇岛美味的咖啡。

Sun 公司在推出 Java 之际就将其作为一种开放的技术，并且定位于互联网应用。因此随着互联网的发展和流行，加上开源运动的发展，Java 逐渐成为较流行的计算机编程语言。

（5）其他面向对象语言。

随着面向对象程序设计思想的流行和发展，越来越多的面向对象程序设计语言将会得到广泛应用，如 C#、Python 等语言已得到了广泛的应用。

5.3.4 系统测试

系统测试是要对使用的整个系统进行检测，发现问题、解决问题。没有经过检验的系统是不可靠的系统，尽管系统在开发周期的各个阶段均采取了严格的技术审查，但是测试环节仍是必不可少的。系统测试是管理信息系统开发周期中十分重要的步骤。系统测试所需的人力等成本占软件开发的总成本比例很大。软件开发公司一般会设有专门的系统测试部门，国家制定了测试计划国标和测试分析报告国标。系统测试的目的是发现程序和系统中可能存在的错误并及时纠正。

一、程序调试

程序调试是在编制的程序投入实际运行前，用人工或编译程序等方法进行测试，从而修正语法错误和逻辑错误的过程。程序调试是保证计算机信息系统正确性必不可少的步骤，其目的是检查并纠正程序中的错误，以保证程序的稳定运行。程序只有经过调试，才能被认为是基本正确的，而要证明程序完全正确，则要经过一段时间的试用才能确定。

程序调试一般包括代码测试和程序功能测试两部分。

1. 代码测试

代码测试是测试程序在逻辑上是否正确。编制人员要测试的数据包括正常数据、异常数据和错误数据。首先，用正常数据调试；然后，用异常数据调试，例如，用空数据文件去测试，能否正常运行；最后，用错误数据调试，例如，输入错误数据或不合理数据时，能否及时发现并提示出错信息，并允许修改，或操作错误时（包括操作步骤或方法错误）能否及时发出警告信息，并允许改正。

2. 程序功能测试

程序功能测试是测试程序能否满足功能和应用上的需求。测试时，需要面向程序的应用环境，把程序看作一个“黑盒子”，测试它能否满足功能和应用上的需求。因此，程序功能测试也是程序调试中必不可少的一步。

二、分调（功能调试）

系统的应用软件通常由多个功能模块组成，每个模块由一个或几个程序构成。在单个程序调试成功以后，还需要对其功能模块进行调试，即将一个功能模块包含的所有程序段按逻辑次序串联起来调试。

（1）分调的目的：保证模块内各程序间具有正确的控制关系，并测试模块的运行效率。

（2）分调的时间：单个程序调试完成后所耗费的时间。

（3）分调的做法：将一个功能内所有程序按次序串联起来进行调试。

三、总调（能行性联调）

总调由系统分析员和程序员合作进行，其内容如下。

（1）主控程序和调度程序调试。这部分程序的语句不多，但是逻辑控制复杂。调试时将所有的控制程序与各功能模块相连的接口（界面），用“短路”程序替代原来的功能模块。所谓“短路”程序，就是直接送出预先安排计算结果的联系程序。调试目的不是处理结果的正确性，而是验证控制接口和参数传递的正确性，以便发现并解决逻辑控制或资源调度中的问题。

（2）程序的总调。是将主控制和调度程序与各功能模块联结起来进行总体调试。这一阶段查出的往往是模块间相互关系方面的错误和缺陷。进行系统程序调试时，通常采用“系统模型”法来解决如何编造最少量输入数据达到较全面检查软件的目的。采用这种方法所输入的数据是经过精心选择的，数据量较少，不仅可以使工作量大为减少，而且也更容易发现错误和确定错误的范围。但系统中的数据库或文件是真实的，调试中要严格核对计算机和人工两种处理的结果，通常是先校对最终结果，发现错误再返回到相应中间结果部分校对，直到基本确定错误范围。

四、实况测试

总调测试通过以后，还需要进行实况测试。实况测试以过去原系统手工操作方式得出正确的数据作为新系统的输入，由计算机处理后，将所得到的结果与手工处理的结果进行核对。这一阶段，除严格核对结果外，还要考察系统的运转合理性与效率，以及系统的可靠性。

5.4 信息系统的管理与维护

5.4.1 信息系统的管理

一、信息系统的开发

信息系统的开发是一种变革，也是信息系统管理的重要内容。

1. 信息系统的开发方式

（1）专门开发/自行开发。

专门开发/自行开发是自己组织力量进行系统的开发。其具体步骤为：首先通过对信息进行调查研究、识别需求，确定系统目标，制订项目计划；其次研究和建立新系统的模型，对系统的软件和硬件进行选择；再次根据用户使用模型提出的意见，对模型进行修改直到用户满意为止；最后对系统进行运行和维护。

开发过程应注意两点：一是需要大力加强领导，实行“一把手”原则；二是向专业开发人士或公司进行必要的技术咨询。

（2）全面购置商品软件。

全面购置商品软件是通过向软件开发公司提出需求，由软件开发公司完成所有的软件开发、运行和维护。对于开发能力不足的公司，全面购置商品软件往往是最为经济高效的方式。全面购置商品软件流程示意图如图 5-30 所示。

图 5-30 彩图

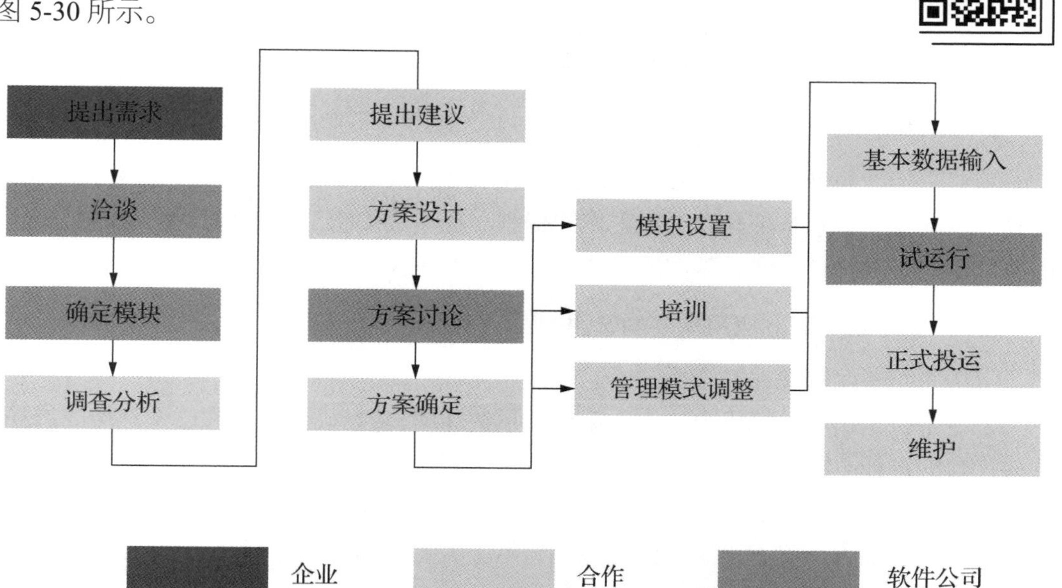

图 5-30 全面购置商品软件流程示意图

（3）自行开发与全面购置商品软件二者集成。

在开发能力有限时，公司可以选择自行开发与全面购置商品软件两者相结合的方式，通过接口化的设计将两者进行系统集成，最终满足企业的需求。

专门开发与全面购置商品软件集成开发示意图如图5-31所示。

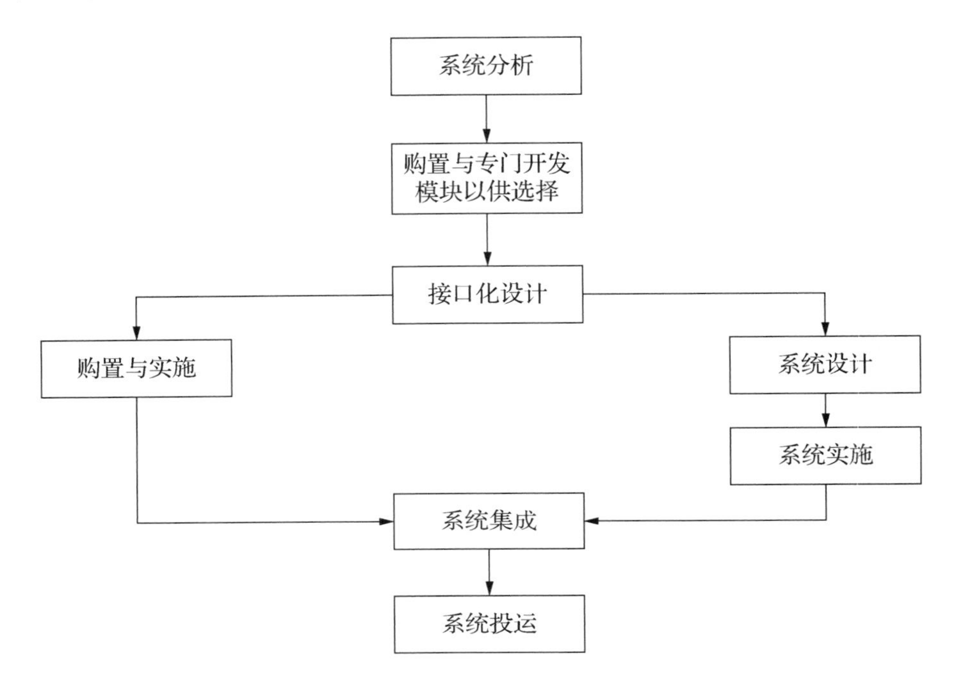

图5-31 专门开发与全面购置商品软件集成开发示意图

2. 项目工作计划书

项目工作计划书是指项目方为了达到招商融资和其他发展目标等目的所制作的相关计划书。它也是信息系统开发项目工作的编制。在项目编制工作的基础上，根据总进度的要求制订工作计划，然后落实项目“内容—要求—人员—时间”。

3. 系统平台与商品应用软件的选用

（1）系统平台软硬件的选用。

系统平台是指在计算机中让软件运行的系统环境，包括硬件环境和软件环境的选择。软件平台的选择主要是在网站功能需求和费用之间寻求最高的性价比，根据网站功能的规划，我们可以在作业系统、动态页面技术、资料库系统等几个方面做出选择；而硬件平台的选择在很大程度上决定了网站能够提供服务的能力和稳定性。应用系统开发、运行与维护的基础是要求系统平台软硬件费用占总投资的50%以上，系统平台软硬件主要包括计算机硬件、网络设备、系统软件及开发工具等。

选用系统平台软硬件时应考虑以下几个方面：①多关注相关网站和专业报刊的浏览量，多听取专家意见，多参加展示会和报告会，熟悉行情趋势；②不求气派或虚名，经费不足时应分步走；③信息技术更新换代极快，一步到位绝不可取；④选择成熟、信誉良好的供应商，尽可能地避免多家供应商集成的策略；⑤规模较大时，采用招标方式选择供应商。

（2）商品应用软件的选用。

成套商品应用软件费用高昂，因此在选用时应该高度重视，做好前期工作。商品应用软件往往只有使用权，不提供软件源代码，所以系统的维护和扩展往往需要依赖原供应商。对基础管理不是很理想的企业，应选购管理模式和业务流程接近自己的软件。

在购置费用预算方面也应注意。软件价格只是总费用的一小部分，咨询、培训、二次开发和维护等费用往往高于软件价格，这些都是需要提前考虑的。

4. 人员的培训

信息系统的管理离不开工作人员，对相关人员进行培训也是系统管理的方法之一。培训的对象是企业的各级管理人员及管理与维护信息系统的专业人员。通过员工培训，可以提高职工的工作能力、领导的决策能力，加强各级工作关系的协调，促进整个企业工作质量和工作效率的提升，实现企业的科学管理和战略发展。

二、信息系统的运行管理

信息系统的开发与运行是影响系统质量与效果的两个重要方面。新系统通过验收测试后，就进入系统的运行阶段。这一阶段的任务主要是用户做好系统的日常运行管理工作，使系统处于良好的运行状态。

1. 运行管理的任务

信息系统的运行管理是指系统在运行中对其进行维护与管理。其目的是使信息系统在一个预期的时间内能正常地发挥应有的作用，产生应有的效益。它的主要任务是使系统始终保持良好的可运行状态，对系统技术文件与档案进行保管及更新，以及通过各种软硬措施使系统不受损失。

2. 系统的日常运行管理

（1）系统运行情况记录。

对系统的运行情况进行记录是系统管理的基础工作。一般记录的内容有：工作站点开机情况，应用系统进入状态，功能选择执行方式，数据备份、存档、关机等不正常现象的发生时间及其可能原因。制订详尽的规章制度，设置自动记录功能，重要功能运行情况需要做书面记录。

（2）系统运行的日常维护。

系统运行的日常维护是为了加强信息中心系统安全管理，降低故障发生的可能性，提高系统安全事故的处理能力，确保业务系统的可用性和可靠性。定时、定内容地重复进行有关数据与硬件的维护，以及突发事件的处理等。

（3）系统的适应性维护。

系统的适应性维护是为适应环境的变化及克服本身存在的不足而对系统做出的调整、修改与扩充。实践证明系统维护与系统运行始终并存，系统维护的代价往往要超过系统开发的代价。因此，系统维护对系统的质量与生命周期影响都很大。

3. 信息系统的文档管理

文档管理指文档、电子表格、图形和影像扫描文档的存储、分类和检索，而信息系统的文档是描述系统发展与演变过程及各种状态的资料，是在系统开发、运行与维护中通过积累而形成的。系统的开发要以文档的描述为依据，系统实体的运行与维护更需要文档来支持。

文档是信息系统的生命线。在程序设计过程中，要保持文档的一致性与可追踪性，制定标准与规范、收存用管理等。文档可分为技术文档、管理文档及记录文档等。

4. 信息系统的安全与保密

保证信息系统的安全是为了防止破坏系统软硬件及信息资源行为的发生，以此来避免企业遭受损失而采取的措施；信息系统的保密是为了防止有意窃取信息资源行为的发生，使企业免受损失而采取的措施。报道中常见的计算机病毒传播和计算机“黑客”犯罪说明了信息系统安全与保密的必要性与紧迫性。

三、信息系统的评价

由于信息的开发是一项系统工程，需要花费大量的资金、人力、物力和时间，尤其是一些复杂、大型的信息系统，因此无论是对于开发者还是对于使用者，在系统建成后，都希望了解系统是否达到系统设计的目的。所以信息系统运行一段时间后，就要对其进行评价，检查是否达到预期目的、是否达到设计要求，各种资源是否得到充分利用、效益是否理想，并指出系统的长处与不足，提出改进与扩展的意见。

1. 信息系统的评价内容

信息系统在运行与维护中不断发生变化，因此评价工作不是一次性的工作，系统评价应定期进行，或有较大改进后进行。第一次评价在投运并进入相对稳定状态后，评价结论作为系统验收的最主要依据。评价内容有总体水平、系统性能、经济效益等。

总体水平的考察主要包括：①信息系统的规模与先进性，如系统总体结构、规模、技术先进性等；②系统功能的范围与层次；③信息资源开发与利用的范围与深度；④系统的质量，如可使用性、正确性、可维护性；⑤系统的安全与保密性，文档的完备性。

其他评价内容这里不做详述。

2. 信息系统的评价指标

（1）系统性能指标。

系统性能是一个系统提供给用户的众多性能指标的混合体，它包括硬件性能和软件性能。随着计算机技术的不断发展，有关性能的描述也越来越细化，根据不同的应用需要产生了各种各样的性能指标，如整数运算性能、浮点运算性能、响应时间、网络带宽、稳定性、I/O 吞吐量、SPEC-Int、SPEC-fp、TPC、Gibson mix 等，此外，还包括人机交互的灵活性与方便性、输出信息的正确性与精确度、单位时间故障的次数、故障/工作时间的比值、系统调整的难易程度等。

（2）直接经济效益指标。

直接经济效益是指直接通过商品和劳动的对外交换所取得的社会劳动成果，即以尽量少的劳动耗费取得尽量多的经营成果，或者以同等的劳动耗费取得更多的经营成果。其常见的指标有：①系统投资额，如软硬件购置与安装费，应用系统开发或购置费；②系统运行费用，如通信、耗材、管理、系统折旧（5～8 年）、日常维护费；③系统新增效益，如成本降低、库存减少、资金周转加快、利润增加或人力减少；④投资回收期，这也是经济效益的一个重要指标。

（3）间接经济效益指标。

间接经济效益指从全局出发间接引起的正、负效益，也是一种产品或一个企业、一个经济实体所取得的经济效益，可导致另一种产品或另一个企业、另一个经济实体提高或降低经济效益。其常见的指标有：①提高企业知名度、客户信任，员工信心；②使管理人员获得新知识、新技术、新方法，提高员工技能素质，拓宽思路；③加强部门和管理人员之间的联系，加强协作精神，提高企业凝聚力，促进企业基础管理水平的提高。

四、信息管理部门

信息管理部是公司信息化建设的主管部门，具体负责全公司信息化建设的组织、实施、协调、管理工作。

1. 信息管理部门的责任

信息管理部门的责任是：引入和配置信息技术、开发和组织信息资源、提供信息服务、支持组织战略目标的实现。

其主要内容包括：①信息化建设规划的策划、制定与实施；②信息资源的开发、组织与管理；③信息化建设项目的组织、管理与实施；④信息系统的管理与维护；⑤信息人员的组织、培养与管理。

2. 信息管理部门的结构

目前我国信息管理部门的结构主要有两大类：按专业划分的层次结构（图 5-32）和

按项目划分的矩形结构（图 5-33）。矩形结构的信息管理部门主要应用于自主开发为主的公司。

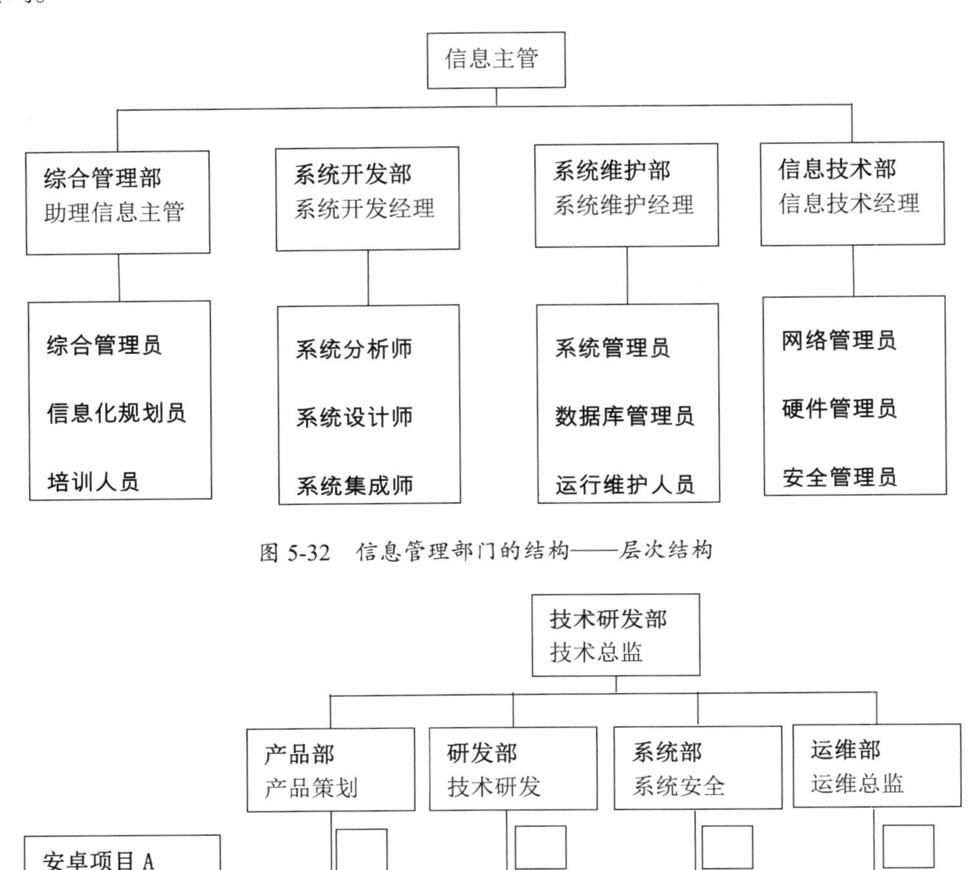

图 5-32　信息管理部门的结构——层次结构

图 5-33　信息管理部门的结构——矩形结构

3. 信息管理部门的主管

首席信息官（CIO）承担信息化建设的管理工作，一般由副总裁兼任，向企业的最高领导负责，CIO 一般具备较高水平的组织能力和领导能力，具有商业头脑，谈判、沟通与解决冲突的技能。

资料卡

交通运输行业数据泄露现状

随着“互联网+交通”的深度融合，交通信息化逐渐成为国家信息化发展的重要组成部分，对促进我国交通系统的现代化发展作用越来越突出，交通现代化建设以及交通强国已经成为我国公共服务的重要载体。以共享单车、滴滴打车等为代表的新一轮出行共享经济体为百姓生活提供了便利，促进了行业运输效率，然而，在发展过程中，产生、收集、存储的海量用户信息的高效利用及有效保障，也成为我国乃至全球交通运输行业安全发展面临的重要问题。

一、全球交通运输行业面临的数据泄露风险

“互联网+交通”的深入发展，促使无人驾驶、无人机、车联网、车路协同等领域取得了长足进步，与此同时在关乎国家安全的交通运输行业数据保密方面，世界各国都打响了信息战。而且，越来越多的网络攻击呈现组织化、规模化、专业化特征，包括通过针对数据库的洗库、撞库、病毒感染等攻击方式获取所需的原始数据，通过对原始数据的层层清洗、重组、关联等方式获得价值高、可信度高的关键数据。

2016年，打车软件公司Uber被曝出一桩大规模的数据泄露事件，由于黑客攻击，导致全球5 000万名Uber乘客的姓名、电子邮箱地址和手机号码泄露，另有大约700万名Uber驾驶人的个人信息被盗取，包括60万名美国驾驶人的牌照号码。据媒体报道，2017年7月，瑞典交通部部长承认，由于瑞典交通部的失误，造成该国公民个人数据乃至军方大量绝密资料泄露。发生在交通运输行业的数据泄露事件表明，数据泄露不仅严重威胁公民个人隐私安全，还严重威胁国家安全。

数据泄露不仅是交通运输行业面临的问题，也是世界性的难题。尤其是公民个人信息数据泄露，已经形成十分成熟的产业链，世界范围关于公民个人信息倒卖的地下黑产业交易额目前已经超过数十亿美元，个人信息买卖及带来的后果已经严重干扰个人的日常生活，数据泄露已经成为威胁社会安定团结且亟待解决的问题。

二、我国交通运输行业面临的数据泄露风险

交通运输领域作为我国关键信息基础设施领域的重中之重和关系国计民生的重要领域，如何在交通运输行业多重、异构、复杂的环境下，建立相应的交通运输行业大数据处理中心以及建立有效的防数据泄露措施，使大数据成为交通运输系统全网点状、条状乃至块状联动、协同应用的重要安全支撑，从而保证交通运输行业信息系统在安全、可信的环境下建设运行，成为交通运输行业信息化建设必须解决的问题。

我国交通运输行业针对行业运行产生的海量数据还没有建立一个大的数据处理平台对产生的数据进行保护、挖掘、分析、利用，也没有对产生的数据特征进行识别，甚至在生产过程中产生的原始数据由于存储空间等问题会被定期删除，即使是保存下来的数据也未能进行高效处置，使得大量闲置的数据资源浪费，加之行业长期以来存在重建设轻管理的现象，信息系统建设过程中针对数据存储保护较为薄弱，经常会发生数据丢失、数据泄露等事件。

据统计，多数发生在高速公路的客车事故都会造成严重的人身伤亡以及财产损失，为此，交通运输行业针对全国旅游客车、三级以上班线客车以及危险品运输车辆实施动态监管，这些数据都属于至关重要的绝密数据。试想，一旦系统数据掌握在别有用心的人手里，就可能发起恐怖袭击，将会对国家安全造成严重威胁。

此外，据媒体报道，不少用户在不知情的情况下收到滴滴打车平台注册成功的短信，互联网上有不少关于驾驶人身份证号码被占用、车牌被注册的报道。在信息被盗用的背后，不容忽视的是网约车“代注册”的黑灰产业链。

从近年来不断发生的数据泄露事件可以看出，我国数据泄露大部分是以经济获利为导向，而国外发生的数据泄露事件大部分是以数据处理、行为分析、内容决策为导向。世界各国都把推进经济数字化作为实现创新发展的重要动能，在前沿技术研发、数据开放共享、隐私安全保护、人才培养等方面做了前瞻性布局。

资料来源：http://news.infosws.cn/20180416/3407.html.(2018-04-12)[2022-04-28].

思考：从交通信息系统顶层设计的角度考虑，应该从哪些方面保障大数据的安全呢？在交通信息系统中分析员和设计员应如何承担起职业道德中的保密责任呢？党的二十报告中提到，必须坚定不移贯彻总体国家安全观，在此视角下，交通运输行业在大数据、云计算、物联网、区块链、人工智能、5G通信等新技术与交通设施设备的深度融合时，还存在哪些安全问题？

5.4.2 信息系统的维护

信息系统是一个复杂的人机系统，系统内外环境以及各种人为的、机器的因素都不断发生变化。为了使系统能够适应这种变化，充分发挥软件的作用，产生良好的社会效益和经济效益，就要进行系统维护工作。另外，大中型软件产品的开发周期一般为1～2年，运行周期则是5～10年，在这么长的时间内，除了要改正软件中残留的错误外，还会多次更新软件的版本，以适应改善运行环境和加强产品性能等需要，这些任务也属于系统维护工作的范畴。能不能做好这些工作，将直接影响软件的使用效果和使用寿命。

信息系统维护是为适应系统的环境和其他因素的各种变化、保证系统正常工作而对系统所进行的修改，包括系统功能的改进和解决系统在运行期间发生的问题。

一、系统切换、日常管理及维护

1. 系统切换

系统切换是指由旧的、手工处理系统向新的计算机信息系统过渡。信息系统的切换一般有三种方法：直接切换法、并行切换法、试点过渡法。

（1）直接切换法。

直接切换法是指在指定的时间停止原系统的使用，直接启用新系统。这种转换方法的优点是转换过程简单快捷，费用较低；缺点是使用这种转换方法具有很大的风险，仅适合小型信息系统的更新。

（2）并行切换法。

并行切换法是指新系统与原系统同时运行一段时间，对照两者的输出，利用原系统的数据对新系统进行检验。这种方法的优点是安全保险，缺点是费用高，适合中大型企业和财务管理系统使用，能够更多地保存可能丢失的数据。

（3）试点过渡法。

试点过渡法又称分段转换法，是指先用新系统的某一部分代替原系统作为试点，再逐步代替整个原系统。这种方法优点是简单安全、成本很低，缺点是可能出现新旧系统冲突的情况。一般的管理信息系统建议使用该方法进行系统更新。另外，试点过渡法也适用于较大型、较重要的系统切换。

2. 系统日常管理及维护

（1）日常管理。

系统的日常管理绝不仅仅是机房环境和设施的管理，更主要的是对系统每天运行状况、数据输入和输出情况以及系统的安全性与完备性进行及时如实的记录和处置。这些工作主要由系统管理员完成。

（2）维护。

系统维护人员应根据系统运行的外部环境的变更和业务量的改变，及时对系统进行维护，包括程序的维护和数据文件的维护。程序的维护是指根据需求的变化或硬件环境的变化对程序进行部分或全部的修改。数据文件的维护一般是指使用开发商提供的文件维护程序，也可自行编制专用的文件维护程序。代码的维护是指对代码进行订正、添加、删除或重新设计。

二、项目管理

信息系统的开发与实施涉及面广、时间长，是一个复杂的系统工程，需要多方面人员的密切配合和科学的项目管理。

1. 人员管理

信息系统的开发和应用需要以下几个方面的人才：系统工作人员、程序员、操作员、硬件人员、项目负责人。

项目开发还应有管理人员参与，应加强用户和设计人员之间的理解和沟通。

2. 制订和实现项目工作计划

为了完成系统的开发工作，要制订好项目工作计划，经常检查计划的完成情况，分析滞后原因，并及时调整计划。制订计划用最短的时间、最小的资源消耗完成预定的目标。

3. 制订相应的文件

在开发系统的每个阶段都应制订好相应的文件，明确工作目标和职责范围。

4. 系统评价

通过对运行过程和绩效的审查，检查系统是否达到预期的目的，是否充分利用系统内的各种资源，管理工作是否完善，并提出今后系统改进和扩展的方面。

系统评价的内容包括对信息系统的功能评价、对现有硬件和软件的评价、对信息系统的应用和经济效果评价。

【本章小结】

管理信息系统的开发往往是在系统规划的基础上，进行系统分析、设计、实施、运行管理和维护的全生命周期的过程。

系统分析是建立管理信息系统的第二阶段，以系统的整体最优为目标，对系统的各个方面进行定性和定量分析；是一个有目的、有步骤的探索和分析过程，为决策者提供直接判断和决定最优系统方案所需的信息和资料，从而成为系统工程的一个重要程序和核心组成部分。

系统的设计与实施是系统开发的两个不同阶段。系统设计是系统的物理设计阶段，在系统分析完成后，得到了新系统的逻辑模型，解决了“做什么”的问题，将进入系统设计阶段，即解决“如何做”的问题，其原则是：独立性、依赖性、阶段性、前瞻性和习惯性；系统实施是实际建立系统的阶段，它把设计文档中的逻辑系统变成能够真正运行的物理系统。

信息系统的管理和维护是系统持续运行的基础，两者共同存在，对企业的信息技术系统进行管理，通过改正软件系统在使用过程中发现的隐含错误，扩充在使用过程中用户提出的新的功能要求及性能要求，维护软件系统的正常运作。

新的信息系统建设会引发组织和管理活动的变革。

信息系统的开发方法往往采用结构化方法和面向对象方法等，本书后续案例中主要采用面向对象方法。

【关键术语】

系统分析（System Analysis，SA）

系统设计（System Design，SD）

系统管理（System Management，SM）

系统实施（System Implementation，SI）

系统维护（System Maintenance，SM）

【习题】

一、判断题

1. 数据流程图分多少层次应以实际情况而定，没有必要对图中各个元素加以编号。 （ ）

2. 数据流由一个数据项组成。定义数据流时，不仅要说明数据流的名称、组成等，还要指明它的来源、去向和数据流量等。 （ ）

3. 计算机处理过程设计是信息系统设计中的一环。 （ ）

4. 业务流程调查的主要任务是调查系统中各个环节的业务活动，掌握业务的内容、作用、信息的输入或输出、掌握客户的满意度等。 （ ）

5. 信息系统分析是总体分析的深入，其核心是数据库的设计，以及建立在数据库模型基础上的逻辑结构设计。 （ ）

6. 代码测试首先要编制测试的数据，其中包括正常数据、异常数据和错误数据。 （ ）

7. 程序设计是指设计、开发、调试程序的方法和过程，是信息系统实施过程中的重要组成部分。 （ ）

二、选择题

1. 以下常用符号的画法错误的是（　　）。

a.顾客　　b.供应商　　b.供应商

A　　B　　C

2. 下列不是系统需求调查方法的是（　　）。

A. 座谈法　　B. 文献法　　C. 问卷调查法　　D. 抽样法

3. 数据属性一般分为静态特性和动态特性，其中静态特性为（　　）。

A. 分析数据的类型　　B. 固定值属性

C. 随机变动属性　　D. 数据的大小

4. 程序调试包括（　　）。

A. 代码测试　　B. 系统测试

C. 信息测试　　D. 程序功能测试

E. 数据测试

三、填空题

1. 系统分析的主要任务有__________、__________、__________。系统分析的原则有__________、__________、__________。

2. 开发者通常将系统调查分为__________和__________。

3. 业务流程分析过程包括__________、__________、__________、__________。

4. 数据流程图是能全面地描述__________的主要工具，它可以用少数几种符号综合地反映出信息在系统中的流动、处理和存储情况。

5. 数据流程图具有__________，表现在它完全舍去了具体的物质（如业务流程图中的车间、人员等），只剩下数据的流动、加工处理和存储；数据流程图具有__________，它可以把信息中的各种不同业务处理过程联系起来，形成一个整体。

6. 数据处理的方式有__________与__________。

7. 结构化程序设计是指每一个程序都应按照一定的基本结构来组织，这些基本结构包括__________、__________和__________。

分析案例

公安交通管理信息系统
——一体化研判监督平台建设

在公安部交管局的组织指导下，全国各省交警部门相继构建了由公安交通管理综合应用平台（又称“六合一”平台）、公安交通集成指挥平台和交通安全综合服务管理平台三大平台组成的核心业务信息系统。以三大平台为基础，各级交警部门、相关院校/研究所和企业也开发了一些特定功能的交管信息系统。接着，公安部交通管理科学研究所提出了基于数据挖掘的道路交通事故信息综合分析研判系统，实现了道路交通事故信息的综合分析研判。针对现有交管信息系统的不足，提出构建公安交通管理一体化研判监督平台如下。

（一）需求分析

通过梳理、提炼交管机关政治、事故、秩序、法制、宣传等主要部门职责和业务，可以总结出其核心工作主要是对各类交管情报数据的搜集、分析研判，以及对交管业务的监管和协调督导。

（二）建设目标

在上述需求分析的基础上，提出一体化研判监督平台的建设目标是以云计算、大数据、移动互联等先进信息技术为手段，以三大平台为基础，以省级和市级交管机关主要业务部门民警为主要用户，实现各级道路交通安全态势分析研判精准化、智能化，交通管理业务监管全程化、透明化，交管队伍管理规范化、精细化，提高公安交通管理业务监管能力和水平。

（三）交通管理数据规划

一体化研判监督平台数据来源示意如图5-34所示。它的运行需要“六合一”平台、公安交通集成指挥平台和互联网交通安全综合服务管理平台为核心的交警业务信息系统提供主要的数据支持。公安相关警种，交通、教育、城管、安检、气象、保监等相关部门，以及车辆营运企业、地图厂商等企业的相关信息系统数据，可以作为一体化研判监督平台的辅助数据来源。反过来，一体化研判监督平台也可以为相关信息系统反馈相关数据。

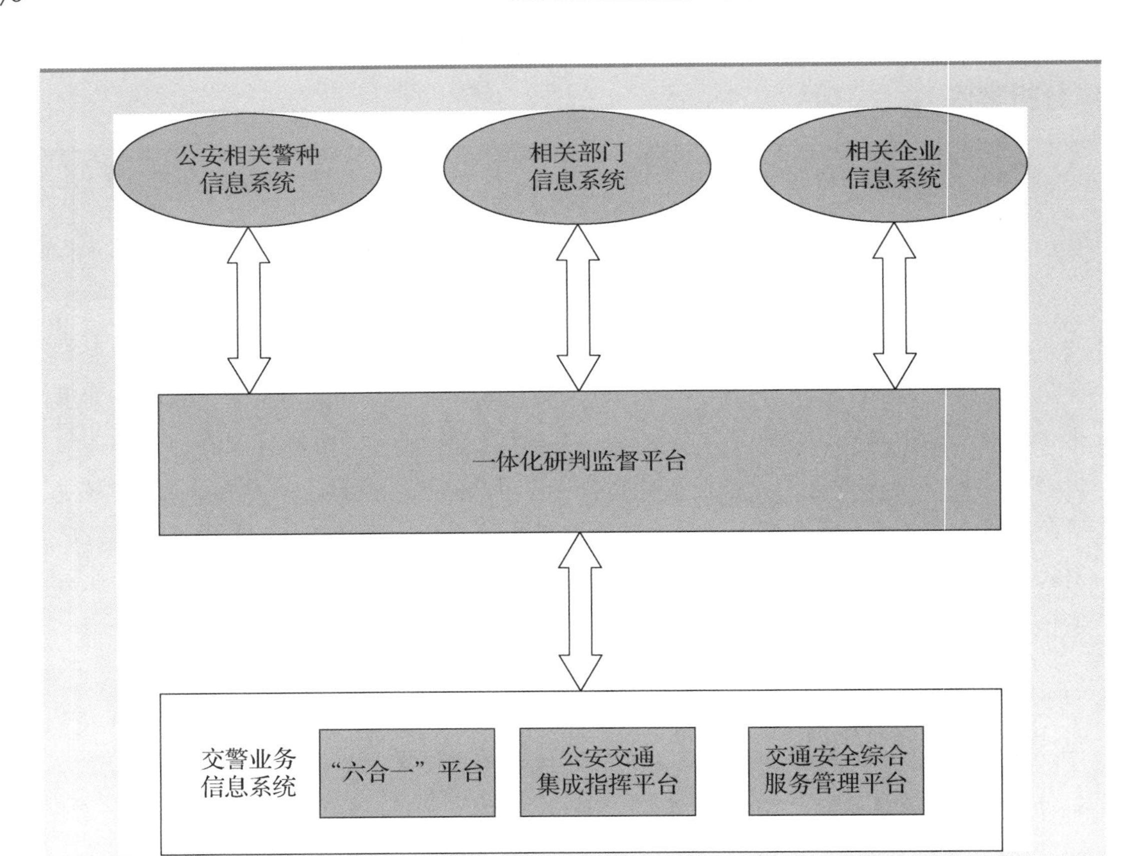

图 5-34　一体化研判监督平台数据来源示意

（四）系统设计

根据一体化研判监督平台的建设目标和需求，设计一体化研判监督平台的总体架构，包括逻辑架构和物理架构。

（1）逻辑架构分为应用层、支撑层和数据层三个层次。

一体化研判监督平台逻辑架构如图 5-35 所示。

（2）物理架构。根据逻辑架构中的功能划分以及安全保密要求，一体化研判监督平台的物理架构部署分为公安内网和互联网两个部分（见图 5-36）。

目前，基于该架构方案已实现平台的若干分系统，并在合作交管机关部门得到应用。

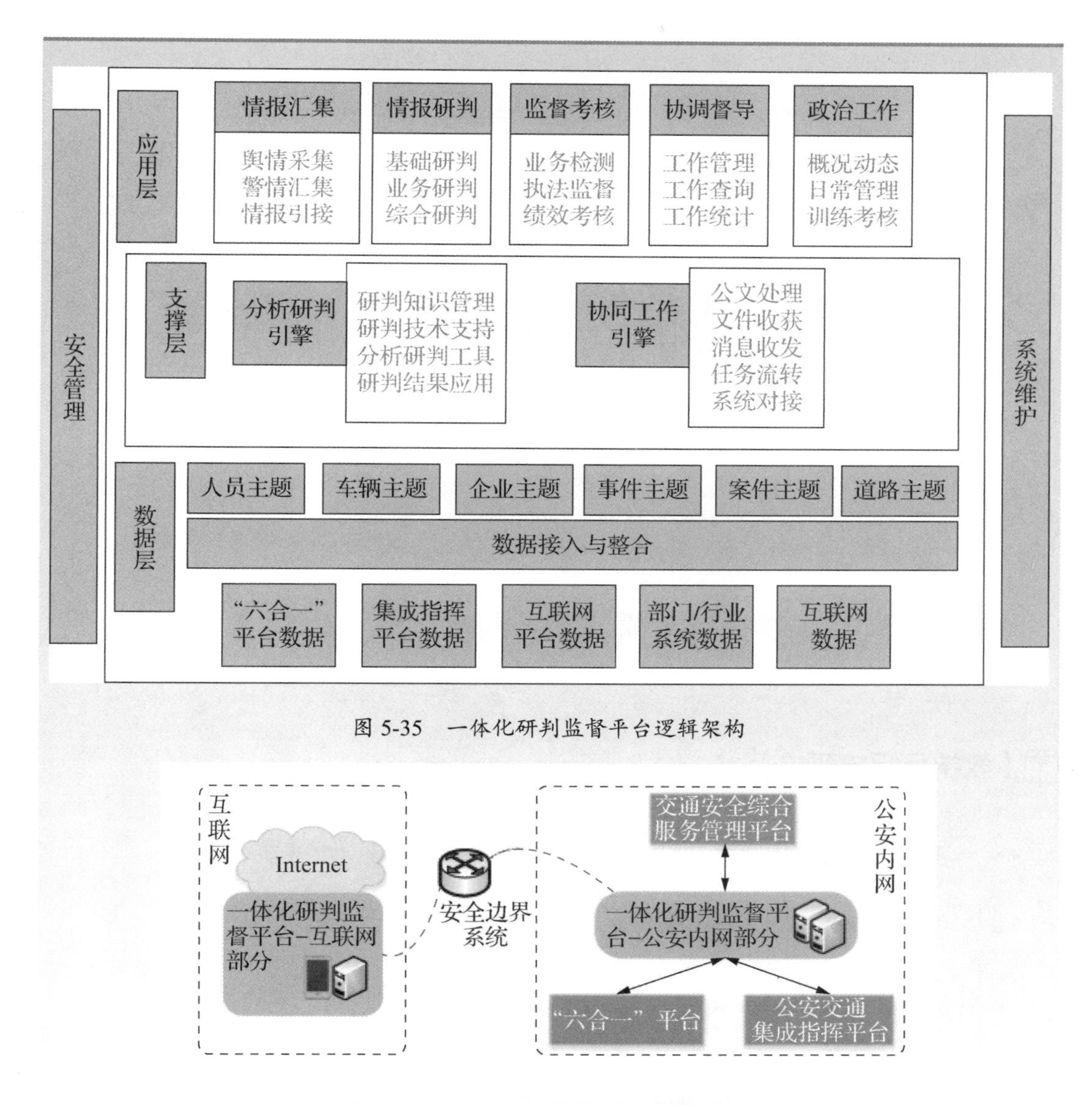

图 5-35 一体化研判监督平台逻辑架构

图 5-36 一体化研判监督平台的物理架构

资料来源：黄力，王辰，黄光奇，等. 公安交通管理一体化研判监督平台的总体架构设计[J]. 信息系统工程，2020（12）：53-55.

讨论：从管理信息系统开发的角度分析公安交通管理一体化研判监督平台的构建过程。

第 6 章 交通安全信息系统案例

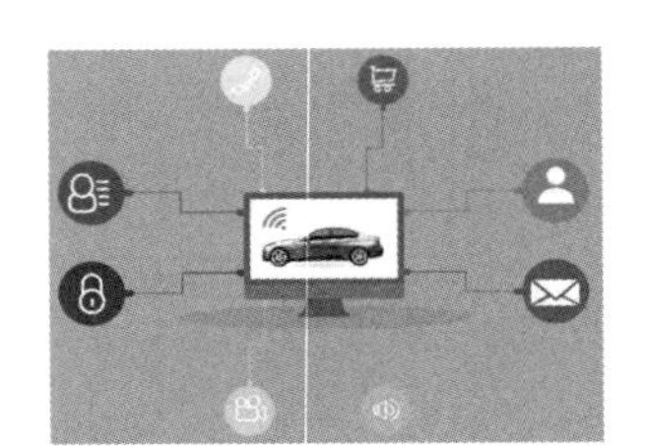

【教学目标与要求】

- 理解交通管控大数据分析研判平台的系统分析及设计实现。
- 理解交通安全信息系统的专家子系统开发设计过程。
- 理解交通安全信息系统开发的全过程。

【思维导图】

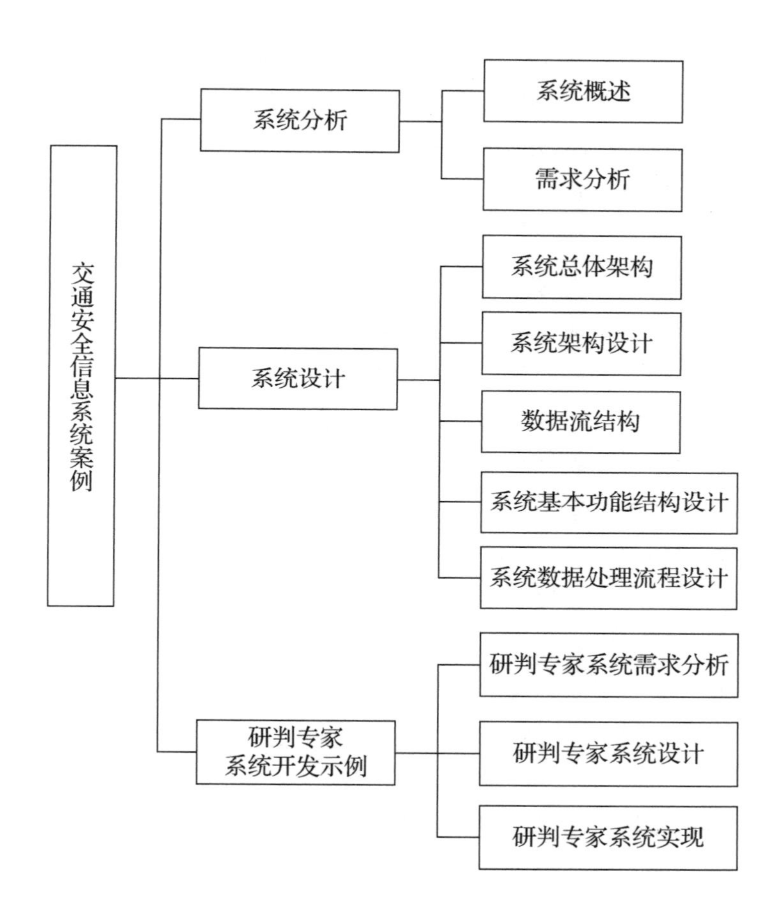
交通安全信息系统案例
系统分析
系统概述
需求分析
系统设计
系统总体架构
系统架构设计
数据流结构
系统基本功能结构设计
系统数据处理流程设计
研判专家系统开发示例
研判专家系统需求分析
研判专家系统设计
研判专家系统实现

【开发案例】

交通管控大数据分析研判平台简介

随着社会经济的迅猛发展，机动车的数量不断增加，道路交通拥堵、交通肇事现象也越来越严重。交通管理部门部署了大量交通监控设备对道路交通情况进行监控，这些设备 24 小时不间断地捕获过车数据和图像数据，产生了海量的历史记录。在此情况下，如何利用先进的技术手段，对交通监控设备采集的海量的、格式多样的数据进行深度分析和应用；如何对海量数据进行查找、关联、比对等处理，实时发现其中潜在的问题并预警，成为当前迫切需要解决的问题。

这些问题的原因主要体现在以下两个方面：一是交通管理部门的现有系统还处于结构化数据处理模式架构体系中，要实现对城市道路交通的整体运行状况、车辆出行规律等方面以日、月甚至年为时间粒度的数据进行分析还存在不足；二是交通管理部门的现有系统在对这些具有逻辑关联的海量多源异构数据处理过程中，数据存储结构、处理种类、处理效率等方面仍存在不足，不能满足持续扩大的交通管理数据规模以及对数据深度、快速挖掘和应用的需求。

为了解决这些问题，需要通过信息系统技术对交通管控大数据分析研判平台进行开发。

思考：结合前几章的学习，我们应如何进行交通安全信息系统的开发呢？开发应遵循什么原则？开发的过程如何呢？

随着社会经济的发展，机动车保有量不断上升，城市交通路网、高速公路路网及其他公路不断扩张，公安交警管理部门的任务日益繁重，需要处理的信息量越来越大。大数据在公共交通安全管理方面的应用需求与日俱增。我国公安部交管局印发的《公安交通管理科技发展规划（2021—2023 年）》，要求到 2021 年年底，全部总队、地市支队应用部级大数据分析研判平台。我国在已有的交通管理综合应用平台、互联网综合服务管理平台和交通集成指挥平台的基础上，正在大力进行交通管控大数据分析研判平台的开发及应用。

本章通过交通管控大数据分析研判平台的开发实例，来展示交通安全信息系统从构思到实现的全过程。

6.1 系统分析

6.1.1 系统概述

交通管控大数据分析研判平台（也称交通管控大数据系统）可以构建一个支持横向扩展，具有分布、并行、高效特点的大数据处理平台的体系架构。综合运用云计算、云存储、并行数据挖掘、图像识别等技术，开展数据的存储、挖掘、联动、分析工作。通过将电子监控设备的数据、图像等异构的数据资源接入大数据处理平台，通过分布式存储和并行数据挖掘，提供在线实时分析模式和离线统计分析模式，全方位地对交通管理的各类大数据进行实时和离线分析处理，可以将隐藏于海量数据中的信息挖掘出来，可以全面掌握道路通行情况，为策略制订、分析研判、行动部署提供依据，大大提升综合管理的集约化程度。

交通管控大数据系统设计的实现具有重要意义。

（1）信息查询和预警分析。

系统使用者能借助在线实时分析、离线统计分析和数据共享等手段，通过接口与集成指挥平台等各个业务系统关联，高效开展交通管理工作。我国很多省市利用交通管控大数据分析研判平台进行节假日道路交通形势预警，通过日常数据采集分析研判，确定该时期造成交通拥堵的主要原因和发展趋势，对交通拥堵进行一定的预测和判断，以便采取相应的管控措施，科学预防交通拥堵。

（2）为打击违法提供法律证据。

系统能突破传统的依靠人工执法的局限，根据查处对象的特点，通过大数据运算，找出车辆的行驶规律，选择最容易执法的时段、路段和方式来执法，从而实现主动出击、精准打击。除此之外，可以根据最新的车辆特征二次识别比对技术，实现对各类重点违法车辆的查处，并提供精准的法律证据。例如，可以通过大数据来研判车辆规律，采用有针对性查处嫌疑车辆的定向清除法来锁定嫌疑车辆。

（3）为数据分析为决策提供支持。

系统可以将数据进行提取、分析、研判，通过优化算法，可以实现数据运算的秒级响应，通过进一步的深度信息挖掘，提供给使用者有价值的信息，有利于进一步开展综合分析及研判。

6.1.2 需求分析

一、业务需求

随着我国机动车数量的不断增长，出现了一系列交通方面的问题，如交通堵塞等，这些因素影响着人们的日常生活。交通管控大数据分析研判平台应能满足更为丰富的业务需求。

1. 面向交通管理的大数据业务需求

随着城市交通拥堵问题顽固化、复杂化和多样化，交通管理工作面临着从事后分析向事前研判预警拓展、从历史统计向在线分析挖掘拓展、从简单应用向综合服务评价拓展的内在需求；还要对管辖范围内的车辆出行规律等方面以日、月、年为时间粒度进行实时和历史统计分析，并对现有信息开展任意范围内的快速检索和实时统计分析，最终将结果进行可视化显示。

2. 面向交通安全的大数据业务需求

管理路面违法、假/套牌、肇事车辆、黑车等重点布控车辆、维护交通安全和事故处理是交管部门的另一项行政管理职能。基于大数据系统，通过大量历史数据对涉案车辆开展比对，形成对涉案车辆行为的分析及涉案车辆的匹配分析，为精准打击违法行为提供依据，按照车辆特征进行布控，有效提升现有违法查处的精准度和查缉布控能力。

二、功能需求

交通管控大数据分析研判平台应具有以下功能需求。

1. 基于大数据的在线统计和离线分析需求

以总量统计、信息查询等业务数据检索的后台软件模块为支持，通过大数据系统备份或抽取历史数据资源，重构数据结构，并为每一种应用添加算法模块，实现对大批量信息检索及统计分析的实时处理。

2. 基于大数据的车辆特征分析需求

以基于海量卡口数据获取车辆出行 OD 信息，挖掘车辆通勤出行行为，分析车辆通勤行为特征与交通拥堵的相关性，研究拥堵路段车流集散、车辆属地属性发展变化规律。准确统计道路交通、卡点进出车辆流动情况，为合理调配警力、提高车辆管理水平提供科学依据。

3. 基于大数据的交通违法和事故分析需求

基于大数据进行交通违法和事故数据的关联分析，从不同视角研究违法和事故成因，定期将交通违法和事故的相关驾驶人特征与车辆特征进行分析，按类掌握违法事故中高发、易发的驾驶人与车辆，为重点管理的群体提供数据支撑。

通过大数据对交通违法和事故数据及其属性开展关联分析，定期将交通违法和事故与驾驶人特征，包括培训考试过程、工作单位、家庭背景等；与车辆特征，包括品牌、车型、营运性质、号牌属地、车身颜色、车辆保养等；与道路特征，包括道路类型、线形、天气、时间、环境、设施等因素相关联，集中分析已掌握的交通违法和事故中高发、易发的驾驶人、车辆和道路数据，为交通管控提供最真实的资料和依据。

4. 基于大数据的勤务快速处置需求

在岗执勤民警通常负责一个区域的交通管理工作，很难掌握管辖区域内所有路口路段的实时交通状况。基于过车流量特性的大数据分析，可为交管人员提供管辖区域内交通流量结果，为在岗执勤民警提供更加准确的道路拥堵点，有助于交管人员日常勤务安排、上下游及时联动和快速反应。

5. 基于大数据平台的车辆特征二次识别需求

过车图片中包含了很多信息，这些信息是卡口设备本身无法有效识别的，如车辆品牌、车辆型号等。基于大数据系统的车辆特征二次识别技术从根本上克服了传统车辆检索只能按照号牌进行单一查询的功能缺陷，实现了按照车辆品牌、型号、颜色、类别及局部特征等自定义组合查询和模糊查询的强大功能。在不改变现有卡口设备的情况下，能够挖掘出更多的车辆特征，便于实现更多应用，有效利用了现有卡口设备，减少不必要的卡口重建投入。

6. 基于大数据平台的技战法需求

通过过车图片、行驶行为特征分析和人员、车辆档案关联分析，确定各类涉案人员/车辆的详细信息。以全库精细搜索和模糊查询，实现一定时间内经过各采集点特定车辆行车轨迹分析，记录轨迹路线信息并在 GIS 地图中进行可视化展示和报警，形成行驶轨迹数据的高速检索。对同一辆车在多个监控点出现的轨迹进行时空分析，实现对任意时间和地区范围内重点车辆行驶规律的分析研判，并预测一定时间内该车辆出现概率较高的区域。

三、性能需求

交通管理大数据主要支撑交通管理信息化、非现场执法和现代勤务机制等业务工作，整个交通数据涵盖面较广，交通违法、交通事故、车辆与驾驶人数据积累了多年，较为全面，这些都对系统平台提出了更高的要求。

平台系统的性能需求除应满足对系统的用户访问量、系统处理能力、业务处理能力和网络系统响应外，还需要满足以下几个特定的需求。

1. 高并发实时数据采集需求

Kafka 消息队列，良好兼容 Hadoop 系统，可通过 SQL 语句进行访问，时延在 2s 内。

2. 海量数据存储需求

Hadoop 和 HDFS 文件系统，具备 PB 数据级别的在线存储能力，数据容量可动态扩展。

3. 分布式流处理需求

Spark Streaming，支持分布式数据集上的迭代作业，每一个批次的数据的时间间隔为 100ms。

4. 车辆特征二次识别需求

可检测 200 万像素、300 万像素、500 万像素的图片，单张图片处理时间平均为 0.1s，单台日处理图片最多 80 万张，检测正确率不低于 85%。

6.2 系统设计

6.2.1 系统总体架构

交通管控大数据分析研判平台的层次架构分为：数据层、采集层、处理层、存储层、应用层等。

数据层：描述信息系统的数据集和数据模型。这里的数据包括电子警察数据、“六合一”平台数据、违法查询数据等。

采集层：通过设备系统接口或稽查布控系统接口，以及 Kafka 消息总线接入所辖范围内的设备上报的车辆通行文本信息、图像信息、设备状态信息。

处理层：系统通过 Spark Streaming 计算模块，对海量过车数据进行二次比对分析，流计算模块根据系统设置的报警条件，可实时进行多种比对计算。

存储层：包括 Hadoop 数据库，用于存储海量结构化数据和非结构化数据，可动态增加节点，提升吞吐能力，扩展存储、查询、分析性能。

应用层：包含实时预警、信息检索、信息查询、统计分析、技战法分析、车辆布控等功能。

6.2.2 系统架构设计

交通管控大数据分析研判平台部署在公安网内，设备专网数据通过边界交换平台进入公安网，数据库服务器、流处理服务器、二次识别服务器可根据数据量规模动态调整。

（1）“六合一”平台部署于公安网，安全等级高，不能与互联网直连，用户的分配与管理都需要在公安部备案。因此，在该平台上部署一台“公安网专用数据处理器”，用于提取各类统计分析、风险研判所需的基础数据，并刻录成盘，用于系统的分析。

（2）系统中共设计三台服务器，分别为数据库服务器、研判系统服务器、动态展示服务器，各服务器的作用如下。

数据库服务器用于对“六合一”平台中数据进行导入、导出及初步的分析处理，以及获取社会资源数据（如气象、事故人员数据等），专家系统中的知识库、数据库、规则库等。

研判系统服务器用于研判专家系统（该系统会在 6.3 节中详细介绍）的实现，对人、车、路、环境等交通要素进行全面分析研判，包括公安交通管理数据统计、公安交通管理风险分析，以及公安交通管理预警提示等。

动态展示服务器（也称可视化处理服务器），它可以对研判结果进行可视化处理和循环动态的展示。

“六合一”平台系统逻辑架构设计如图 6-1 所示。

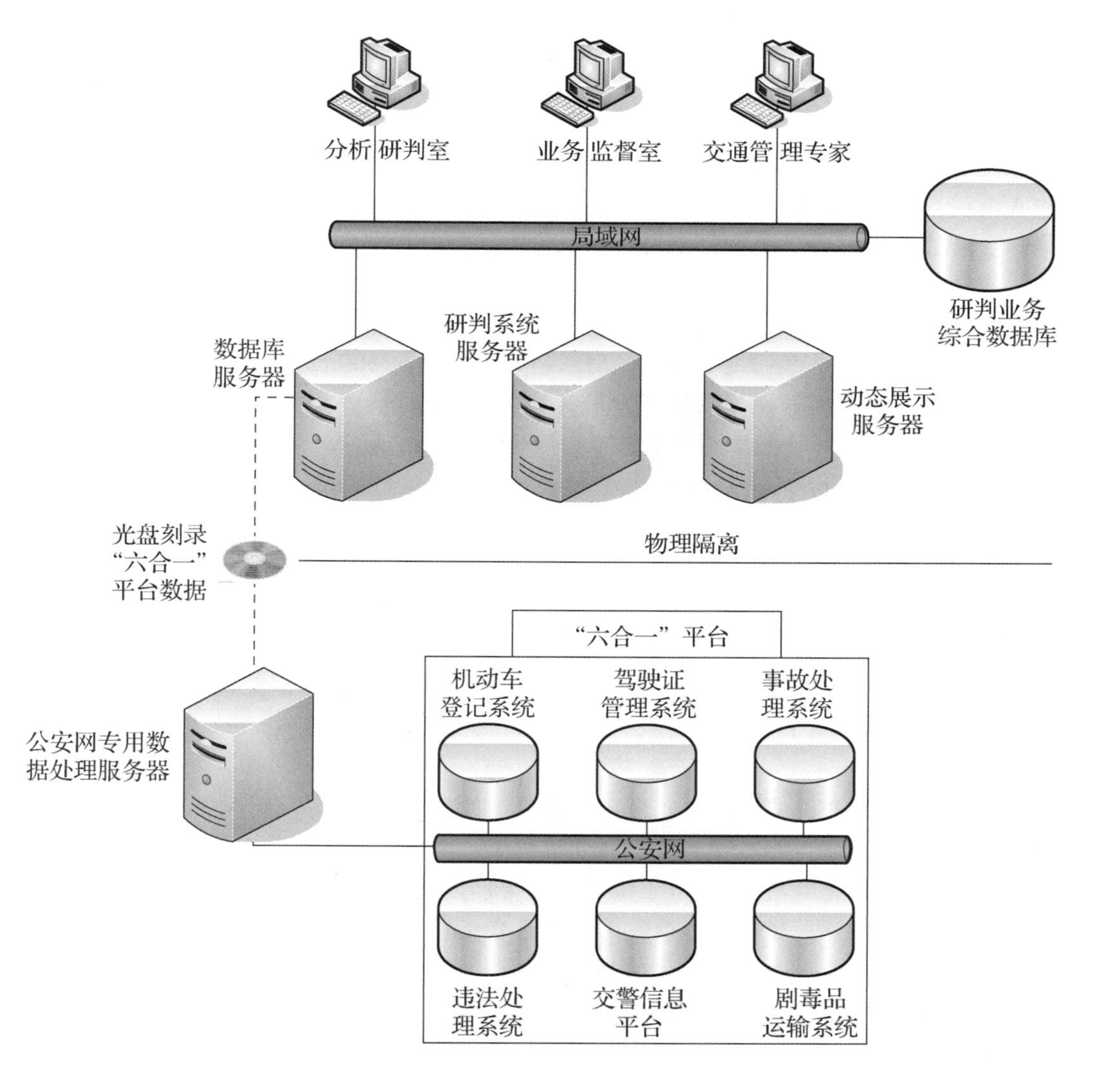

图 6-1 “六合一”平台系统逻辑架构设计

6.2.3 数据流结构

平台通过 Kafka 消息总线汇聚各类道路交通信息，通过 Spark 进行实时流计算，通过 HBASE/HDFS 进行分布式存储，通过 MapReduce 进行分布式计算，通过应用服务器的数据接口，将结果分发给集成平台和各类基础应用系统进行信息检索和分析研判。

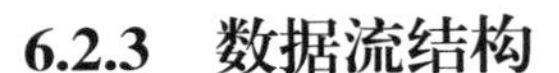

关键技术

平台采用 X86 架构通用服务器、“云计算-分布式”架构，实现实时流式计算、分布式数据存储、高性能并发读写以及分布式计算机分析挖掘功能，与“六合一”、PGIS 等平台有机结合，实现一体化应用。

流数据处理软件支持 Kafka 消息队列，良好兼容 Hadoop 系统，可通过 SQL 语句进行访问，延迟在 2s 内；高可靠、高容错、高扩展、高吞吐，充分利用系统资源。支持小批量处理模式，每一批数据的时间间隔可以缩短至 500ms。

系统数据库服务器操作系统可选用 UNIX、Windows，数据库采用 Oracle，要求 10g 以上版本。应用服务器操作系统可选用 Windows、UNIX、Linux，应用中间件采用 Tomcat 或 WebSphere，Tomcat 要求版本 6.0 以上，WebSphere 要求版本 6.1 以上。系统技术实现架构采用 Java；具体应用上采用以 B/S 多层架构的分布式应用架构。

一、Hadoop 技术

Hadoop 实现了一个分布式文件系统（Hadoop Distributed File System，HDFS）。HDFS 有高容错性的特点，并且被设计用来部署在低廉的硬件上。而且它提供高吞吐量来访问应用程序的数据，适合那些有着超大数据集（Large Data Set）的应用程序。HDFS 放宽了 POSIX 的要求，可以以流的形式访问（Streaming Access）文件系统中的数据。

Hadoop 是一个能够让用户轻松架构和使用的分布式计算平台。用户可以轻松地在 Hadoop 上开发和运行处理海量数据的应用程序，它主要有以下几个优点。

（1）Hadoop 带有用 Java 语言编写的框架，因此运行在 Linux 平台上是非常理想的。Hadoop 上的应用程序也可以使用其他语言编写，比如 C++。

（2）Hadoop 是一个能够对大量数据进行分布式处理的软件框架。Hadoop 以一种可靠、高效、可伸缩的方式进行数据处理。

- Hadoop 是可靠的，它假设计算元素和存储会失败，因此它维护多个工作数据副本，能够针对失败的节点重新分布处理。

- Hadoop是高效的，它以并行的方式工作，通过并行处理加快处理速度。
- Hadoop还是可伸缩的，能够处理PB级数据。

（3）Hadoop依赖于社区服务，因此它的成本比较低，任何人都可以使用。

二、Spark技术

Spark是一个基于内存计算的开源的集群计算系统，目的是让数据分析更加快速。Spark非常小巧玲珑，由美国加利福尼亚大学伯克利分校的AMP实验室（Algorithms, Machines, and People Lab）的Matei为主的团队开发，用来构建大型的、低延迟的数据分析应用程序。使用的编程语言是Scala，项目核心部分的代码只有63个Scala文件，非常短小精悍。

Spark是一种与Hadoop相似的开源集群计算环境，但是两者之间还存在一些不同之处，这些不同之处使Spark在某些工作负载方面表现得更加优越。换句话说，Spark启用了内存分布数据集，除了能够提供交互式查询，它还可以优化迭代工作负载。

Spark是在Scala语言中实现的，它将Scala用作其应用程序框架。与Hadoop不同，Spark和Scala能够紧密集成，其中的Scala可以像操作本地集合对象一样轻松地操作分布式数据集。

尽管创建Spark是为了支持分布式数据集上的迭代作业，但是实际上它是对Hadoop的补充，可以在Hadoop文件系统中并行运行，通过名为Mesos的第三方集群框架可以支持此行为。

虽然Spark与Hadoop有相似之处，但它提供了具有有用差异的一个新的集群计算框架。Spark是为集群计算中的特定类型的工作负载而设计，即那些在并行操作之间重用工作数据集（比如机器学习算法）的工作负载。为了优化这些类型的工作负载，Spark引进了内存集群计算的概念，可在内存集群计算中将数据集缓存在内存中，以缩短访问延迟。

Spark还引进了弹性分布式数据集（Resilient Distributed Dataset，RDD）这一核心概念。RDD的本质是一个泛型的数据对象，可以理解为数据容器，其本身是一个复合型的数据结构。

Spark中的应用程序被称为驱动程序，这些驱动程序可实现在单一节点上执行的操作或在一组节点上并行执行的操作。与Hadoop类似，Spark支持单节点集群或多节点集群。对于多节点操作，Spark依赖于Mesos集群管理器。Mesos为分布式应用程序的资源共享和隔离提供了一个有效平台。该设置允许Spark与Hadoop共存于节点的一个共享池中。

三、车辆特征二次识别技术

运用车辆特征二次识别技术对公路电子监控（卡口）和电子警察图片进行二次识别，采集车辆号牌、品牌型号、车身颜色、车辆型号等信息，通过后台实时比对，准确发现假牌、套牌等违法嫌疑车辆，通过提取车辆特征信息准确定位唯一车辆。

6.2.4 系统基本功能结构设计

从系统的需求分析可以得知，交通安全管理决策是交通管控大数据分析研判平台最重要的功能。因此，在系统分析的基础上，对交通安全管理决策支持系统的功能结构进行设计如图 6-2 所示。

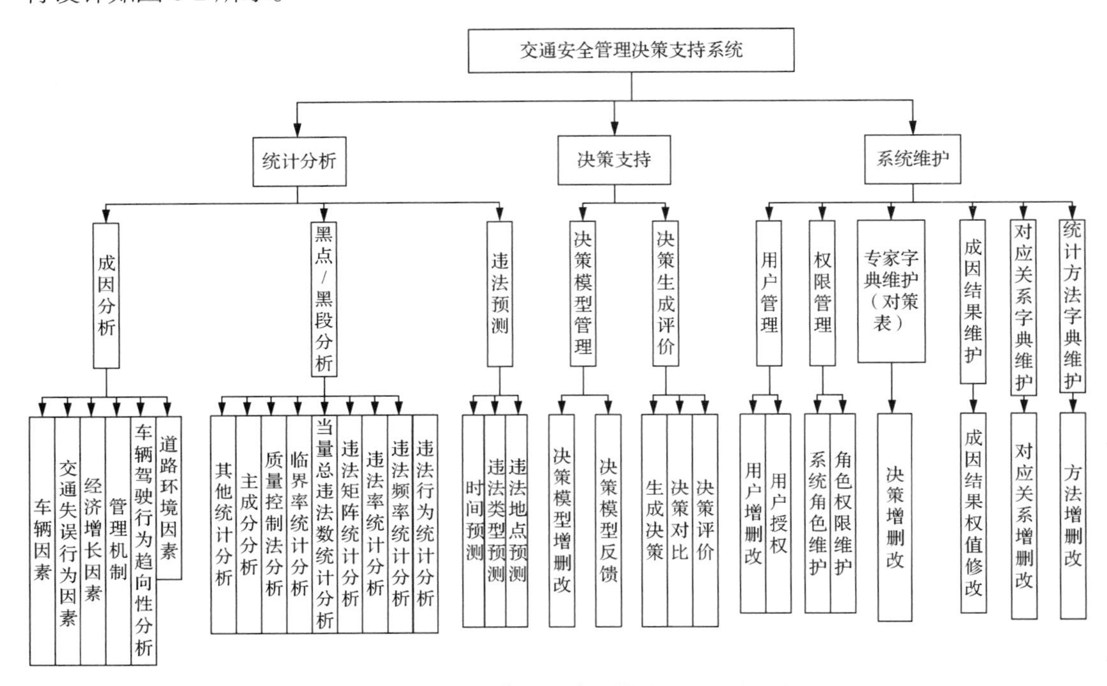

图 6-2 交通安全管理决策支持系统的功能结构

一、系统管理功能

系统管理包括“用户管理”“角色管理”和“功能模块管理”三个子系统，各子系统功能相对独立，但内部逻辑关系紧密。系统管理三部分各自功能如下：用户管理，用户的增加、删除和修改，用户对应角色分配；角色管理，角色的创建、删除、修改，以及角色对应模块的设置；功能模块管理，系统主要功能的管理，功能模块的增加、删除和维护。

二、公安交通管理数据统计功能

公安交通管理数据统计功能用以完成交通数据的基本统计，其具体内容如下。

（1）能够每月、每季度、重要节假日或根据工作需要对道路查处的交通违法数量、类型、时间等进行统计和分析。

（2）能够每月、每季度、重要节假日或根据工作需要对道路交通事故发生的时间段、路段、事故形态、事故原因、交通方式、驾驶人信息等进行统计和分析。

（3）能够每月、每季度、重要节假日或根据工作需要对大型公路客车、大型旅游客车、危险货物运输车、重型货车、校车、“营转非”大客车等重点车辆逾期未检验、逾期未报废等信息进行统计和分析。

（4）能够每月、每季度、重要节假日或根据工作需要对大型客车、中型客车、大型货车、牵引车等重点驾驶人逾期未审验、逾期未换证、超分未学习等信息进行统计和分析。

（5）能够每月、每季度、重要节假日或根据工作需要对交通违法、交通事故、重点车辆、重点驾驶人等的异常数据进行统计分析。

（6）能够根据工作需要统计分析道路任意点、段的总流量和日均断面流量等。

（7）能够根据工作需要统计分析全省道路任意点、段恶劣天气、施工、道路拥堵发生次数、持续时间等，以及采取各类管制措施次数、类型、持续时间等。

三、公安交通管理风险分析功能

公安交通管理风险分析用于对交通风险的管理，具体功能如下。

（1）能够对交通秩序、交通事故、重点车辆、重点驾驶人等数据进行研判，分析规律特点和风险隐患。

（2）能够对交通秩序管理、交通事故处理、车辆和驾驶人管理等异常数据进行研判，分析可能引发队伍管理问题的风险及隐患。

四、公安交通管理预警功能

公安交通管理预警功能能够针对公安交通管理业务和队伍相关数据进行统计和风险分析，结合天气、节日、重大活动等社会综合信息，发布预警提示和提出工作对策。预警模块功能如图 6-3 所示。

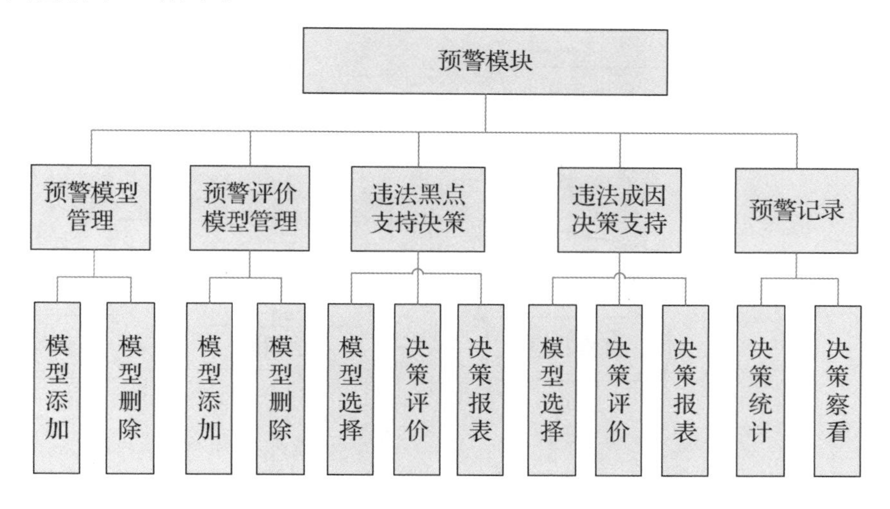

图 6-3 预警模块功能

6.2.5 系统数据处理流程设计

系统主要业务数据处理流程图如图 6-4 所示。

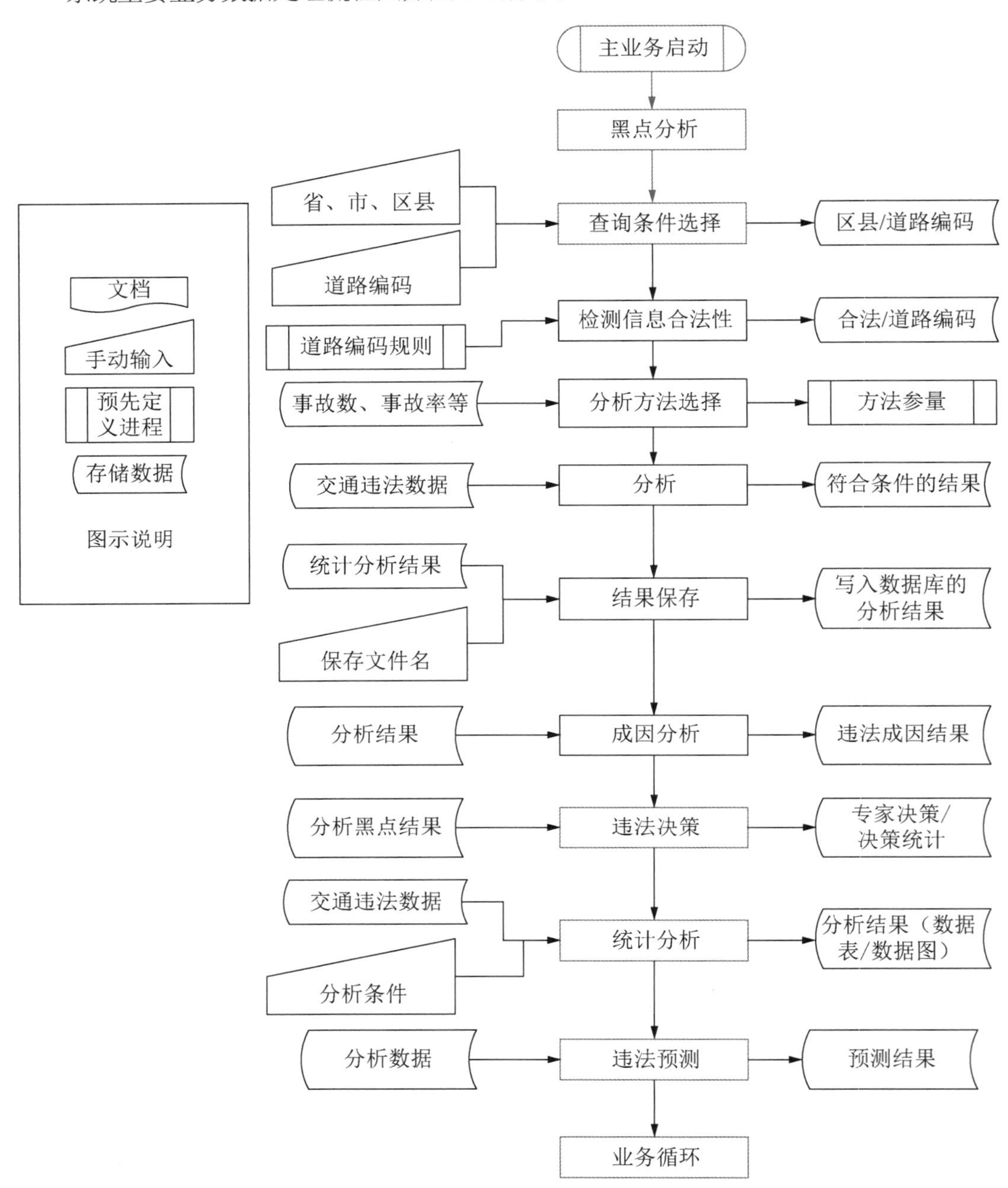

图 6-4 系统主要业务数据处理流程图

6.3 研判专家系统开发示例

以交通管控大数据系统中最核心的子系统——道路交通安全态势研判专家系统（简称研判专家系统）为例，通过对整个研判专家系统的需求分析、总体设计、详细设计、各功能模块的实现，完成该子系统——研判专家系统的开发。本开发示例以山东省的相关数据为例。

6.3.1 研判专家系统需求分析

设计道路交通安全态势研判专家系统的目的是使计算机的工作尽可能地模拟交通领域的专家解决实际道路交通安全问题。道路交通安全态势研判专家系统设计的目标如下。

通过“产生式”的知识表示方法对道路交通安全有关的知识进行表示，编写推理规则并根据规则前件确定规则后件（道路安全等级），成为评价道路交通安全等级的工具。

通过专家系统对目前安全等级的评价以及将来安全等级的预测，对道路交通存在的风险因素提出改善措施，推进城市交通安全的“精细化”管理。

一、业务需求分析

道路交通安全程度与交通事故的“发生起数”“死亡人数”“受伤人数”“直接财产损失”紧密相关，为了降低道路交通事故对经济和社会高质量发展的影响，必须加强道路交通安全的建设和预防工作。由于影响道路交通安全的因素涉及驾驶人、车辆、道路、环境管理等多个方面，要想研究造成交通事故的主要因素，必须基于交通管理大数据进行深入分析和研究。

研判是通过确定研判项目来测定研判对象的属性，并转化为客观定量值。道路交通安全的态势研判涉及研判项目、研判对象、研判模型、研判参数等方面。

1. 研判项目

安全等级的研判项目是指整个研判的过程，用具体的量化数值来将其表述，最后确定研判项目所处某一安全等级，使公安交警部门可以直观地了解其道路风险状态，从而提出相应的改善措施。

2. 研判对象

安全态势研判中的研判对象主要是指研判的区域范围，如某个地市的道路研判、某个区县的道路研判或某一条道路的研判。

3. 研判模型

研判模型是指研判道路安全等级时所使用的推理模型等。通过指标值的导入，经过推理最终得出研判结果。选用的推理模型为可拓云模型，通过导入各指标值，能够将指标值转化为安全等级云。通过计算云关联度，推理出道路安全等级及改善措施。

4. 研判参数

研判参数即在对道路交通安全等级进行研判的过程中所用到的参数，如驾驶人违法率、十万人死亡率、大中型车占比、不良天气占比、交通设施完善程度、交通管理水平等，每一个参数都从一个侧面反映某一被评定对象的状态。

二、功能需求分析

将所研究构建的道路交通安全态势研判专家系统的功能模块分为基础数据管理功能、知识库管理功能、道路安全态势研判功能三个功能。

（1）数据是系统为决策者提供有效决策支持的前提和保障。由于道路交通安全研判所使用的数据来源广，进行数据的高效管理极其重要。通过基础数据管理功能可以实现基础数据管理模块的驾驶人数据、车辆数据、道路数据、环境数据等数据的导入、查询等功能。

（2）知识库是研究构建专家系统实现道路交通安全态势研判的重要组成部分。拟构建的知识库管理功能主要包括静态知识库、规则库及解释机制记忆库等，其中静态知识库用来存放交通安全领域的规范标准及专家经验等静态知识；规则库用来存储整个研判过程中所需要的推理规则，规则用“产生式”知识表示方法表示，实现对知识的更新覆盖以及旧知识的删除等功能。

（3）道路安全态势研判功能可以实现研判方案的确定、研判指标和指标权重的确定、研判项目分值计算、安全等级划分、生成研判报告等功能，道路安全态势的研判是系统要实现的核心功能。

三、技术需求分析

1. 交管大数据收集与处理技术

道路交通安全系统以“路”为基础，以“车”为纽带，以“人”为中心，在“环境”的条件下处于动态平衡状态。如果系统失衡导致最严重的结果就是事故的发生，为了减少或避免事故的发生，从交管大数据收集与处理方向着手研究，分析事故发生的趋势以及影响事故的具体因素。

（1）道路交通事故数据采集。

公安交通管理部门遵照公安部交通管理局2006年编制的《道路交通事故信息采集项目表》的标准，采集事故发生时和事故发生后两方面的事故数据。事故发生时的现场记录是通过调用视频监控等设备获取事故发生时的数据，而事故发生后的事故调查主要指专业人员通过对事故现场的分析得到的数据，所涉及的数据项详见表 6-1。

表 6-1　道路交通事故信息采集数据项

序号	数据项	序号	数据项	序号	数据项
1	事故时间	20	当事人属性	39	运载危险品种类
2	事故地点	21	户口性质	40	道路类型
3	人员死伤	22	人员类型	41	公路行政等级
4	事故形态	23	交通方式	42	地形
5	现场形态	24	驾驶证种类	43	道路线型
6	是否装载危险品	25	违法行为	44	路口路段类型
7	危险品事故后果	26	事故责任	45	道路物理隔离
8	事故初查原因	27	伤害程度	46	路面结构
9	直接财产损失	28	受伤部位	47	路侧防护设施类型
10	天气	29	致死原因	48	姓名
11	能见度	30	号牌种类	49	性别
12	逃逸事故是否侦破	31	机动车号牌号码	50	年龄
13	路面状况	32	实载数	51	驾驶证档案编号
14	路表情况	33	车辆合法状况	52	驾龄
15	交通信号方式	34	车辆安全状况	53	车辆类型
16	照明条件	35	车辆行驶状态	54	核载数
17	事故认定原因	36	车辆使用性质	55	第三者责任强制险
18	身份证号码	37	公路客运区间里程	56	危险品运输许可证
19	户籍行政区代码	38	公路客运经营方式		

（2）道路交通事故数据预处理。

数据的真实性是科学研究具有意义的重要前提，一般由历史事故数据构成，包括事故的驾驶人身份信息、事故车辆信息、事故记录数据等。驾驶数据包括驾驶人的姓名、准驾车型、下一清分日期、下一审验日期、行政区划、有效日期、驾驶证编号、发证日期等多项内容。驾驶人车辆信息包括车辆的机动车序号、号牌种类、号牌号码、车辆型号、车辆识别代码、发动机号、车辆类型、车身颜色、使用性质等多项内容。事故详细信息包括事故编号、事故发生时间、事故地点、交通信号、路侧防护、道路物理隔离、路面状况等多项内容。

由于原数据难免会存在噪声数据或错误数据，影响数据的有效性，如果原始数据未经处理就直接进行数据挖掘，会影响数据的潜在价值，因此在数据挖掘之前，首先要对数据进行预处理操作，该操作包括四个步骤：第一步数据清洗、第二步数据转换、第三步数据集成、第四步数据挖掘。根据道路交通事故数据的展示结果，数据预处理的各个环节如图 6-5 所示。

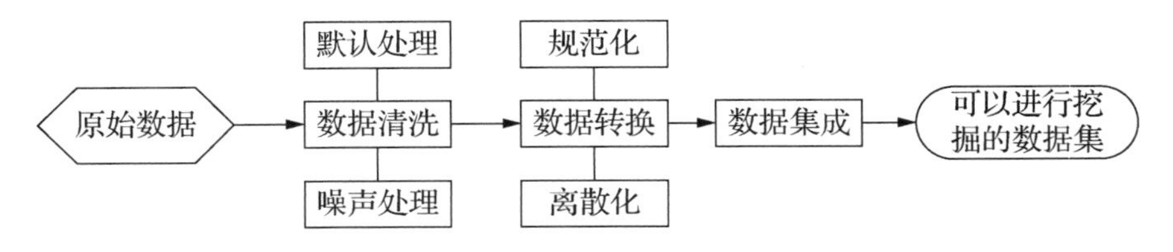

图 6-5 数据预处理的各个环节

2. 交通安全态势研判技术

道路交通安全态势研判是运用科学技术方法，对影响道路交通安全的多个指标进行收集、处理与分析，从而判断当前系统的安全状况和预测未来变化趋势。选用的道路交通安全态势综合评判方法应能够根据评价标准得出指标评分，包括定量指标和定性指标，再将指标权重与之合理结合，将各指标的评分转化为道路交通安全态势的综合评价结果。

资料卡

道路交通安全评价指标简介

道路交通安全评价是以道路使用者的安全为中心，对道路项目建设及运营的全过程可能存在的危险及可能产生的后果进行综合评价和预测，并提出相应的安全对策措施，以实现人、车、路系统安全的目的。

道路交通安全评价的指标有很多，每种类型的指标都各有优缺点。因此，在实际应用中，我们往往会综合考虑影响道路安全的多个指标，这样的评价才是有意义的。目前使用较多的评价方法主要类型一般如下。

（1）绝对数法。

描述：用事故数、死亡人数、受伤人数等事故绝对指标评价道路交通安全。

优点：方法简单直观，数据采集方便。

缺点：①用单个数值作为评价标准，没有考虑其他影响因素；②若数据统计不准确，将会导致评价结果具有较低的可信度。

（2）事故率法。

描述：用万车事故率、万车死亡率、百公里事故率等事故相对指标来评价道路交通安全。

优点：可比性强，单因素评价可信度高。

缺点：①选用其中一种事故率指标评价道路交通安全会对评价结果产生片面性；②不能确定对道路安全影响最大的因素。

（3）层次分析法 。

描述：将决策问题分层，然后进行定性和定量分析。

优点：①客观赋权值，避免了指标间的信息重复把研究对象视为一个系统，是一种系统化的分析方法；②将定性方法与定量方法有机地结合起来，方便实用，在对多个评价对象之间的比较方面具有优势；③相较于一般的定量方法而言，所需的定量数据较少，更加注重定性的判断和分析。

缺点：①定性的判断比定量的判断比重大，主观因素占比较大；②不适用于直接准确的计量对象。

（4）主成分分析法。

描述：通过降维的方法，将复杂且较多的指标转变为几个少数的主成分指标来进行评价道路交通安全。

优点：①客观赋权值，避免了指标间的信息重复，可以消除各个变量之间的相互影响；②相较于其他评估方法，可减少指标选择的工作量；③主成分分析法的计算工作量较少。

缺点：①不能反映出指标之间不同的重要程度；②无法对一个路段或区域进行单独评价；③当主成分的因子负荷的符号有正有负时，综合评价函数意义就变得不明确。

（5）模糊综合法。

描述：运用模糊数学关系的合成原理，计算多个影响指标的隶属度函数，对等级状况进行综合评价。

优点：①考虑到客观事物内部关系的复杂性；②可以有效处理模糊性的评价对象。

缺点：①评价指标间的相关性被忽略；②确定指标权重时主观性太强。

（6）物元分析法。

描述：通过事物关于特征量值进行判断事物属于某一个集合的程度。

优点：①能够解决定性、定量指标间的不相容问题，使定质和定量指标能够有机结合；②关联度由指标的值界限及质变区间确定。

缺点：①量值域的取值范围无标准可参考；②评价结果对评价对象的客观取值过度依赖。

（7）云模型理论。

描述：通过正向云和逆向云实现定性与定量之间的转换，还能扩充数据样本，将云滴反复生成多次，绘制的云图能够清晰描述评价结果。

优点：①反映事物的随机性和模糊性；②一定程度上克服了主观评判带来的不利影响。

缺点：①传统云模型忽略了指标间的权重；②评价等级的划分无统一标准。

3. 专家系统

专家系统属于智能系统的一种，专家系统中存储了大量特定专业领域的规范、标准、研究经验以及专家知识。人们根据构建的专家系统，通过计算机编程实现模拟人类专家脑力劳动的功能，使专业领域的多种问题得以解决。

知识库和推理机是专家系统最重要的两个部分。专家系统获取的知识存储在知识库管理模块中，知识库中的知识需要通过推理机进行推理。而如何使设计的知识库能够提高系统的运行性能以及降低以后系统在扩展方面的难度，已成为专家系统的首要任务。推理机根据已经导入的数据，匹配知识库中的知识，运行推理模型的程序，推理出问题的最优解。

知识获取方法用来实现专家系统的知识更新。较为成熟的专家系统能够学习、归纳和总结出新知识，更新知识库中现有的知识，可考虑将过期知识进行删除处理。

解释器是面向专家系统的使用者的，对系统行为作出解释。能够解释所作出的结论正确与否，也能够解释得出相应结论的原因。

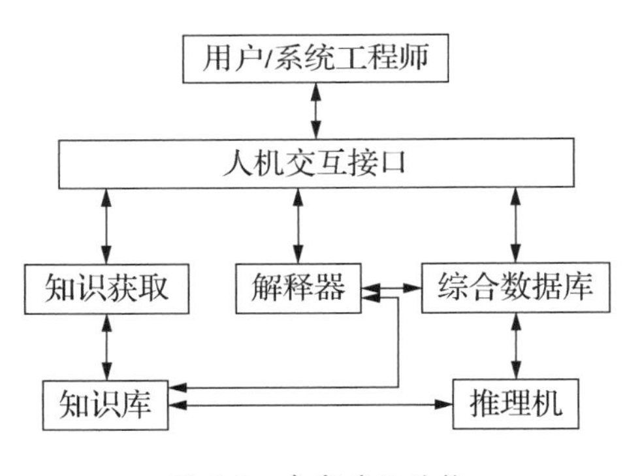

图 6-6 专家系统结构

综合数据库可视为临时数据库，既可以存储初始数据也可以存储推理中的“中间数据”，表示数据的当前状态。

人机交互接口供工作人员与系统交换信息，以专家系统的软件界面为媒介。用户通过界面将想解决的问题“通知”专家系统，系统经过推理将与问题相匹配的结论和解释“反馈”给使用者。

研判专家系统是在 Windows 环境下使用 JetBrains PyCharm 2018 开发的。人机交互页面主要通过 C#实现。专家系统结构如图 6-6 所示。

6.3.2 研判专家系统设计

一、系统总体设计

研判专家系统应达到通过数据进行专家研判的总体目标，因此系统总体设计必不可少。系统能将工作人员收集的驾驶人数据、车辆数据、道路数据、环境数据等数据信息经过数据预处理操作存储在系统的数据库中，这里选用 MySQL 关系型数据库。系统将获取的交通安全领域内的相关知识存储在知识库中，相关知识包括标准规范、专家经验等专业性知识。推理机的核心模型为可拓云模型，研判项目经过推理机模块的推理，完成对道路安全等级的研判，得到道路的安全等级以及具体的改善措施。人机交互界面可供研判人员进行操作，实现安全等级的评定和研判报告的可视化。专家系统所采用的系统总体功能结构设计包括系统分析、系统设计、系统集成和系统应用四个部分，如图 6-7 所示。

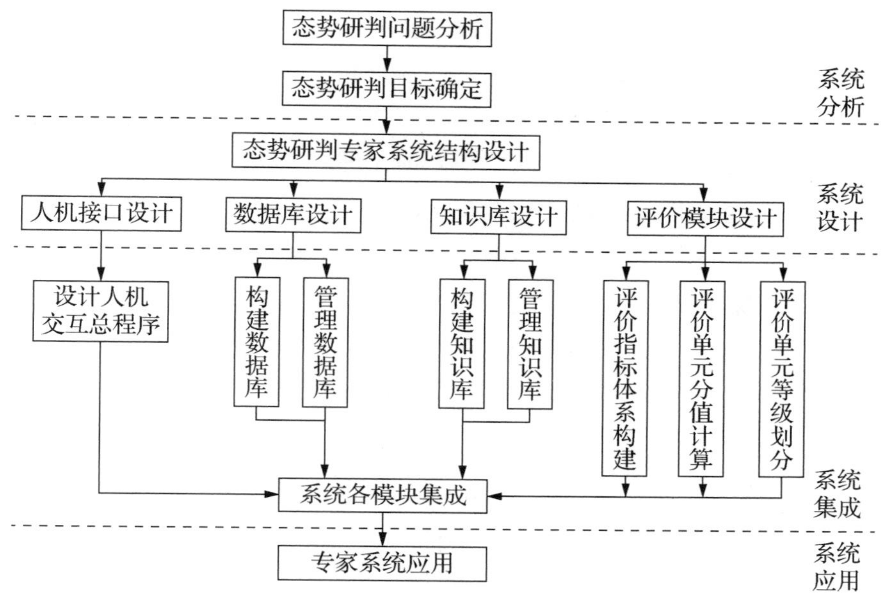

图 6-7 专家系统总体功能结构设计

二、系统详细设计

系统详细设计包括基础数据管理设计、知识库管理设计、态势研判设计和系统数据库设计。

1. 基础数据管理设计

基础数据管理模块的功能主要是负责管理专家系统所使用的历史数据，涉及对历史数据的导入、查询等工作。在选择导入功能前，需要提前把涉及的驾驶人数据、车辆数据、道路数据和环境数据转换为 CSV 格式，当选择导入功能时，可将数据导入并存储在数据库中。基础数据管理功能结构如图 6-8 所示。

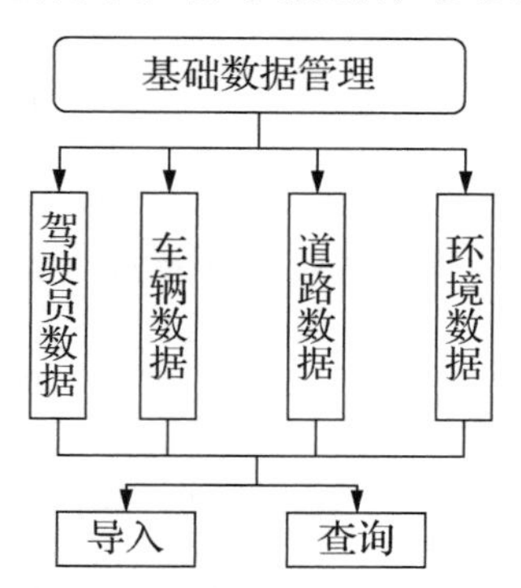

图 6-8 基础数据管理功能结构

将事故数据导入专家系统中，其中，事故数据包括事故现场数据和事故调查数据。根据驾驶人、车辆、道路、环境将数据分成四大类。

2. 知识库管理设计

专家系统知识库作为专家系统非常重要的一部分，在研判专家系统中可分为静态知识库、等级判定规则库和解释机制记忆库三个子模块，静态知识库部分主要存储概念性的知识，如安全领域相关规范、城市等级、道路类型和拟定评价指标体系表等静态知识；等级判定规则库部分存放评价方案选取规则、评价指标安全等级划分规则等，但在存储时要保证规则之间不能产生矛盾；解释机制记忆库部分为研判人员在推理过程中有关推理计算、规则的选取、推理结果等作出通俗易懂的说明，说明应具备通俗性和专业性，该部分在知识库中以解释机制记忆表的形式存在，记忆表中记录了推理过程所涉及的推理规则编号、道路等级评定、改善措施等内容。

当在研判专家系统【知识库管理】模块中的知识表单击【添加】按钮时，可增加一行数据；单击【删除】按钮，可删除选定的一行信息；当未单击【修改】按钮时，表格中的数据是不可编辑的，当单击【修改】按钮时，双击单元格变为可编辑状态，可修改目标单元格中的数据。【知识库管理】模块结构示意如图 6-9 所示。

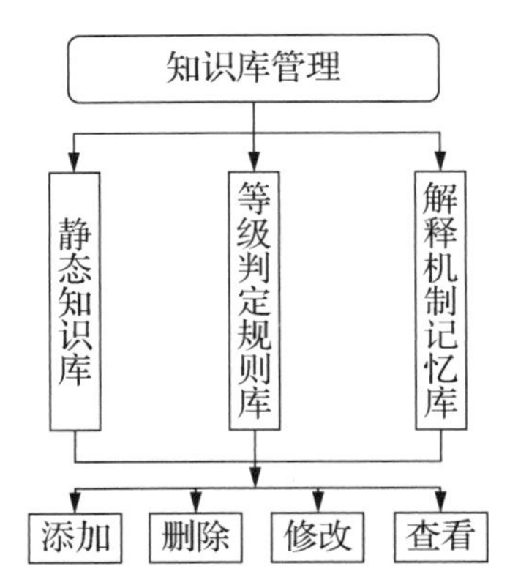

图 6-9 【知识库管理】模块结构示意

3. 态势研判设计

研判专家系统的态势研判设计分为以下几个步骤：首先根据山东省各城市的城市等级和道路类型确定评价指标体系，不同的评价指标体系形成不同的评价方案；然后根据评价方案查看具体指标及指标安全等级划分的详细信息，单击导入研判项目的多个指标值，确定总分值的计算方法和安全等级划分方法；最后生成研判报告，还可对研判报告的图形进行可视化操作。

4. 系统数据库设计

研判专家系统数据库存储的事故数据、违法数据，为系统的知识推理提供数据支撑。

当数据在计算、推理的过程产生临时数据时，这些数据也会存储在数据库中。

根据需求分析，明确系统数据库所需要的数据表，包括事故驾驶人数据表、事故车辆数据表、道路数据表、环境数据表等。例如，事故驾驶人数据表包括驾驶人的违法数据、驾龄数据、死亡率数据，如表 6-2 所示。

表 6-2　事故驾驶人数据表

序号	数据表名	描述
1	JSY_WF	驾驶人违法
2	JSY_JL	驾驶人驾龄
3	JSY_SWL	驾驶人死亡率

接下来进行数据表的表结构设计。以事故驾驶人违法数据表为例，进行数据表的表结构设计，包括字段名、数据类型、字段长度和字段说明，如表 6-3 所示。

表 6-3　事故驾驶人违法数据表

字段名	数据类型	字段长度	字段说明
City_ID	int	10	城市 ID
City_Name	varchar	20	城市名称
JSY_WFL	varchar	20	驾驶人违法率

研判专家系统数据库选用 MySQL 关系型数据库，在 PyCharm 环境中连接 MySQL 数据库的代码如下。

```
    def AddItem(self):
        self.conn=pymysql.connect(host='127.0.0.1', port=3306, user='root',
password='123', db='yanpan',charset='utf8' )
        self.cur = self.conn.cursor()
```

6.3.3　研判专家系统实现

一、【登录界面】

研判专家系统【登录界面】是选用 C#的 Windows 窗体进行设计的。不是所有人都有权限使用该专家系统，只有已开通账号的研判人员才可以使用。这些账号和密码提前存放在数据库中，当工作需要时，研判人员只需输入正确的账号和密码，单击【确定】按钮，即可成功登录系统。用户【登录界面】如图 6-10 所示。

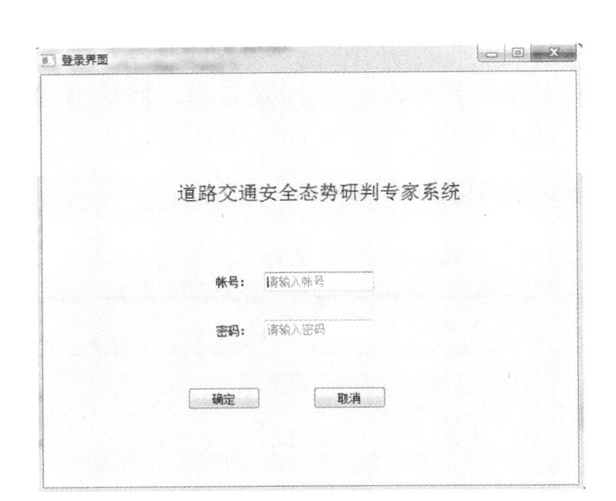

图 6-10　用户【登录界面】

二、【主界面】

研判专家系统【主界面】（图 6-11）是选用 C#的 Windows 窗体进行设计的，相较于其他类型的窗体，这一窗体可以设置菜单栏选项。当登录成功后跳转至【主界面】时，可以看到系统各部分功能统一排列在菜单栏中，共分为【基础数据管理】【知识库管理】【态势研判】三个菜单，当单击每一个菜单时，都会显示其子菜单。菜单栏下面的部分为背景图，显示“道路交通安全态势研判专家系统”字样。

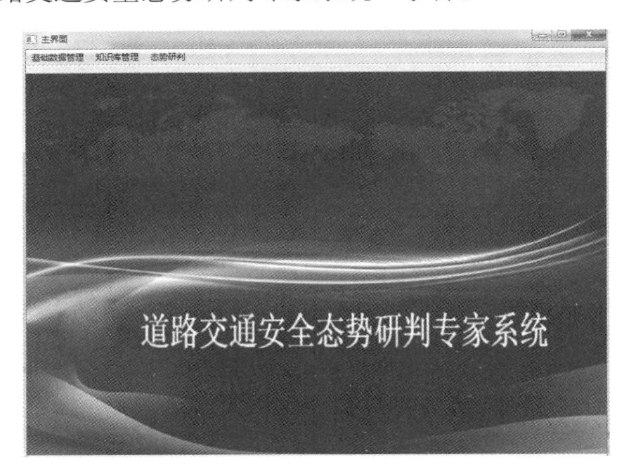

图 6-11　【主界面】

三、【基础数据管理】模块

研判专家系统的【基础数据管理】模块是选用 C#的 Windows 窗体进行设计的。【基础数据管理】模块有两个子菜单，分别是【数据导入】和【数据查询】，当选择【数据导入】时，可将已转换为 CSV 格式的数据表导入数据库中，图 6-12 所示为数据导入界面；

当选择【数据查询】时，可任意查看导入的数据，包括【驾驶员数据】[①]【车辆数据】【道路数据】【环境数据】四大类，每类数据又按因素存储为不同的数据表，例如，当单击【3 年驾龄以下驾驶员占比】指标时，数据表中展示了山东省各地级市所选择时间段内的 3 年驾龄以下驾驶员占比情况，图 6-13 所示为数据查询界面。

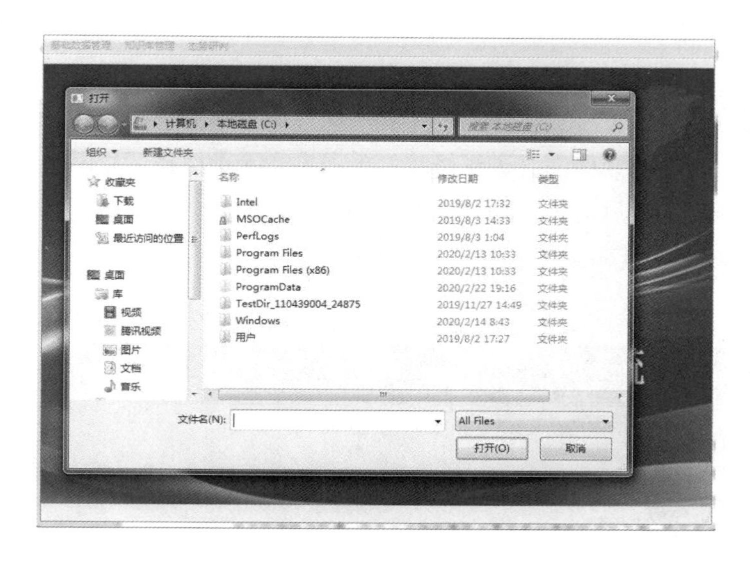

图 6-12　数据导入界面

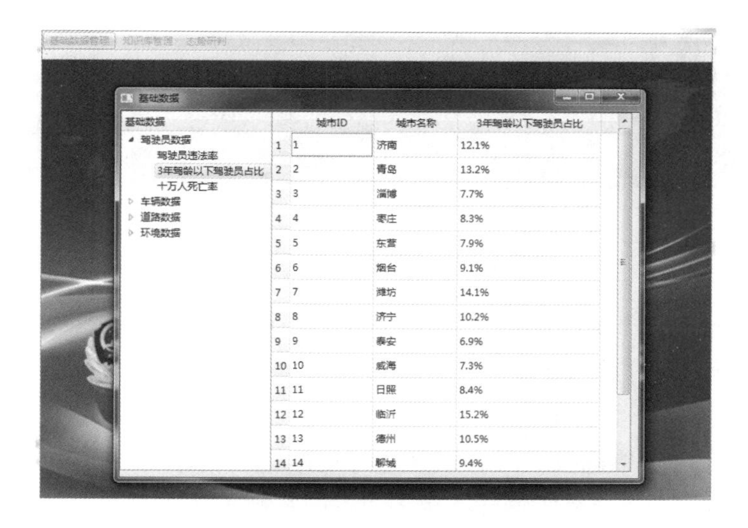

图 6-13　数据查询界面

① 研判专家系统的各模块讲解中为了图文对应采用驾驶员的说法，与本教材其他部分驾驶人的含义相同。

四、【知识库管理】模块

道路交通安全态势研判专家系统的【知识库管理】模块是选用 C#的 Windows 窗体进行设计的。【知识库管理】的二级子菜单有【静态知识库】和【规则库】等部分。

【静态知识库】界面的左侧存放了【城市类型表】【道路等级表】【评价指标表】【指标权重表】【指标标准表】，当单击左侧表名时，中间部分会弹出该表名相对应的数据表，右侧是按钮部分，单击【添加】按钮，可以增加数据表中的一行数据；单击【修改】按钮，可以对表格中的单元格内容进行修改；单击【删除】按钮，可以对当前表格中选定的行进行删除操作。最后将更新的知识保存到数据库中。当选择城市类型表时，山东省 16 个地级市的城市等级都会展示出来，如图 6-14 所示。

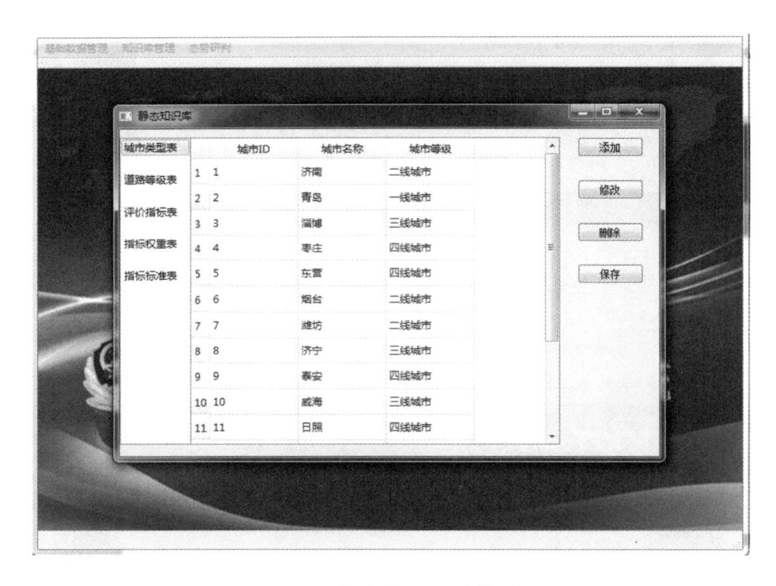

图 6-14 【静态知识库】界面

【规则库】界面如图 6-15 所示，单击不同的按钮对应不同的规则表，规则表中的每一条规则表示某一个评价指标在某一个安全等级时，它的规则 ID、指标 ID、指标名称、界限值、分值域、等级云界限。规则 ID 是唯一确定的，通过规则编号索引整条规则。当选择【评价等级】单选按钮时，规则全部展示在表格中，可以在该界面单击【添加规则】按钮对规则进行添加操作，单击【修改规则】按钮对规则进行修改操作，单击【删除规则】按钮对规则进行删除操作，但要确保添加、修改操作不会造成规则之间的冲突。

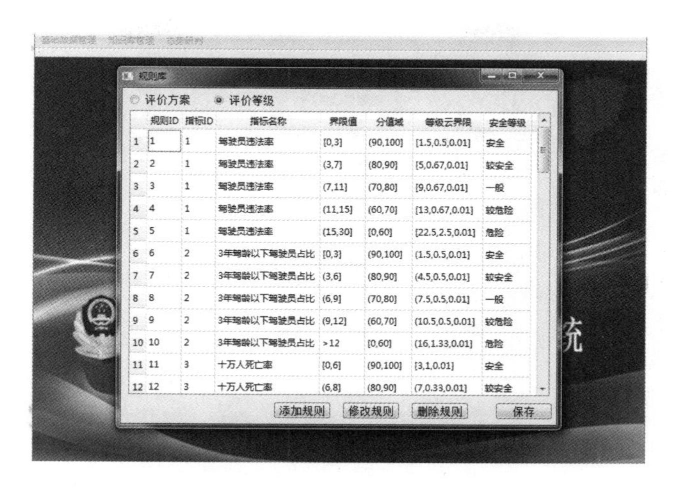

图 6-15 【规则库】界面

五、【态势研判】模块

【态势研判】模块的各界面都是选用 C#的 Windows 窗体进行设计的。当前研判项目的事故数据、违法数据获取完成后，开始进行道路交通安全态势研判，生成评价指标方案（图 6-16），根据城市等级和道路类型的不同，生成不同的评价方案。研判对象可以是山东省各地市，也可以是各地市所管辖的各区县。方案不同是由于构成指标体系的指标存在差异。济南市为二线城市，通过规则库查找，该方案为方案一，所以当单击【生成评价指标方案】按钮时，会跳转到【方案一】界面（图 6-17),【方案一】中的评价指标体系包括 4 个一级指标和 12 个二级指标。图 6-17 展示了该方案的部分指标。

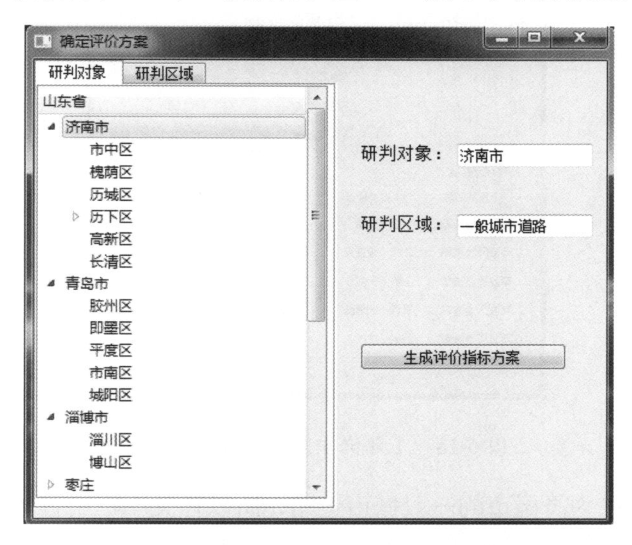

图 6-16 生成评价指标方案

图 6-17 【方案一】界面

当单击【开始研判】时，将载入知识库中存储所选方案的评价指标和指标权重，指标权重值由主观的层次分析法结合客观的熵值法计算而来，这样能够降低人为的主观因素对评价结果的影响。当选中某一指标时，该指标的五个安全等级、每个安全等级相对应的值域以及分值都会显示在指标评分标准中。【评价方案详细信息】界面如图 6-18 所示。

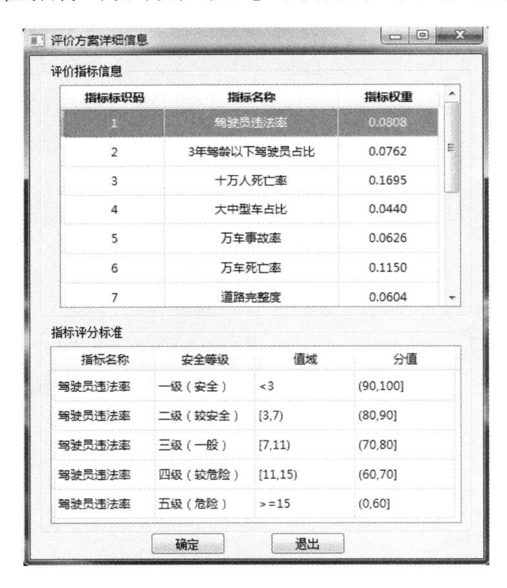

图 6-18 【评价方案详细信息】界面

本案例研判对象为济南市的一般城市道路，所以在文本框中输入济南市，确定研判对象后，单击【指标值导入】按钮，评价方案中的 12 个指标中道路完整度、路面抗滑性、交通设施完善程度、交通管理水平四个评价指标为专家评分所得分值，其余指标的百分比均通过计算公式所得。经过可拓云模型对各指标等级划分后，调用由层次分析–熵值法计算得到的权重乘各指标值，总分值计算有不同的计算方法，各指标值选用加权指数和的方法计算研判对象的总分值，当单击【确定】按钮后可跳转至安全等级划分界面。研判对象【总分值计算】的可视化界面如图 6-19 所示。

总分值计算
当前研判对象：济南市 总分值计算方法：加权指数和法
本次研判各指标值
驾驶员违法率 5% 道路完整度 88.2%
3年驾龄以下占比 6.4% 路面抗滑性 73.3
十万人死亡率 4.67% 道路饱和度 35.1%
大中型车占比 16.54% 交通管理水平 87.45
万车事故率 5.6% 不良天气占比 17.1%
万车死亡率 1.94% 交通设施完善程度 78.12
指标值导入 确定 退出

图 6-19 【总分值计算】的可视化界面

安全等级划分方法有等间距法、黄金比例分割法，根据本次研判项目的综合分值，将计算得到的综合分值选用等间距法分级，安全等级一共分为五级，分别为安全（4-5 分）、较安全（3-4 分）、一般（2-3 分）、较危险（1-2 分）、危险（0-1 分）。计算所得总分值为 3.919 分，在规则库中寻找与该分值相对应的安全等级。【安全等级划分】界面如图 6-20 所示。

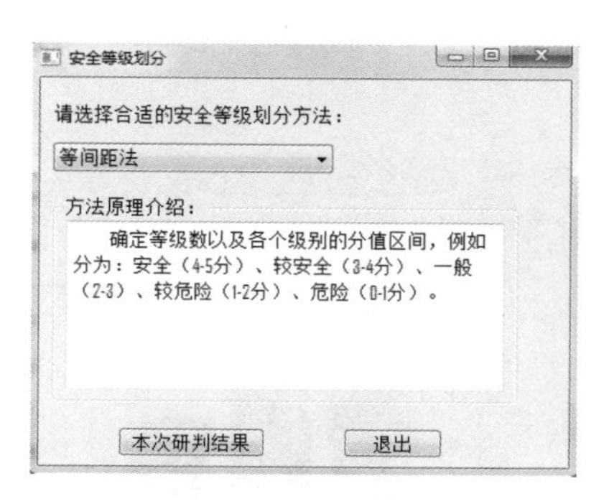

图 6-20 【安全等级划分】界面

单击【本次研判结果】按钮，跳转到【研判报告】界面，单击【结果查看】按钮，能够看到可拓云模型最终计算出的道路安全等级。同时，触发的相应规则会展示在左下方的文本框中，根据各指标云关联度的安全等级提出的具体预防措施也会展示在右下方的文本框中。本次研判最终道路安全等级为二级（较安全），提出的改善措施为：应加强对驾驶员的驾驶证培训力度，提高驾驶员的驾驶水平，恶劣天气应做好气象预警等有效的防范措施，减少因恶劣天气而发生的交通事故。这与前期系统设计环节中推理计算的结果是一致的，可证明研判系统的可靠性。【研判报告】界面如图 6-21 所示。

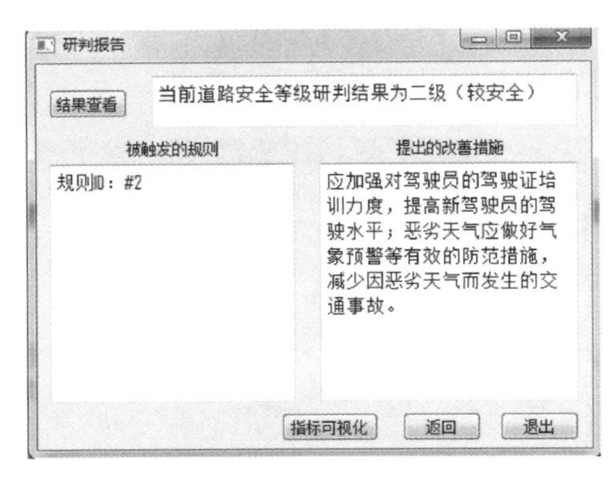

图 6-21 【研判报告】界面

【态势研判】模块最终生成的研判报告可进行可视化展示，当单击【指标可视化】按钮时，可选择综合指标的现状及趋势预测图进行展示，也可选择单因素值的详细信息进行展示。综合预测是所有指标经过灰色-马尔可夫链模型所得指标值，作为可拓云模型的输入，经过可拓云模型计算得到道路安全等级；单因素详情在左侧的树状图中分为驾驶员因素、车辆因素、道路因素和环境因素四大类，每类因素还可以继续细分为不同的指标详情。图 6-22 所示为驾驶员因素中的驾驶员违法状况【指标可视化】展示界面，该条形图表示在事故中，驾驶员未按规定让行、超速行驶、无证驾驶、违法占道行驶、酒后驾驶的违法行为成为引发事故发生的所有违法行为中排名前五的主要原因。通过图形可视化展示，使研判指标的详细信息一目了然，根据研判结果能够作出相应的具体预防措施。

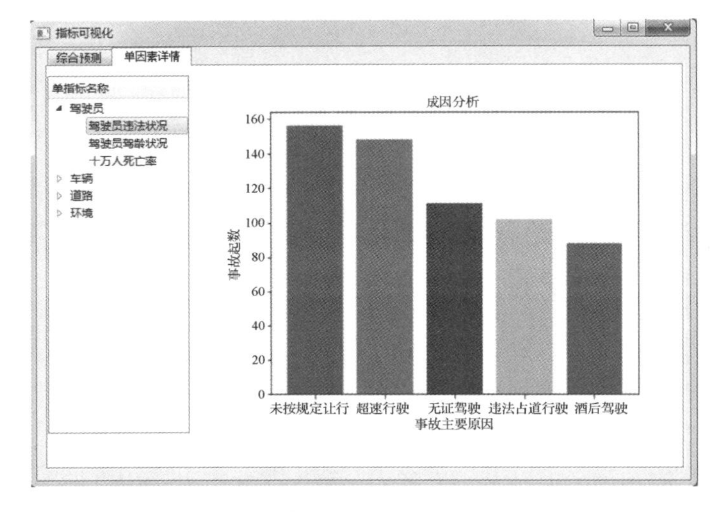

图 6-22 【指标可视化】展示界面

【本章小结】

本章以交通管控大数据分析研判平台为例介绍交通安全信息系统开发的过程，交通数据具有典型的复杂数据特征，这些交通数据的分析研判具有重要的意义。

研判专家系统是交通管控大数据分析研判平台的重要子系统，首先对专家系统开发的整个框架进行总体设计，在总体设计的基础上展开各功能部分的详细设计，其中第一部分是基础数据管理模块，可以实现数据的增加、删除和修改功能；第二部分是知识库管理模块，推理机需要的静态知识以及规则库都在其中；第三部分是态势研判模块，将研判项目的指标值导入，通过推理机的推理即可生成研判报告，获得道路安全等级以及相应的改善措施。

【关键术语】

专家系统（Expert System，ES）
道路交通安全评价（Road Traffic Safety Evaluation，RTSE）

【习题】

思考题

1. 通过本章学习，思考交通安全信息系统的开发的过程。
2. 目前大数据在我国交通领域中有哪些应用?
3. 结合交通领域前沿知识进行交通安全信息系统的需求分析和功能设计。

第 7 章 交通安全信息系统开发实例

【教学目标与要求】

- 理解三层架构的概念。
- 掌握三层架构的搭建过程。
- 掌握数据库的设计方法。
- 掌握 Web 应用程序的设计方法。

7.1 系统需求分析与系统功能模块划分

7.1.1 需求分析

交通安全信息系统需求分析的基本任务是：确定系统的目标和范围，调查用户的需求，分析系统必须做什么，编写需求规格说明书及需求工程审查等其他相关文档。同时还包括需求变更的控制、需求风险的控制、制订需求过程的基本计划等工作。

业务需求反映组织机构或客户对软件高层次的目标要求。这项需求是用户高层领导机构决定的，它确定了系统的目标、规模和范围。用户需求是用户使用该软件要完成的任务。功能需求是软件开发人员必须实现的软件功能。非功能需求是产品必须具备的属性或品质，包括用户的重要属性（有效性、效率、灵活性、完整性、互操作性、可靠性、稳健性、可用性）和开发者的质量属性（可维护性、可复用性、可测试性）。

通过调查，要求系统具有以下功能。

（1）具有良好的人–机交互界面，操作简单。

（2）管理系统用户。由于该系统的使用对象较多，要求有良好的权限管理功能。

（3）管理企业事故信息相关内容。

（4）在相应的权限下，删除数据方便简单，数据稳定性好。

（5）功能完善，数据分布合理，可扩充性好。

（6）系统运行效率高，稳定性好。

（7）当外界环境干扰本系统时，系统可以自动保护原始数据的安全。

（8）退出系统功能。

7.1.2 功能模块

交通安全信息系统的功能模块主要包括系统管理、事故信息管理和帮助中心。交通安全信息系统功能模块结构图，如图 7-1 所示。

（1）系统管理：用户权限设置，登录、退出系统。通过用户权限设置可以区分用户类别，主要分为普通用户和管理用户。

（2）事故信息管理：主要包括事故信息的录入、查询、修改、删除和统计功能。

（3）帮助中心：当遇到问题时及时与管理员联系，便于对系统的管理与维护。

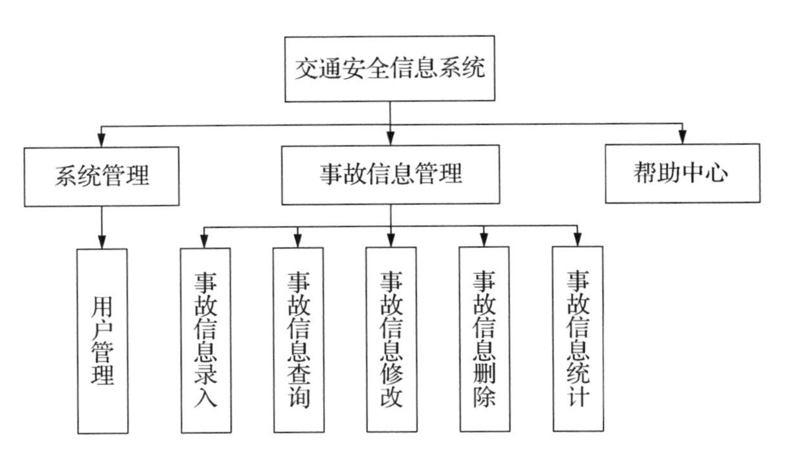

图 7-1 交通安全信息系统功能模块结构图

7.2 系统框架设计

7.2.1 三层架构

典型的三层架构包括表示层、业务逻辑层和数据访问层。使用三层架构创建的应用系统，由于层与层之间的低耦合、层内部的高内聚，使得解决方案的维护和增强变得更容易。

（1）表示层提供软件系统与用户交互的接口。

（2）业务逻辑层是表示层和数据访问层之间的桥梁，负责数据处理和传递。

（3）数据访问层只负责数据的存取工作。

项目"三层架构"的表示层、业务逻辑层和数据访问层，在项目依赖方向上是从表示层到数据访问层，在数据返回方向上是从数据访问层到表示层。

（1）表示层：是展现给用户的界面，即用户在使用一个系统时所见所得。其位于最外层（最上层），离用户最近，用于显示数据和接收用户输入的数据，为用户提供一种交互操作的界面。

（2）业务逻辑层：对数据业务的逻辑处理。负责将这些信息发送给数据访问层进行保存，及调用数据访问层中的方法再次读出这些数据。

（3）数据访问层：直接操作数据库，对数据的增加、删除、更新和查找。仅实现对数据的保存和读取操作。数据访问，可以访问数据库系统、二进制文件、文本文档或XML文档等。

7.2.2 项目架构搭建

在 Visual Studio 开发环境中，选择主菜单【文件】→【新建】→【项目】，在弹出的【新建项目】对话框的【项目类型】选项中选中“Visual Studio 解决方案”，然后在【模板】选项中选中“空白解决方案”，最后在【名称】文本框中输入“安全信息系统”作为解决方案的名称。在解决方案中建立表示层、业务逻辑层和数据访问层文件夹。

7.2.3 数据库设计

本系统中共包含两张数据表：用户信息表和事故基本信息表，分别见表 7-1 和表 7-2。

表 7-1 用户信息表

字段名	说明	类型	长度	可否为空	主键
uid	用户编号	int	—	否	是
uname	用户名	varchar2	20	否	否
upwd	用户密码	varchar2	20	否	否
usergroup	用户分组	int	—	否	否

表 7-2 事故基本信息表

字段名	说明	类型	长度	可否为空	主键
Id	ID	int	—	否	是
No	事故编号	varchar2	20	否	否
Type	事故类型	varchar2	20	否	否
Time	事故时间	datetime	—	否	否
Death	死亡人数	int	—	否	否
Seriouswound	重伤人数	int	—	否	否
Miss	失踪人数	int	—	否	否
Slightwound	轻伤人数	int	—	否	否
Loss	直接损失折款	int	—	否	否
Reason	事故原因	varchar2	100	否	否
Weather	天气	varchar2	20	否	否
Site	现场	varchar2	20	否	否

续表

字段名	说明	类型	长度	可否为空	主键
Pattern	事故形态	varchar2	20	否	否
Topography	地形	varchar2	20	否	否
Pavement	路面情况	varchar2	20	否	否
Pavementtype	路面类型	varchar2	20	否	否
Crosssection	道路横断面	varchar2	20	否	否
Section	路口路段类型	varchar2	20	否	否
Line	道路线形	varchar2	20	否	否
Roadtype	道路类型	varchar2	20	否	否
Trafficcontrol	交通控制方式	varchar2	20	否	否

7.2.4 数据访问层的实现

数据访问层是交通安全信息系统开发项目的关键层，具有较强的通用性。因为数据访问层可以被业务层的多个文件调用，为了方便使用，将 DB 类定义为静态类。在其中定义了多个静态方法，其中 ExecuteNonQuery 重载两次，ExecuteReader，ExecuteDataSet 各重载一次，并在此基础上加入 selectBiao、ExecuteReaderbyid、updatebybiao、deletebyid、deletebybiao、addbybiao、statisticsbiao 等数据操作方法。

数据访问层的代码如下。

```
    using System;
    using System.Collections.Generic;
    using System.Linq;
    using System.Text;
    using System.Configuration;
    using System.Data;//DataSet/DataTable/DataRow/DataCol
    using System.Data.SqlClient;//SqlConnection/SqlCommand/SqlDataAdapter/
SqlDataReader
    using System.Reflection;
    using System.Data.OleDb;//反射命名空间

    namespace 安全信息系统 MDIv0._1.DAL
    {
        public static class DBHelper
        {
            //数据库连接字符串
```

```
            //public static readonly string connString = System.
Configuration.ConfigurationManager.ConnectionStrings["ConnectionString"].
ConnectionString;
            //public static readonly string conn = System.Configuration.
ConfigurationManager.ConnectionStrings["ConnectionString"].ConnectionString;
            public static readonly string connString = "Provider=
Microsoft.ACE.OLEDB.12.0;Data Source=|DataDirectory|\\信息系统.accdb";
            /// <summary>
            ///  给定连接的数据库用假设参数执行一个 sql 命令(不返回数据集)
            /// </summary>
            /// <param name="connectionString">一个有效的连接字符串</param>
            /// <param name="commandText">存储过程名称或者 sql 命令语句</param>
            /// <param name="commandParameters">执行命令所用参数的集合</param>
            /// <returns>执行命令所影响的行数</returns>
            public static int ExecuteNonQuery(string connectionString, string
cmdText)
            {
                OleDbCommand cmd = new OleDbCommand();
                using (OleDbConnection conn = new OleDbConnection
(connectionString))
                {
                    conn.Open();
                    cmd = conn.CreateCommand();
                    cmd.CommandText = cmdText;
                    int val = cmd.ExecuteNonQuery();
                    return val;
                }

            }

            public static int ExecuteNonQuery(string connectionString, string
cmdText,biao mybiao)
            {
                OleDbCommand cmd = new OleDbCommand();
                using (OleDbConnection conn = new OleDbConnection
(connectionString))
                {
                    conn.Open();
                    cmd = conn.CreateCommand();
                    cmd.CommandText = cmdText;
                    cmd.Parameters.AddWithValue("@Id", mybiao.Id);
                    cmd.Parameters.AddWithValue("@No", mybiao.No);
```

```
                    cmd.Parameters.AddWithValue("@Type", mybiao.Type);
                    cmd.Parameters.AddWithValue("@Time", mybiao.Time);
                    cmd.Parameters.AddWithValue("@Death", mybiao.Death);
                    cmd.Parameters.AddWithValue("@Seriouswound",
mybiao.Seriouswound);
                    cmd.Parameters.AddWithValue("@Miss", mybiao.Miss);
                    cmd.Parameters.AddWithValue("@Slightwound",
mybiao.Slightwound);
                    cmd.Parameters.AddWithValue("@Loss", mybiao.Loss);
                    cmd.Parameters.AddWithValue("@Reason", mybiao.Reason);
                    cmd.Parameters.AddWithValue("@Weather", mybiao.Weather);
                    cmd.Parameters.AddWithValue("@Site", mybiao.Site);
                    cmd.Parameters.AddWithValue("@Pattern", mybiao.Pattern);
                    cmd.Parameters.AddWithValue("@Topography",
mybiao.Topography);
                    cmd.Parameters.AddWithValue("@Pavement",
mybiao.Pavement);
                    cmd.Parameters.AddWithValue("@Pavementtype",
mybiao.Pavementtype);
                    cmd.Parameters.AddWithValue("@Crosssection",
mybiao.Crosssection);
                    cmd.Parameters.AddWithValue("@Section", mybiao.Section);
                    cmd.Parameters.AddWithValue("@Line", mybiao.Line);
                    cmd.Parameters.AddWithValue("@Roadtype",
mybiao.Roadtype);
                    cmd.Parameters.AddWithValue("@Trafficcontrol",
mybiao.Trafficcontrol);
                    //cmd.Prepare();
                    int val = cmd.ExecuteNonQuery();
                    return val;
                }

            }

            public static OleDbDataReader ExecuteReader(string connectionString,
string cmdText)
            {
                OleDbCommand cmd = new OleDbCommand();
                cmd.CommandText = cmdText;
                OleDbDataReader dr = cmd.ExecuteReader();
                DataTable dt = new DataTable();
```

```
            using (OleDbConnection conn = new OleDbConnection
(connectionString))
            {
                if (dr.HasRows)
                {
                    for (int i = 0; i < dr.FieldCount; i++)
                    {
                        dt.Columns.Add(dr.GetName(i));
                    }
                    dt.Rows.Clear();
                }
                while (dr.Read())
                {
                    DataRow row = dt.NewRow();
                    for (int i = 0; i < dr.FieldCount; i++)
                    {
                        row[i] = dr[i];
                    }
                    dt.Rows.Add(row);
                }
                return dr;
            }
        }

        public static List<biao> selectBiao(string connectionString,
string cmdText)
        {
            List<biao> biaos = new List<biao>();
            OleDbCommand cmd = new OleDbCommand();
            cmd.CommandText = cmdText;
            OleDbDataReader dr = cmd.ExecuteReader();
            DataTable dt = new DataTable();
            using (OleDbConnection conn = new OleDbConnection
(connectionString))
            {
                while (dr.Read())
                {
                    biao mybiao = new biao();
                    mybiao.Id = Convert.ToInt32(dr[0]);
                    mybiao.No = Convert.ToInt32(dr[1]);
                    mybiao.Type=dr[2].ToString();
                    mybiao.Time = dr[3].ToString();
```

```
                    mybiao.Death = Convert.ToInt32(dr[4]);
                    mybiao.Seriouswound =Convert.ToInt32(dr[5]);
                    mybiao.Miss = Convert.ToInt32(dr[6]);
                    mybiao.Slightwound =Convert.ToInt32(dr[7]);
                    mybiao.Loss = Convert.ToInt32(dr[8]);
                    mybiao.Reason = dr[9].ToString();
                    mybiao.Weather = dr[10].ToString();
                    mybiao.Site = dr[11].ToString();
                    mybiao.Pattern = dr[12].ToString();
                    mybiao.Topography = dr[13].ToString();
                    mybiao.Pavement = dr[14].ToString();
                    mybiao.Pavementtype = dr[15].ToString();
                    mybiao.Crosssection = dr[16].ToString();
                    mybiao.Section = dr[17].ToString();
                    mybiao.Line = dr[18].ToString();
                    mybiao.Roadtype = dr[19].ToString();
                    mybiao.Trafficcontrol = dr[20].ToString();
                    biaos.Add(mybiao);
                }
            }
            return biaos;
        }

        public static OleDbDataReader ExecuteReaderbyid(string id)
        {
            return ExecuteReader(connString, "select * from biao  where
id='" + id + "'");
        }

        public static int updatebybiao(string connectionString, biao
mybiao)
        {
            return ExecuteNonQuery(connectionString, "update biao()
values() where id='" + mybiao.Id + "'");
        }

        public static int updatebybiao(biao mybiao)
        {
            return ExecuteNonQuery(connString, "update biao set 事故编号=
@No,事故类型='@Type',事故时间=@Time,死亡人数=@Death,重伤人数=@Seriouswound,失踪
人数=@Miss,轻伤人数=@Slightwound,直接损失折款=@Loss,事故原因=@Reason,天气=
@Weather,现场=@Site,事故形态=@Pattern,地形=@Topography,路面情况=@Pavement,路面
```

```
类型=@Pavementtype,道路横断面=@Crosssection,路口路段类型=@Section,道路线形=
@Line,道路类型=@Roadtype,交通控制方式=@Trafficcontrol where ID=@Id", mybiao);
            }

            public static int deletebyid(string connectionString, string id)
            {
                return ExecuteNonQuery(connectionString, "delete from biao
where id='" + id + "'");
            }

            public static int deletebybiao(biao mybiao)
            {
                return ExecuteNonQuery(connString, "delete from biao where
id='" + mybiao.Id + "'");
            }

            public static int deletebybiao(string connectionString, biao
biao)
            {
                return ExecuteNonQuery(connectionString, "delete from biao
where id='" + biao.Id + "'");
            }

            public static int addbybiao(string connectionString, biao mybiao)
            {

                return ExecuteNonQuery(connectionString, "insert biao()
values()");
            }

            public static int addbybiao(biao mybiao)
            {
                return ExecuteNonQuery(connString, "insert into biao(事故编号,
事故类型,事故时间,死亡人数,重伤人数,失踪人数,轻伤人数,直接损失折款,事故原因,天气,现场,
事故形态,地形,路面情况,路面类型,道路横断面,路口路段类型,道路线形,道路类型,交通控制方式)
values(@No,@Type,@Time,@Death,@Seriouswound,@Miss,@Slightwound,@Loss,@Reas
on,@Weather,@Site,@Pattern,@Topography,@Pavement,@Pavementtype,@Crosssecti
on,@Section,@Line,@Roadtype,@Trafficcontrol)",mybiao);
            }

            public static int statisticsbiao(string cmdText)
            {
                OleDbCommand cmd = new OleDbCommand();
```

```
                using (OleDbConnection conn = new OleDbConnection
(connString))
                {
                    conn.Open();
                    cmd = conn.CreateCommand();
                    cmd.CommandText = cmdText;
                    int val = Convert.ToInt32(cmd.ExecuteScalar());
                    return val;
                }
            }

        }
    }
```

7.3 功能模块设计

7.3.1 用户登录窗体设计

交通安全信息系统的用户在登录后，可以对信息进行增加、删除、修改、查看操作。【用户登录】界面如图 7-2 所示。

图 7-2 【用户登录】界面

其中【确定】按钮的代码如下。

```
    If
(ub.CheckUser(txtBoxName.Text.Trim(),maskedTxtBoxPwd.Text.Trim())
    {
      this.Hide();
    }
    else
    {
      MessageBox.Show("用户名或密码错误，请重试");
```

```
    txtBoxName.Text = "";
    maskedTxtBoxPwd.Text = "";
  }
```

在表示层调用业务逻辑层的 CheckUser 方法，代码如下。

```
Public int CheckUser(string username ,string password)
{
  string sqltxt = "SELECT * FROM user where 用户名 = '" + username+ "' and 
用户密码='" + password + "'";
  if (DBHelper.ExecuteSql(connStr, sqltxt)>0)
  {
    return 1;
  }
  else
  {
    return 0;
  }
```

在业务逻辑层调用了数据访问层的 ExecuteSql 方法，实现数据库的操作。

7.3.2 添加数据

在【添加新项目】界面（图 7-3）可以添加道路交通事故的相关数据。

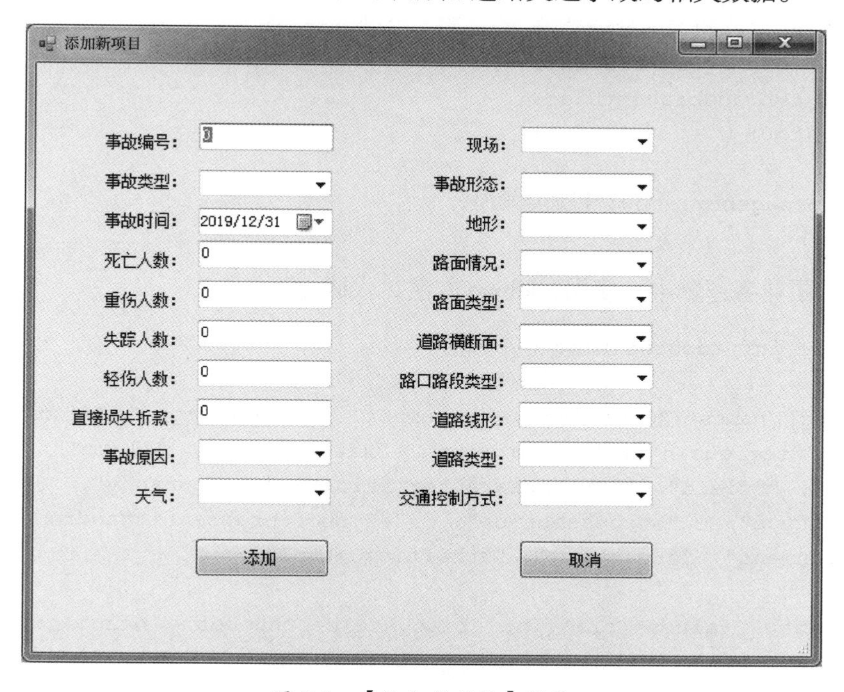

图 7-3 【添加新项目】界面

其中,【添加】按钮的 click 事件代码如下。

```
biao mybiao=new biao();
mybiao.No = Convert.ToInt32(this.textBox1.Text);
mybiao.Type = Convert.ToString(this.comboBox1.Text);
mybiao.Time = Convert.ToString(this.dateTimePicker1.Text);
mybiao.Death = Convert.ToInt32(this.textBox4.Text);
mybiao.Seriouswound = Convert.ToInt32(this.textBox6.Text);
mybiao.Miss = Convert.ToInt32(this.textBox5.Text);
mybiao.Slightwound = Convert.ToInt32(this.textBox7.Text);
mybiao.Loss = Convert.ToInt32(this.textBox8.Text);
mybiao.Reason = Convert.ToString(this.comboBox2.Text);
mybiao.Weather = Convert.ToString(this.comboBox3.Text);
mybiao.Site = Convert.ToString(this.comboBox13.Text);
mybiao.Pattern = Convert.ToString(this.comboBox12.Text);
mybiao.Topography = Convert.ToString(this.comboBox11.Text);
mybiao.Pavement = Convert.ToString(this.comboBox10.Text);
mybiao.Pavementtype = Convert.ToString(this.comboBox9.Text);
mybiao.Crosssection = Convert.ToString(this.comboBox8.Text);
mybiao.Section = Convert.ToString(this.comboBox7.Text);
mybiao.Line = Convert.ToString(this.comboBox6.Text);
mybiao.Roadtype = Convert.ToString(this.comboBox5.Text);
mybiao.Trafficcontrol = Convert.ToString(this.comboBox4.Text);
biaoinfo b=new biaoinfo();
int i=b.addbiao(mybiao);
If (i>0)
{
  messagebox.show("添加成功");
}
```

在表示层业务逻辑中，使用 addbiao 方法，代码如下。

```
Public int addbiao(biao mybiao)
{
string[] names={"@id", "@accidentnumber", "@accidenttype", "@accidenttime",
"@dead", "@seriousinjury", "@missed", "@fleshwound", "@loss", "@reason",
"@weather", "@field", "@Crashcharacteristics", "@topography", "@pavement",
"@pavementtype", "@Crosssection", "@Typeofintersectionandrodesection",
"@roadalignment", "@roadtype", "@trafficcontrol"};

object[] values={biao.Id, biao.Accidentnumber, biao.Accidenttype,
biao.Accidenttime, biao.Dead, biao.Seriousinjury, biao.Missed,
biao.Fleshwound, biao.Loss, biao.Reason, biao.Weather, biao.Field,
```

```
biao.Crashcharacteristics, biao.Topography, biao.Pavement, biao.Pavementtype,
biao.Crosssection, biao.Typeofintersectionandrodesection, biao.Roadalignment,
biao.Roadtype, biao.Trafficcontrol}
     return DBHelper.ExecuteSQL("Addbybiao",CommandType.StoredProcedure,names,
values);
     }
```

在业务逻辑层调用了数据访问层的 ExecuteSQL 方法，实现数据库的操作，为该方法传递了四个参数。

7.3.3 显示数据界面

显示数据界面如图 7-4 所示。

安全信息管理课程设计 - [FrmShow]

文件(F) 数据(D) 帮助(H)

ID	事故编号	事故类型	事故时间	死亡人数	重伤人数	失踪人数	轻伤人数	直接损失折款	事故原因	天气	现场	事故形态
1	200301002	死亡事故	2019年12月26...	1	0	0	0	5000	机件故障	晴	原始	翻车
2	200301003	死亡事故	2022年1月4日...	1	0	0	0	10000	其它机动车原因	晴	弃车逃逸	其他
3	200301004	财产损失事故	2022年1月4日...	0	0	0	0	2500	违章变更车道	晴	原始	尾随相撞
4	200301005	伤人事故	2022年1月8日...	0	0	0	1	4000	其它机动车原因	晴	原始	其他
5	200301006	财产损失事故	2022年1月18...	0	0	0	0	15000	违章变更车道	晴	原始	尾随相撞
6	200301007	财产损失事故	2022年1月23...	0	0	0	0	10000	未保持安全距离	晴	原始	尾随相撞
7	200301008	财产损失事故	2022年2月5日...	0	0	0	0	8000	制动不当	晴	原始	尾随相撞
8	200301009	财产损失事故	2022年2月6日...	0	0	0	0	2000	制动不当	晴	原始	尾随相撞
9	200301010	死亡事故	2022年2月7日...	1	0	0	0	6000	违章穿行车行道	晴	原始	其他
10	200301011	财产损失事故	2022年2月9日...	0	0	0	0	15000	违章变更车道	晴	原始	尾随相撞
11	200301012	财产损失事故	2022年2月10...	0	0	0	0	3000	违章变更车道	晴	原始	同向刮擦
12	200301013	伤人事故	2022年2月12...	0	0	0	1	18000	制动不当	晴	原始	其他
13	200301014	伤人事故	2022年2月14...	0	0	0	2	35000	未保持安全距离	晴	原始	尾随相撞
14	200301015	财产损失事故	2022年2月13...	0	0	0	0	10000	制动不当	晴	原始	尾随相撞
15	200301016	财产损失事故	2022年2月15...	0	0	0	0	2000	疲劳驾车	雨	原始	翻车
16	200301017	死亡事故	2022年2月15...	3	0	0	3	52000	其他	雨	原始	其他
17	200301024	伤人事故	2022年3月23...	0	0	0	1	30000	自然灾害	晴	原始	尾随相撞
18	200301025	伤人事故	2022年3月26...	0	0	0	1	2000	制动不当	晴	原始	撞固定物
19	200301026	财产损失事故	2022年3月27...	0	0	0	0	5000	未保持安全距离	晴	原始	尾随相撞
20	200301027	死亡事故	2022年3月29...	1	0	0	0	1000	违章穿行车行道	晴	原始	其他
21	200301028	财产损失事故	2022年4月7日...	0	0	0	0	5000	制动不当	晴	原始	翻车
22	200301029	死亡事故	2022年4月11...	1	0	0	0	35000	超速行驶	晴	原始	正面相撞
23	200301030	财产损失事故	2022年4月18...	0	0	0	0	3000	制动不当	晴	原始	翻车
24	200301031	财产损失事故	2022年4月20...	0	0	0	0	10000	其他	晴	原始	其他
25	200302001	死亡事故	2019年12月29...	1	0	0	1	60000	违章会车	晴	原始	尾随相撞
26	200302002	财产损失事故	2019年12月30...	0	0	0	0	10000	违章超车	晴	原始	对向刮擦

toolStripStatusLabel1

图 7-4 显示数据界面

核心代码如下。

```
private void fillByToolStripButton_Click(object sender, EventArgs e)
{
  try
  {
  this.biaoTableAdapter.FillBy(this.信息系统 DataSet.biao);
  }
  catch (System.Exception ex)
```

```
        {
        System.Windows.Forms.MessageBox.Show(ex.Message);
        }

      }

      private void 查询(string strWhere)
      {
        String SearchString = "select * from biao " + strWhere;
        OleDbDataReader dr = DBHelper.ExecuteReader(SearchString);
        DataTable dt = new DataTable();
        if (dr.HasRows)
        {
        for (int i = 0; i < dr.FieldCount; i++)
        {
          dt.Columns.Add(dr.GetName(i));
        }
        dt.Rows.Clear();
        }
        while (dr.Read())
        {
        DataRow row = dt.NewRow();
        for (int i = 0; i < dr.FieldCount; i++)
        {
          row[i] = dr[i];
        }
        dt.Rows.Add(row);
        }
        cmd.Dispose();
        dataGridView1.DataSource = dt;
      }
```

此处根据不同的查询条件，得到不同的查询结果并显示出来，如查询所有项目则strWhere为空，查询天气为晴则strWhere设置为“where biao.天气 like ‘晴’”，其他的查询则修改相应查询的where语句。

7.3.4 统计结果显示界面

统计结果显示界面如图7-5所示。

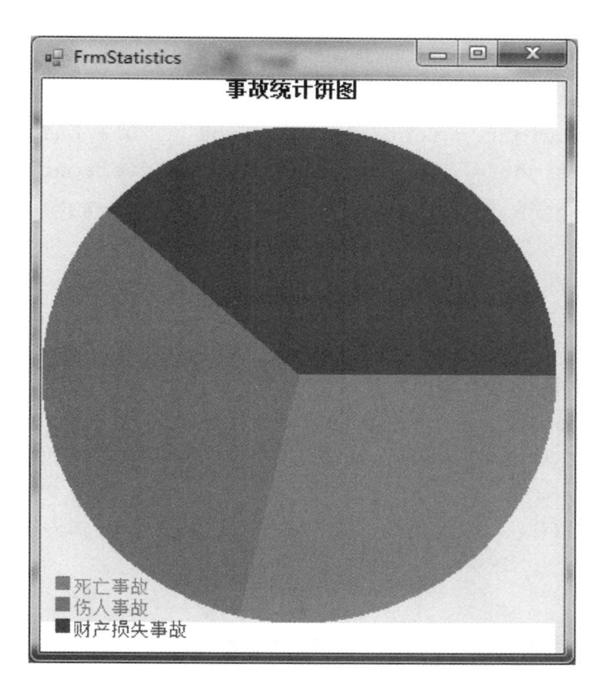

图 7-5 统计结果显示界面

核心代码如下。

```
private void FrmStatistics_Paint(object sender, PaintEventArgs e)
{
  int n = 3;
  string[] statisticsStr = new string[] { "死亡事故" "伤人事故" "财产损
失事故" };
  int[] statistics = new int[n];
  int total = 0;
  for (int i = 0; i < n; i++)
  {
    statistics[i] = DBHelper.statisticsbiao("select count(*) from biao
where biao.事故类型 like '" + statisticsStr[i]+"'");
    total += statistics[i];
  }

  //设置字体，fonttitle 为主标题的字体
  Font fontlegend = new Font("verdana", 9);
  Font fonttitle = new Font("verdana", 10, FontStyle.Bold);
```

```
        //背景宽
        int width = 350;
        int bufferspace = 15;
        int legendheight = fontlegend.Height * 10 + bufferspace; //高度
        int titleheight = fonttitle.Height + bufferspace;
        int height = width + legendheight + titleheight + bufferspace;//白
色背景高
        int pieheight = width;
        Rectangle pierect = new Rectangle(0, titleheight, width, pieheight);

        ////加上各种随机色
        ArrayList colors = new ArrayList();
        Random rnd = new Random();
        for (int i = 0; i < n; i++)
          colors.Add(new SolidBrush(Color.FromArgb(rnd.Next(255),rnd.Next(255),
rnd.Next(255))));

        Graphics objgraphics = e.Graphics;

        //画一个白色背景
        objgraphics.FillRectangle(new SolidBrush(Color.White), 0, 0, width,
height);

        //画一个亮黄色背景
        objgraphics.FillRectangle(new SolidBrush(Color.Beige), pierect);

        ////以下为画饼图(有几行 row 画几个)
        float currentdegree = 0.0f;

        for (int i = 0; i < n; i++)
        {
          objgraphics.FillPie((SolidBrush)colors[i], pierect, currentdegree,
                  Convert.ToSingle(statistics[i]) / total * 360);
          currentdegree += Convert.ToSingle(statistics[i]) / total * 360;
          objgraphics.FillRectangle((SolidBrush)colors[i], new Rectangle(10,
350 + 15 * i, 10, 10));
          objgraphics.DrawString(statisticsStr[i], fontlegend, (SolidBrush)
colors[i], 20, 350 + 15 * i);
        }
```

```
    ////以下为生成主标题
    SolidBrush blackbrush = new SolidBrush(Color.Black);
    SolidBrush bluebrush = new SolidBrush(Color.Blue);
    string title = "  事故统计饼图: " + "\n\n\n";
    StringFormat stringFormat = new StringFormat();
    stringFormat.Alignment = StringAlignment.Center;
    stringFormat.LineAlignment = StringAlignment.Center;

    objgraphics.DrawString(title, fonttitle, blackbrush,
    new Rectangle(0, 0, width, titleheight), stringFormat);
  }
```

【本章小结】

本章介绍了交通安全信息系统应用程序的开发过程，包括需求分析、总体规划和功能模块的划分。本章还介绍了三层架构的概念和搭建过程，最后给出了页面的具体实现过程。

参 考 文 献

陈又星，徐辉，吴金椿，2013. 管理科学研究方法：数据·模型·决策[M]. 上海：同济大学出版社.

黄力，王辰，黄光奇，等，2020. 公安交通管理一体化研判监督平台的总体架构设计[J]. 信息系统工程（12）：53-55.

季君，周建宁，方艾芬，等，2019. 公安交通管理信息安全监管系统建设模式应用研究[J]. 中国公共安全（学术版）（2）：72-76.

蒋卓群，2013. 智能化在公共交通运营管理中的运用[J]. 中小企业管理与科技（下旬刊）（12）：276-277.

李娜，李元军，齐华，2008. 城市道路交通事故信息系统空间数据库设计[J]. 计算机应用，28（S2）：226-229；232.

李颖宏，张永忠，王力，2014. 道路交通信息检测技术及应用[M]. 北京：机械工业出版社.

林海涛，李志荣，2017. 管理信息系统[M]. 成都：电子科技大学出版社.

刘工玮，刘竞泽，朱林林，等，2019. 管理信息系统的近况及未来发展趋势[J]. 现代营销（经营版）（12）：54.

刘慧，2019. 大数据技术在交通领域的应用[J]. 中国科技信息（7）：107-108.

刘人杰，柳晓鸣，索继东，等，2006. 船舶交通管理电子信息系统[M]. 大连：大连海事大学出版社.

刘志强，葛如海，龚标，2005. 道路交通安全工程[M]. 北京：化学工业出版社.

罗本成，2014. 2013 年水运行业信息化四大看点回顾[J]. 水运管理，36（2）：6-8；31.

牛启航，2020. 大数据技术在智能交通管理中的运用[J]. 汽车实用技术（4）：222-223；239.

裴玉龙，2007. 道路交通安全[M]. 北京：人民交通出版社.

阮雪飞，2021. 新形势下智慧交通管理信息化建设研究及实践[J]. 黑龙江交通科技，44（5）：165；167.

史浩暄，2020. 大数据在铁路信息化中的应用及展望[J]. 产业与科技论坛，19（24）：39-40.

束汉武，2008. 铁路运输信息系统及其应用[M]. 北京：中国铁道出版社.

孙宗耀，荆春丽，周鹏，2020. 管理学基础[M]. 北京：北京理工大学出版社.

王晓原，孙锋，郭永青，2018. 智能交通系统[M]. 成都：西南交通大学出版社.

吴庆州，2017. 管理信息系统[M]. 北京：北京理工大学出版社.

肖立萍，2017. 水运信息化现状及发展设想[J]. 科学技术创新（28）：137-138.

杨东援，1997. 交通规划决策支持系统[M]. 上海：同济大学出版社.

杨佩昆，2001. 智能交通运输系统体系结构[M]. 上海：同济大学出版社.

张瑞卿，邓瑾，2012. 管理信息系统[M]. 上海：上海交通大学出版社.

张泰柱，2016. 计算机管理信息系统发展趋势分析[J]. 科技风（5）：74-75.

赵娜，袁家斌，徐晗，2014. 智能交通系统综述[J]. 计算机科学，41（11）：7-11；45.

朱松巍，靳斌，2018. 城市道路交通管理信息化建设研究[J]. 决策探索（下）（8）：28.

左美云，邝孔武，2001. 信息系统的开发与管理教程[M]. 北京：清华大学出版社.